建设工程施工质量验收规范要点解析

安装工程

袁锐文　主编

中国铁道出版社

2012年·北　京

内容提要

本书是《建设工程施工质量验收规范要点解析》系列丛书之《安装工程》，共有四章，内容包括：通风工程、建筑电气工程、电梯工程、智能建筑工程。本书内容丰富，层次清晰，可供相关专业人员参考学习。

图书在版编目(CIP)数据

安装工程/袁锐文主编．—北京：中国铁道出版社，2012.9
(建设工程施工质量验收规范要点解析)
ISBN 978-7-113-14476-0

Ⅰ.①安…　Ⅱ.①袁…　Ⅲ.①建筑安装—工程验收—建筑规范—中国　Ⅳ.①TU758-65

中国版本图书馆CIP数据核字(2012)第062039号

书　　名：建设工程施工质量验收规范要点解析
　　　　　安装工程
作　　者：袁锐文

策划编辑：江新锡　徐　艳
责任编辑：徐　艳　江新照　**电话**：010－51873193
助理编辑：张　浩
封面设计：郑春鹏
责任校对：胡明锋
责任印制：郭向伟

出版发行：中国铁道出版社(100054，北京市西城区右安门西街8号)
网　　址：http://www.tdpress.com
印　　刷：北京新魏印刷厂
版　　次：2012年9月第1版　2012年9月第1次印刷
开　　本：787mm×1092mm　1/16　印张：21.5　字数：546千
书　　号：ISBN 978-7-113-14476-0
定　　价：49.00元

前　言

近年来，住房和城乡建设部相继对专业工程施工质量验收规范进行了修订，工程建设质量有了新的统一标准，规范对工程施工质量提出验收标准，以“验收”为手段来监督工程施工质量。为提高工程质量水平，增强对施工验收规范的理解和应用，进一步学习和掌握国家有关的质量管理、监督文件精神，掌握质量规范和验收的知识、标准，以及各类工程的操作规程，我们特组织编写了《建设工程施工质量验收规范要点解析》系列丛书。

工程质量在施工中占有重要的位置，随着经济的发展，我国建筑施工队伍也在不断的发展壮大，但不少施工企业，特别是中小型施工企业，技术力量相对较弱，对建设工程施工验收规范缺乏了解，导致单位工程竣工质量评定度低。本丛书的编写目的就是为提高企业施工质量，提高企业质量管理人员以及施工管理人员的技术水平，从而保证工程质量。

本丛书主要以“施工质量验收规范”为主线，对规范中每个分项工程进行解析。对验收标准中的验收条文、施工材料要求、施工机械要求和施工工艺的要求进行详细的阐述，模块化编写，方便阅读，容易理解。

本丛书分为：

1.《建筑地基与基础工程》；

2.《砌体工程和木结构工程》；

3.《混凝土结构工程》；

4.《安装工程》；

5.《钢结构工程》；

6.《建筑地面工程》；

7.《防水工程》；

8.《建筑给水排水及采暖工程》；

9.《建筑装饰装修工程》。

本丛书可作为监理和施工单位参考用书，也可作为大中专院校建设工程专业师生的教学参考用书。

由于编者水平有限，错误疏漏之处在所难免，请批评指正。

编　者

2012 年 5 月

目 录

第一章 通风工程

第一节 风管制作

一、验收条文

风管制作验收标准内容见表1－1。

表1－1 风管制作验收标准内容

项目	内 容
一般规定	(1)适用于建筑工程通风与空调工程中，使用的金属、非金属风管与复合材料风管或风道的加工、制作质量的检验与验收。 (2)对风管制作质量的验收，应按其材料、系统类别和使用场所的不同分别进行，主要包括风管的材质、规格、强度、严密性与成品外观质量等内容。 (3)风管制作质量的验收，按设计图纸与《通风与空调工程施工质量验收规范》(GB 50243—2002)的规定执行。工程中所选用的外购风管，还必须提供相应的产品合格证明文件或进行强度和严密性的验证，符合要求的方可使用。 (4)通风管道规格的验收，风管以外径或外边长为准，风道以内径或内边长为准。通风管道的规格宜按照表1－2、表1－3的规定。圆形风管应优先采用基本系列；非规则椭圆型风管参照矩形风管，并以长径平面边长及短径尺寸为准。 (5)风管系统按其系统的工作压力划分为三个类别，其类别划分应符合表1－4的规定。 (6)镀锌钢板及各类含有复合保护层的钢板。应采用咬口连接或铆接，不得采用影响其保护层防腐性能的焊接连接方法。 (7)风管的密封，应以板材连接的密封为主，可采用密封胶嵌缝和其他方法密封。密封胶性能应符合使用环境的要求，密封面宜设在风管的正压侧
主控项目	(1)金属风管的材料品种、规格、性能与厚度等应符合设计和现行国家产品标准的规定。当设计无规定时，应按《通风与空调工程施工质量验收规范》(GB 50243—2002)有关内容的规定执行。钢板或镀锌钢板的厚度不得小于表1－5的规定；不锈钢板的厚度不得小于表1－6的规定；铝板的厚度不得小于表1－7的规定。 检查数量：按材料与风管加工批数量抽查10%，不得少于5件。 检查方法：查验材料质量合格证明文件、性能检测报告，尺量、观察检查。 (2)非金属风管的材料品种、规格、性能与厚度等应符合设计和现行国家产品标准的规定。当设计无规定时，应按《混凝土结构工程施工质量验收规范》(2010版)(GB 50204－2002)有关内容的规定执行。硬聚氯乙烯风管板材的厚度，不得小于表1－8或表1－9的规定；有机

续上表

<table>
<tr><th>项目</th><th>内　容</th></tr>
<tr><td>主控项目</td><td>玻璃钢风管板材的厚度，不得小于表 1－10 的规定；无机玻璃钢风管板材的厚度应符合表 1－11的规定，相应的玻璃布层数不应少于表 1－12的规定，其表面不得出现返卤或严重泛霜。用于高压风管系统的非金属风管厚度应按设计规定。
检查数量：按材料与风管加工批数量抽查 10%，不得少于 5 件。
检查方法：查验材料质量合格证明文件、性能检测报告，尺量、观察检查。
(3)防火风管的本体、框架与固定材料、密封垫料必须为不燃材料，其耐火等级应符合设计的规定。
检查数量：按材料与风管加工批数量抽查 10%，不应少于 5 件。
检查方法：查验材料质量合格证明文件、性能检测报告、观察检查与点燃试验。
(4)复合材料风管的覆面材料必须为不燃材料，内部的绝热材料应为不燃或难燃 B1 级且对人体无害的材料。
检查数量：按材料与风管加工批数量抽查 10%，不应少于 5 件。
检查方法：查验材料质量合格证明文件、性能检测报告、观察检查与点燃试验。
(5)风管必须通过工艺性的检测或验证，其强度和严密性要求应符合设计或下列规定：
1)风管的强度应能满足在 1.5 倍工作压力下接缝处无开裂。
2)矩形风管的允许漏风量应符合以下规定：
低压系统风管　$Q_L \leqslant 0.1056P^{0.65}$
中压系统风管　$Q_M \leqslant 0.0352P^{0.65}$
高压系统风管　$Q_H \leqslant 0.0117P^{0.65}$
式中　Q_L、Q_M、Q_H——系统风管在相应工作压力下，单位面积风管单位时间内的允许漏风量[$m^3/(h \cdot m^2)$]；
P——风管系统的工作压力(Pa)。
3)低压、中压圆形金属风管、复合材料风管以及采用非法兰形式的非金属风管的允许漏风量，应为矩形风管规定值的 50%。
4)砖、混凝土风道的允许漏风量不应大于矩形低压系统风管规定值的 1.5 倍。
5)排烟、除尘、低温送风系统按中压系统风管的规定，1～5 级净化空调系统按高压系统风管的规定。
检查数量：按风管系统的类别和材质分别抽查，不得少于 3 件及 15 m^2。
检查方法：检查产品合格证明文件和测试报告，或进行风管强度和漏风量测试(见《通风与空调工程施工质量验收规范》(GB 50243—2002) 附录 A)。
(6)金属风管的连接应符合下列规定：
1)风管板材拼接的咬口缝应错开，不得有十字形拼接缝。
2)金属风管法兰材料规格不应小于表 1－13 或表 1－14。
当采用加固方法提高了风管法兰部位的强度时，其法兰材料规格相应的使用条件可适当放宽。
无法连接风管的薄钢板法兰高度应参照金属法兰风管的规定执行。
检查数量：按加工批数量抽查 5%，不得少于 5 件。
检查方法：尺量、观察检查。</td></tr>
</table>

续上表

<table>
<tr><th>项目</th><th>内 容</th></tr>
<tr><td>主控项目</td><td>(7)非金属(硬聚氯乙烯、有机玻璃钢、无机玻璃钢)风管的连接还应符合下列规定:
1)法兰的规格应分别符合表1－15、表1－16、表1－17的规定,其螺栓孔的间距不得大于120 mm;矩形风管法兰的四角处,应设有螺孔。
2)采用套管连接时,套管厚度不得小于风管板材厚度。
检查数量:按加工批数量抽查5%,不得少于5件。
检查方法:尺量、观察检查。
(8)复合材料风管采用法兰连接时,法兰与风管板材的连接应可靠,其绝热层不得外露,不得采用降低板材强度和绝热性能的连接方法。
检查数量:按加工批数量抽查5%,不得少于5件。
检查方法:尺量、观察检查。
(9)砖、混凝土风道的变形缝,应符合设计要求,不应渗水和漏风。
检查数量:全数检查。
检查方法:观察检查。
(10)金属风管的加固应符合下列规定:
1)圆形风管(不包括螺旋风管)直径大于等于800 mm,且其管段长度大于1 250 mm或总表面积大于4 m^2均应采取加固措施。
2)矩形风管边长大于630 mm、保温风管边长大于800 mm,管段长度大于1 250 mm或低压风管单边平面积大于1.2 m^2,中、高压风管大于1.0 m^2,均应采取加固措施。
3)非规则椭圆风管的加固,应参照矩形风管执行。
检查数量:按加工批抽查5%,不得少于5件。
检查方法:尺量、观察检查。
(11)非金属风管的加固,除应符合《通风与空调工程施工质量验收规范》(GB 50243－2002)的有关规定外还应符合下列规定:
1)硬聚氯乙烯风管的直径或边长大于500 mm时,其风管与法兰的连接处应设加强板,且间距不得大于450 mm。
2)有机及无机玻璃钢风管的加固,应为本体材料或防腐性能相同的材料,并与风管成一整体。
检查数量:按加工批抽查5%,不得少于5件。
检查方法:尺量、观察检查。
(12)矩形风管弯管的制作,一般应采用曲率半径为一个平面边长的内外同心弧形弯管。当采用其他形式的弯管,平面边长大于500 mm时,必须设置弯管导流片。
检查数量:其他形式的弯管抽查20%,不得少于2件。
检查方法:观察检查。
(13)净化空调系统风管还应符合下列规定:
1)矩形风管边长小于或等于900 mm时,底面板不应有拼接缝;大于900 mm时,不应有横向拼接缝。
2)风管所用的螺栓、螺母、垫圈和铆钉均应采用与管材性能相匹配,不会产生电化学腐蚀的材料,或采取镀锌或其他防腐措施,并不得采用抽芯铆钉。
3)不应在风管内设加固框及加固筋,风管无法兰连接不得使用S形插条、直角形插条及立联合角形插条等形式。</td></tr>
</table>

续上表

<table>
<tr><th>项目</th><th>内　容</th></tr>
<tr><td>主控项目</td><td>4)空气洁净度等级为1～5级的净化空调系统风管不得采用按扣式咬口。
5)风管的清洗不得用对人体和材质有危害的清洁剂。
6)镀锌钢板风管不得有镀锌层严重损坏的现象,如表层大面积白花、锌层粉化等。
检查数量:按风管数抽查20%,每个系统不得少于5个。
检查方法:查阅材料质量合格证明文件和观察检查,白绸布擦拭</td></tr>
<tr><td>一般项目</td><td>(1)金属风管的制作应符合下列规定:
1)圆形弯管的曲率半径(以中心线计)和最少分节数量应符合表1－18的规定。圆形弯管的弯曲角度及圆形三通、四通支管与总管夹角的制作偏差不应大于3°。
2)风管与配件的咬口缝应紧密,宽度应一致;折角应平直,圆弧应均匀;两端面平行。风管无明显扭曲与翘角,表面应平整,凹凸不大于10 mm。
3)风管外径或外边长的允许偏差,当小于或等于300 mm时,为2 mm;当大于300 mm时,为3 mm。管口平面度的允许偏差为2 mm,矩形风管两条对角线长度之差不应大于3 mm;圆形法兰任意正交两直径之差不应大于2 mm。
4)焊接风管的焊缝应平整,不应有裂缝、凸瘤、穿透的夹渣、气孔及其他缺陷等,焊接后板材的变形应矫正,并将焊渣及飞溅物清除干净。
检查数量:通风与空调工程按制作数量10%抽查,不得少于5件;净化空调工程按制作数量抽查20%,不得少于5件。
检查方法:查验测试记录,进行装配试验,尺量、观察检查。
(2)金属法兰连接风管的制作还应符合下列规定:
1)风管法兰的焊缝应熔合良好、饱满,无假焊和孔洞;法兰平面度的允许偏差为2 mm,同一批量加工的相同规格法兰的螺孔排列应一致,并具有互换性。
2)风管与法兰采用铆接连接时,铆接应牢固、不应有脱铆和漏铆现象;翻边应平整、紧贴法兰,其宽度应一致,且不应小于6 mm;咬缝与四角处不应有开裂与孔洞。
3)风管与法兰采用焊接连接时,风管端面不得高于法兰接口平面。除尘系统的风管,宜采用内侧满焊、外侧间断焊形式,风管端面距法兰接口平面不应小于5 mm。
当风管与法兰采用点焊固定连接时,焊点应融合良好,间距不应大于100 mm;法兰与风管应紧贴,不应有穿透的缝隙或孔洞。
4)当不锈钢板或铝板风管的法兰采用碳素钢时,其规格应符合表1－13、表1－14的规定,并应根据设计要求做防腐处理;铆钉应采用与风管材质相同或不产生电化学腐蚀的材料。
检查数量:通风与空调工程按制作数量抽查10%,不得少于5件;净化空调工程按制作数量抽查20%,不得少于5件。
检查方法:查验测试记录,进行装配试验,尺量、观察检查。
(3)无法兰连接风管的制作还应符合下列规定:
1)无法兰连接风管的接口及连接件,应符合表1－19、表1－20的要求。圆形风管的芯管连接应符合表1－21的要求。
2)薄钢板法兰矩形风管的接口及附件,其尺寸应准确、形状应规则、接口处应严密。
薄钢板法兰的折边(或法兰条)应平直,弯曲度不应大于5/1 000;弹性插条或弹簧夹应与薄钢板法兰相匹配;角件与风管薄钢板法兰四角接口的固定应稳固、紧贴,端面应平整,相连处不应有缝隙大于2 mm的连续穿透缝。</td></tr>
</table>

续上表

项目	内 容
一般项目	3)采用C、S形插条连接的矩形风管,其边长不应大于630 mm;插条与风管加工插口的宽度应匹配一致,其允许偏差为2 mm;连接应平整、严密,插条两端压倒长度不应小于20 mm。 4)采用立咬口、包边立咬口连接的矩形风管,其立筋的高度应大于或等于同规格风管的角钢法兰宽度。同一规格风管的立咬口、包边立咬口的高度应一致,折角应倾角、直线度允许偏差为5/1 000;咬口连接铆钉的间距不应大于150 mm,间隔应均匀;立咬口四角连接处的铆固,应紧密、无孔洞。 检查数量:按制作数量抽查10%,不得少于5件;净化空调工程抽查20%,不得少于5件。 检查方法:查验测试记录,进行装配试验,尺量、观察检查。 (4)风管的加固应符合下列规定: 1)风管的加固可采用楞筋、立筋、角钢(内、外加固)、扁钢、加固筋和挂管内支撑形式,如图1-1所示。 2)楞筋或楞线的加固,排列应规则,间隔应均匀,板面不应有明显的变形。 3)角钢、加固筋的加固,应排列整齐、均匀对称,其高度应小于或等于风管的法兰宽度。角钢、加固筋与风管的铆接应牢固、间隔应均匀,不应大于220 mm,两相交处应连接成一体。 4)管内支撑与风管的固定应牢固,各支撑点之间或与风管的边沿及法兰的间距应均匀,不应大于950 mm。 5)中压和高压系统风管的管段,其长度大于1 250 mm时,还应有加固框补强。高压系统金属风管的单咬口缝,还应有防止咬口缝胀裂的加固或补强措施。 检查数量:按制作数量抽查10%,净化空调系统抽查20%,均不得少于5件。 检查方法:查验测试记录,进行装配试验,观察和尺量检查。 (5)硬聚氯乙烯风管除应执行《通风与空调工程施工质量验收规范》(GB 50243-2002)有关内容的规定外,还应符合下列规定: 1)风管的两端面平行,无明显扭曲,外径或外边长的允许偏差为2 mm;表面平整、圆弧均匀,凹凸不应大于5 mm。 2)焊缝的坡口形式和角度应符合表1-22的规定。 3)焊缝应饱满,焊条排列应整齐,无焦黄、断裂现象。 4)用于洁净室时,还应按有关规定执行。 检查数量:按风管总数抽查10%,法兰数抽查5%,不得少于5件。 检查方法:尺量、观察检查。 (6)有机玻璃钢风管除应执行《混凝土结构工程施工质量验收规范》(2010版)(GB 50204-2002)有关内容的规定外,还应符合下列规定: 1)风管不应有明显扭曲,内表面应平整光滑,外表面应整齐美观,厚度应均匀,且边缘无毛刺,并无气泡及分层现象。 2)风管的外径或外边长尺寸的允许偏差为3 mm,圆形风管的任意正交两直径之差不应大于5 mm;矩形风管的两对角线之差不应大于5 mm。 3)法兰应与风管成一整体,应有过渡圆弧,并与风管轴线成直角。管口平面度的允许偏差为3 mm;螺孔的排列应均匀,至管壁的距离应一致,允许偏差为2 mm。 4)矩形风管的边长大于900 mm,且管段长度大于1 250 mm时,应加固。加固筋的分布应均匀、整齐。

续上表

<table>
<tr><th>项目</th><th>内　容</th></tr>
<tr><td>一般项目</td><td>检查数量：按风管总数抽查 10%，法兰数抽查 5%，不得少于 5 件。
检查方法：尺量、观察检查。
(7)无机玻璃钢风管除应执行《通风与空调工程施工质量验收规范》(GB 50204－2002)有关内容的规定外，还应符合下列规定：
1)风管的表面应光洁、无裂纹，无明显泛霜和分层现象。
2)风管的外形尺寸的允许偏差应符合表 1－23 的要求。
3)风管法兰的规定与有机玻璃钢法兰相同。
检查数量：按风管总数抽查 10%，法兰数抽查 5%，不得少于 5 件。
检查方法：尺量、观察检查。
(8)砖、混凝土风道内表面水泥砂浆应抹平整、无裂缝、不渗水。
检查数量：按风道总数抽查 10%，不得少于一段。
检查方法：观察检查。
(9)双面铝箔绝热板风管除应执行《通风与空调工程施工质量验收规范》(GB 50243－2002)有关内容的规定外，还应符合下列规定：
1)板材拼接宜采用专用的连接构件，连接后板面平面度的允许偏差为 5 mm。
2)风管的折角应平直，拼缝黏接应牢固、平整，风管的黏结材料宜为难燃材料。
3)风管采用法兰连接时，其连接应牢固，法兰平面度的允许偏差为 2 mm。
4)风管的加固，应根据系统工作压力及产品技术标准的规定执行。
检查数量：按风管总数抽查 10%，法兰数抽查 5%，不得少于 5 件。
检查方法：尺量、观察检查。
(10)铝箔玻璃纤维板风管除应执行《混凝土结构工程施工质量验收规范》(2010 版)(GB 50204－2002)有关内容的规定外，还应符合下列规定：
1)风管的离心玻璃纤维板材应干燥、平整；板外表面的铝箔隔气保护层应与内芯玻璃纤维材料黏合牢固；内表面应有防纤维脱落的保护层，并应对人体无危害。
2)当风管连接采用插入接口形式时，接缝处的黏接应严密、牢固，外表面铝箔胶带密封的每一边黏贴宽度不应小于 25 mm，并应有辅助的连接固定措施。
当风管的连接采用法兰形式时，法兰与风管的连接应牢固，并应能防止板材纤维逸出和冷桥。
3)风管表面应平整、两端面平行，无明显凹穴、变形、起泡，铝箔无破损等。
4)风管的加固，应根据系统工作压力及产品技术标准的规定执行。
检查数量：按风管总数抽查 10%，不得少于 5 件。
检查方法：尺量、观察检查。
(11)净化空调系统风管应符合以下规定：
1)现场应保持清洁，存放时应避免积尘和受潮。风管的咬口缝、折边和铆接等处有损坏时，应做防腐处理。
2)风管法兰铆钉孔的间距，当系统洁净度的等级为 1～5 级时，不应大于 65 mm；为 6～9 级时，不应大于 100 mm。
3)静压箱本体、箱内固定高效过滤器的框架及固定件应做镀锌、镀镍等防腐处理。
4)制作完成的风管，应进行第二次清洗，经检查达到清洁要求后应及时封口。
检查数量：按风管总数抽查 20%，法兰数抽查 10%，不得少于 5 件。
检查方法：观察检查，查阅风管清洗记录，用白绸布擦拭</td></tr>
</table>

表 1-2　圆形风管规格

风管直径 D(mm)			
基本系列	辅助系列	基本系列	辅助系列
100	80	250	240
	90	280	260
120	110	320	300
140	130	360	340
160	150	400	380
180	170	450	420
200	190	500	480
220	210	560	530
630	600	1 250	1 180
700	670	1 400	1 320
800	750	1 600	1 500
900	850	1 800	1 700
1 000	950	2 000	1 900
1 120	1 060		

表 1-3　矩形风管规格

风管边长(mm)				
120	320	800	2 000	4 000
160	400	1 000	2 500	—
200	500	1 250	3 000	—
250	630	1 600	3 500	—

表 1-4　风管系统类别划分

系统类别	系统工作压力 P(Pa)	密封要求
低压系统	$P \leqslant 500$	接缝和接管连接处严密
中压系统	$500 < P \leqslant 1\ 500$	接缝和接管连接处增加密封措施
高压系统	$P > 1\ 500$	所有的拼接缝和接管连接处，均应采取密封措施

表 1—5　钢板风管板材厚度　(单位:mm)

类别 风管直径 D 或长边尺寸 b	圆形风管	矩形风管		除尘系统风管
	风管	中、低压系统	高压系统	
$D(b) \leqslant 320$	0.5	0.5	0.75	1.5
$320 < D(b) \leqslant 450$	0.6	0.6	0.75	1.5
$450 < D(b) \leqslant 630$	0.75	0.6	0.75	2.0
$630 < D(b) \leqslant 1\,000$	0.75	0.75	1.0	2.0
$1\,000 < D(b) \leqslant 1\,250$	1.0	1.0	1.0	2.0
$1250 < D(b) \leqslant 2000$	1.2	1.0	1.2	按设计
$2000 < D(b) \leqslant 4000$	按设计	1.2	按设计	

注:1. 螺旋风管的钢板厚度可适当减小 10%～15%;

2. 排烟系统风管钢板厚度可参考高压系统;

3. 特殊除尘系统风管钢板厚度应符合设计要求;

4. 不适用于地下人防与防火隔墙的预埋管。

表 1—6　高、中、低压系统不锈铜板风管板材厚度　(单位:mm)

风管直径 D 或长边尺寸 b	不锈钢板厚度
$D(b) \leqslant 500$	0.5
$500 < D(b) \leqslant 1\,120$	0.75
$1\,120 < D(b) \leqslant 2\,000$	1.0
$2\,000 < D(b) \leqslant 4\,000$	1.2

表 1—7　中、低压系统铝板风管板材厚度　(单位:mm)

风管直径 D 或长边尺寸 b	铝板厚度
$(b) \leqslant 320$	10
$320 < D(b) \leqslant 630$	1.5
$630 < D(b) \leqslant 2\,000$	2.0
$2\,000 < D(b) \leqslant 4\,000$	按设计

表 1—8　中、低压系统硬聚氯乙烯圆形风管板材厚度　(单位:mm)

风管直径 D	板材厚度
$D \leqslant 320$	3.0
$320 < D \leqslant 630$	4.0
$630 < D \leqslant 1\,000$	5.0
$1\,000 < D \leqslant 2\,000$	6.0

表 1－9　中、低压系统硬聚氯乙烯矩形风管板材厚度　(单位:mm)

风管长边尺寸 b	板材厚度
$b \leqslant 320$	3.0
$320 < b \leqslant 500$	4.0
$500 < b \leqslant 800$	5.0
$800 < b \leqslant 1\ 250$	6.0
$1\ 250 < b \leqslant 2\ 000$	8.0

表 1－10　中、低压系统有机玻璃钢风管板材厚度　(单位:mm)

圆形风管直径 D 或矩形风管长边尺寸 b	壁厚
$D(b) \leqslant 200$	2.5
$200 < D(b) \leqslant 400$	3.2
$400 < D(b) \leqslant 630$	4.0
$630 < D(b) \leqslant 1\ 000$	4.8
$1\ 000 < D(b) \leqslant 2\ 000$	6.2

表 1－11　中、低压系统无机玻璃钢风管板材厚度　(单位:mm)

圆形风管直径 D 或矩形风管长边尺寸 b	壁厚
$D(b) \leqslant 300$	2.5～3.5
$300 < D(b) \leqslant 500$	3.5～4.5
$500 < D(b) \leqslant 1\ 000$	4.5～5.5
$1\ 000 < D(b) \leqslant 1\ 500$	5.5～6.5
$1\ 500 < D(b) \leqslant 2\ 000$	6.5～7.5
$D(b) > 2\ 000$	7.5～8.5

表 1－12　低压系统无机玻璃风管纤维布厚度与层数　(单位:mm)

圆形风管直径 D 或矩形风管长边 b	风管管体玻璃纤维布厚度		风管法兰玻璃纤维布厚度	
	0.3	0.4	0.3	0.4
	玻璃布层数			
$D(b) \leqslant 300$	5	8	7	—
$300 < D(b) \leqslant 500$	7	10	8	—
$500 < D(b) \leqslant 1\ 000$	8	6	13	9
$1\ 000 < D(b) \leqslant 1\ 500$	9	7	14	10
$1\ 500 < D(b) \leqslant 2\ 000$	12	8	16	14
$D(b) > 2\ 000$	14	9	20	16

表 1－13　金属圆形风管法兰及螺栓规格　（单位：mm）

风管直径 *D*	法兰材料规格		螺栓规格
	扁钢	角钢	
D≤140	20×4	—	M6
140＜*D*≤280	25×4	—	
280＜*D*≤630	—	25×3	
630＜*D*≤1 250	—	30×4	M8
1 250＜*D*≤2 000	—	40×4	

表 1－14　金属矩形风管法兰及螺栓规格　（单位：mm）

风管长边尺寸 *b*	法兰材料规格（角钢）	螺栓规格
b≤630	25×3	M6
630＜*b*≤1 500	30×3	M8
1 500＜*b*≤2 500	40×4	
2 500＜*b*≤4 000	50×5	M10

表 1－15　硬聚氯乙烯圆形风管法兰规格　（单位：mm）

风管直径 *D*	材料规格（宽×厚）	连接螺栓	风管直径 *D*	材料规格（宽×厚）	连接螺栓
D≤180	35×6	M6	800＜*D*≤1 400	45×12	M10
180＜*D*≤400	35×8	M8	1 400＜*D*≤1 600	50×15	
400＜*D*≤500	35×10		1 600＜*D*≤2 000	60×15	
500＜*D*≤800	40×10		*D*＞2 000	按设计	

表 1－16　硬聚氯乙烯矩形法兰规格　（单位：mm）

风管边长 *b*	材料规格（宽×厚）	连接螺栓	风管边长 *b*	材料规格（宽×厚）	连接螺栓
b≤180	35×6	M6	800＜*b*≤1 250	45×12	M10
160＜*b*≤400	35×8	M8	1 250＜*b*≤1 600	50×15	
400＜*b*≤500	35×10		1 600＜*b*≤2 000	60×18	
500＜*b*≤800	40×10	M10	*b*＞2 000	按设计	

表 1－17　有机、无机玻璃钢风管法兰规格　（单位：mm）

风管直径 D 或风管边长 b	材料规格（宽×厚）	连接螺栓
$D(b)\leqslant 400$	30×4	M8
$400<D(b)\leqslant 1\ 000$	40×6	
$1\ 000<D(b)\leqslant 2\ 000$	50×8	M10

表 1－18　圆形弯管曲率半径和最少节数

弯管直径 D(mm)	曲率半径 R	弯管角度和最少节数							
		90°		60°		45°		30°	
		中节	端节	中节	端节	中节	端节	中节	端节
80～220	$\geqslant 1.5D$	2	2	1	2	1	2	—	2
220～450	$D\sim 1.5D$	3	2	2	2	1	2	—	2
450～800	$D\sim 1.5D$	4	2	2	2	1	2	1	2
800～1 400	D	5	2	3	2	2	2	1	2
1 400～2 000	D	8	2	5	2	3	2	2	2

表 1－19　圆形风管无法兰连接形式

无法兰连接形式		附件板厚	接口要求	使用范围
承插连接	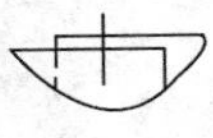	—	插入深度≥30 mm，有密封要求	低压风管直径＜700 mm
带加强筋承插	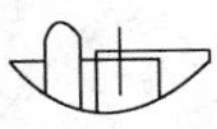	—	插入深度≥20 mm，有密封要求	中、低压风管
角钢加固承插		—	插入深度≥20 mm，有密封要求	中、低压风管
芯管连接	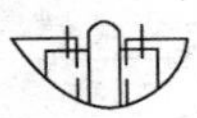	≥管板厚	插入深度≥20 mm，有密封要求	中、低压风管
立筋抱箍连接	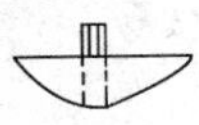	≥管板厚	翻边与楞筋匹配一致，紧固严密	中、低压风管
抱箍连接	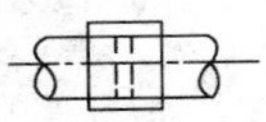	≥管板厚	对口尽量靠近不重叠，抱箍应居中	中、低压风管宽度≥100 mm

表 1－20　短形风管无法兰连接形式

无法兰接连形式		附件板厚(mm)	使用范围
S形插条		≥0.7	低压风管单独使用连接处必须有固定措施
C形持条		≥0.7	中、低压风管
立插条		≥0.7	中、低压风管
立咬口		≥0.7	中、低压风管
包边立咬口		≥0.7	中、低压风管
薄钢板法兰插条		≥0.7	中、低压风管
薄钢板法兰弹簧夹		≥0.7	中、低压风管
直角形平插条		≥0.7	低压风管
立联合角形插条		≥0.8	低压风管

注：薄钢板法兰风管也可采用铆接法兰条连接的方法。

表 1－21　圆形风管的芯管连接

风管直径 D(mm)	芯管长度 l(mm)	自攻螺丝或抽芯铆钉数量(个)	外径允许偏差(mm)	
			圆管	芯管
120	120	3×2	－1～0	－3～－4
300	160	4×2		
400	200	4×2	－2～0	－4～－5
700	200	6×2		
900	200	8×2		
1 000	200	8×2		

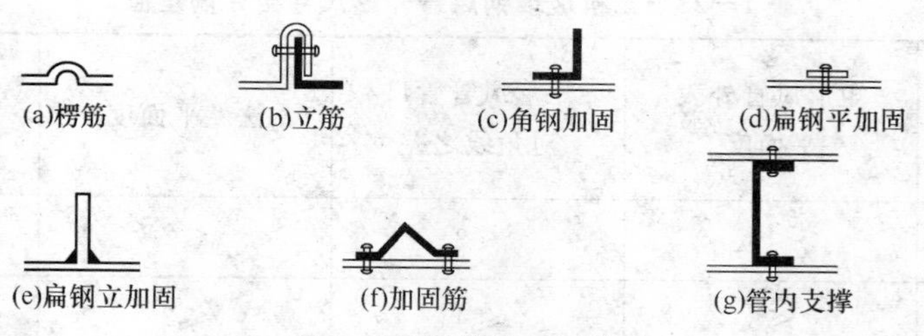

图 1－1　风管的加固形式

表 1－22　焊缝形式及坡口

焊缝形式	焊缝名称	图形（mm）	焊缝高度（mm）	板材厚度（mm）	焊缝坡口张角 α(°)
对接焊缝	V 形单面焊	α；1~1.5；0.5~1	2～3	3～5	70～90
	V 形双面焊	α；1~1.5；0.5~1	2～3	5～8	70～90
对接焊接	X 形双面焊	α；1~1.5；0.5~1	2～3	≥8	70～90
搭接焊缝	搭接焊	a；≥3a	≥最小板厚	3～10	—
填角焊缝	填角焊无坡角		≥最小板厚	6～18	—
			≥最小板厚	≥3	—
对角焊缝	V 形对角焊	1~1.5；α	≥最小板厚	3～5	70～90
		1~1.5；α	≥最小板厚	5～8	70～90
		3~5；a	≥最小板厚	6～15	70～90

表 1－23　无机玻璃钢风管外形尺寸允许偏差值　（单位：mm）

直径或大边长	矩形风管外表平面度	矩形风管管口对角线之差	法兰平面度	圆形风管两直径之差
≤300	≤3	≤3	≤2	≤3
301～500	≤3	≤4	≤2	≤3
501～1 000	≤4	≤5	≤2	≤4
1 001～1 500	≤4	≤6	≤3	≤5
1 501～2 000	≤5	≤7	≤3	≤5
＞2 000	≤6	≤8	≤3	≤5

二、施工材料要求

（1）制作风管及配件的钢板厚度见表 1－24。

表 1－24　风管及配件钢板厚度　（单位：mm）

类别 风管直径 D 或长边尺寸 b	矩形风管		除尘系统风管
	中、低压系统	高压系统	
$D(b)\leqslant 320$	0.5	0.75	1.5
$320<D(b)\leqslant 450$	0.6	0.75	1.5
$450<D(b)\leqslant 630$	0.6	0.75	2.0
$630<D(b)\leqslant 1\,000$	0.75	1.0	2.0
$1\,000<D(b)\leqslant 1\,250$	1.0	1.0	2.0
$1\,250<D(b)\leqslant 2\,000$	1.0	1.2	按设计
$2\,000<D(b)\leqslant 4\,000$	1.2	按设计	

注：1. 螺旋风管的钢板厚度可适当减小 10%～15%；
2. 排烟系统风管钢板厚度可参考高压系统；
3. 特殊除尘系统风管钢板厚度应符合设计要求；
4. 不适用于地下人防与防火隔墙的面埋管。

（2）制作不锈钢风管和配件的板材厚度见表 1－25。

表 1－25 不锈钢风管和配件的板材厚度 （单位：mm）

圆形风管直径或矩形风管大边长	不锈钢板厚度
100～500	0.5
560～1 120	0.75
1 250～2 000	1.00
2 500～4 000	1.2

(3)制作铝板风管和配件的板材厚度应符合表 1－26 的规定。

表 1－26 铝板风管和配件的板材厚度 （单位：mm）

圆形风管直径或矩形风管大边长	铝板厚度
100～320	1.0
360～630	1.5
700～2 000	2.0
2 500～4 000	2.5

三、施工工艺解析

风管制作的施工工艺见表 1－27。

表 1－27 风管制作的施工工艺

项目	内容
放样下料	(1)风管加工尺寸的核定 根据设计要求、图纸会审纪要，结合现场实测数据绘制风管加工草图，并标明系统风量、风压测定孔的位置。 (2)风管展开下料 根据风管施工图(或放样图)把风管的表面形状，按实际的大小铺在板料上。展开方法有三种：平行线展开法、放射线展开法和三角线展开法。 风管展开下料应注意：明确板材的壁厚、板材的接缝形式及风管的连接形式等，并在展开下料时考虑余量。 矩形及圆形风管板材厚度应不小于表 1－25 的规定。 板材剪切应进行下料复核，复核无误后按划线形状进行剪切。 板材下料后在压口之前，应用倒角机进行倒角。倒角形状如图 1－2 所示 板材 板材 机械切角 手工切角 图 1－2 倒角形状示意图

续上表

<table>
<tr><th>项目</th><th>内　容</th></tr>
<tr><td>板材纵向连接</td><td>(1)风管板材纵向连接可采用咬口连接与焊接连接。不同板材咬接或焊接界限见表1－28的规定。
(2)焊接连接。
1)焊接时可采用气焊、电焊、氩弧焊或接触焊等,焊缝形式应根据风管的构造和焊接方法而定,可按图1－3中的几种形式选用。
2)铝板风管焊接时,焊材应与母材相匹配,焊缝应牢固。
(3)咬口连接。
1)矩形、圆形管材纵向连接形式及使用范围见表1－29。
2)圆形管材板材的连接分为螺旋结合与纵向结合缝两种。
①螺旋咬口风管的咬口间距不应大于150 mm。
②纵向咬口风管的内径大于400 mm时,管壁应压制加强筋;直径大于1 000 mm时,管壁应压制两道加强筋。加强筋高度不小于3 mm。
③纵向结合缝采用搭接、内平搭接连接时,其搭接宽度应大于6倍板厚,铆钉间距应小于150 mm。
3)咬口与折方。
①咬口时应扶稳板料,手指距滚轮护壳不小于50 mm,不得放在咬口机轨道上。
②将画好折方线的板料放在折方机下模的中心线上。操作时使机械上刀片中心线与下模中心线重合,折成所需要的角度。
③折方时应与折方机保持一定距离,以免被翻转的钢板碰伤。
④折方后用合口机或手工进行合缝。操作时,用力应均匀,不宜过重,使单、双口确定咬口,无胀裂和半咬口现象。
4)板材采用咬口形式时,其咬口缝应紧密,宽度应一致,折角应平直。咬口宽度应符合表1－30的要求。
(4)铆钉连接。
铆钉连接是将两块要连接的板材,使其两边相重叠,并用铆钉穿连铆合在一起的连接方法。铆钉直径、铆钉长度及铆钉之间的间距等应根据板材厚度进行选择。
镀锌钢板或彩色涂层钢板的拼接,应采用咬接或铆接,且不得有十字形拼接缝。彩色涂层钢板的涂塑面应设在风管内侧,加工时应避免损坏涂塑层,损坏的部分应进行修补。
一般情况下,铆钉的直径 $d=2s$(s 为板厚),但不应小于3 mm;铆钉的长度 $L=2s+(1.5\sim2)d$;铆钉之间的间距一般为40～100 mm,严密性要求较高时,其间距应小一些;铆钉孔中心到板边的距离 $B=(3\sim4)d$。
(5)板材拼接要求。
1)风管板材拼接的咬口缝应错开,不得有十字形拼接缝。
2)镀锌钢板及有保护层的钢板的拼接,应采用咬接或铆接。
3)不锈钢板厚度不大于1 mm时,板材拼接可采用咬接;板厚大于1 mm时宜采用氩弧焊或电弧焊,不得采用气焊。
4)铝板厚度不大于1.5 mm时,板材拼接可采用咬接或铆接,但不应采用按扣式咬口</td></tr>
</table>

续上表

<table>
<tr><th colspan="2">项目</th><th>内　容</th></tr>
<tr><td rowspan="2">法兰制作</td><td>圆形法兰制作</td><td>加工圆形法兰时，先将整根角钢或扁钢放在卷圆机上，卷成螺旋形状后，再将卷好的角钢或扁钢划线割开，逐个放在平台上找平找正，调整后进行焊接、钻孔。孔位应沿圆周均布。
圆形风管法兰材料规格应符合表1－13的规定。
法兰尺寸偏差应为正偏差，其偏差值为2 mm</td></tr>
<tr><td>矩形法兰制作</td><td>矩形风管法兰由四根角钢或扁钢组焊而成，划线下料时应使焊成后的法兰内框尺寸不小于风管的外边尺寸。用切割机切断角钢或扁钢，进行调直，磨掉毛刺后用台钻加工铆钉孔或螺栓孔。
钻孔后的型钢放在焊接平台上进行焊接，焊接时用模具卡紧。
中、低压系统风管法兰的铆钉孔及螺栓孔的孔距不应大于150 mm；高压系统的风管不应大于100 mm。净化空调系统，当洁净度等级为1～5级时，不应大于65 mm；为6～9级时，铆钉的孔距不应大于100 mm。
矩形法兰的四角部位应设有螺孔。螺孔孔径应比螺栓直径大1.5 mm，螺孔的孔距应准确。
金属矩形风管角钢法兰规格及连接要求应符合表1－14的规定</td></tr>
<tr><td>风管连接</td><td>风管法兰连接</td><td>(1)风管与法兰铆接前应进行技术复核。将法兰套在风管上，管端留出6～9 mm左右的翻边量，管中心线与法兰平面应垂直，然后使用铆钉钳将风管与法兰铆固，并留出四周翻边。
(2)铆钉：用钢铆钉，铆钉平头朝内，圆头在外。铆钉规格及铆钉孔尺寸见表1－31。风管法兰内侧的铆钉处应涂密封胶，涂胶前应清除铆钉表面油污。
(3)壁厚不大于1.2 mm的风管套入角钢法兰框后，应将风管端面翻边，并用铆钉铆接。风管的翻边应平整、紧贴法兰、宽度均匀，应剪去风管咬口部位多余的咬口层，并保留一层余量；翻边四角不得撕裂，翻拐角边时，应拍打为圆弧形，翻边高度不应小于6 mm；涂胶时，应适量、均匀，不得有堆积现象。咬缝及四角处应无开裂与孔洞；铆接应牢固，无脱铆和漏铆。
(4)未经过防腐处理的钢板在加工咬口前，宜涂一道防锈漆。
(5)薄钢板法兰风管制作应符合以下要求。
1)薄钢板法兰应采用机械加工。风管折边(或组合式法兰条)应平直，弯曲度不应大于5‰。
2)组合式薄钢板法兰与风管连接可采用铆接、焊接或本体冲压连接。低、中压风管与法兰的铆(压)接点，间距应小于或等于150 mm；高压风管的铆(压)接点间距应小于或等于100 mm。
3)弹簧夹应具有相应的弹性强度，形状和规格应与薄钢板法兰匹配，长度宜为120～150 mm。
4)圆形风管采用法兰连接时，材料规格应符合表1－13的规定。低压和中压系统风管法兰的螺栓及铆钉的间距应不大于150 mm；高压系统风管应不大于100 mm</td></tr>
</table>

续上表

<table>
<tr><th colspan="2">项目</th><th>内　容</th></tr>
<tr><td>风管连接</td><td>风管无法兰连接</td><td>(1)承插连接。
1)直接承插连接如图 1－4 所示。
制作风管时，使风管的一端比另一端的尺寸略大，然后插入连接，插入深度大于 30 mm，用拉铆钉或自攻螺钉固定两节风管连接位置。在接口缝内或外沿涂抹密封胶，完成风管段的连接。这种连接形式结构最为简单，用料也最省，但接头刚度较差，所以仅用在断面较小的圆形风管上(低压风管直径小于 700 mm)。
2)芯管承插连接如图 1－5 所示。
利用芯管作为中间连接件，芯管两端分别插入两根风管实现连接，插入深度不小于 20 mm，然后用拉铆钉或自攻螺钉将风管和芯管连接段固定，并用密封胶将接缝封堵严密。这种连接方式一般都用在圆形风管和椭圆形风管上。
圆形风管采用芯管连接时，芯管的板厚应等于风管板厚。其长度、直径允许偏差及芯管自攻螺钉规格或铆钉数量应符合表 1－32 的规定。
(2)插条连接。
1)C 形插条连接如图 1－6(a)所示。
利用 C 形插条插入端头翻边 180°的两风管连接部位，将风管口咬达到连接的目的，其中插条插入风管两对边和风管接口相等，另两对边各长 50 mm 左右，使这两长边每头翻压 90°盖压在另一插条端头上，完成矩形风管的四个角定位，并用密封胶将接缝处堵严。这种连接方式多用于矩形风管。
2)S 形插条连接如图 1－6(b)所示。
利用中间连接件 S 形插条，将要连接的两根风管的管端分别插入插条的两面槽内，四角处理方法同 C 形插条。因 S 形插条风管是轴向插入槽内，故必须采取预防风管与插条轴向分离措施，一般可采用拉铆钉、自攻螺钉固定，或两对边分别采用 C、S 插条混用的方法。S 形插条均用于矩形风管连接(备注：采用 S、C 形插条连接时，风管最长边尺寸不得大于 630 mm，立咬口不大于 1 000 mm)。
C 形、S 形插条与风管插口的宽度应匹配，插条的两端延长量(图 1－6)不宜小于 20 mm；S 形插条与风管边长尺寸允许偏差为 2 mm。
3)直角形插条连接如图 1－7 所示。
利用 C 形插条从中间外弯 90°做连接件插入矩形风管主管平面与支管管端的连接。主管平面开洞，洞边四周翻边 180°，翻边后净留孔尺寸刚好等于所连接支管断面尺寸，支管管端翻边 180°。将需连接口对合后，四边分别插入已折 90°的 C 形插条，四角处理同 C 形插条。
(3)咬合连接。
立咬口与包边立咬口风管的立筋高度应不小于 25 mm。立咬口的折角应与风管垂直，垂直度允许偏差为 5‰；立咬口四角连接处的 90°贴角板厚应不小于风管板厚。
1)立咬口连接如图 1－8 所示。
利用风管两头四个面分别折成一个 90°和两个 90°，形成两个折边或一公一母。连接时，将一公端插接到母端，然后将母端外折边翻压到公端翻边背后，压紧后再用铆钉每间</td></tr>
</table>

续上表

项目		内　容
风管连接	风管无法兰连接	隔 200 mm 左右铆上一颗。为了堵严并固定四角，在合口时四角各加上一个 90°贴角。全部咬合完后，在咬口接缝处涂抹密封胶。立咬口连接一般都用于矩形风管连接。 2)包边立咬口连接如图 1－9 所示。 利用风管管头四边均翻一个垂直立边，然后利用一个公用包边将连接管头的两翻边合在一起并用铆钉完成紧固。风管连接四角和立咬口连接一样，需做贴角以保证风管四角刚度和密封。全部连接后，接缝处涂抹密封胶。包边立咬口连接一般都用于矩形风管连接。 (4)薄钢板法兰弹簧夹连接如图 1－10 所示。 矩形风管管端四面连接的薄钢板法兰弹簧夹和风管不是一体，而是专门压制出来的空心法兰条，连接风管管端四个面，分别插到预制好的法兰插条内，插条和风管本体板的固定有铆钉连接的形式，也有倒刺止退的形式。风管四角插入 90°贴角，以加强矩形风管的四角成型及密封。弹簧夹须用专用机械加工，连接接口密封除插入空心法兰和风管管端平面有密封胶条密封外，两法兰平面也需由密封胶条在连接时加以密封。 (5)混合连接。 1)立联合角形插条连接如图 1－11 所示。 利用一个立联合角形插条，将连接矩形风管的两个头，分别采用立咬口和平插的方式连在一起。不管是平插和立咬口连接处，均需用铆钉固定。咬口后的连接接缝处均须涂抹密封胶。 2)薄钢板法兰 C 形平插条连接如图 1－12 所示。 这种连接方式是在矩形风管连接管端，利用 C 形插条连接时，在风管端部多翻出一个立面，相当于连接法兰，以增大风管连接处的刚度。在接头连接时，四角须加工成对贴角，以便插条延伸出角及加固风管四角定形。插条最终仍需在四角一头压到另一头上去，并在接缝处涂抹密封胶
	金属风管的焊接连接	(1)当普通钢板的厚度大于 1.2 mm，可采用焊接连接。 (2)碳钢板风管焊接。碳钢板风管宜采用直流焊机焊接或气焊焊接。 焊接前，必须清除焊接端口处的污物、油迹、锈蚀；采用点焊或连续焊缝时，还应清除氧化物。对接口应保持最小的缝隙，手工点焊定位处的焊瘤应及时清除。采用机械焊接方法时，电网电压的波动不能超过±10%。焊接后，应将焊缝及其附近区域的电极熔渣及残留的焊丝清除。 风管焊缝形式：对接焊缝适用于板材拼接或横向缝及纵向闭合缝。搭接焊缝适用于矩形或管件的纵向闭合缝或矩形弯头、三通的转向缝，圆形、矩形风管封头闭合缝。 (3)除尘系统风管与法兰的连接宜采用内侧满焊、外侧间断焊。风管端面距法兰接口平面的距离不应小于 5 mm
风管的加固		(1)风管加固应符合下列规定。 1)圆形风管(不包括螺旋风管)直径不小于 800 mm，且当其管段长度大于 1 250 mm 或总表面积大于 4 m² 时均应采取加固措施。 2)矩形风管边长大于 630 mm、保温风管边长大于 800 mm，且当管段长度大于 1 250 mm 或低压风管单边平面积大于 1.2 m²，中、高压风管大于 1 m² 时，均应采取加固措施。

续上表

项目	内　容
风管的加固	3)非规则椭圆形风管的加固，应参照矩形风管执行。薄钢板法兰风管宜轧制加强筋，加强筋的凸出部分应位于风管外表面，排列间隔应均匀，板面不应有明显的变形。 4)风管的法兰强度低于规定强度时，可采用外加固框和管内支撑进行加固，加固件距风管连接法兰一端的距离不应大于 250 mm。 5)外加固型材的高度不宜大于风管法兰高度，且间隔应均匀对称；与风管的连接应牢固，螺栓或铆接点的间距不应大于 220 mm；外加固框的四角处，应连接为一体。 6)风管内支撑加固的排列应整齐、间距应均匀对称，应在支撑件两端的风管受力(压)面处设置专用垫圈。采用管套内支撑时，长度应与风管边长相等。 7)矩形风管刚度等级及加固间距宜按表 1－33 和表 1－34 进行选择和确定。 (2)金属风管加固方法。 风管一般可采用楞筋、立筋、角钢、扁钢、加固筋和管内支撑等加固形式，如图 1－1 所示。 (3)圆形风管分直缝和螺旋缝两种形式。直缝圆形风管的直径大于 800 mm、管段长度大于 1 250 mm 或总表面积大于 4 m^2 时，均应采取加固措施
防腐、喷涂	(1)无设计要求时，镀锌钢板、不锈钢板及铝板风管不喷漆。 (2)风管喷漆防腐不应在低温(低于 5℃)和潮湿(相对湿度大于 80％)的环境下进行。喷漆前应清除表面灰尘、污垢与锈斑，并保持干燥。喷涂时应使漆膜均匀、不得有堆积、漏涂、皱纹、气泡及混色等缺陷。 (3)普通钢板在压口时必须先喷一道防锈漆，保证咬缝内不易生锈
检查验收	(1)制作完毕的风管，根据合同技术文件、设计规定、验收规范及其他有关要求进行检验。 (2)风管成品检验后应按设计图纸主干管、支管系统的顺序写出连续号码及工程简名，合理堆放码好，等待运输出厂或安装

表 1－28　风管板材纵向连接的咬接及焊接界限

板厚(mm)	材　质			
	镀锌钢板	普通钢板	不锈钢板	铝板
$\delta \leqslant 1.0$	咬接	咬接	咬接	咬接
$1.0 < \delta \leqslant 1.2$			氩弧焊或电焊	
$1.2 < \delta \leqslant 1.5$	—	电焊		
$\delta > 1.5$				气焊或氩弧焊

表 1－29　矩形、圆形管材纵向连接形式及适用范围

名称	连接形式		适用范围
单咬口		 内平咬口	矩形、圆形风管 低、中、高压系统
		 外平咬口	矩形、圆形风管 正压范围：低、中、高压系统 负压范围：低、中压(≤750 Pa)系统
联合角咬口			矩形风管或配件四角咬接
按扣式咬口			低、中、高压系统矩形风管、配件四角咬接及低压圆形风管咬接
立咬口	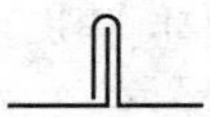		矩形风管纵向接缝

表 1－30　咬口宽度表　(单位：mm)

板厚 δ	平咬口宽	角咬口宽
$\delta \leqslant 0.7$	6～8	6～7
$0.7 < \delta < 0.85$	8～10	7～8
$0.85 \leqslant \delta \leqslant 1.2$	10～12	9～10

表 1－31　风管法兰铆钉规格及铆钉孔尺寸　(单位：mm)

类型	风管规格	铆孔尺寸	铆钉规格
方法兰	120～630	ϕ4.5	ϕ4×8
	800～2 000	ϕ5.5	ϕ5×10
圆法兰	200～500	ϕ4.5	ϕ4×8
	530～2 000	ϕ5.5	ϕ5×10

表 1－32　芯管长度、螺钉数量及直径允许偏差

<table>
<tr><th>风管直径 D(mm)</th><th>芯管长度 L(mm)</th><th>芯管每端口自攻
螺钉或铆钉数量(个)</th><th>芯管直径允许偏差(mm)</th></tr>
<tr><td>120</td><td>120</td><td>3</td><td rowspan="2">－3～－4</td></tr>
<tr><td>300</td><td>160</td><td>4</td></tr>
<tr><td>400</td><td>200</td><td>4</td><td rowspan="3">－4～－5</td></tr>
<tr><td>700</td><td>200</td><td>6</td></tr>
<tr><td>1 000</td><td>200</td><td>8</td></tr>
</table>

表 1－33　矩形风管连接刚度等级

<table>
<tr><th colspan="2">连接形式</th><th colspan="2">附件规格(mm)</th><th>刚度等级</th></tr>
<tr><td rowspan="4">角钢法兰</td><td rowspan="4"></td><td colspan="2">∟25×3</td><td>F3</td></tr>
<tr><td colspan="2">∟30×3</td><td>F4</td></tr>
<tr><td colspan="2">∟40×3</td><td>F5</td></tr>
<tr><td colspan="2">∟50×5</td><td>F6</td></tr>
<tr><td rowspan="6">薄钢板法兰</td><td rowspan="4">弹簧夹式
插接式
顶丝卡式</td><td rowspan="4">弹簧夹板厚度不小于 1 mm
顶丝卡厚度不小于 3 mm
顶丝螺栓 M8</td><td>$h=25$、$\delta_1=0.6$</td><td>Fb1</td></tr>
<tr><td>$h=25$、$\delta_1=0.75$</td><td>Fb2</td></tr>
<tr><td>$h=30$、$\delta_1=0.10$</td><td>Fb3</td></tr>
<tr><td>$h=40$、$\delta_1=1.2$</td><td>Fb3</td></tr>
<tr><td rowspan="2">组合式</td><td colspan="2">$h=25$、$\delta_1=0.75$</td><td>Fb3</td></tr>
<tr><td colspan="2">$h=30$、$\delta_1=1.0$</td><td>Fb5</td></tr>
<tr><td rowspan="2">形插条</td><td>平插条</td><td colspan="2">大于风管壁厚度且不小于 0.75 mm</td><td>F</td></tr>
<tr><td>立插条</td><td colspan="2">大于风管壁厚度且不小于 0.75 mm
$h\geqslant 25$ mm</td><td>F12</td></tr>
<tr><td rowspan="3">形插条</td><td>平插条</td><td colspan="2">大于风管壁厚度且不小于 0.75 mm</td><td>F1</td></tr>
<tr><td>立插条</td><td colspan="2">大于风管壁厚度且不小于 0.75 mm
$h\geqslant 25$ mm</td><td>F2</td></tr>
<tr><td>直角插条</td><td colspan="2">等于风管板厚度且不小于 0.75</td><td>F1</td></tr>
<tr><td colspan="2">立联合角形插条</td><td colspan="2">等于风管板厚度且不小于 0.75
$h\geqslant 25$ mm</td><td>F2</td></tr>
<tr><td colspan="2">立咬口</td><td colspan="2">等于风管板厚度
$h\geqslant 25$ mm</td><td>F2</td></tr>
</table>

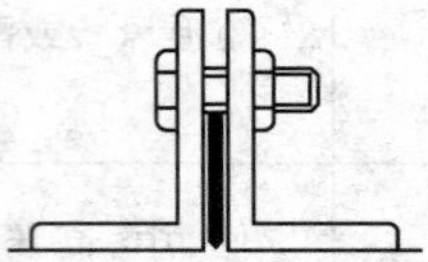

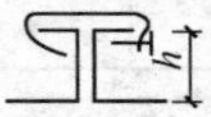

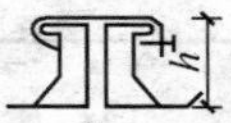

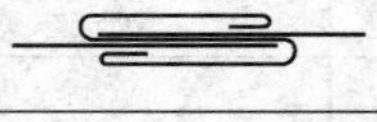

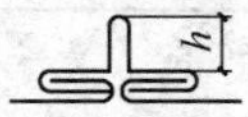

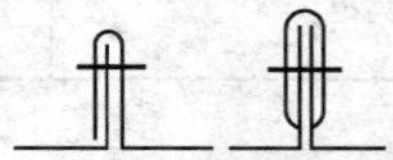

表 1－34　矩形风管连接允许最大间距　　(单位:mm)

刚度等级		风管边长 b								
		≤500	630	800	1 000	1 250	1 600	2 000	2 500	3 000
		允许最大间距								
低压风管	F1	3 000	1 600							
	F2	3 000	2 000	1 600	1 250				不使用	
	F3	3 000	2 000	1 600	1 250	1 000				
	F4	3 000	2 000	1 600	1 250	1 000	800	800		
	F5	3 000	2 000	1 600	1 250	1 000	800	800	800	
	F6	3 000	2 000	1 600	1 250	1 000	800	800	800	800
中压风管	F2	3 000	1 250							
	F3	3 000	1 600	1 250	1 000				不使用	
	F4	3 000	1 600	1 250	1 000	800	800			
	F5	3 000	1 600	1 250	1 000	800	800	800	625	
	F6	3 000	2 000	1 250	1 000	800	800	800	800	625
高压风管	F3	3 000	1 250							
	F4	3 000	1 250	1 000	800	625			不使用	
	F5	3 000	1 250	1 000	800	625	625			
	F6	3 000	1 250	1 000	800	625	625	625	500	400

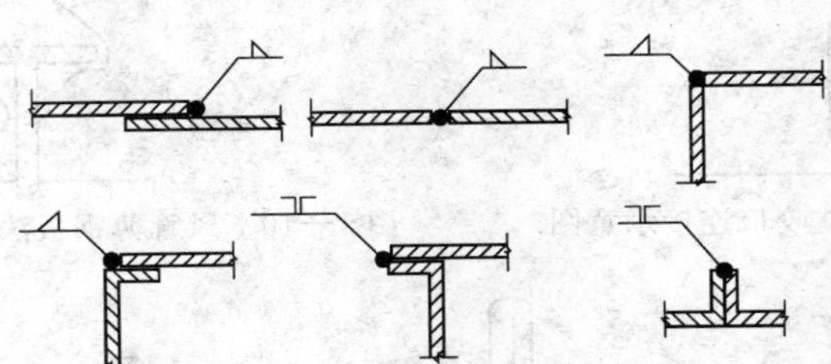

图 1－3　风管纵向焊接示意图

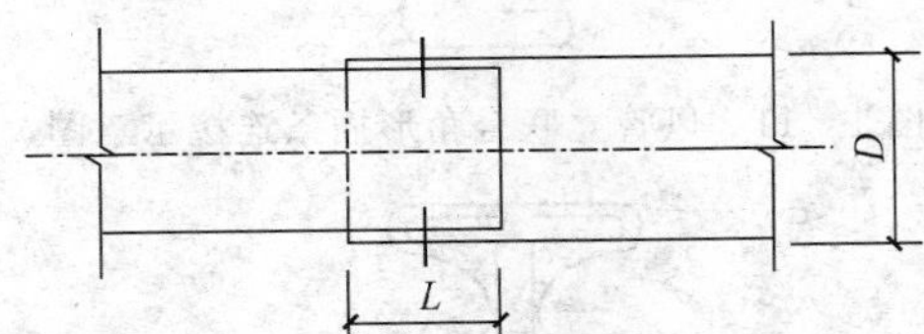

图 1－4　直接承插连接示意图

L－插入深度;D－风管管径

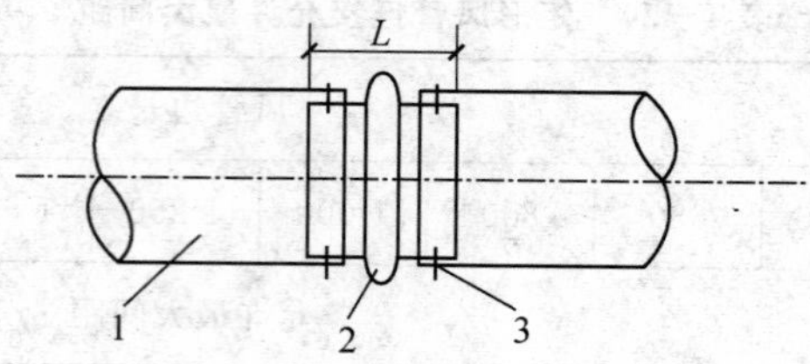

图1－5　芯管承插示意图

L－芯管长度

1－风管；2－内接管；3－自攻螺钉

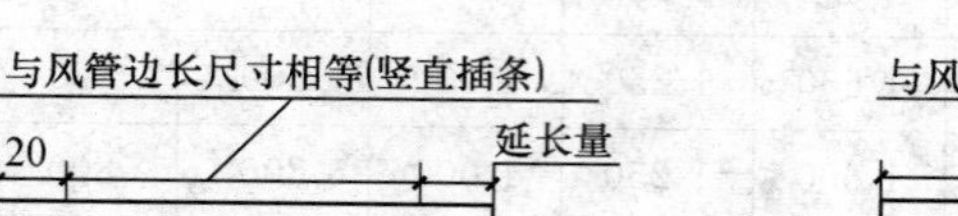

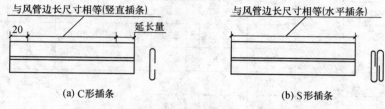

(a) C形插条

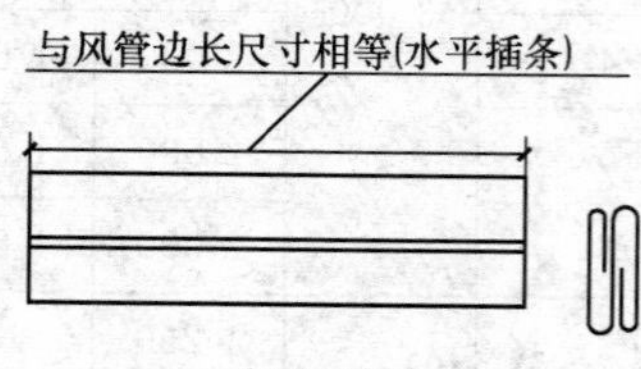

(b) S形插条

图1－6　C形插条、S形插条示意图(单位：mm)

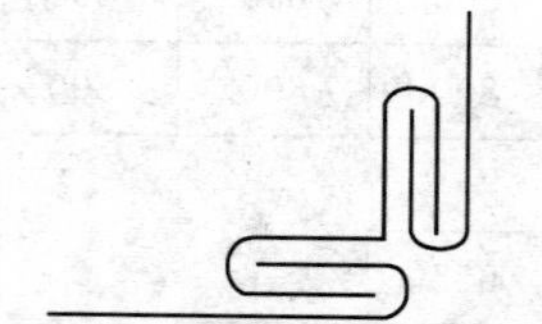

图1－7　风管直角形插条连接示意图

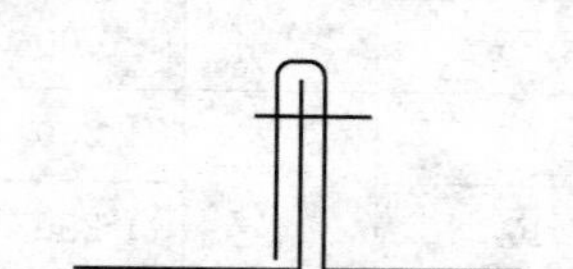

图1－8　风管立咬口连接示意图

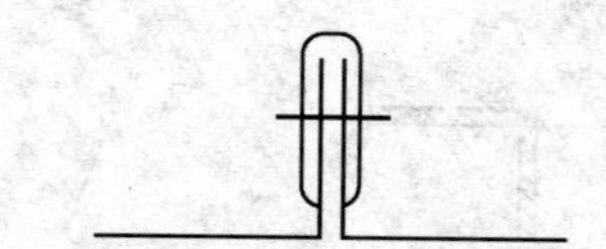

图1－9　风管包边立咬口连接示意图

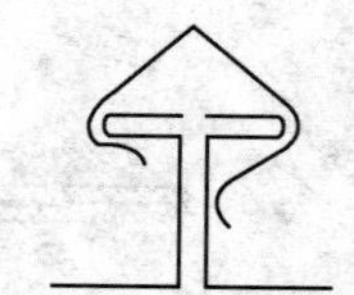

图1－10　风管薄钢板法兰弹簧夹连接示意图

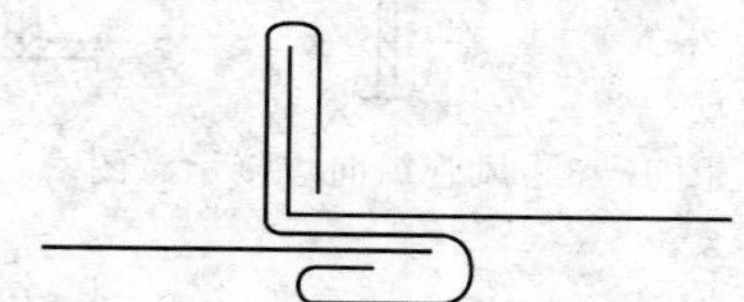

图1－11　风管立联合角形插条连接示意图

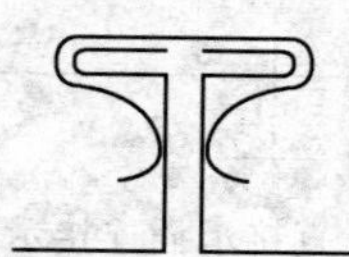

图1－12　风管薄钢板法兰C形平插条连接示意图

第二节 风管部件与消声器制作

一、验收标准条文

风管部件与消声器验收条文见表1—35。

表1—35 风管部件与消声器验收条文内容

项目	内容
一般规定	(1)适用于通风与空调工程中风口、风阀、排风罩等其他部件及消声器的加工制作或产成品质量的验收。 (2)一般风量调节阀按设计文件和风阀制作的要求进行验收,其他风阀按外购产品质量进行验收
主控项目	风管安装与消声器制作验收标准主控项目见表1—36
一般项目	风管安装与消声器制作验收标准一般项目见表1—37

表1—36 风管安装与消声器制作验收标准主控项目

<table>
<tr><th rowspan="2">内容</th><th colspan="2">检查</th></tr>
<tr><th>检查数量</th><th>检查方法</th></tr>
<tr><td>手动单叶片或多叶片调节风阀的手轮或扳手,应以顺时针方向转动为关闭,其调节范围及开启角度指示应与叶片开启角度相一致。
用于除尘系统间歇工作点的风阀,关闭时应能密封</td><td rowspan="2">按批抽查10%,不得少于1个</td><td>手动操作、观察检查</td></tr>
<tr><td>电动、气动调节风阀的驱动设置,动作应可靠,在最大工作压力下工作正常</td><td rowspan="2">核对产品的合格证明文件、性能报告,观察或测试</td></tr>
<tr><td>防火阀和排烟阀(排烟口)必须符合有关消防产品标准的规定,并应具有相应的产品合格证明文件</td><td>按种类、批抽查10%,不得少于2个</td></tr>
<tr><td>防爆风阀的制作材料必须符合设计规定,不得自行替换</td><td>全数检查</td><td>核对材料品种、规格,观察检查</td></tr>
<tr><td>净化空调的风阀,其活动件、固定件以及紧固件均应彩度镀锌或作其他防腐处理(如喷塑或烤漆);阀体与外界相通的缝隙处,应有可靠的密封措施</td><td rowspan="2">按批抽查10%,不得少于1个</td><td>核对产品的材料,手动操作、观察</td></tr>
<tr><td>工作压力大于1 000 Pa的调节风阀,生产厂应提供(在1.5倍工作压力下能自由开关)强度测试合格证明书(或实验报告)</td><td>核对产品的合格证明文件、性能检测报告</td></tr>
</table>

续上表

内　容	检　查	
	检查数量	检查方法
防排烟系统柔性短管的制作材料必须为不燃材料	全数检查	核对材料品种、规格，观察检查
消声弯管的平面边长大于800 mm时，应加设吸声导流片；消声器内直接迎风面的布质覆面层应有保护措施；净化空调系统消声器内的覆面应为不易产尘的材料	全数检查	核对材料品种、规格，观察检查

表1—37　风管安装与消声器制作验收标准一般项目

项目	规　定	检　查	
		检查数量	检查方法
手动单叶片或多叶片调节风阀	(1)结构应牢固，启闭应灵活，法兰应与相应材质风管的相一致。 (2)叶片的搭接应贴合一致，与阀体缝隙应小于2 mm。 (3)截面积大于1.2 m^2 的风阀应实施分组调节	按类别、批抽查10%，不得少于1个	手动操作，尺量、观察检查
止回风阀	(1)启闭灵活，关闭时应严密。 (2)阀叶的转轴、铰链应采用不易锈蚀的材料制作，保证转动灵活、耐用。 (3)阀片的强度应保证在最大负荷压力下不弯曲变形。 (4)水平安装的止回风阀应有可靠的平衡调节机构		观察、尺量，手动操作试验并核对产品的合格证明文件
插板风阀	(1)壳体应严密，内壁应作防腐处理。 (2)插板应平整，启闭灵活，并有可靠的定位固定装置。 (3)斜插板风阀的上下接管应成一直线		手动操作，尺量、观察检查
三通调节风阀	(1)拉杆或手柄的转轴与风管的结合处应严密。 (2)拉杆可在任意位置上固定，手柄开关应标明调节的角度。 (3)阀板调节方便，并不与风管相碰擦		观察、尺量，手动操作试验
风量平衡阀	应符合产品技术文件的规定		观察、尺量，核对产品的合格证明文件

续上表

<table>
<tr><th rowspan="2">项目</th><th rowspan="2">规　定</th><th colspan="2">检　查</th></tr>
<tr><th>检查数量</th><th>检查方法</th></tr>
<tr><td>风罩的制作</td><td>(1)尺寸正确、连接牢固、形状规则、表面平整光滑，其外壳不应有尖锐边角。
(2)槽边侧吸罩、条缝抽风罩尺寸应正确，转角处弧度均匀、形状规则，吸入口平整，罩口加强板分隔间距应一致。
(3)厨房锅灶排烟罩应采用不易锈蚀的材料制作，其下部集水槽应严密不漏水，并坡向排放，罩内油烟过滤器应便于拆卸和清洗</td><td>每批抽查10%，不得少于1个</td><td rowspan="2">尺量、观察检查</td></tr>
<tr><td>风帽的制作</td><td>(1)尺寸应正确，结构牢靠，风帽接管尺寸的允许偏差同风管的规定一致。
(2)伞形风帽伞盖的边缘应有加固措施，支撑高度尺寸应一致。
(3)锥形风帽内外锥体的中心应同心，锥体组合的连接缝应顺水，下部排水应畅通。
(4)筒形风帽的形状应规则、外筒体的上下沿口应加固，其不圆度不应大于直径的2%。伞盖边缘与外筒体的距离应一致，挡风圈的位置应正确。
(5)三叉形风帽三个支管的夹角应一致，与主管的连接应严密。主管与支管的锥度应为3°～4°</td><td>按批抽查10%，不得少于1个</td></tr>
<tr><td>导流片的分布</td><td>(1)矩形弯管导流叶片的迎风侧边缘应圆滑，固定应牢固。
(2)流片的弧度应与弯管的角度相一致</td><td>按批抽查10%，不得少于1个</td><td>核对材料，尺量、观察检查</td></tr>
<tr><td>柔性短管</td><td>(1)应选用防腐、防潮、不透气、不易霉变的柔性材料。用于空调系统的应采取防止结露的措施；用于净化空调系统的还应是内壁光滑、不易产生尘埃的材料。
(2)柔性短管的长度，一般为150～300 mm，其连接处应严密、牢固可靠。
(3)柔性短管不宜作为找正、找平的异径连接管。
(4)设于结构变形缝的柔性短管，其长度宜为变形缝的宽度加100 mm及以上</td><td>按数量抽查10%，不得少于1个</td><td>尺量、观察检查</td></tr>
</table>

续上表

项目	规　定	检　查	
		检查数量	检查方法
消声器的制作	(1)所选用的材料，应符合设计的规定，如防火、防腐、防潮和卫生性能等要求。 (2)外壳应牢固、严密，其漏风量应符合规范 GB 50243－2002 有关内容的规定。 (3)充填的消声材料，应按规定的密度均匀铺设，并应有防止下沉的措施。消声材料的覆面层不得破损，搭接应顺气流，且应拉紧，界面无毛边。 (4)隔板与壁板结合处应紧贴、严密；穿孔板应平整、无毛刺，其孔径和穿孔率应符合设计要求	按批抽查10%，不得少于1个	尺量、观察检查，核对材料合格的证明文件
检查门	(1)应平整、启闭灵活、关闭严密，其与风管或空气处理室的连接处应采取密封措施，无明显渗漏。 (2)净化空调系统风管检查门的密封垫料，宜采用成型密封胶带或软橡胶条制作	数量抽查20%，不得少于1个	观察检查
风口	(1)以颈部外径与外边长为准，其尺寸的允许偏差值应符合表1－38的规定。 (2)风口的外表装饰面应平整；叶片或扩散环的分布应匀称、颜色应一致、无明显的划伤和压痕；调节装置转动应灵活、可靠，定位后应无明显自由松动	按类别、批分别抽查5%，不得少于1个	尺量、观察检查，核对材料合格的证明文件并手动操作检查

表1－38　风口尺寸允许偏差　（单位：mm）

圆形风口			
直径	≤250	＞250	
允许偏差	0～－2	0～－3	
矩形封口			
边长	＜300	300～800	＞800
允许偏差	0～－1	0～－2	0～－3
对角线长度	＜300	300～500	＞500
对角线长度之差	≤1	≤2	≤3

二、施工材料要求

风管部件与消声器制作材料选用要求见表1－39。

表1－39　风管部件与消声器制作材料选用要求

项目		内　容
风管部件	钢材	(1)热轧圆钢、方钢及六角钢(表1－40、表1－41)。 (2)热轧扁钢(表1－42)。 (3)热轧等边角钢(表1－43)
	布与橡胶板	(1)帆布 帆布分为普通帆布和防潮帆布。防潮帆布就是在普通帆布上刷帆布漆，如刷Y02－11帆布漆。帆布的规格及物理性能见表1－44。 (2)软塑料布 软塑料布用于制作柔性短管，常用厚度为0.8～1 mm。其规格为：厚度0.8 mm，每1 000 m^2重690 kg；厚度0.9 mm，每1 000 m^2重980 kg；厚度1 mm，每1 000 m^2重1 200 kg。 (3)橡胶板 橡胶板可用于制作柔性短管或法兰盘的垫料，其规格重量见表1－45。 (4)石棉布 石棉布的物理性能及单位面积重量见表1－46
	焊接材料	(1)铝及铝合金焊丝 1)圆形焊丝尺寸及允许偏差应符合表1－47规定。直条焊丝长度为500～1 000 mm，允许偏差为±5 mm。 2)扁平焊丝尺寸应符合表1－48规定。焊丝长度为500～1 000 mm，允许偏差为±5 mm。 3)根据供需双方协议，可产生其他尺寸、偏差的焊丝。 (2)表面质量 焊丝表面应光滑，无毛刺、凹坑、划痕和裂纹等缺陷，也不应有其他不利于焊接操作或对焊缝金属有不良影响的杂质。 (3)送丝性能 缠绕的焊丝应适于在自动和半自动焊机上连续送丝
	手工氩弧焊电极材料	铝板风管、不锈钢风管在用手工钨极氩弧焊时，所选用的手工钨极电极材料见表1－49

续上表

项目		内容
消声器	吸声材料的选用	制作消声器的吸声材料应选用符合设计或国家标准图要求的技术性能的材料。消声材料为多孔材料，具有单位密度小、防火性强、吸湿性小、受温度影响变形不大、施工方便、无毒、无臭及经济耐用等特点。目前常采用超细玻璃棉、玻璃纤维板、工业毛毡等
	常用吸声材料	(1)玻璃棉 玻璃棉具有密度小(超细玻璃棉密度不大于 60 kg/m³)、吸声及抗震性能好、富有弹性，以及不燃、不霉、不蛀和不腐蚀等优点。用它作为消声器填充料，不会出现因振动而产生收缩、沉积，以致上部产生空腔等影响吸声性能的现象。它的产品以无碱超细玻璃棉性能最佳，其纤维直径小于 4 μm，热导率 0.033 W/(m·K)，质软，对人体无刺激，吸湿率为 0.2%，是较理想的吸声填充料。 (2)矿渣棉 矿渣棉是以矿渣或岩石为主要原料制成的一种棉状短纤维。以矿渣为主要原料的称矿渣棉，以岩石为主要原料的称岩棉，矿棉是两者的通称。 矿渣棉采用高炉矿渣掺入石灰石或白云石和碎青砖在冲天炉或池窑中熔化(1 400℃～1 500℃)，熔融物用喷吹或离心法使其纤维化，再加胶黏剂使之成型。矿渣棉与岩棉均具有较强的耐碱性，但不耐强酸，pH 值为 7～9。矿渣棉具有质轻、不燃、不腐和吸声性能好等优点；其缺点是整体性差，易沉积，并对人体皮肤有刺激性。 (3)玻璃纤维板 玻璃纤维板的吸声性能比超细玻璃棉差一些，但防潮性能好，因施工操作时有刺手感，故一般不常采用。 (4)聚氨酯泡沫塑料 聚氨酯泡沫塑料是以聚醚树脂与多亚甲基多苯基多异氰酸脂(PAPI)为主要原料，再加入胶联剂(乙二氨聚醚)、催化剂(二丁基二月桂酸锡)、表面活性剂(硅油)和发泡剂(蒸馏水或氟利昂－11)等经发泡反应而制得的新型合成材料。聚氨酯泡沫塑料可以在专门的工厂中制造成硬质或非硬质的，也可以在施工现场喷涂成型或手工浇筑成型。主要技术性能见表 1－50。 硬质聚氨酯泡沫塑料是开孔结构，富有弹性，是较理想的过滤、防振、吸音材料。在通风空调工程中应用时应具备自熄性。所谓自熄性即有阻燃剂，使其离开火源后 1～2 s 内能自行熄灭

表 1－40 热轧圆钢、方钢及六角钢尺寸

名称	圆钢、方钢		六角钢
d 或 a (mm)	≤25	＞25	8～70

续上表

名称		圆钢、方钢		六角钢
长度(mm)	普通钢	4～12	3～12	3～8
	优质钢	2～12(工具钢 *d* 或 *a*>75 时;1～8)		2～6

表 1—41 热轧圆钢、方钢及六角钢规格表

d 或 *a* (mm)	圆钢 (*d*)	方钢 (*a*)	六角钢 (*a*)
	理论重量(kg/m)		
5.5	0.186	0.237	—
6	0.222	0.238	—
6.5	0.260	0.332	—
7	0.302	0.385	—
8	0.395	0.502	0.435
9	0.499	0.636	0.511
10	0.617	0.785	0.680
11	0.764	0.950	0.823
12	0.888	1.13	0.979
13	1.04	1.33	1.15
14	1.21	1.54	1.33
15	1.39	1.77	1.53
16	1.58	2.01	1.74
17	1.78	2.27	1.96
18	2.00	2.54	2.20

续上表

d 或 a (mm)	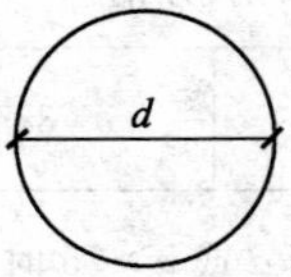 (圆 d)	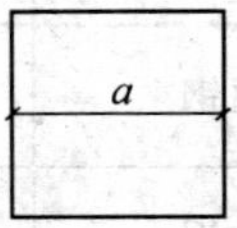 (方 a)	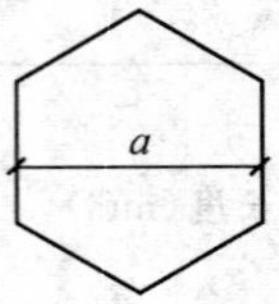 (六角 a)
	理论重量(kg/m)		
19	2.23	2.82	2.45
20	2.47	3.14	2.72
21	2.72	3.46	3.00
22	2.98	3.80	3.29
23	3.26	4.15	3.60
24	3.55	4.52	3.95
25	3.58	4.91	4.25
26	4.17	5.31	4.60
27	4.49	5.72	4.96
28	4.83	6.16	5.33
30	5.55	7.06	6.12
31	5.92	7.54	—
32	6.31	8.04	6.96
34	7.13	9.07	7.86
35	7.55	9.65	—
36	7.99	10.20	8.81
38	8.90	11.30	9.82
40	9.87	12.60	10.88
42	10.87	13.80	11.99
45	12.48	15.90	13.77
48	14.21	18.10	15.66
50	15.42	19.60	17.00

表 1—42　热轧扁钢规格

理论重量(kg/m) 宽度(mm) / 厚度(mm)	10	12	14	16	18	20	22	25	28	30	32	35	40	45	50
3	0.24	0.28	0.33	0.38	0.42	0.47	0.52	0.59	0.66	0.71	0.75	0.82	0.94	1.04	1.18
4	0.31	0.38	0.44	0.50	0.57	0.63	0.69	0.78	0.88	0.94	1.00	1.10	1.26	1.41	1.57
5	0.39	0.47	0.55	0.63	0.71	0.78	0.86	0.98	1.10	1.18	1.26	1.37	1.57	1.77	1.96
6	0.47	0.57	0.66	0.75	0.85	0.94	1.04	1.18	1.32	1.41	1.51	1.65	1.88	2.12	2.36
7	0.55	0.66	0.77	0.88	0.99	1.10	1.21	1.37	1.54	1.65	1.76	1.92	2.20	2.47	2.75
8	0.63	0.75	0.88	1.00	1.23	1.26	1.38	1.57	1.76	1.88	2.01	2.20	2.51	2.83	3.14

表 1—43　热轧等边角钢规格

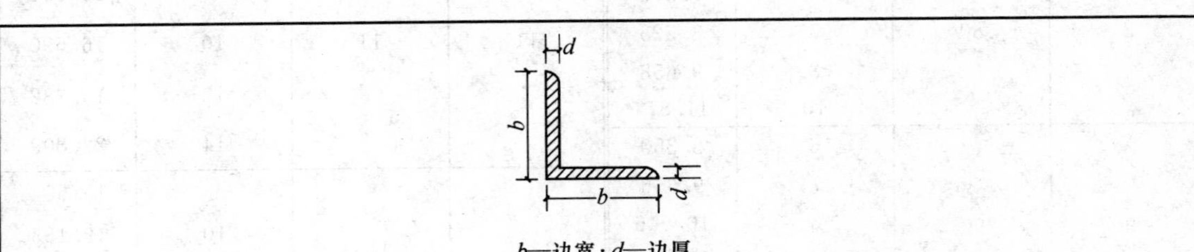

b—边宽；*d*—边厚

型号	尺寸(mm)		理论质量(kg/m)
	b	*d*	
2	20	3	0.889
		4	1.145
2.5	25	3	1.124
		4	1.459
3	30	3	1.373
		4	1.786
3.6	36	3	1.656
		4	2.163
		5	2.654
4	40	3	1.852
		4	2.422
		5	2.976
4.5	45	3	2.088
		4	2.736
		5	3.770
		6	4.465
5.6	56	3	2.624
		4	3.446
		5	4.251
		8	6.568
6.3	63	4	3.907
		5	4.822
		6	5.721
		8	7.469
		10	9.151

续上表

型号	尺寸(mm) b	尺寸(mm) d	理论质量(kg/m)	型号	尺寸(mm) b	尺寸(mm) d	理论质量(kg/m)
7	70	4	4.372	10	100	6	9.366
		5	5.397			7	10.830
		6	6.406			8	12.276
		7	7.398			10	15.120
		8	8.373			12	17.898
7.5	75	5	5.818			14	20.611
		6	6.905			16	23.257
		7	7.976	11	11	7	11.928
		8	9.030			8	13.532
		10	11.089			10	16.690
8	80	5	6.211			12	19.782
		6	7.376			14	22.809
		7	8.525	12.5	125	8	15.504
		8	9.658			10	19.133
		10	11.874			12	22.696
9	90	6	8.350			14	26.193
		7	9.656				
		8	10.946				
		10	13.476				
		12	15.940				

表 1—44 帆布的规格及物理性能

类型	宽度(mm)	厚度(mm)	每平方米重(kg)	密度(10 cm 的纱线根数) 经向	密度(10 cm 的纱线根数) 纬向
棉帆布(平纹)	710	0.5	200	150±5	150±5
	710	0.85	320	95±4	95±4
	710	1.20	700	84±4	84±3
防水用亚麻帆布	750 1 060	1.02	690	212～220	84～92
	750 1 060	1.07	770	22～230	84～92
	735 1 040	1.14	755	226～234	82～90
	740 1 045	1.22	770	224～232	82～90

表 1－45　橡胶板规格重量表

规格(厚)(mm)	重量(kg/m^2)
1	1.5
2	2.5
4	5
1.5	2.25
3	3.75
6	7.5

表 1－46　石棉布的物理性能及单位面积重量

经纬线密度	10 cm 内经线数(不少于)	厚度(mm)	3.0	56
			2.5	60
			2.0	64
			1.5	72
	10 cm 纬线数(不少于)		3.0	28
			2.5	30
			2.0	32
			1.5	36
水分含量(%)			不大于 3.5,如超过,不允许扣除超过部分计量,但最高不得大于 5.5	
灼热减量(%)			不大于 32(二等品 35)	
单位面积重量(kg/m^3)		厚度(mm)	3.0	2.0～2.2
			2.5	1.6～1.8
			2.0	1.2～1.4
			1.5	0.85～1.0

表 1－47　圆形焊丝尺寸允许偏差　　(单位：mm)

包装形式	焊丝直径	允许偏差
直条	1.2、1.6、2.0、2.4、2.5	+0.01 -0.04
	3.0、3.2、4.0、4.8	+0.01 -0.07

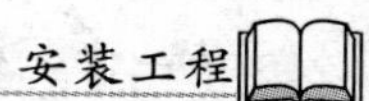

续上表

包装形式	焊丝直径	允许偏差
焊丝卷	0.8、0.9、1.0、1.2、1.4、1.6、2.0、2.4、2.5	+0.01 -0.04
	2.8、3.0、3.2	+0.01 -0.07
焊丝桶	0.9、1.0、1.2、1.4、1.6、2.0、2.4、2.5	+0.01 -0.04
	2.8、3.0、3.2	+0.01 -0.07
焊丝盘	0.5、0.6	+0.01 -0.03
	0.8、0.9、1.0、1.2、1.4、1.6、2.0、2.4、2.5	+0.01 -0.04
	2.8、3.0、3.2	+0.01 -0.07

注：根据供需双方协议，可生产其他尺寸及偏差的焊丝。

表1—48　扁平焊丝规格表　（单位：mm）

当量直径	厚度	宽度
1.6	1.2	1.8
2.0	1.5	2.1
2.4	1.8	2.7
2.5	1.9	2.6
3.2	2.4	3.6
4.0	2.9	4.4
4.8	3.6	5.3
5.0	3.8	5.2
6.4	4.8	7.1

表 1－49　手工钨极氩弧焊电板材料(钍钨极)表

牌号＼规格与成分	直径(mm)		化学成分(%)(质量分数)				
	最大	最小	氧化钍	三氧化二铁＋三氧化三铝	钼	氧化钙	钨
WTh－10 WTh－15 WTh－30	0.8	11.0	1.0～1.49 1.5～2.0 3.0～3.5	0.02	0.01	0.01	其余

表 1－50　聚氨酯泡沫塑料主要技术性能

技术指标	制　品	
	硬质	软质
容重(kg/m³)	30～50	30～42
压缩 10%时抗压强度(MPa)	＞0.2	—
常温导热系数[W/(m·K)]	0.031 5～0.047 (0.036 6～0.054 7)	0.02～0.04 (0.023 3～0.043 5)
重量吸水率(%)	0.2～0.3	—
体积吸水率(%)	0.03	—
使用温度(℃)	－80～100	－50～100
防水性	可燃,离火 2 s 自熄	
化学稳定性	耐机油、20%盐酸、45%氢氧化钠侵蚀,24 h 无变化	

三、施工工艺解析

(1)风口及散流器制作施工工艺见表 1－51。

表 1－51　风口及散流器制作施工工艺解析

项目		内　容
风口制作	双层百叶送风口	双层百叶送风口由外框、两组相互垂直的前叶片和后叶片组成。 (1)外框制作。用钢板剪成板条,锉去毛刺,精确地钻出铆钉孔,再用扳边机将板条扳成角钢形状,拼成方框;然后检查外表面的平整度,与设计尺寸的允许偏差应不大于 2 mm;检查角方,要保证焊好后两对角线之差不大于 3 mm;最后将四角焊牢再检查一遍。 (2)叶片制作。将钢板按设计尺寸剪成所需的条形,通过模具将两边冲压成所需的圆棱,然后锉去毛刺,钻好铆钉孔,再把两头的耳环扳成直角。 (3)油漆或烤漆等各类防腐工作均在组装之前完成。

续上表

<table>
<tr><th colspan="2">项目</th><th>内 容</th></tr>
<tr><td rowspan="4">风口制作</td><td>双层百叶送风口</td><td>(4)组装时,不论是单层、双层,还是多层叶片,其叶片的间距应均匀,允许偏差为±0.1 mm,轴的两端应同心,叶片中心线允许偏差不得超过3‰,叶片的平行度允许偏差不得超过4‰。
(5)将设计要求的叶片铆在外框上,要求叶片间距均匀,两端轴中心应在同一直线上,叶片与边框铆接松紧适宜,转动调节时应灵活,叶片平直,同边框不得有碰擦。图1—13中节点图Ⅱ—Ⅱ就是叶片与边框的铆接情况。
(6)组装后,圆形风口必须做到圆弧度均匀,外形美观;矩形风口四角必须方正,表面平整、光滑。风口的转动调节机构灵活、可靠,定位后无松动迹象。风口表面无划痕、压伤与花斑,颜色一致,焊点光滑</td></tr>
<tr><td>通风空调风口</td><td>(1)风口尺寸的允许偏差应当符合规定;风口装饰平面应当平整光滑,符合相关规定。风口平面度允许偏差,应符合表1—52的规定。
(2)风口装饰面上接口拼缝的缝隙:铝型材不应超过0.15 mm;其他材料应不超过0.2 mm。
(3)风口叶片按下列要求进行:①间距偏差不得大于±1 mm;②弯曲度允许偏差3‰;③平行度允许偏差4‰。
(4)风口装饰平面应无明显划伤和压痕;颜色应一致,无花斑现象;点焊应光滑牢固</td></tr>
<tr><td>插板式风口</td><td>常用于通风系统或要求不高的空调系统的送、回(吸)风口,借助插板改变风口净面积。算板式风口常用于空调和通风系统的回(吸)风口,通过调节螺栓来调节孔口,改变风口的净面积。
(1)插板式风口由插板、导向板、挡板等组成,如图1—13所示。
(2)活动算板式回风口是由外算板、内算板、连接框、调节螺栓等组成,如图1—14所示。
(3)插板式风口在调节插板时应平滑省力。制作的插板应平整、边缘光滑。在风口孔洞处的上边下边各设一块,上下两导向板应平行,在插板的尾端设置挡板并与插板吻合。导向板与插板均用铆钉固定在矩形或圆形风管上。制作的插板应平整、边缘应达到光滑程度,插板尾端两角加工为 $R5$ 的圆弧;活动算板式风口应注意孔口的间距,制作时应严格控制孔口的位置,其偏差在1 mm以内,并控制累计误差,使其上下两板孔口的间距一致,防止出现叠孔现象,影响风口的风量。
(4)组装后的插板式及活动算板式风口,外形应美观,启闭自如、灵活,能达到完全开启和闭合的要求</td></tr>
<tr><td>孔板式风口</td><td>孔板式风口可分为全面孔板和局部孔板。孔板式风口由高效过滤器箱壳、静压箱和孔板组成,如图1—15所示。过滤器风口一般用铝或铝合金板制作。全面孔板的孔口送风速度为3 m/s以上,送风(冷风)温差不低于30℃,单位面积送风量超过60 $m^3/(m^2 \cdot h)$,并且送风均匀。这种风口在孔板下方形成下送的垂直气流流型,适用于要求较高的空气洁净系统。当孔板出口风速和送风温差较小时,孔板下方形成不稳定流型,适用于高精度空调系统。</td></tr>
</table>

续上表

<table>
<tr><th colspan="2">项目</th><th>内　容</th></tr>
<tr><td rowspan="2">风口制作</td><td>孔板式风口</td><td>孔板的孔径一般为 6 mm，在加工孔板式风口时，为使孔口对称、美观并保证所需要的风量和气流流型，孔径与孔距应按设计要求进行加工，孔口的毛刺应锉平。对于有折角的孔板式风口，其明露部分的焊缝应磨平、打光。
对铝或铝合金制作的过滤器风口，在制作后均需进行阳极氧化处理和抛光着色。其外表装饰面拼接的缝隙应不大于 0.15 mm。组件加工中与过滤器接触的平面必须光滑、平整。
孔板加工前后应严格测量孔板的孔径、孔距及分布尺寸，使之符合设计要求。
组装后的孔板式风口，在安装时用四根吊环吊于顶部，固定在楼板上或轻钢吊顶上均可。送风管一般连接在孔板式风口的侧面，也可从静压箱的顶部接出。孔板均安装在下方</td></tr>
<tr><td>其他风口</td><td>(1)旋转式风口，由叶栅、壳体、钢球、压板、摇臂和定位螺栓等组成。
(2)球形风口，由球形壳体、弧形阀板等组成。</td></tr>
<tr><td colspan="2">散流器制作</td><td>散流器用于空调系统和空气洁净系统，它可分为直片型散流器和流线型散流器。直片型散流器形状有圆形和方形两种，内部装有调节环和扩散圈。调节环与扩散圈处于水平位置时，会产生气流垂直向下的气流流型，可用于空气洁净系统。当调节环插入扩散圈内 10 mm 左右时，使出口处的射流轴线与顶棚间的夹角 α 小于 50°，形成贴附气流，可用于空调系统。圆形直片型散流器各部分组成，如图 1－16 所示。
制作散流器时，应使圆形散流器的调节环和扩散圈同轴，每层扩散圈周边的间距一致，圆弧均匀；方形散流器则应边线平直，四角方正。
流线型散流器的叶片竖向距离，可根据所要求的气流流型进行调整，适用于恒温恒湿空调系统的空气洁净系统。流线型散流器的叶片形状为曲线形，手工操作达不到要求的效果，多采用模具冲压成型。目前，流线型散流器除按现行国家标准要求制作外，有的工厂已批量生产新型散流器，其特点是散流片整体安装在圆筒中，并可整体拆卸；并且散流片上还装有整流片和风量调节阀，其外形如图 1－17 所示。
方形散流器宜选用铝型材；圆形散流器宜选用铝型材或半硬铝合金板冲压成型</td></tr>
</table>

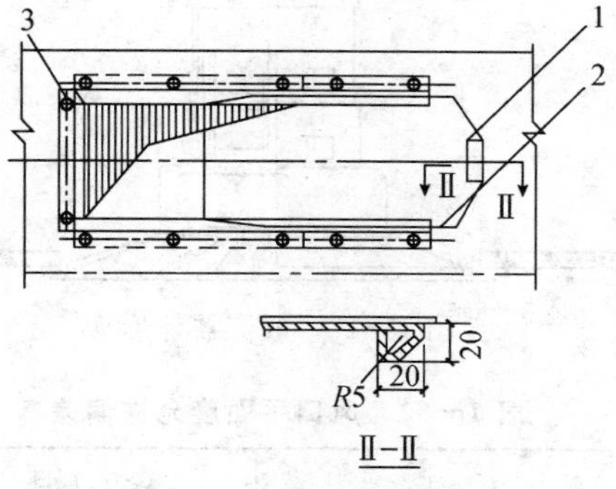

图 1－13　插板式送吸风口(单位：mm)

1－插板；2－导向板；3－挡板

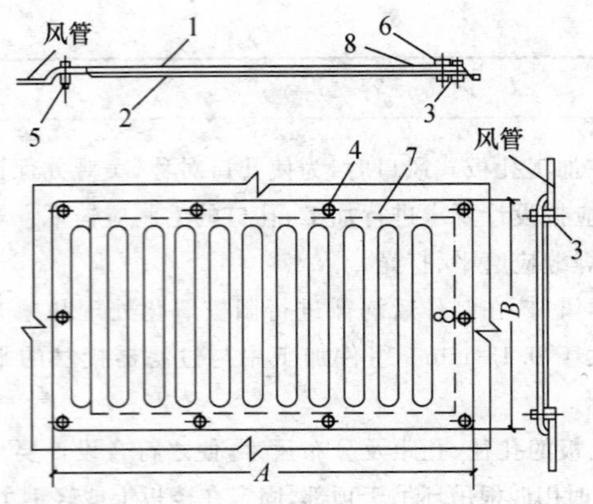

图 1－14 活动箅板式回风口

1－外箅板；2－内箅板；3－连接框；4－半圆头螺钉；5－平头铆钉；
6－滚花螺帽；7－光垫圈；8－调节螺栓；
A－回风口长度；B－回风口宽度，按设计决定

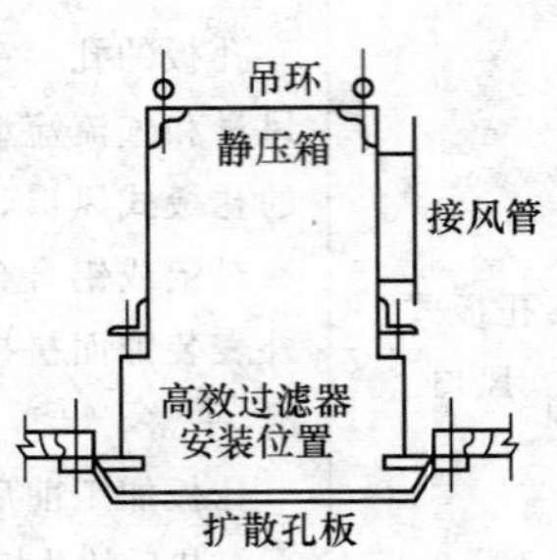

图 1－15 孔板式风口

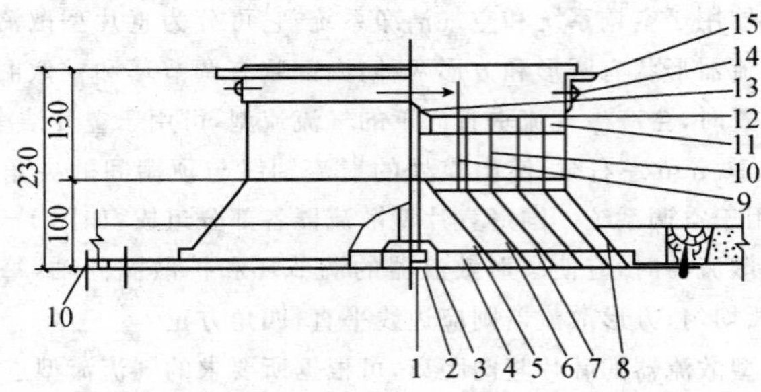

图 1－16 圆形直片型散流器(单位:mm)

1－调节螺杆；2－固定螺母；3－调节座；4－扩散圈连杆；5－中心扩散圈；6－有槽扩散圈；
7－中间扩散圈；8－最外扩散圈；9－有轨调节环；10－调节环；11－调节环连杆；
12－调节螺母；13－开口销；14－半圆头铆钉；15－法兰

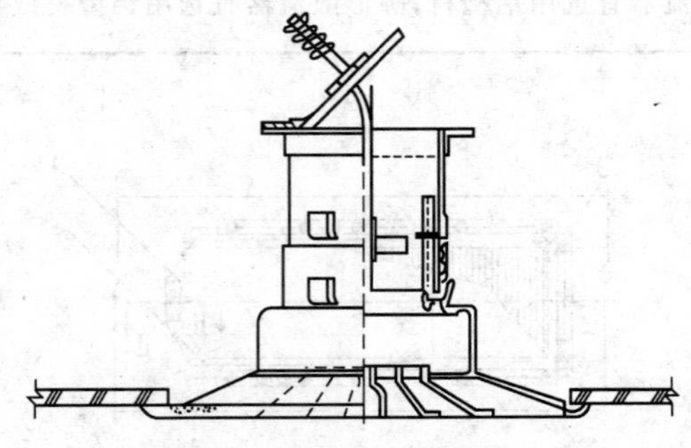

图 1－17 散流器外形

表 1－52 风口平面度允许偏差

表面积	＜0.1	≥0.1 且＜0.3	≥0.3 且＜0.8
允许偏差(mm)	1	2	3

(2)风罩制作施工工艺见表1－53。

表1－53　风罩制作施工工艺

项目	内　容
密闭罩	密闭罩可分为带卷帘密闭罩和热过程密闭罩两种，如图1－18和图1－19所示。通常用来把产生有害物质的局部位置完全密闭起来
排气罩	排气罩外形如图1－20所示。外部排气罩应安装在有害物的附近。 制作排气罩应符合设计或全国通用标准图集的要求，根据不同的形式展开划线，下料后进行机械或手动加工成型。其各孔洞均采用冲压制成。连接件要选用与主料相同的标准件。各部件加工后，尺寸应正确，形状要规则，表面须平整光滑，外壳不得有尖锐的边缘，罩口应平整。制作尺寸应准确，连接处应牢固。对于带有回转或升降机构的排气罩，所有活动部件应动作灵活、操作方便

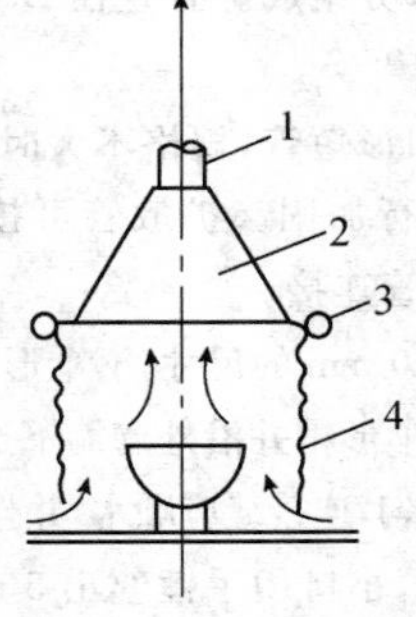

图1－18　带卷帘的密闭罩

1－烟道；2－伞形罩；3－卷绕装置；4－卷帘

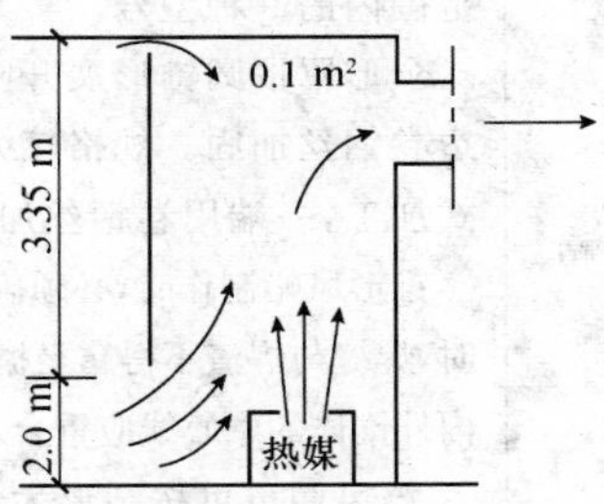

图1－19　热过程密闭罩

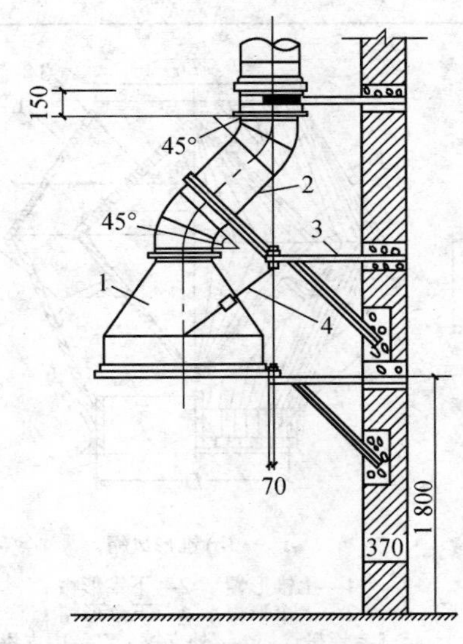

图1－20　排气罩(单位：mm)

1－圆回转罩；2－连接管；3－支架；4－拉杆

(3)风帽制作施工工艺见表1－54。

表1－54 风帽制作施工工艺

项目	内　容
伞型风帽	伞形风帽[图1－21(a)]适用于一般机械排风系统。伞形罩和倒伞形帽可按圆锥形展开咬口制成。当通风系统的室外风管厚度与标准图所示风帽不同时，零件伞形罩和倒伞形帽可按室外风管厚度制作。伞形风帽按标准图所绘，共有17种型号。支撑用扁钢制成，用以连接伞形风帽
锥形风帽	锥形风帽[图1－21(b)]适用于除尘系统。风帽有直径 D 在200～1 250 mm之间的17种型号。制作方法主要按圆锥形展开下料组装
筒形风帽	筒形风帽[图1－21(c)]比伞形风帽多出一个外圆筒，在室外风力作用下，风帽短管处形成空气稀薄现象，促使空气从竖管排至大气，风力越大，效率就越高，因此适用于自然排风系统。筒形风帽主要由伞形罩、外筒、扩散管和支撑四部分组成。有直径 D 在200～1 000 mm范围内的9种型号。 伞形罩按圆锥形展开咬口的方法制成。圆筒为一圆形短管，规格不大时，帽的两端可用翻边卷钢丝加固。规格较大时，可用扁钢或角钢做箍进行加固。扩散管可按圆形大小头的形式加工，一端用卷钢丝加固，一端铆上法兰，以便与风管连接。 锥形风帽制作时，必须确保锥形帽里的上伞形帽挑檐10 mm的尺寸，下伞形帽与上伞形帽焊接时，焊缝与焊渣不得露至檐口边，以防雨水从该处流到下伞形帽并沿外壁淌下造成漏雨。组装后，内外锥体的中心线应重合，而且两锥体间的水平距离应均匀，连接缝应顺水，并且下部排水通畅。 挡风圈也可按圆形大小头加工，大口可用卷边加固，小口用手锤錾出5 mm的直边和扩散管点焊固定。支撑用扁钢制成，用来连接扩散管、外筒和伞形帽。 风帽各部件加工完毕后，应刷好防锈底漆再进行装配；装配时，必须使风帽形状规整、尺寸准确、不倾斜；旋转风帽应重心平衡，所有部件应牢固

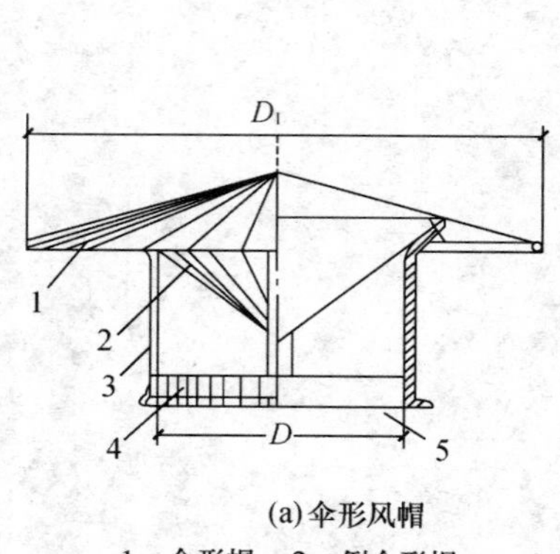

(a)伞形风帽

1—伞形帽；2—倒伞形帽；3—支撑；4—加固环；5—风管

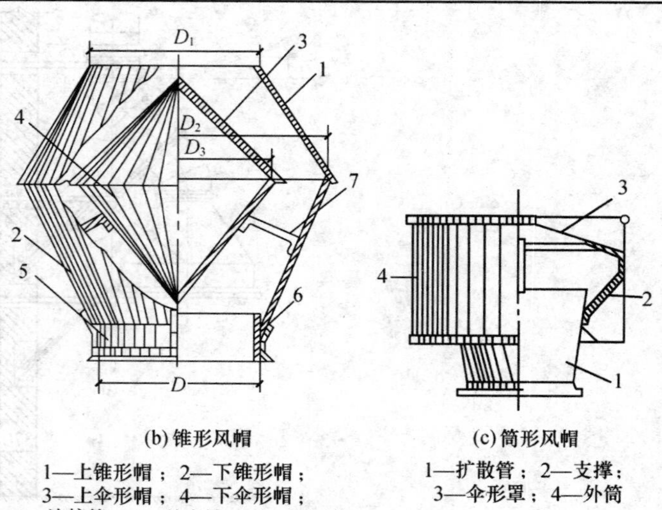

(b)锥形风帽

1—上锥形帽；2—下锥形帽；3—上伞形帽；4—下伞形帽；5—连接管；6—外支撑；7—内支撑

(c)筒形风帽

1—扩散管；2—支撑；3—伞形罩；4—外筒

图1－21 风帽

(4)阀门制作施工工艺见表1－55。

表1－55　阀门制作施工工艺

项目	内　　容
蝶阀	蝶阀是通风系统中最常见的一种风阀。按断面形状不同,分圆形、方形和矩形三种;按它的调节方式分手柄式和拉链式两类。其中手柄式蝶阀由短管、阀板和调节装置三部分组成,如图1－22所示。 短管用厚1.2～2 mm的钢板(最好与风管壁厚相同)制成,长度为150 mm。加工时,穿轴的孔洞,应在展开时精确划线、钻孔;钻好孔后再与卷圆焊接。短管两端为便于连接风管,应分别设置法兰。 阀板可用厚度为1.5～2 mm的钢板制成,直径较大时,可用扁钢进行加固。阀板的直径应略小于风管直径,但不宜过小,以免漏风。 两根半轴用ϕ15 mm圆钢经锻打车削而成,较长的一根端部在锉成方形后套上螺纹,两根轴上分别钻有两个ϕ8.5 mm的孔洞。 手柄用3 mm厚的钢板制成,其扇形部分开有1/4圆周弧形的月牙槽,扇形圆弧中心开有和轴相配的方孔,使手柄能按需要位置控制开关或调节阀板位置。手柄通过焊在垫板上的螺栓和翼形螺母固定开关位置,垫板可焊在风管上固定。 组装蝶阀时,应先检查零件尺寸,然后把两根半轴穿入短管的轴孔,并放入阀板,用螺栓把阀板固定在两根半轴上,使阀板在短管中绕轴转动,在转动灵活情况下,垫好垫圈。然后在短管外铆好螺栓的垫板和下垫板,再把手柄套入,并用螺母和翼形螺母固定。蝶阀轴应严格置于水平位置,阀门在轴上应能转动灵活,手柄位置应能正确反映阀门的开或关
对开式多叶调节阀	对开式多叶调节阀分手动式和电动式两种。它通过手轮和蜗杆进行调节,设有启闭指示装置,在叶片的一端均用闭孔海绵橡胶板进行密封。这种调节阀一般装有2～8个叶片,每个叶片长轴端部装有摇柄。连接各摇柄的连动杆与调节手柄相连,操作手柄,各叶片就能同步开或合。调整完毕,拧紧蝶形螺母,就可以固定位置。对于叶片,要求间距均匀,搭接一致,关闭后能相互贴合。 在制作时,宜在原标准图基础上,增设法兰以加强刚性。 如果将调节手柄取消,将连动杆用连杆与电动执行机构相连,就构成电动式多叶调节阀,从而可以进行遥控和自动调节。 组装后,调节装置应准确、灵活、平稳。其叶片间距应均匀,关闭后叶片能互相贴合,搭接尺寸应一致。对于大截面的多叶调节风阀应加强叶片与轴的刚度,适宜分组调节。每组均应标明转动的方向。阀件均应进行防腐处理
三通调节阀	三通调节阀有手柄式和拉杆式两种,如图1－23所示。三通调节阀适用于矩形斜三通和裤衩管,不适用于直角三通;支管宽度A_2＝130～400 mm,风管高度H不大于400 mm;管内风速不大于8 m/s;阀叶长度L＝1.5A_2,阀叶用δ＝0.8 mm厚的钢板制造。 手柄式三通调节阀是在矩形斜三通或裤衩管内的分叉点,装有可以转动的阀板,转轴的端部连接调节手柄。手柄转动,阀板也随之转动,从而调节支管空气的流量。调节完毕后拧紧蝶形螺母固定。

续上表

项目	内　容
三通调节阀	拉杆式三通调节阀规格为支管宽度 $A_2=130\sim600$ mm，风管高度 H 不大于 600 mm，阀叶长度 $L=2A_2$。在矩形三通或裤衩管内，将阀板用两块铰链连在分叉处；阀板另一端的中点，与弧形拉杆活动连接。推、拉弧形拉杆时，阀板绕三通分叉处转动，从而调节支管的空气流量。调节完毕后，用装在三通阀壁上的插销插入弧形拉杆的孔内定位。 三通调节阀制作时先用薄钢板在专用模具上加工阀板。阀板的尺寸应准确，以免安装后与风管摩擦碰撞；阀板应调节方便。加工组装的转轴和手柄(或拉杆)调节应转动自如，与风管结合处应严密，按设计要求应对阀板内外作防腐处理。手柄开关应标明调节角度
防火阀与排烟阀	(1)防火阀按阀门关闭驱动方式可分为重力式防火阀、弹簧力驱动式防火阀(或称电磁式)、电机驱动式防火阀及气动驱动式防火阀等。 其中重力式防火阀又可分矩形和圆形两种。矩形防火阀有单板式和多叶片式两种；圆形防火阀只有单板式一种，其构造如图 1－24～图 1－26 所示。它由阀壳、阀板、转轴、托框、自锁机构、检查门、易熔片等组成。防火阀安装在通风、空调系统中，平时处于常开状态。阀门的阀板式叶片由易熔片将其悬吊呈水平或水平偏下 5°状态。当火灾发生并且经防火阀流通的空气温度高于 70℃时，易熔片熔断，阀板或叶片靠重力自行下落，带动自锁簧片动作，使阀门关闭自锁，防止火焰过管道蔓延。 如图 1－26 所示防火阀多用于水平气流风道中。若用于垂直气流风道，易熔片一端必须向下倾斜 5°，以便于下落关闭。易熔片的熔点温度可根据设计需要决定。易熔片为两个铜片中间用易熔金属焊接而成。易熔片的金属成分见表 1－56。 防火阀是高层建筑通风空调系统不可缺少的部件。当发生火灾时可以切断气流，防止火灾的蔓延。阀板开启与否应有信号指示，并有与通风机连锁的接点，使风机停止运转。 防火阀的外壳钢板厚应不小于 2 mm；转动部件在任何时候都应转动灵活，并应采用耐腐蚀的材料制作，如黄铜、青铜、不锈钢和镀锌铁件等金属材料；易熔片应为公安消防部门认可的正规产品；阀板关闭时应严密，能有效地阻隔气流。 (2)排烟阀安装在排烟系统中，平时呈关闭状态，发生火灾时借助于感烟器、感温器能自动开启排烟阀门。 常用的排烟阀的产品包括：排烟阀、排烟防火阀、远控排烟阀、远控排烟防火阀、板式排烟口、多叶排烟口、远控多叶排烟口、远控多叶防火排烟口、多叶防火排烟口及电动排烟防火阀等。 排烟防火阀有矩形和圆形两种，其构造如图 1－27 和图 1－28 所示。 远程排烟防火阀，可手动将阀门开启或复位，其构造如图 1－29 和图 1－30 所示。 (3)防火阀及排烟阀是高层建筑通风空调系统中的重要部件。发生火灾时，当风管内气流升至一定温度，防火阀自行关闭，风机接受信号后也停止运转，同时发出信号。 1)阀体外壳、叶片用钢板制作，板厚必须不小于 2 mm，严防发生火灾时变形失效。 2)转动件在任何时候都应转动灵活，必须采用耐腐蚀的黄铜、青铜、不锈钢及镀锌铁件等材料加工制作。 3)易熔片及执行机构熔点须符合设计要求。当采用双金属片作执行传感元件时，动作温度也应符合设计要求。设置易熔片的阀门，易熔片要安装在迎风面上，检查口应设在易熔片更换方便的位置。

续上表

项目	内　　容
防火阀与排烟阀	4)阀门组装后，必须经过试验，其动作应灵敏、准确、可靠。阀门关闭后应严密，能有效地阻隔气流。其允许漏风量见表1－57。 (4)止回阀。 在通风空调系统中，为防止通风机停止运转后气流倒流，常用止回阀。在正常情况下，通风机开动后，阀板在风压作用下会自动打开；通风机停止运转后，阀板自动关闭。适用于风速不小于8 m/s的风管，阀板采用铝制，重量轻，启闭灵活，能防火花，防爆。止回阀除根据管道形状不同可分为圆形和矩形外，还可按照止回阀在风管的位置，分为垂直式和水平式。止回阀制作及安装要求如下： 1)阀板用铝板加工，制作后的阀板应启闭灵活，关闭严密。 2)阀板的转轴与铰链一般采用不易腐蚀的黄铜经机械加工而成，加工精度应符合要求，转动必须灵活。 3)水平安装的止回阀，在弯轴上安装可调坠锤，用来平衡和调节阀板的关启，其安装应该平稳、可靠。止回阀的轴必须灵活，阀板应关闭严密，铰链和转动轴应采用黄铜制作
矩形弯管导流片制作	导流片设置在矩形弯头中用来减少阻力，其形式、片距、尺寸加工时应符合设计要求。导流片制作时其弧度与弯管部分角度应一致，如图1－31所示。如设计无规定，可参照表1－58配置。 导流片安装时，应与外壳铆接牢固，要防止气流产生噪声

表1－56　易熔片金属成分表

序号	金属的比例(%)				熔点(℃)
	铋	镉	铅	锡	
1	50	12.5	25	12.5	68
2	50	10	26.7	13.3	70
3	60	10	20	10	72
4	54	14	18	14	79

表1－57　防火、排烟阀允许漏风量

阀门类型	两端压差(MPa)	允许漏风量[$m^3/(h \cdot m^2)$]
防火阀	300	≤700
排烟阀	300	≤700
板式排烟口	250	≤150

表1－58　矩形弯管内导流片的配置　(单位:mm)

边长	片数	a_1	a_2	a_3	a_4	a_5	a_6	a_7	a_8	a_9	a_{10}	a_{11}	a_{12}
500	4	95	120	140	165	—	—	—	—	—	—	—	

续上表

边长	片数	a_1	a_2	a_3	a_4	a_5	a_6	a_7	a_8	a_9	a_{10}	a_{11}	a_{12}
630	4	115	145	170	200	—	—	—	—	—	—	—	
800	6	105	125	140	160	175	195	—	—	—	—	—	—
1 000	7	115	130	150	165	180	200	215	—	—	—	—	—
1 250	8	125	140	155	170	190	205	220	235	—	—	—	—
1 600	10	135	150	160	175	190	205	215	230	245	255	—	—
2 000	12	145	155	170	180	195	205	215	230	240	255	265	280

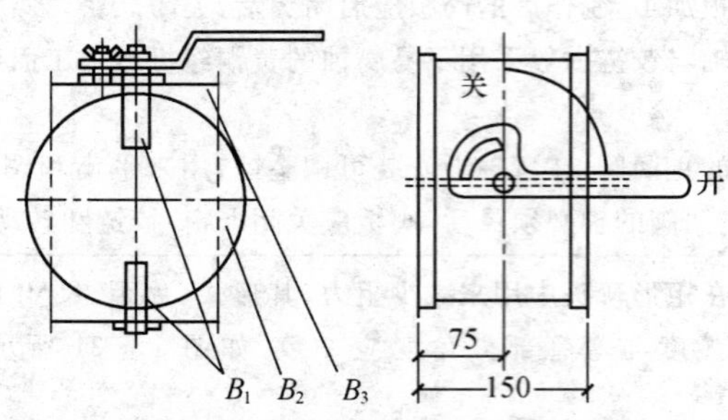

图 1－22　手柄式蝶阀(单位：mm)

B_1－调节装置；B_2－阀板；B_3－矩管

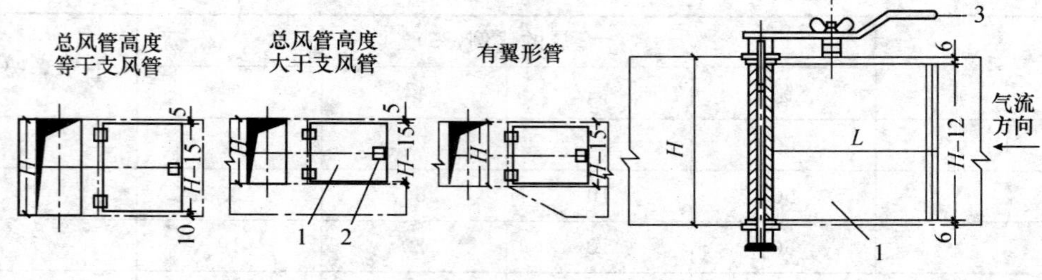

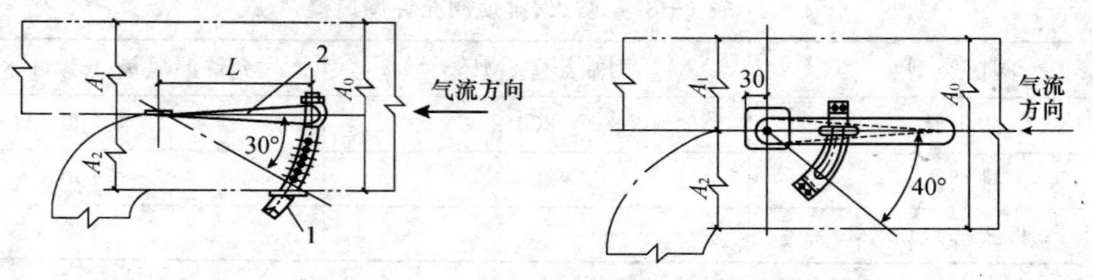

(a)拉杆式　　　(b)手柄式

图 1－23　三通调节阀(单位：mm)

1－阀叶；2－拉杆；3－手柄

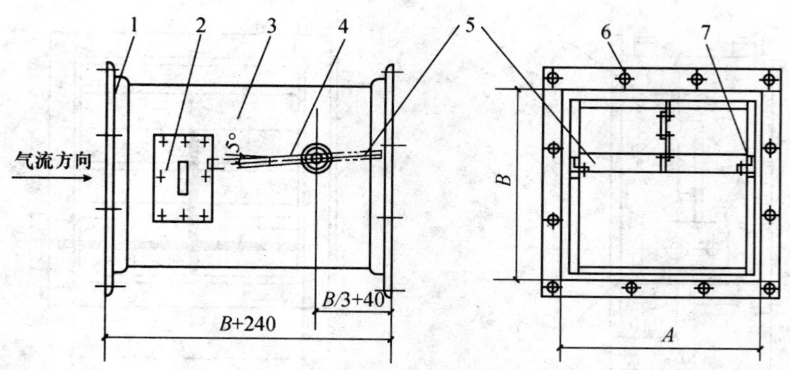

图 1－24　重力式矩形单板防火阀（单位：mm）

1－法兰；2－检查门；3－阀体；4－手柄；5－阀板；6－易熔片；7－轴

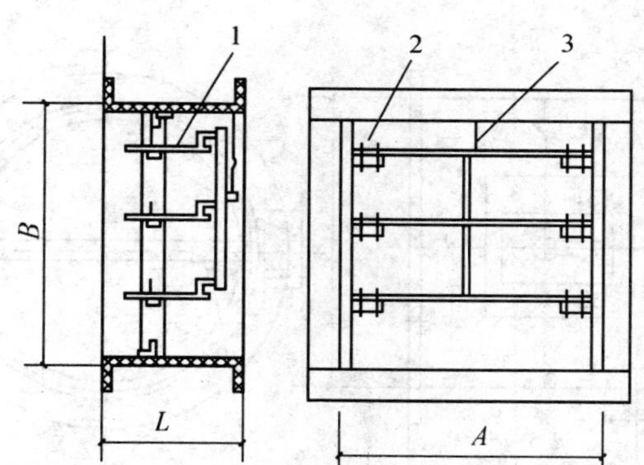

图 1－25　重力式矩形叶片防火阀

1－阀板；2－轴；3－易熔片

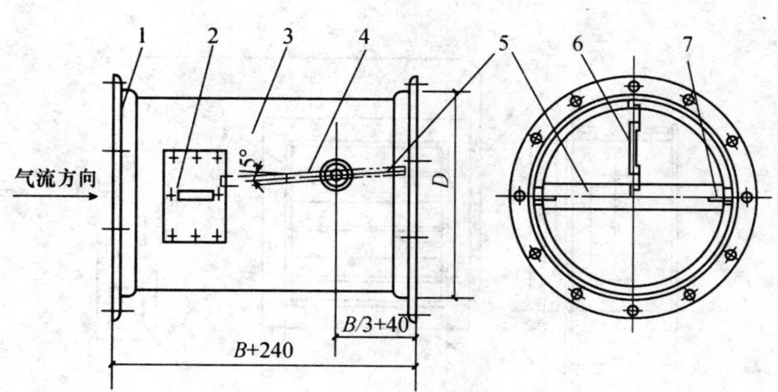

图 1－26　重力式圆形单板防火阀(单位：mm)

1－法兰；2－检查门；3－阀体；4－手柄；5－阀板；6－易熔片；7－轴

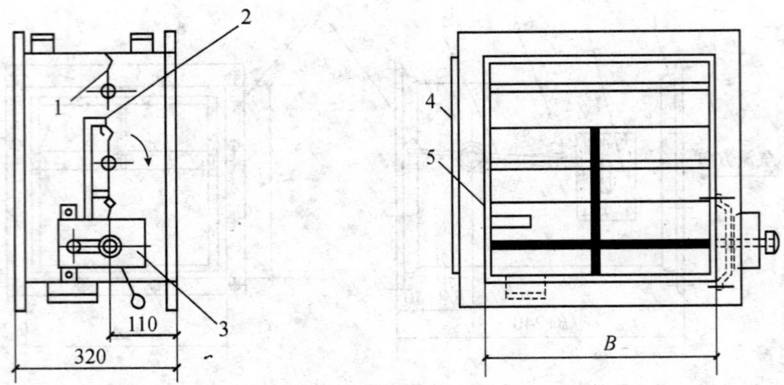

图 1－27 矩形排烟防火阀（单位:mm）

1－叶片;2－连杆;3－控制机构;4－弹簧机构;5－温度熔断器

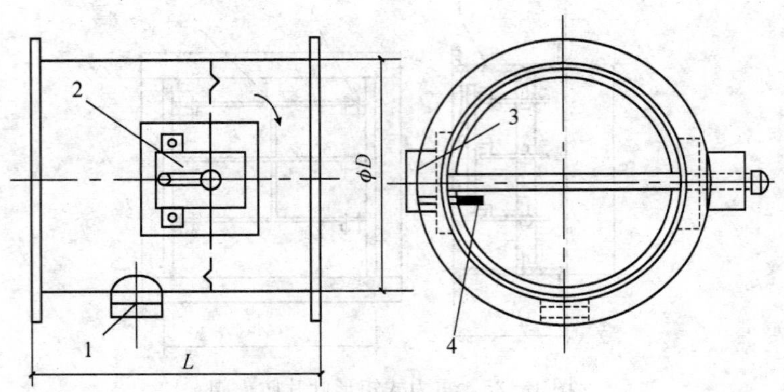

图 1－28 圆形排烟防火阀

1－观察窗;2－控制机构;3－弹簧机构;4－温度熔断器

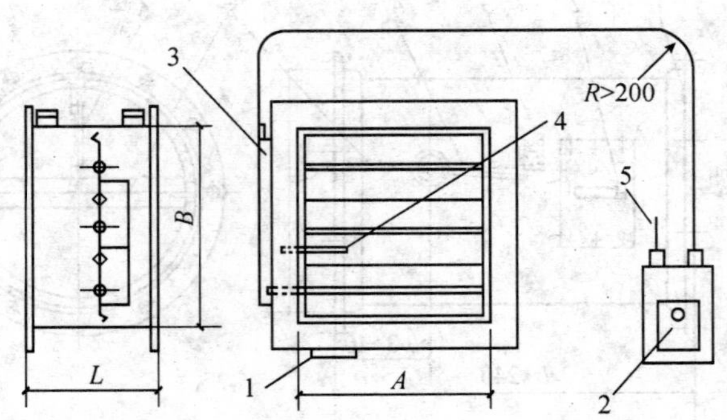

图 1－29 矩形远控排烟防火阀（单位:mm）

1－观察窗;2－远程控制器;3－弹簧控制机构;4－温度熔断器;5－电缆线

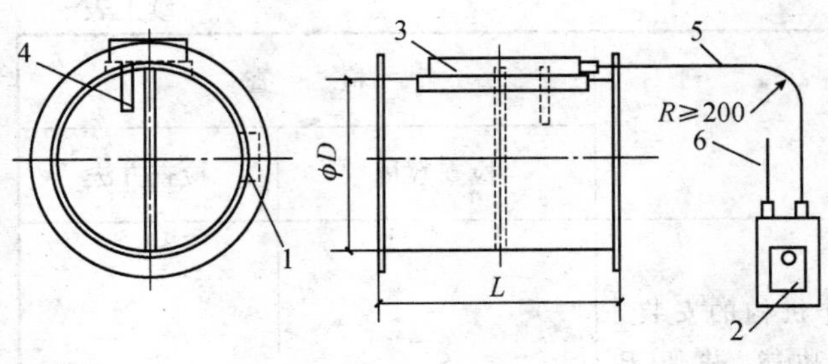

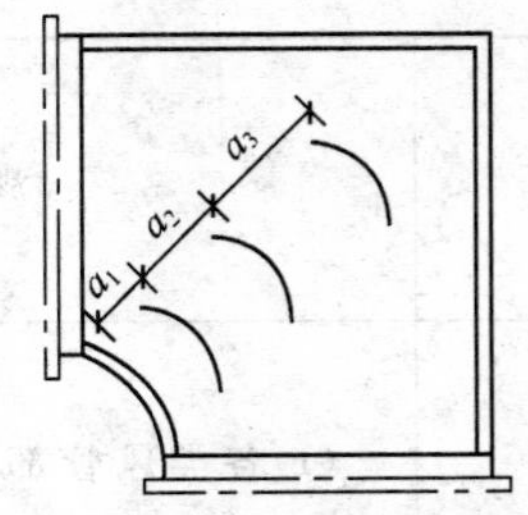

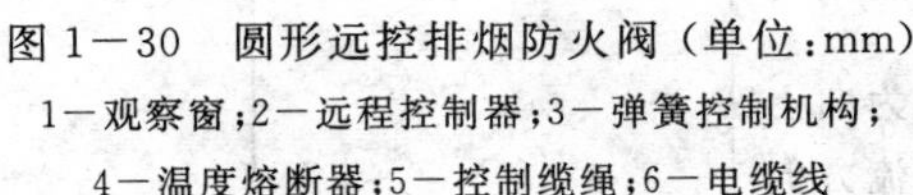

图 1—30　圆形远控排烟防火阀（单位:mm）

1—观察窗;2—远程控制器;3—弹簧控制机构;
4—温度熔断器;5—控制缆绳;6—电缆线

图 1—31　矩形弯管导流片

第三节　风管系统安装

一、验收条文

(1)风管系统安装验收标准主控项目见表 1—59。

表 1—59　风管系统安装验收标准主控项目

项目	规　定	检　查	
		检查数量	检查方法
防护套管	在风管穿过需要封闭的防火、防爆的墙体或楼板时,应设预埋管或防护套管。其钢板厚度不应小于 1.6 mm。风管与防护套管之间,应用不燃且对人体无危害的柔性材料封堵		尺量、观察检查
风管安装	(1)风管内严禁其他管线穿越。 (2)输送含有易燃、易爆气体或安装在易燃、易爆环境的风管系统应有良好的接地,通过生活区或其他辅助生产房间时必须严密,并不得设置接口。 (3)室外立管的固定拉索严禁拉在避雷针或避雷网上	按数量抽查 20%,不得少于 1 个系统	手扳、尺量、观察检查
输送空气温度高于 80℃的风管	应按设计规定采取防护措施		观察检查

续上表

项目	规　定	检　查	
		检查数量	检查方法
风管部件安装	(1)各类风管部件及操作机构的安装，应能保证其正常的使用功能，并便于操作。 (2)斜插板风阀的安装，阀板必须为向上拉启；水平安装时，阀板还应为顺气流方向插入。 (3)止回风阀、自动排气活门的安装方向应正确	按数量抽查20%，不得少于5件	尺量、观察检查，动作试验
防火阀、排烟阀(口)	防火阀、排烟阀(口)的安装方向、位置应正确。防火分区隔墙两侧的防火阀，距墙表面不应大于200 mm		
净化空调系统风管安装	(1)风管、静压箱及其他部件，必须擦拭干净，做到无油污和浮尘，当施工停顿或完毕时，端口应封好。 (2)法兰垫料应为不产尘、不易老化和具有一定强度和弹性的材料，厚度为5～8 mm，不得采用乳胶海绵；法兰垫片应尽量减少拼接，并不允许直缝对接连接，严禁在垫料表面涂涂料。 (3)风管与洁净室吊顶、隔墙等围护结构的接缝处应严密	按数量抽查20%，不得少于1个系统	观察、用白绸布擦拭
集中式真空吸尘系统安装	(1)真空吸尘系统弯管的曲率半径不应小于4倍管径。弯管的内壁面应光滑，不得采用褶皱弯管。 (2)真空吸尘系统三通的夹角不得大于45°；四通制作应采用两个斜三通的做法	按数量抽查20%，不得少于2件	尺量、观察检查

续上表

项目	规定	检查	
		检查数量	检查方法
严密性检验	(1)低压系统风管的严密性检验应采用抽检,抽检率为5%,且不得少于1个系统。在加工工艺得到保证的前提下,采用漏光法检测。检测不合格时,应按规定的抽检率做漏风量测试。中压系统风管的严密性检验,应在漏光法检测合格后,对系统漏风量测试进行抽检,抽检率为20%,且不得少于1个系统。高压系统风管的严密性检验,为全数进行漏风量测试。系统风管严密性检验的被抽检系统,应全数合格,则视为通过;如有不合格时,则应再加倍抽检,直至全数合格。 (2)净化空调系统风管的严密性检验,1～5级的系统按高压系统风管的规定执行;6～9级的系统按《通风与空调工程施工质量验收规范》(GB 50243—2002)第4.2.5条的规定执行	按《通风与空调工程施工质量验收规范》(GB 50243－2002)附录A的规定进行严密性测试	
手动密闭阀安装	手动密闭阀安装,阀门上标志的箭头方向必须与受冲击波方向一致	全数检查	观察、核对检查

(2)风管安装与消声器制作验收标准一般项目见表1－60。

表1－60 风管安装与消声器制作验收标准一般项目

项目	规定	检查	
		检查数量	检查方法
风管安装	(1)风管安装前,应清除内、外杂物,并做好清洁和保护工作。 (2)风管安装的位置、标高、走向,应符合设计要求。现场风管接口的配备,不得缩小其有效截面。 (3)连接法兰的螺栓应均匀拧紧,其螺母宜在同一侧。 (4)风管接口的连接应严密、牢固。风管法兰的垫片材质应符合系统功能的要求,厚度不应小于3 mm。垫片不应凹入管内,亦不宜突出法兰外。 (5)柔性短管的安装,应松紧适度,无明显扭曲。 (6)可伸缩性金属或非金属软风管的长度不宜超过2 m,并不应有死弯或塌凹。 (7)风管与砖、混凝土风道的连接接口,应顺着气流方向插入,并应采取密封措施。风管穿出屋面处应设有防雨装置。 (8)不锈钢板、铝板风管与碳素钢支架的接触处,应有隔绝或防腐绝缘措施	按数量抽查10%,不得少于1个系统	尺量、观察检查

续上表

项目	规　定	检　查	
		检查数量	检查方法
无法兰连接风管安装	(1)风管的连接处，应完整无缺损、表面应平整，无明显扭曲。 (2)承插式风管的四周缝隙应一致，无明显的弯曲或褶皱；内涂的密封胶应完整，外黏的密封胶带，应粘贴牢固、完整无缺损。 (3)薄钢板法兰形式风管的连接。弹性插条、弹簧夹或紧固螺栓的间隔不应大于 150 mm，且分布均匀，无松动现象。 (4)插条连接的矩形风管，连接后的板面应平整、无明显弯曲	按数量抽查 10%，不得少于 1 个系统	尺量、观察检查
明、暗装风管	风管的连接应平直、不扭曲。明装风管水平安装，水平度的允许偏差为 3/1 000，总偏差不应大于 20 mm。明装风管垂直安装，垂直度的允许偏差为 2/1 000，总偏差不应大于 20 mm。暗装风管的位置，应正确、无明显偏差。 除尘系统的风管，宜垂直或倾斜敷设，与水平夹角宜大于或等于 45°，小坡度和水平管应尽量短。 对含有凝结水或其他液体的风管，坡度应符合设计要求，并在最低处设排液装置		
风管支、吊架安装	(1)风管水平安装，直径或长边尺寸小于等于 400 mm，间距不应大于 4 m；大于 400 mm，间距不应大于 3 m。螺旋风管的支、吊架间距可分别延长至 5 m 和 3.75 m；对于薄钢板法兰的风管，其支、吊架间距不应大于 3 m。 (2)风管垂直安装，间距不应大于 4 m，单根直管至少应有 2 个固定点。 (3)风管支、吊架宜按国标图集与规范选用强度和刚度相适应的形式和规格。对于直径或边长大于 2 500 mm 的超宽、超重等特殊风管的支、吊架应按规定设计。 (4)支、吊架不宜设置在风口、阀门、检查门及自控机构处，离风口或插接管的距离不宜小于 200 mm。 (5)当水平悬吊的主、干风管长度超过 20 m 时，应设置防止摆动的固定点，每个系统不应少于 1 个。 (6)吊架的螺孔应采用机械加工。吊杆应平直，螺纹完整、光洁。安装后各副支、吊架的受力应均匀，无明显变形。风管或空调设备使用的可调隔振支、吊架的拉伸或压缩量应按设计的要求进行调整。 (7)抱箍支架，折角应平直，抱箍应紧贴并箍紧风管。安装在支架上的圆形风管应设托座和抱箍，其圆弧应均匀，且与风管外径相一致		

续上表

项目	规　　定	检　　查	
		检查数量	检查方法
非金属风管安装	(1)风管连接两法兰端面应平行、严密,法兰螺栓两侧应加镀锌垫圈。 (2)应适当增加支、吊架与水平风管的接触面积。 (3)硬聚氯乙烯风管的直段连续长度大于 20 m,应按设计要求设置伸缩节;支管的重量不得由干管来承受,必须自行设置支、吊架。 (4)风管垂直安装,支架间距不应大于 3 m	按数量抽查 10%,不得少于 1 个系统	尺量、观察检查
复合材料风管安装	(1)复合材料风管的连接处,接缝应牢固、无孔洞和开裂。当采用插接连接时,接口应匹配、无松动,端口缝隙不应大于 5 mm。 (2)采用法兰连接时,应有防冷桥的措施。 (3)支、吊架的安装宜按产品标准的规定执行		
集中式真空吸尘系统安装	(1)吸尘管道的坡度宜为 5/1 000,并坡向立管或吸尘点。 (2)吸尘嘴与管道的连接,应牢固、严密	按数量抽查 20%,不得少于 5 件	
各类风阀安装	应安装在便于操作及检修的部位,安装后的手动或电动操作装置应灵活、可靠,阀板关闭应保持严密。防火阀直径或长边尺寸大于等于 630 mm 时,宜设独立支、吊架。排烟阀(排烟口)及手控装置(包括预埋套管)的位置应符合设计要求。预埋套管不得有死弯及瘪陷。除尘系统吸入管段的调节阀,宜安装在垂直管段上		
风帽安装	风帽安装必须牢固,连接风管与屋面或墙面的交接处不应渗水		
排、吸风罩安装	排、吸风罩的安装位置应正确,排列整齐,牢固可靠		
风口安装	风口与风管的连接应严密、牢固,与装饰面相紧贴;表面平整、不变形,调节灵活、可靠。条形风口的安装,接缝处应衔接自然,无明显缝隙。同一厅室、房间内的相同风口的安装高度应一致,排列应整齐。 明装无吊顶的风口,安装位置和标高偏差不应大于 10 mm。 风口水平安装,水平度的偏差不应大于 3/1 000。 风口垂直安装,垂直度的偏差不应大于 2/1 000	按数量抽查 10%,不得少于 1 个系统或不少于 5 件和 2 个房间的风口	
净化空调系统风口安装	(1)风口安装前应清扫干净,其边框与建筑顶棚或墙面间的接缝处应加设密封垫料或密封胶,不应漏风。 (2)带高效过滤器的送风口,应采用可分别调节高度的吊杆		

二、施工材料要求

风管系统安装的施工材料要求见表1—61。

表1—61 风管系统安装的施工材料要求

项目	内容
材料选用基本要求	(1)各种安装材料应具有出厂合格证明书或质量鉴定文件及产品清单。 (2)风管成品不许有变形、扭曲、开裂、孔洞、法兰脱落、法兰开焊、漏铆及漏紧螺栓等缺陷。 (3)安装的阀体、消声器、罩体和风口等部件应检查调节装置应运转灵活,消声片、油漆层无损伤。 (4)安装使用材料:螺栓、螺母、垫圈、垫料、自攻螺钉、铆钉、拉铆钉、电焊条、焊丝、不锈钢焊丝、石棉布、帆布和膨胀螺栓等,都应符合产品质量要求
槽钢	槽钢的规格见表1—62。表中:h—高度;b—腿宽;d—腰厚。表中有"*"记号的型号,是需经供需双方协议商定供应的品种
法兰用料	(1)圆形法兰用料的规格、螺栓孔数和孔径的要求,见表1—63。 (2)矩形法兰的用料规格、螺栓孔数和孔径的要求,见表1—64
风管加固圈	风管加固圈规格尺寸,见表1—65

表1—62 槽钢规格表

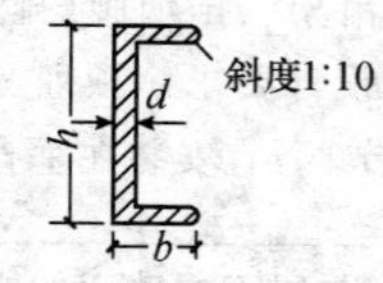

型号	尺寸(mm)			理论重量(kg/m)	型号	尺寸(mm)			理论重量(kg/m)
	h	b	d			h	b	d	
5	50	37	4.5	5.44	16	160	65	8.5	19.75
6.3	64	40	4.8	6.63	18a	180	68	7.0	20.17
6.5	65	40	4.8	6.70	18	180	70	9.0	23.00
8	80	43	5.0	8.04	20a	200	73	7.0	22.63
10	100	48	5.3	10.00	20	200	75	9.0	25.77
12	120	53	5.5	12.06	22a	220	77	7.0	24.99
12.6	126	53	5.5	12.32	22	220	79	9.0	24.48
14a	140	58	6.0	14.53	24a	240	78	7.0	26.86
14b	140	60	80	16.73	24b	240	80	9.0	30.62
16a	160	63	6.5	17.24	24c	240	82	11.0	34.39

表 1—63　圆形法兰用料的规格、螺栓孔数和孔径的要求　　(单位:mm)

风管直径 D	法兰用料规格			镀锌螺栓规格
	宽×厚	孔径	孔数	
D≤160	—35×6	7.5	6	M6×30
160<D≤180	—35×6	7.5	8	M6×30
180<D≤220	—35×8	7.5	8	M6×35
220<D≤320	—35×8	7.5	10	M6×35
320<D≤400	—35×8	9.5	14	M8×35
400<D≤450	—35×10	9.5	14	M8×40
450<D≤500	—35×10	9.5	18	M8×40
500<D≤630	—40×10	9.5	18	M8×40
630<D≤800	—40×10	11.5	24	M10×40
800<D≤900	—45×12	11.5	24	M10×45
900<D≤1 250	—45×12	11.5	30	M10×45
1 250<D≤1 400	—45×12	11.5	38	M10×45
1 400<D≤1 600	—50×15	11.5	38	M10×50
1 600<D≤2 000	—60×15	11.5	48	M10×50

表 1—64　矩形法兰用料的规格、螺栓孔数和孔径的要求　　(单位:mm)

风管直径 D	法兰用料规格			镀锌螺栓规格
	宽×厚	孔径	孔数	
D≤160	—35×6	7.5	3	M6×30
160<D≤250	—35×8	7.5	4	M6×35
250<D≤320	—35×8	7.5	5	M6×35
320<D≤400	—35×8	9.5	5	M8×35
400<D≤500	—35×10	9.5	6	M8×40

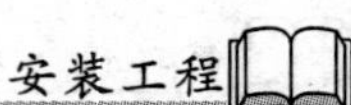

续上表

风管直径 D	法兰用料规格			镀锌螺栓规格
	宽×厚	孔径	孔数	
500<D≤630	—40×10	9.5	7	M8×40
630<D≤800	—40×10	11.5	9	M10×40
800<D≤1 000	—45×12	11.5	10	M10×45
1 000<D≤1 250	—45×12	11.5	12	M10×45
1 250<D≤1 600	—50×15	11.5	15	M10×50
1 600<D≤2 000	—60×18	11.5	18	M10×60

表 1—65 风管加固圈规格尺寸 （单位：mm）

圆形				矩形			
风管直径 D	管壁厚度	加固圈		风管直径 b	管壁厚度	加固圈	
		规格（宽×厚）	间距			规格（宽×厚）	间距
D≤320	3	—	—	D≤320	3	—	—
320<D≤500	4	—	—	320<D≤400	4	—	—
500<D≤630	4	40×8	800	400<D≤500	4	35×8	800
630<D≤800	5	40×8	800	500<D≤800	5	40×8	800
800<D≤1 000	5	45×10	800	800<D≤1 000	6	45×10	400
1 000<D≤1 400	6	45×10	800	1 000<D≤1 250	6	45×10	400
1 400<D≤1 600	6	50×12	400	1 250<D≤1 600	8	50×12	400
1 600<D≤2 000	6	60×12	400	1 600<D≤2 000	8	60×15	400

三、施工工艺解析

(1)风管系统中支、吊架制作与安装工艺见表 1—66。

表 1－66 风管系统中支、吊架制作与安装工艺

项目	内容
支、吊架制作	(1)根据风管安装的部位、风管截面大小及具体情况，按标准图集与规范选用强度和刚度相适应的形式和规格的支架、吊架，并按图加工制作。 (2)对于直径大于 2 000 mm 或边长大于 2 500 mm 的超宽、超重特殊风管的支、吊架应按设计规定加工制作。 (3)矩形金属水平风管在最大允许安装距离下，吊架的最小规格应符合表 1－67 规定，圆形金属水平风管在最大允许安装距离下，吊架的最小规格应符合表 1－68 规定。 (4)其他规格应按吊架载荷分布图 1－32 及以下公式进行吊架挠度校验计算。挠度不应大于 9 mm。 吊架挠度计算公式为： $$y=\frac{(P-P_1)a(3L^2-4a^2)+(P_1+P_2)L^3}{48EI}$$ 式中 y——吊架挠度(mm)； P——风管、保温及附件点重(kg)； P_1——保留材料及附件质量(kg)； a——吊架与风管壁间距(mm)； L——吊架有效长度(mm)； E——弹性模量(kPa)； I——转动惯量(mm^4)； P_2——吊架自重(kg)。 (5)风管支架、吊架制作要点如下。 ①支架的悬臂、吊架的横担宜采用角钢或槽钢；斜撑宜采用角钢；吊杆采用圆钢；抱箍采用扁钢制作。 ②制作前，首先要对型钢进行矫正，矫正的方法有冷矫和热矫两种；小型钢材一般采用冷矫正，较大的型钢须加热到 900℃左右后进行矫正。矫正的顺序为先矫正扭曲后矫正弯曲。 ③型钢的切断与钻孔，不得采用氧化－乙炔进行，应采用机械加工。 ④支架的焊缝必须饱满，保证具有足够的承载能力。 ⑤安装在支架上的圆形风管应设托座和抱箍，抱箍应紧贴并箍紧风管，其圆弧应均匀，且与风管外径相一致。 ⑥吊杆应平直，螺纹完整、光洁。吊杆底端外露螺纹不宜大于三螺母的高度。吊杆的加长采用搭接双侧连接焊时，搭接长度不宜小于吊杆直径的 6 倍；采用螺纹连接时，拧入连接螺母的螺丝长度应大于吊杆直径，并有防松措施。 ⑦支架、吊杆制作完成后，应除锈并刷一遍防锈漆。 ⑧不锈钢及铝板风管的支架、抱箍应按设计要求进行防腐处理
支、吊架安装	(1)在支架、吊架安装前，应根据施工图纸要求的位置进行测量放线，并在支架、吊架安装位置进行标记。

续上表

项目	内　　容
支、吊架安装	(2)支、吊架生根方式。 ①支、吊架生根通常采用膨胀螺栓、在结构上预埋钢板、在砖墙上埋设固定件以及在结构梁柱上安装抱箍等方式。②采用胀锚螺栓固定支、吊架时，应符合胀锚螺栓使用技术条件的规定。胀锚螺栓宜安装于强度等级 C15 及其以上混凝土构件，螺栓至混凝土构件边缘的距离不应小于螺栓直径的 8 倍。螺栓组合使用时，其间距不应小于螺栓直径的 10 倍。③在结构上预埋钢板的生根方式是在结构混凝土浇筑前安放一块 100 mm×100 mm 厚 6 mm 的钢板，钢板背面焊接圆钢并与结构钢筋固定。支架安装时，将支架与钢板焊接固定。预埋件埋入部分应除锈及油污，不得涂漆。④在砖墙上埋设固定件生根方式是在砖墙所需位置打出一方孔，清除砖屑并润湿，先填塞水泥砂浆，埋入支架，再对支架进行调整，符合要求后继续填砂浆，并填湿润的石块或砖块。堵塞面应低于原墙面，以便进行装饰。⑤在柱上安装抱箍生根方式是用角钢和扁钢做成抱箍，把支架夹在柱子上。 (3)当设计无规定时，支吊架安装宜符合下列规定： ①靠墙或靠柱安装的水平风管宜用悬臂支架或斜撑支架；不靠墙、柱安装的水平风管宜用托底吊架；直径或边长小于 400 mm 的风管可采用吊带式吊架； ②靠墙安装的垂直风管应采用悬臂托架或斜撑支架；不靠墙、柱穿楼板安装的垂直风管宜采用抱箍吊架；室外或屋面安装的立管应采用井架或拉索固定。 (4)支吊架不应设置在风口处或阀门、检查门和自控机构的操作部位，距离风口或插接管不宜小于 200 mm。 (5)金属风管(含保温)水平安装时，其吊架的最大间距应符合表 1－69 规定。 (6)可调隔振支吊架的拉伸或压缩量应按设计要求进行调整。 (7)金属风管支吊架安装应符合下列规定： ①不锈钢板、铝板风管与碳素钢支架的横担接触处，应采取防腐措施。②矩形风管立面与吊杆的间隙不宜大于 150 mm，吊杆距风管末端不应大于 1 000 mm。③水平弯管在 500 mm 范围内应设置一个支架，支管距干管 1 200 mm 范围内应设置一个支架。④风管垂直安装时，其支架间距不应大于 4 000 mm。长度不小于 1 000 mm 单根直风管至少应设置 2 个固定点。 (8)风管安装后，支、吊架受力应均匀，且无明显变形，吊架的横担挠度应小于 9 mm。 (9)水平悬吊的风管长度超过 20m 的系统，应设置不少于 1 个防止风管摆动的固定支架。 (10)支撑保温风管的横担宜设在风管保温层外部，且不得损坏保温层。 (11)圆形风管的托座和抱箍的圆弧应均匀，且与风管外径一致。抱箍支架的紧固折角应平直，抱箍应箍紧风管
风管支、吊架的安装复查	(1)支、吊架的预埋件或膨胀螺栓，位置应正确，牢固可靠，埋入部分不得涂漆，并应除去油污。 (2)悬吊风管应在适当处设置防止摆动的固定点。 (3)支、吊架的标高必须正确，如圆形风管管径由大变小，为保证风管中心线水平，支架型钢上表面标高，应作相应提高。对于有坡度要求的风管，托架的标高也应按风管的坡度要求安装。

续上表

项目	内　容
风管支、吊架的安装复查	(4)支、吊架不得设置在风口、阀门、检视门处;吊架不得直接吊在法兰上。 (5)安装在托架上的圆形风管,宜设托座,如图 1－33 所示。 托架用扁钢弯成。当风管 $\phi\leqslant$630 mm 时用一 30 mm×4 mm 的规格;当 630 mm<$\phi\leqslant$1 000 mm时用一 36 mm×5 mm 的规格;当 $\phi>$1 000 mm 时不能采用这种形式。 (6)矩形风管,有保温层时的支、吊及托架宜设在保温层外部,不得损坏保温层。 (7)保温风管不能直接与支、吊托架接触,应垫上隔热材料,其厚度与保温层相同,防止产生“冷桥”

表 1－67　矩形金属风管吊架的最小规格　(单位:mm)

风管边长 b	吊杆直径	横担规格	
		角钢	槽形钢
$b\leqslant$400	ϕ8	─25×3	[40×20×1.5
400<$b\leqslant$1 250	ϕ8	─30×3	[40×40×2.0
1 250<$b\leqslant$2 000	ϕ10	─40×3	[40×40×2.5 [40×60×2.0
2 000<$b\leqslant$2 500	ϕ10	─50×5	—
$b>$2 500	按设计确定		

表 1－68　圆形金属水平风管吊架的最小规格　(单位:mm)

风管直径 D	吊杆直径	抱箍规格		角钢横担
		钢丝	扁钢	
$D\leqslant$250	ϕ8	ϕ2.5	─25×0.75	—
250<$D\leqslant$450	ϕ8	* ϕ2.8 或 ϕ5		
450<$D\leqslant$630	ϕ8	* ϕ3.6		
630<$D\leqslant$900	ϕ8	* ϕ3.6	─25×1.0	—
900<$D\leqslant$1 250	ϕ10	—		
1 250<$D\leqslant$1 600	* ϕ10	—	* ─25×1.5	∟40×4
1 600<$D\leqslant$2 000	* ϕ10	—	* ─25×1.5	
$D>$2 000	按设计确定			

注:1. 吊架直径中的“ * ”表示两根圆钢;

2. 钢丝抱箍中的“ * ”表示两根钢丝合用;

3. 扁钢中的“ * ”表示上、下两个半圆弧。

表 1－69 金属风管吊架的最大间距 （单位：mm）

风管边长或直径	矩形风管	圆形风管	
		纵向咬口风管	螺旋咬口风管
≤400	4 000	4 000	5 000
＞400	3 000	3 000	3 750

注：薄钢板法兰、C形插条法兰、S形插条法兰风管的支、吊架间距不应大于 3 000 mm。

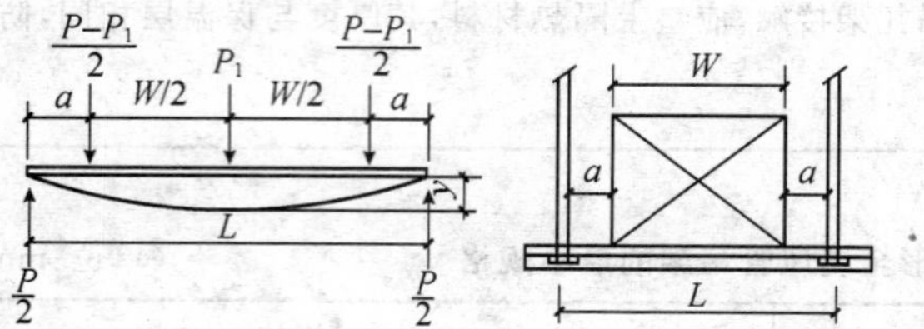

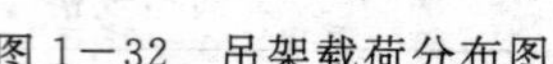
图 1－32 吊架载荷分布图

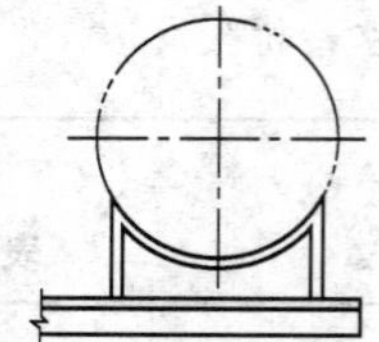
图 1－33 圆形风管在托座上安装

(2)风管连接工艺见表 1－70。

表 1－70 风管连接工艺

项目		内 容
风管排列法兰连接	垫料选用	用法兰连接的通风空调系统，其法兰垫料厚度为 3～5 mm，空气洁净系统的法兰垫料厚度不能小于 5 mm，注意垫料不能挤入风管内，以免增大空气流动的阻力，减少风管的有效面积，并形成涡流，增加风管内灰尘的集聚。连接法兰螺栓的螺母应在同一侧，对法兰的垫料选用和设计无明确规定时，可按下列要求选用： ①输送空气温度低于 7℃的风管，应选用橡胶板、闭孔海绵橡胶板等。②输送空气或烟气温度高于 70℃的风管，应选用石棉绳或石棉橡胶板等。③输送含有腐蚀性介质气体的风管，应选用耐酸橡胶板或软聚氯乙烯板等。④输送产生凝结水或含有蒸汽的潮湿空气的风管，应选用橡胶板或闭孔海绵橡胶板。⑤除尘系统的风管，应选用橡胶板。⑥输送洁净空气的风管，应选用橡胶板、闭孔海绵橡胶板
	垫料注意事项	(1)了解各种垫料的使用范围，避免用错垫料。 (2)擦掉法兰表面的异物和积水。 (3)法兰垫料不能挤入或凸入管内，否则会增大流动阻力，增加管内积尘。 (4)对于空气洁净系统，严禁使用厚纸板、石棉绳、铅油麻丝及油毛毡纸等易产尘的材料。法兰垫料要尽量减少接头，接头必须采用楔形或榫形连接，并涂胶粘牢，垫料的连接形式如图 1－34 所示。法兰均匀压紧后的垫料宽度，应与风管内壁取平
	法兰连接	按设计要求确定装填垫料后，把两个法兰先对正，穿上几个螺栓并戴上螺母，暂时不要紧固。然后用尖头圆钢塞进穿不上螺栓的螺孔中，把两个螺孔撬正，直到所有螺栓都穿上后，再把螺栓拧紧。为了避免螺栓滑扣，紧固螺栓时应按十字交叉，对称均匀地拧紧。连接好的风管，应以两端法兰为准，拉线检查风管连接是否平直。 法兰连接要注意以下几个问题：

续上表

项目		内　　容
风管排列法兰连接	法兰连接	①法兰如有破损(开焊、变形等),应及时更换、修理。②连接法兰的螺母应在同一侧。③用来连接不锈钢风管法兰的螺栓,宜用同材质的不锈钢制成,如用普通碳素钢标准件,应按设计要求喷涂涂料。④铝板风管法兰连接应采用镀锌螺栓,并在法兰两侧垫镀锌垫圈。⑤聚氯乙烯风管法兰连接,应采用镀锌螺栓或增强尼龙螺栓,螺栓与法兰接触处应加镀锌垫圈
风管排列无法兰连接	抱箍式连接	抱箍式连接将每一管段的两端轧制成鼓筋,并使其一端缩为小口。安装时按气流方向把小口插入大口,外面用钢制抱箍将两个管端的鼓筋抱紧连接,最后用螺栓穿在耳环中固定拧紧,做法如图 1－35(a)所示
	插接式连接	插接式连接主要用于矩形或圆形风管连接。先制作连接管,然后插入两侧风管,再用自攻螺钉或拉铆钉将其紧密固定,如图 1－36(b)所示
	插条式连接	插条式连接主要用于矩形风管连接。将不同形式的插条插入风管两端,然后压实。其形状和接管方法如图 1－36 所示
	软管式连接	软管式连接主要用于风管与部件(如散流器,静压箱侧送风口等)的相连。安装时,软管两端套在连接管外,然后用特制软卡把软管箍紧

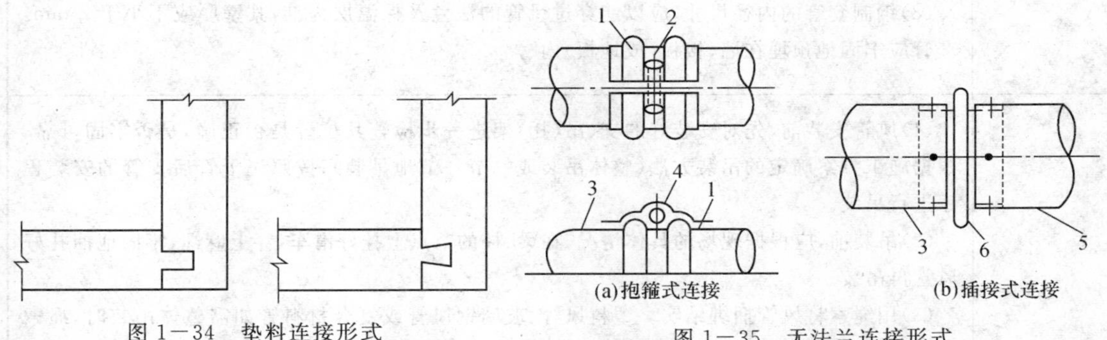

图 1－34　垫料连接形式

图 1－35　无法兰连接形式

1－外抱箍;2－连接螺栓;3－风管;4－耳环;
5－自攻螺栓;6－内接管

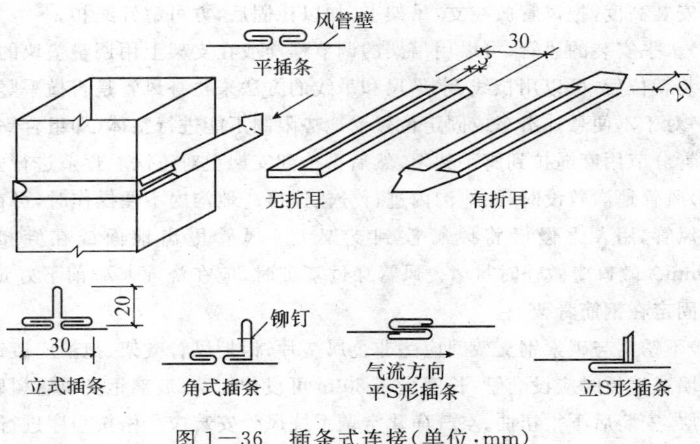

图 1－36　插条式连接(单位:mm)

(3)风管安装工艺见表1－71。

表1－71 风管安装工艺

项目	内　容
一般要求	(1)风管内不得敷设电线、电缆以及输送有毒、易燃、易爆的气体或液体的管道。 (2)风管与配件可拆卸的接口,不得装在墙和楼板内。 (3)风管水平安装,水平度的允许偏差,每米不应大于3 mm,总偏差不应大于20 mm。 (4)风管垂直安装,垂直度的允许偏差,每米不应大于2 mm,总偏差不应大于20 mm。 (5)输送产生凝结水或含有蒸汽的潮湿空气的风管,应按设计要求坡度安装。风管底部不宜设置纵向接缝,如有接缝应做密封处理。 (6)安装输送含有易燃、易爆介质气体的系统和安装在易燃、易爆介质环境内的通风系统都必须有良好的接地装置,并应尽量减少接口。 输送易燃、易爆介质气体的风管,通过生活间或其他辅助生产房间时必须严密,且不得设置接口。 (7)风管穿出屋面时应设防雨罩,如图1－37所示。防雨罩应设置在建筑结构预制的井圈外侧,使雨水不能沿壁面渗漏到屋内;穿出屋面超出1.5 m的立管宜设拉索固定。拉索不得固定在风管法兰上,严禁拉在避雷针上。 (8)钢制套管的内径尺寸,应以能穿过风管的法兰及保温层为准,其壁厚应不小于2 mm。套管应牢固地预埋在墙、楼板(或地板)内
风管吊装与就位	(1)风管安装前,先对安装好的支、吊(托)架进一步检查其位置是否正确,是否牢固可靠。根据施工方案确定的吊装方法(整体吊装或一节一节地吊装),按照先干管后支管的安装程序进行吊装。 (2)吊装前,应根据现场的具体情况,在梁、柱的节点上挂好滑车,穿上麻绳,牢固地捆扎好风管再吊装。 (3)用绳索将风管捆绑结实。塑料风管、玻璃钢风管或复合材料管如需整体吊装时,绳索不得直接捆绑在风管上,应用长木板托住风管底部,四周有软性材料做垫层,方可起吊。 (4)开始起吊,先慢慢拉紧起重绳,当风管离地200～300 mm时,应停止起吊,检查滑车的受力点和所绑扎的麻绳、绳扣是否牢固,风管的重心是否正确。当检查没问题后,再继续起吊到安装高度,把风管放在支、吊架上,加以稳固后,方可解开绳扣。 (5)水平安装的风管,可以用吊架的调节螺栓或在支架上用调整垫块的方法调整水平。风管安装就位后,可以用拉线、水平尺和吊线的方法来检查风管是否横平竖直。 (6)对于不便悬挂滑车或固定位置受地势限制不能进行整体(即组合一定长度)吊装时,可将风管分节用麻绳拉到脚手架上,然后再抬到支架上对正法兰逐节进行安装。 (7)风管地沟敷设时,在地沟内进行分段连接。地沟内不便操作时,可在沟边连接,用麻绳绑好风管,用人力慢慢将风管放到支架上。风管甩出地面或在穿楼层时甩头不少于200 mm。敞口应做临时封堵。风管穿过基础时,应在浇灌基础前下好预埋套管,套管应牢固地固定在钢筋骨架上。 (8)不锈钢与碳素钢支架间应垫非金属垫片;铝板风管支架、抱箍应镀锌;硬聚氯乙烯风管穿过墙或楼板时应设套管,长度大于20 m可设伸缩节;玻璃钢类风管树脂不得有破裂、脱落及分层,安装后不得扭曲;空气净化空调系统风管安装应严格按程序进行,不得颠倒。风管、

续上表

项目	内　　容
风管吊装与就位	静压箱及其他部件，在安装前内壁必须擦拭干净，做到无油污和浮尘，并注意封堵临时端口；当安装在或穿过围护结构时，接缝应密封，保持清洁、严密
柔性短管安装	柔性短管用来将风管与通风机、空调机、静压箱等相连接，防止设备产生的噪声通过风管传入房间，并起伸缩和隔振的作用。 (1)安装柔性短管应松紧适当，不得扭曲。柔性短管长度一般在15～150 mm范围内。 (2)制作柔性短管所用材料，一般为帆布和人造革。如果需要防潮，帆布短管应刷帆布漆，不得涂油漆，以防帆布失去弹性和伸缩性，失去减振作用。输送腐蚀性气体的柔性短管应选用耐酸橡胶板或厚度为0.8～1 mm的软聚氯乙烯塑料板制作。 (3)洁净风管的柔性短管对洁净空调系统的柔性短管的连接要求，一是严密不漏，二是防止积尘。所以在安装柔性短管时一般常用人造革、涂胶帆布、软橡胶板等。柔性短管在拼缝时要注意严密，以免漏风。另外还要注意光面朝里，安装时不能扭曲，以防积尘
铝板风管安装	(1)铝板风管法兰的连接应采用镀锌螺栓，并在法兰两侧垫以镀锌垫圈，防止铝板风管法兰被螺栓刺伤。 (2)铝板风管的支架、抱箍应镀锌或按设计要求做防腐处理。 (3)铝板风管采用角钢法兰，应翻边连接，并用铝铆钉固定。采用角钢法兰，其用料规格应符合相关规定，并应根据设计要求做防腐处理

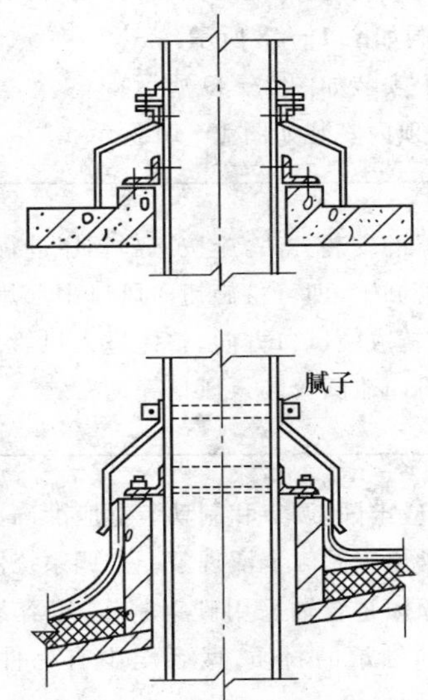

图1－37　风管穿过屋面的防雨防漏措施示意图

(4)风管部件安装工艺见表1－72。

表 1－72 风管部件安装工艺

项目		内　　容
风口安装	一般规定	(1)对于矩形风口要控制两对角线之差不大于 3 mm,以保证四角方正;对于圆形风口则控制其直径,一般取其中任意两互相垂直的直径,使两者的偏差不大于 2 mm,就基本不会出现椭圆形状。 (2)风口表面应平整、美观,与设计尺寸的允许偏差应不大于 2 mm。在整个空调系统中,风口是唯一外露于室内的部件,故对它的外形要求要高一些。 (3)多数风口是可调节的,有的甚至是可旋转的,凡是有调节、旋转部分的风口都要保证活动件轻便灵活,叶片平直,同边框不应有碰擦。 风口调节不灵活的原因有以下五点: ①加工制作粗糙,或运输中不慎使风口变形而造成不灵活。所以加工时应注意各部位的尺寸,内部叶片尺寸与外框尺寸应正确,相互配合适度,不应有叶片与外框产生碰擦现象。②活动部分如轴、轴套的配合尺寸应松紧适当,装配好后应加注润滑油,以免生锈。百叶式风口两端轴的中心应在同一直线上。散流器的扩散环和调节环应同轴,轴向间距分布均匀。③涂漆最好在装配前进行,以免把活动部位漆过后黏住而影响调节。④插板式、活动箅板式风口,其插板、箅板应平整,边缘光滑,抽动灵活。活动箅板式风口组装后应能达到完全开启和闭合。⑤风口安装前和安装后都应扳动一下调节柄或杆。因为在运输过程中和安装过程中都可能变形,即使微小的变形也可能影响调节。 (4)在安装风口时,应注意风口与所在房间内线条的协调一致。尤其当风管暗装时,风口应服从房间的线条。吸顶的散流器与平顶平齐。散流器的扩散圈应保持等距。散流器与总管的接口应牢固可靠
	排烟口与送风口	(1)排烟口与送风口在竖井墙上安装前,应在混凝土框内预埋角钢框,预留洞尺寸见表 1－73,其预留洞如图 1－38 所示。 风口在竖井墙上安装如图 1－39 所示。 (2)排烟口在吊顶内安装如图 1－40 所示
	管式条缝散流器	管式条缝散流器的安装方法,应按下列程序进行(图 1－41): ①把内藏的圆管卸下,即可将旋钮向风口中部用力旋转取下。②在风口壳上装吊卡及螺栓,将吊卡旋转成顺风口方向,整体进入风管,再将吊卡旋转 90°放在风管台上,旋紧固定螺栓。③将内藏圆管装入风口壳内
阀门安装	一般规定	(1)阀门的制作应牢固,调节和制动装置应准确、灵活、可靠,并标明阀门启闭方向,在实际的工程中经常出现阀门卡涩现象。空调系统停止运行一段时间后,再使用时,阀门无法开启。主要原因是转轴采用碳钢制作,很容易生锈,而且安装时又未采取防腐措施。如果制作轴和轴承的材质,两者至少有一件用铜或铜锡合金制造,情况会大有改善。 (2)应注意阀门调节装置要设在便于操作的部位;安装在高处的阀门也要使其操作装置处于离地面或平台 1～1.5 m 处。

续上表

项目		内　　容
阀门安装	一般规定	(3)阀门在安装完毕后，应在阀体外部明显地标出"开"和"关"方向及开启程度。对保温系统，应在保温层外面设法做标志，以便调试和管理。 (4)斜插板阀一般多用于除尘系统，安装阀门时应考虑不使其积尘，因此在水平管上安装斜插板阀应顺气流安装；而在垂直管(气流向上)安装时斜插板阀就应逆气流安装。 (5)止回阀阀轴必须灵活，阀板关闭应严密，铰链和转动轴应采用不易锈蚀的材料制作。 (6)防爆系统的部件必须严格按照设计要求制作，所用的材料严禁用其他材料替代
	防火阀安装	风管中的防火阀大致可分为直滑式、悬吊式、百叶式三种。 (1)防火阀楼板吊架和钢支座安装，如图1－42和图1－43所示。 (2)风管穿越防火墙时防火阀的安装，如图1－44所示。要求防火阀单独设吊架，安装后应在墙洞与防火阀间用水泥砂浆密封。 (3)变形缝处防火阀的安装，如图1－45所示。要求穿墙风管与墙之间保持50 mm的距离，并用柔性非燃烧材料充填密封。 (4)风管穿越楼板时防火阀的安装，如图1－46所示。要求穿越楼板的风管与楼板层的间隙用玻璃棉填充，外露楼板上的风管用钢丝网水泥砂浆抹保护层。 (5)防火阀安装的特殊要求。 外壳应能防止失火时变形失效，其厚度不应小于2 mm。转动部件在任何时候都应转动灵活，并应采用耐腐蚀材料制作，如黄铜、青铜、不锈钢和镀锌铁件等金属材料，否则，会使防火阀失效。易熔片应为有关部门批准的正规产品，检验以在水浴中测试为准，其熔点温度应符合设计要求，允许偏差为－2℃。易熔片应设在阀板迎风侧，在安装工作完毕后再装。安装前应测试阀板关闭是否灵活和严密。防火阀门有水平安装和垂直安装，除此之外还有左式和右式之分，在安装时注意不能装反
	余压阀安装	余压阀多安装在洁净室的墙壁的下方，应保证阀体与墙壁连接后的严密性，而且注意使阀板的位置处于洁净室的外墙，以使室内气流当静压升高时流出。并且应注意阀板的平整且重锤调节杆不受撞击变形，使其重锤调整灵活
局部排气罩安装		排气罩的主要作用是排除设备中的余热、含尘气体、毒气及油烟等，不使它散发在工作区域内。其安装要求如下： (1)各类吸尘罩、排气罩的安装位置应正确，牢固可靠，支架不得设置在影响操作的部位。 (2)用于排出蒸汽或其他潮湿气体的伞形排气罩，应在罩口内边采取排凝结液体的措施。 (3)罩子的安装高度对其实际效果影响很大，如果不按设计要求安装，则不能得到预期的效果。其高度既要考虑不影响操作，又要考虑有效排除有害气体，故其高度一般为罩的下口与设备上口的距离，以不大于排气罩下口的边长最为合适。 (4)局部排气罩不得有尖锐的边缘，其安装位置和高度不应妨碍操作。 (5)局部排气罩因体积较大，故应设置专用支、吊架，并要求支、吊架平整，牢固可靠

续上表

项目	内　容
洁净系统安装	空气洁净系统在施工过程中除了要求清洁外，还必须保持严密。为了保证系统的严密性，主要注意以下几点： (1)风管、配件及法兰的制作，各项允许偏差必须符合规范规定。风管与法兰连接的翻边应均匀、平整，不得有孔洞和缺口。 (2)风管的咬口缝、铆钉缝、翻边四角等容易漏风的位置，应将表面的杂质、油污清除干净，然后涂密封胶密封。 (3)风管上的活动件、固定件及拉杆等应做防腐处理(如镀锌等)。与阀体的连接处不得有缝隙。 (4)风管法兰螺栓孔间距应不大于 120 mm，铆钉孔的间距应不大于 100 mm。 (5)法兰连接、清扫口及检视门所用的密封垫料应选用不漏气、不产尘、弹性好并具有一定强度的材料，厚度根据材料弹性大小决定，一般为 4～6 mm。严禁使用乳胶海绵、泡沫塑料、厚纸板、石棉绳、铅油、麻丝以及油毡纸等含有孔隙和易产尘的材料。 (6)洁净空调系统的风管制作完并经过擦拭达到要求洁净程度后，将所有的孔口封住以待安装。在安装时要尽量保持风管清洁。当连接施工停顿时必须将开口封闭。安装高效过滤器处的封口也应在安装高效过滤器时再启封。因为高效过滤器的安装往往在全部系统安装完毕后才进行，甚至有时要等整个工作系统安装结束，并调试完成后再由使用单位自行安装，所以高效过滤器不宜过早启封，这样才可保证系统内少受污染。 (7)净化空调系统风管安装之后，在保温之前应进行漏风检查。当设计对漏风检查和评定标准有具体要求时，应按设计要求进行

表 1－73　排烟口、送风口预留洞尺寸　　(单位:mm)

排烟口、送风口规格 $A\times B$	500×500	630×630	700×700	800×630	1 000×630	1 250×630
预留洞尺寸 $a\times b$	765×515	895×645	965×715	1 065×645	1 265×645	1 515×645
排烟口、送风口规格 $A\times B$	800×800	1 000×800	1 000×1 000	1 250×1 000	1 600×1 000	
预留洞尺寸 $a\times b$	1 065×815	1 265×815	1 265×1 015	1 515×1 015	1 865×1 015	

(5)风管系统严密性检验见表 1－74。

表 1－74　风管系统严密性检验

项目	内　容
漏光法检测	(1)漏光法检测为定性检测方法，低压系统风管在加工工艺得到保证的前提下，可采用漏光法检测，检测不合格时，做漏风量测试。 (2)漏光法检测的试验方法是在一定长度的风管上，在漆黑的周围环境下，在风管内用电压不高于 36 V、功率在 100 W 以上带保护罩的灯泡，从风管的一端缓缓移向另一端，同时在风管外观察漏光情况。

续上表

项目	内　容
漏光法检测	(3)在风管外观察到漏光，则说明有漏风，并应对风管的漏风处进行修补。漏风处如在风管的咬口缝、铆钉孔、翻边四角处可涂密封胶或采取其他密封措施；如在法兰接缝处漏风，根据实际情况紧固螺母或更换法兰密封垫片
漏风量测试	(1)漏风量测试应选用专用测量仪器，如漏风测试仪。 (2)中压系统风管应在漏风检测全长后，对系统漏风量进行抽检；高压系统风管应全部进行漏风量测试。 (3)系统实测漏风值，应符合设计与规范要求

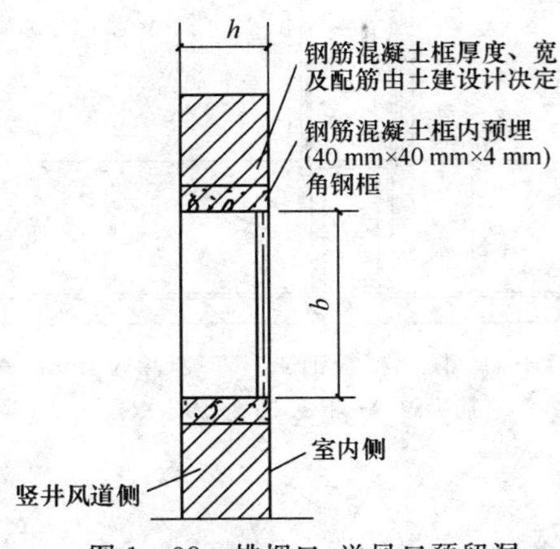

图 1－38　排烟口、送风口预留洞

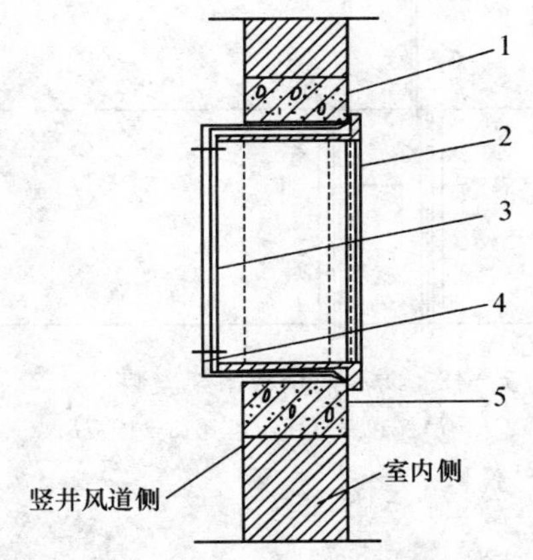

图 1－39　排烟口、送风口在竖井墙上安装

1－钢筋混凝土框；2－排烟口或送风口；3－钢板安装框；4－螺栓；5－角钢框

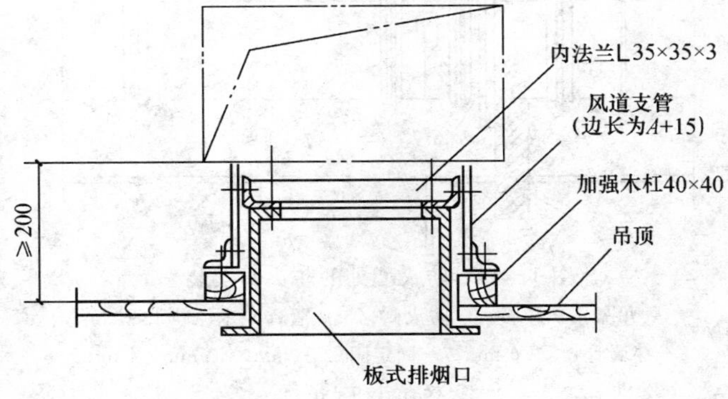

图 1－40　排烟口在吊顶内安装(单位：mm)

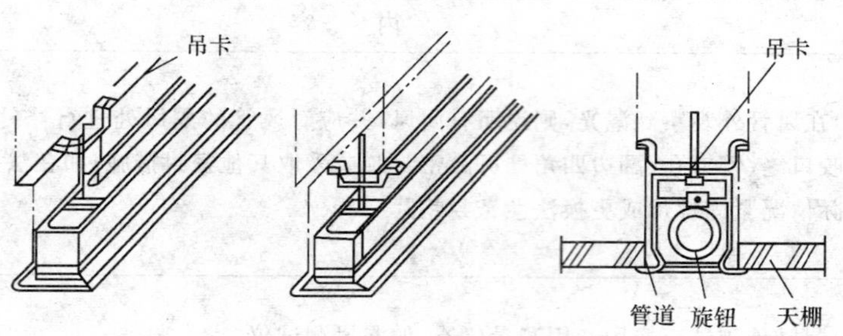

图 1－41　管式条缝散流器的安装方法

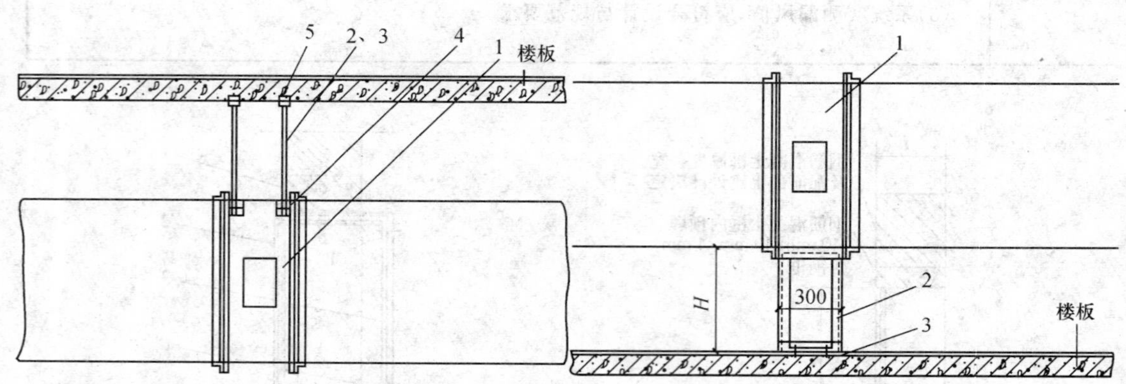

图 1－42　防火阀楼板吊架安装

1－防火阀；2、3－吊杆和螺母；4－吊耳；5－楼板吊点

图 1－43　防火楼板钢支座安装(单位：mm)

1－防火阀；2－钢支座；3－膨胀螺栓

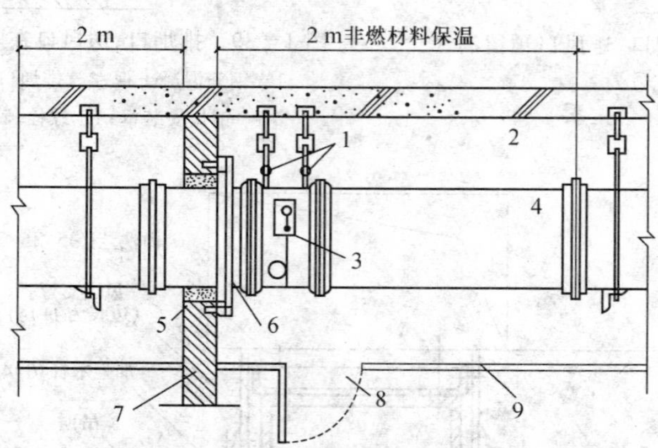

图 1－44　防火墙处的防火阀安装

1－吊架；2－楼板；3－防火阀；4－风管；5－水泥砂浆密封；

6－穿墙管 $\delta \leqslant 1.6$ mm；7－固定圈∟ 40 mm×40 mm×4 mm；

8－检查口；9－吊顶

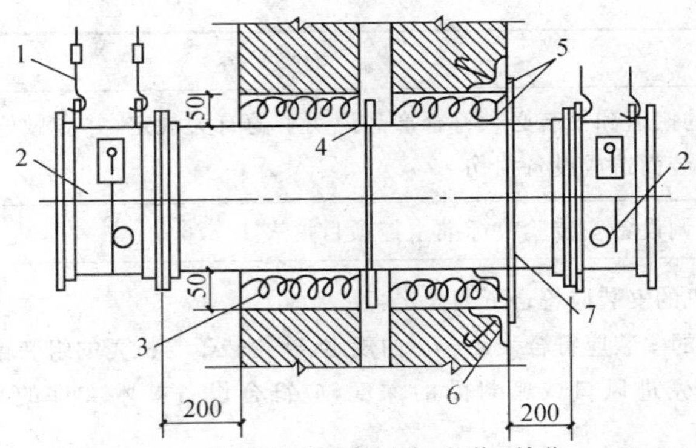

图 1－45　变形缝处的防火阀安装(单位:mm)

1－支吊架;2－防火阀;3－柔性非燃材料;4－挡板 $\delta=2$ mm;5－固定圈∟40 mm×40 mm×4 mm 和 $\delta=4$ mm;6－穿墙管 $\delta\leqslant1.6$ mm;7－预埋件∟40 mm×40 mm×4 mm

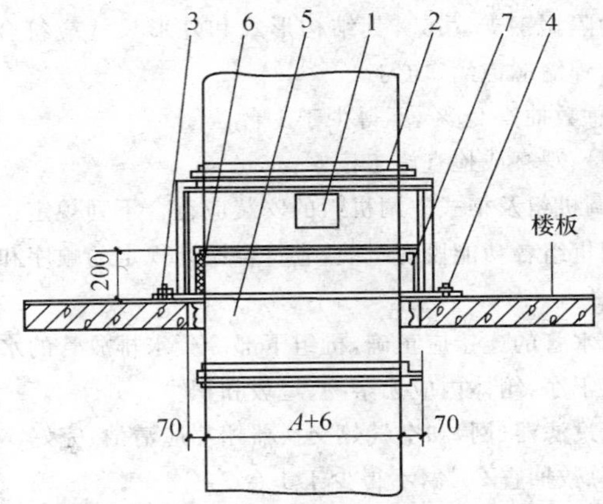

图 1－46　风管穿越楼板时防火阀安装(单位:mm)

1－防火阀;2－固定支座;3－膨胀螺栓;4－螺母;5－穿楼板风管;6－玻璃棉或矿棉;7－保护层

第四节　通风与空调设备安装

一、验收标准条文

通风与空调设备安装验收见表 1－75。

表 1－75　通风与空调设备安装验收

项目	内　容
一般规定	(1)适用于工作压力不大于 5 kPa 的通风机与空调设备安装质量的检验与验收。 (2)通风与空调设备应有装箱清单、设备说明书、产品质量合格证书和产品性能检测报告等随机文件,进口设备还应具有商检合格的证明文件。 (3)设备安装前,应进行开箱检查,并形成验收文字记录。参加人员为建设、监理、施工和厂商等方单位的代表。 (4)设备就位前应对其基础进行验收,合格后方能安装。

续上表

<table>
<tr><th>项目</th><th>内　容</th></tr>
<tr><td>一般规定</td><td>(5)设备的搬运和吊装必须符合产品说明书的有关规定,并应做好设备的保护工作,防止因搬运或吊装而造成设备损伤</td></tr>
<tr><td>主控项目</td><td>通风与空调设备安装验收标准主控项目见表1—76</td></tr>
<tr><td>一般项目</td><td>(1)通风机的安装应符合下列规定:
1)通风机的安装应符合表1—77的规定,叶轮转子与机壳的组装位置应正确;叶轮进风口插入风机机壳进风口或密封圈的深度,应符合设备技术文件的规定,或为叶轮外径值1/100。
2)现场组装的轴流风机叶片安装角度应一致,达到在同一平面内运转,叶轮与筒体之间的间隙应均匀,水平度允许偏差为1/1 000。
3)安装隔振器的地面应平整,各组隔振器承受荷载的压缩量应均匀,高度误差应小于2 mm。
4)安装风机的隔振钢支、吊架,其结构形式和外形尺寸应符合设计或设备技术文件的规定;焊接应牢固,焊缝应饱满、均匀。
检查数量:按总数抽查20%,不得少于1台。
检查方法:尺量、观察或检查施工记录。
(2)组合式空调机组及柜式空调机组的安装应符合下列规定:
1)组合式空调机组各功能段的组装,应符合设计规定的顺序和要求;各功能段之间的连接应严密,整体应平直。
2)机组与供回水管的连接应正确,机组下部冷凝水排放管的水封高度应符合设计要求。
3)机组应清扫干净,箱体内应无杂物、垃圾和积尘。
4)机组内空气过滤器(网)和空气热交换器翅片应清洁、完好。
检查数量:按总数抽查20%,不得少于1台。
检查方法:观察检查。
(3)空气处理室的安装应符合下列规定:
1)空气处理室壁板及各段的组装位置应正确,表面平整,连接严密、牢固。
2)喷水段的本体及其检查门的漏水,喷水管和喷嘴的排列、规格应符合设计的规定。
3)表面式换热器的散热面应保持清洁、完好。当用于冷却空气时,在下部应设有排水装簧,冷凝水的引流管或槽应畅通,冷凝水不外溢。
4)表面式换热器与围护结构间的缝隙,以及表面式热交换器之间的缝隙,应封堵严密。
5)换热器与系统供回水管的连接应正确,且严密不漏。
检查数量:按总数抽查20%,不得少于1台。
检查方法:观察检查。
(4)单元式空调机组的安装应符合下列规定:
1)分体式空调机组的室外机和风冷整体式空调机组的安装,固定应牢固、可靠;除应满足冷却风循环空间的要求外,还应符合环境卫生保护有关法规的规定。
2)分体式空调机组的室内机的位置应正确、并保持水平,冷凝水排放应畅通。管道穿墙处必须密封,不得有雨水渗入。
3)整体式空调机组管道的连接应严密、无渗漏,四周应留有相应的维修空间。
检查数量:按总数抽查20%,不得少于1台。</td></tr>
</table>

续上表

<table>
<tr><th>项目</th><th>内　　容</th></tr>
<tr><td>一般项目</td><td>检查方法：观察检查。
(5)除尘设备的安装应符合下列规定：
1)除尘器的安装位置应正确、牢固平稳，允许误差应符合表1－78的规定。
2)除尘器的活动或转动部件的动作应灵活、可靠，并应符合设计要求。
3)除尘器的排灰阀、卸料阀、排泥阀的安装应严密，并便于操作与维护修理。
检查数量：按总数抽查20%，不得少于1台。
检查方法：尺量、观察检查及检查施工记录。
(6)现场组装的静电除尘器的安装，还应符合设备技术文件及下列规定：
1)阳极板组合后的阳极排平面度允许偏差为5 mm，其对角线允许偏差为10 mm。
2)阴极小框架组合后主平面的平面度允许偏差为5 mm，其对角线允许偏差为10 mm。
3)阴极大框架的整体平面度允许偏差为15 mm，整体对角线允许偏差为10 mm。
4)阳极板高度小于或等于7 m的电除尘器，阴、阳极间距允许偏差为5 mm。阳极板高度大于7 m的电除尘器，阴、阳极间距允许偏差为10 mm。
5)振打锤装置的固定，应可靠；振打锤的转动，应灵活。锤头方向应正确；振打锤头与振打砧之间应保持良好的线接触状态，接触长度应大于锤头厚度的0.7倍。
检查数量：按总数抽查20%，不得少于1组。
检查方法：尺量、观察检查及检查施工记录。
(7)现场组装布袋除尘器的安装，还应符合下列规定：
1)外壳应严密、不漏，布袋接口应牢固。
2)分室反吹袋式除尘器的滤袋安装，必须平直。每条滤袋的拉紧力应保持在25～35 N/m；与滤袋连接接触的短管和袋帽，应无毛刺。
3)机械回转扁袋式除尘器的旋臂，转动应灵活可靠，净气室上部的顶盖，应密封不漏气，旋转应灵活，无卡阻现象。
4)脉冲袋式除尘器的喷吹孔，应对准文氏管的中心，同心度允许偏差为2 mm。
检查数量：按总数抽查20%，不得少于1台。
检查方法：尺量、观察检查及检查施工记录。
(8)洁净室空气净化设备的安装，应符合下列规定：
1)带有通风机的气闸室、吹淋室与地面间应有隔振垫。
2)机械式余压阀的安装，阀体、阀板的转轴均应水平，允许偏差为2/1 000。余压阀的安装位置应在室内气流的下风侧，并不应在工作面高度范围内。
3)传递窗的安装，应牢固垂直，与墙体的连接处应密封。
检查数量：按总数抽查20%，不得少于1件。
检查方法：尺量、观察检查。
(9)装配式洁净室的安装应符合下列规定：
1)洁净室的顶板和壁板(包括夹芯材料)应为不燃材料。
2)洁净室的地面应干燥、平整，平整度允许偏差为1/1 000。
3)壁板的构配件和辅助材料的开箱，应在清洁的室内进行，安装前应严格检查其规格和质量。壁板应垂直安装，底部宜采用圆弧或钝角交接；安装后的壁板之间、壁板与顶板间的拼缝，应平整严密，墙板的垂直允许偏差为2/1 000，顶板水平度的允许偏差与每个单间的几何尺寸的允许偏差均为2/1 000。</td></tr>
</table>

续上表

<table>
<tr><th>项目</th><th>内　容</th></tr>
<tr><td>一般项目</td><td>4)洁净室吊顶在受荷载后应保持平直,压条全部紧贴。洁净室壁板若为上、下槽形板时,其接头应平整、严密;组装完毕的洁净室所有拼接缝,包括与建筑的接缝,均应采取密封措施,做到不脱落,密封良好。
检查数量:按总数抽查20%,不得少于5处。
检查方法:尺量、观察检查及检查施工记录。
(10)洁净层流罩的安装应符合下列规定:
1)应设独立的吊杆,并有防晃动的固定措施。
2)层流罩安装的水平度允许偏差为1/1 000,高度的允许偏差为±1 mm。
3)层流罩安装在吊顶上,其四周与顶板之间应设有密封及隔振措施。
检查数量:按总数抽查20%,且不得少于5件。
检查方法:尺量、观察检查及检查施工记录。
(11)风机过滤器单元(FFU、FMU)的安装应符合下列规定:
1)风机过滤器单元的高效过滤器安装前应按《通风与空调工程施工质量验收规范》(GB 50243—2002)第7.2.5条的规定检漏,合格后进行安装,方向必须正确;安装后的FFU或FMU机组应便于检修。
2)安装后的FFU风机过滤器单元,应保持整体平整,与吊顶衔接良好。风机箱与过滤器之间的连接,过滤器单元与吊顶框架间应有可靠的密封措施。
检查数量:按总数抽查20%,且不得少于2个。
检查方法:尺量、观察检查及检查施工记录。
(12)高效过滤器的安装应符合下列规定:
1)高效过滤器采用机械密封时,须采用密封垫料,其厚度为6～8 mm,并定位贴在过滤器边框上,安装后垫料的压缩应均匀,压缩率为25%～50%。
2)采用液槽密封时,槽架安装应水平,不得有渗漏现象。槽内无污物和水分,槽内密封液高度宜为2/3槽深。密封液的熔点宜高于50℃。
检查数量:按总数抽查20%,且不得少于5个。
检查方法:尺量、观察检查。
(13)消声器的安装应符合下列规定:
1)消声器安装前应保持干净,做到无油污和浮尘。
2)消声器安装的位置、方向应正确,与风管的连接应严密,不得有损坏与受潮。两组同类型消声器不宜直接串联。
3)现场安装的组合式消声器,消声组件的排列、方向和位置应符合设计要求。单个消声器组件的固定应牢固。
4)消声器、消声弯管均应设独立支、吊架。
检查数量:整体安装的消声器,按总数抽查10%,且不得少于5台;现场组装的消声器全数检查。
检查方法:手扳和观察检查、核对安装记录。
(14)空气过滤器的安装应符合下列规定:
1)安装平整、牢固,方向正确。过滤器与框架、框架与围护结构之间应严密无穿透缝。
2)框架式或粗效、中效袋式空气过滤器的安装,过滤器四周与框架应均匀压紧,无可见缝隙,并应便于拆卸和更换滤料。</td></tr>
</table>

续上表

项目	内　容
一般项目	3)卷绕式过滤器的安装,框架应平整、展开的滤料,应松紧适度、上下筒体应平行。 检查数量:按总数抽查10%,且不得少于1台。 检查方法:观察检查。 (15)风机盘管机组的安装应符合下列规定: 1)机组安装前宜进行单机三速试运转及水压检漏试验。试验压力为系统工作压力的1.5倍,试验观察时间为2 min,不渗漏为合格。 2)机组应设独立支、吊架,安装的位置、高度及坡度应正确、固定牢固。 3)机组与风管、回风箱或风口的连接,应严密、可靠。 检查数量:按总数抽查10%,且不得少于1台。 检查方法:观察检查、查阅检查试验记录。 (16)转轮式换热器安装的位置、转轮旋转方向及接管应正确,运转应平稳。 检查数量:按总数抽查20%,且不得少于1台。 检查方法:观察检查。 (17)转轮去湿机安装应牢固,转轮及传动部件应灵活、可靠,方向正确;处理空气与再生空气接管应正确;排风水平管须保持一定的坡度。 检查数量:按总数抽查20%,且不得少于1台。 检查方法:观察检查。 (18)蒸汽加湿器的安装应设置独立支架,并固定牢固;接管尺寸正确、无渗漏。 检查数量:全数检查。 检查方法:观察检查。 (19)空气风幕机的安装,位置方向应正确、牢固可靠,纵向垂直度与横向水平度的偏差均不应大于2/1 000。 检查数量:按总数10%的比例抽查,且不得少于1台。 检查方法:观察检查。 (20)变风量末端装置的安装,应设单独支、吊架,与风管连接前宜做动作试验。 检查数量:按总数抽查10%,且不得少于1台。 检查方法:观察检查、查阅检查试验记录

表1—76　通风与空调设备安装验收标准主控项目

项目	规　定	检　查	
		检查数量	检查方法
通风机的安装	(1)型号、规格应符合设计规定,其出口方向应正确。 (2)叶轮旋转应平稳,停转后不应每次停留在同一位置上。 (3)固定通风机的地脚螺栓应拧紧,并有防松动措施	全数检查	依据设计图核对、观察检查
通风机传动装置的外露部位以及直通大气的进、出口	通风机传动装置的外露部位以及直通大气的进、出口,必须装设防护罩(网)或采取其他安全设施		依据设计图核对、观察检查

续上表

项目	规　　定	检　　查	
		检查数量	检查方法
空调机组安装	(1)型号、规格、方向和技术参数应符合设计要求。 (2)现场组装的组合式空气调节机组应做漏风量的检测，其漏风量必须符合现行国家标准《组合式空调机组》(GB/T 14294－2008)的规定	按总数抽检20%，不得少于1台。净化空调系统的机组，1～5级全数检查，6～9级抽查50%	依据设计图核对，检查测试记录
除尘器安装	(1)型号、规格、进出口方向必须符合设计要求。 (2)现场组装的除尘器壳体应做漏风量检测，在设计工作压力下允许漏风率为5%，其中离心式除尘器为3%。 (3)布袋除尘器、电除尘器的壳体及辅助设备接地应可靠	按总数抽查20%，不得少于1台；接地全数检查	按图核对、检查测试记录和观察检查
高效过滤器安装	高效过滤器应在洁净室及净化空调系统进行全面清扫和系统连续试车12 h以上后，在现场拆开包装并进行安装。 安装前需进行外观检查和仪器检漏。目测不得有变形、脱落、断裂等破损现象；仪器抽检检漏应符合产品质量文件的规定。 合格后立即安装，其方向必须正确，安装后的高效过滤器四周及接口，应严密不漏；在调试前应进行扫描检漏	高效过滤器的仪器抽检检漏按批抽5%，不得少于1台	观察检查、按规范(GB 50243－2002)附录B规定扫描检测或查看检测记录
净化空调设备安装	(1)净化空调设备与洁净室围护结构相连的接缝必须密封。 (2)风机过滤器单元(FFU与FMU空气净化装置)应在清洁的现场进行外观检查，目测不得有变形、锈蚀、漆膜脱落、拼接板破损等现象；在系统试运转时，必须在进风口处加装临时中效过滤器作为保护	全数检查	按设计图核对、观察检查
静电空气过滤器安装	静电空气过滤器金属外壳接地必须良好	按总数抽查20%，不得少于1台	核对材料、观察检查或电阻测定

续上表

项目	规　　定	检　　查	
		检查数量	检查方法
电加热器安装	(1)电加热器与钢构架间的绝热层必须为不燃材料；接线柱外露的应加设安全防护罩。 (2)电加热器的金属外壳接地必须良好。 (3)连接电加热器的风管的法兰垫片，应采用耐热不燃材料	按总数抽查20%，不得少于1台	核对材料、观察检查或电阻测定
干蒸汽加湿器的安装	干蒸汽加湿器的安装，蒸汽喷管不应朝下	全数检查	观察检查
过滤吸收器	过滤吸收器的安装方向必须正确，并应设独立支架，与室外的连接管段不得泄漏		观察或检测

表1－77　通风机安装的允许偏差

项次	项目		允许偏差	检查方法
1	中心线的平面位移		10 mm	经纬仪或拉线和尺量检查
2	标高		±10 mm	水准仪或水平仪；直尺、拉线和尺量检查
3	皮带轮轮宽中心平面偏移		1 mm	在主、从动皮带轮平面拉线和尺量检查
4	传动轴水平度		纵向 0.2/1 000 横向 0.3/1 000	在轴或皮带轮0°和180°的两个位置上，用水平仪检查
5	联轴器	两轴芯径向位移	0.05 mm	在联轴器互相垂直的四个位置上，用百分表检查
		两轴线倾斜	0.2/1 000	

表1－78　除尘器安装允许偏差和检验方法

项次	项目		允许偏差(mm)	检验方法
1	平面位移		≤10	用经纬仪或拉线、尺量检查
2	标高		±10	用水准仪、直尺、拉线和尺量检查
3	垂直度	每米	≤2	吊线和尺量检查
		总偏差	≤10	

二、施工材料要求

通风与空调设备安装的施工材料要求见表1—79。

表1—79 通风与空调设备安装的施工材料要求

项目	内容
相关文件	设备应有装箱清单、设备说明书、产品合格证书和产品性能检测报告等随机文件，进口设备还应具有商检部门检验合格证明文件
地脚螺栓	设备的地脚螺栓的规格、长度以及平、斜垫铁的厚度、材质和加工精度应满足设备安装要求
减振器或减振垫	设备安装所采用的减振器或减振垫的规格、材质和单位面积的承载率应符合设计和设备安装要求
通风机	通风机的型号、规格应符合设计规定和要求，其出口方向应正确
其他	安装过程中所使用的各类型材、垫料、五金用品应有出厂合格证或有关证明文件。外观检查无严重损伤及锈蚀等缺陷。法兰连接使用的垫料应按照设计要求选用，并满足防火、防潮、耐腐蚀性能的要求

三、施工工艺解析

(1)通风与空调设备安装准备工作见表1—80。

表1—80 通风与空调设备安装准备工作

项目	内容
开箱检验	(1)设备开箱验收应在有关人员参加下进行，如有缺损、锈蚀严重或与设计要求不符，应及时由厂家更换。 (2)开箱前检查箱号、箱数以及包装情况。 (3)开箱后应根据设计图纸、设备装箱清单，认真核对设备的名称、型号、机号、传动方式；叶轮、机壳和其他部位的主要尺寸；叶轮旋转方向和进出风口位置、方向等是否符合设计要求，做好检查记录。 (4)核对设备技术文件、资料、备件及专用工具，应妥善保管。 (5)整体出厂的风机，进气口和排气口应有盖板遮盖，并应防止尘土、杂物进入。 (6)检查设备有无缺损，表面有无损坏和锈蚀等；检查风机外露部分各加工面的防锈情况；检查叶轮与外壳有无擦碰、变形或严重锈蚀、碰伤等。如有上述情况应会同有关单位研究处理。 (7)设备经过开箱验收后，填写现场设备开箱记录，并会同各方签字验收，作为交接资料和设备的技术档案

续上表

项目	内　容
基础验收、放线	(1)风机安装前应根据设计图纸、产品样本或风机实验，检查设备基础是否符合尺寸、型号要求。 (2)设备基础的位置、几何尺寸和混凝土强度、质量应符合设计规定，并应有验收资料。设备基础表面和地脚螺栓预留孔中的杂物、积水等应清除干净；预埋地脚螺栓的螺纹和螺母应保护完好。 (3)风机安装前应在基础表面铲出麻面，以便二次浇筑的混凝土或水泥砂浆面层与基础紧密结合；旋转垫铁部位的表面应凿平。 (4)设备就位前，按施工图和建筑物轴线或边缘线和标高线，划出安装基准线；确定设备找正、调平的定位基础面、线或点。必要时埋设中心标板和基准点
设备吊运	(1)大型风机的水平运输和垂直吊运应配有起重工，设专人指挥，使用的机具及绳索必须符合安全要求。水平运输一般采用钢(木)排子、枕木、滚杠，机械牵引；垂直吊运一般采用起重机、倒链或卷扬机、滑轮组等起重设备。 (2)解体出厂的风机，绳索捆绑不得损伤机件表面，转子与齿轮的轴径、测振部位等处均不应作为捆缚部位；转子与机壳的吊装应保持水平。 (3)整体出厂的风机吊装和搬运时，绳索不得捆绑在转子和机壳上盖或轴承上盖的吊耳上。 (4)当输送特殊介质的风机转子和机壳内涂有保护层时，应严加保护，在搬运吊装过程中避免损伤
设备清洗、检查	(1)解体出厂的风机组装前，应将设备外露加工面、组装配合面、滑动面、管路、油箱及容器等进行清洗和检查，出厂已装配好的组合件可不拆洗。清洗方法和清洁度的检查应符合现行国家标准《机械设备安装工程施工及验收通用规范》(GB 50231—2009)的规定。 (2)现场组装风机的润滑、密封、液压和冷却系统的管路应进行清洗，并按相关规定进行严密性试验，不得有渗漏现象。 (3)离心式组装通风机的清洗、检查时应将机壳和轴承箱拆开，并清洗转子、轴承箱体和轴承；但叶轮与电动机直联传动的风机可不拆卸。调节机构应清洗洁净，转动灵活。 (4)轴流式组装通风机的清洗、检查除应按设备吊运要求外，尚应检查叶片根部是否损伤、紧固螺母应无松动，可调叶片的安装角度应符合设计技术文件的要求。立式机组应清洗变速箱、齿轮组或涡轮涡件

(2)减振器安装工艺解析见表1－81。

表1－81　减振器安装工艺解析

项目	内　容
垫铁布置	通风机底座直接安置在基础上时，安装前应对基础各部分尺寸进行检查，合格后方可就位安装。就位后应用成对斜垫铁找平。放垫铁的目的是通过调整垫铁的厚度，使安装的通风机达到要求的标高和水平度，以便于二次灌浆。

续上表

项目	内容
垫铁布置	垫铁一般都放在地脚螺栓的两侧。垫铁间的距离一般为 500～1 000 mm。为了便于调整，垫铁要露出机座外边约 25～30 mm，垫铁距离地脚螺栓 1～2 倍螺杆直径。垫铁高度一般为 30～60 mm。每组垫铁一般不超过 3～4 块。厚的放下面，薄的放在上面，最薄的夹在中间。同一组垫铁的尺寸要一致，放置必须整齐。设备安装好后，同一组垫铁应点焊在一起，以免受力时松动。 预留孔灌浆前应清除杂物，用碎石混凝土灌浆。其强度等级应比基础的混凝土高一级，并捣固
地脚螺栓安装	地脚螺栓应垂直，螺母必须拧紧，并有防松装置，以防止运行时的振动将螺母振松。防松装置可采用双螺母、防松螺母或加弹簧垫圈
减振器安装与调整	减振器安装，除要求地面平整外，还应注意各组减振器承受荷载的压缩量应均匀，不得偏心；安装后应采取保护措施，防止损坏。每组减振器间的压缩量如果相差悬殊，风机启动后将明显失去减振作用。减振器受力不均，主要是由于减振器位置不当，安装时应按设计要求选择和布置；如安装后各减振器仍有压缩量或受力不均匀的现象，应根据实际情况将其移动到适当的位置。 常用的减振器有弹簧减振器和橡胶减振器两种。弹簧减振器减振效果好，但加工复杂，价格也高；橡胶减振器可制成圆形或方块状，也可用数层橡胶板胶合而成，加工较简单。目前也常用 JG 型剪切减振器(图 1－47)，它不像橡胶减胶器只承受压力，而是使橡胶减振元件受剪切力，抗疲劳和抗老化性能较好

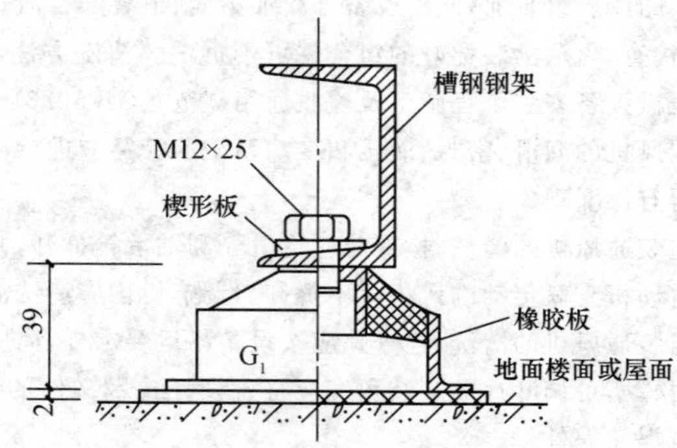

图 1－47　JG 型减振器安装图(单位：mm)

(3)离心式通风机安装工艺解析见表 1－82。

表 1－82　离心式通风机安装工艺解析

项目	内容
风机本体安装	要使通风机的叶轮旋转后，每次都不停留在原来位置上，并不得碰壳。风机安装后的允许偏差见表 1－77。表中传动轴水平度为：纵向水平度用水平仪在主轴上测定，横向水平度用水平仪在轴承座的水平中分面上测定。

续上表

项目	内　　容
风机本体安装	离心式通风机装配时，机壳进风斗(吸气短管)的中心线与叶轮中心线应在一条直线上，并且机壳与叶轮的轴向间隙应符合设备技术文件的规定
电动机安装	电动机应水平安装在滑座上或固定在基础上。电动机的找正找平应以装好的通风机为准。当用三角皮带传动时，电动机可在滑轨上进行调整，滑轨的位置应保证风机和电动机的两轴中心，斗与叶轮的轴向间隙示意圈线相互平行，并水平地固定在基础上。滑轨的方向不能装反。电动机常用的滑轨外形和滑轨尺寸如图 1－48 和表 1－83 所示。安装在室外的排风机，应装设防雨罩 间隙 图 1－48　电动机滑轨
三角皮带轮找正	用三角皮带轮传动的通风机，在安装电动机时，要对电动机上的皮带轮进行找正，以保证电动机和通风机的轴线相互平行，要使两个皮带轮的中心线相重合，三角皮带被拉紧。其找正方法可按以下顺序进行。 (1)把电动机用螺栓固定在电动机的两根滑轨上，注意不要把滑轨的方向装反。将两根滑轨相互平行并水平地放在基础上。 (2)移动滑轨，调整皮带的松紧程度。 (3)两人用细线拉直，使线的一端接触图 1－49 中通风机皮带轮轮缘的 A、B 两点。调整电动机滑轨，使细线的另一端也接触电动机皮带轮轮缘的 C、D 两点。这样 A、B、C、D 四点同在一条直线上，通风机的主轴中心线和电动机轴的中心线平行，两个皮带轮的中心线也就重合。 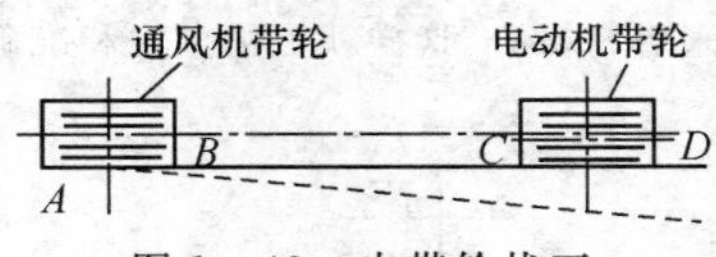 图 1－49　皮带轮找正 (4)电动机可在滑轨上进行调整，使三角皮带松紧程度适宜。一般用手敲打已装好皮带的中间，稍有弹跳，或用手指压在两个皮带上，能压下 2 cm 左右就算合格。皮带轮找正后的偏差，必须符合规定。三角皮带传动的通风机、电动机轴的中心线间距和皮带的规格应符合设计要求

续上表

项目	内　容
联轴器安装	联轴器连接通风机与电动机时，两轴中心线应该在同一直线上，其轴向倾斜允许偏差为0.2%，其径向位移的允许偏差为0.05 mm，如图1－50所示。 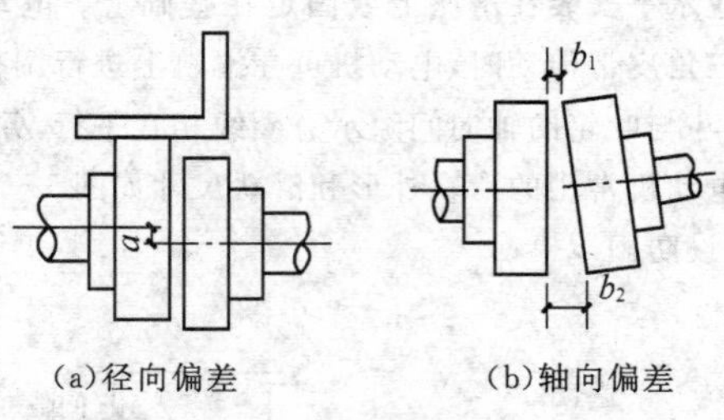 图1－50　联轴器找正示意图 找正联轴器的目的是要消除通风机主轴中心线和电动机传动轴中心线的不同心度和不平行度。否则，将会引起通风机振动、电动机和轴承过热等现象。 如图1－52所示为联轴器在安装过程中可能出现的几种情况。图1－51中，(a)表示两中心线完全重合，这是最理想的情况；(b)表示不同心，有径向位移，但两轴的中心线是平行的；(c)为两中心线不平行，有轴向倾斜；(d)是既有径向位移，又有轴向倾斜，这是安装中常见的情况。 在实际安装过程中，要想达到两中心线完全重合[图1－51(a)]是难以办到的，但只要达到允许偏差，就算合格。找正方法可按下列步骤进行。 (1)将两半联轴器用键分别安装在通风机和电动机轴上。在通风机联轴器上将轴中心线找平。 (2)粗找：以通风机为准，移动电动机和在电动机下加垫铁与通风机轴对中，进行联轴器的初步找正。找正时，可以不转动两个轴，以角尺的一边紧靠在联轴器的外圆表面上，按上、下、左、右四个位置进行检查，直到两联轴器的外圆表面基本平齐。 (3)细找：在两半联轴器上用螺栓固定两个夹具，如图1－52所示。夹具上装有中心卡和测点螺栓。检查时，转动联轴器，在上、下、左、右四个相互垂直的位置，用测点螺钉和塞尺同时测量联轴器的径向间隙 a 和轴向间隙 b，直到满足要求为止。如有百分表时，可把测点螺钉换成百分表来进行检查，这样就更为方便和准确 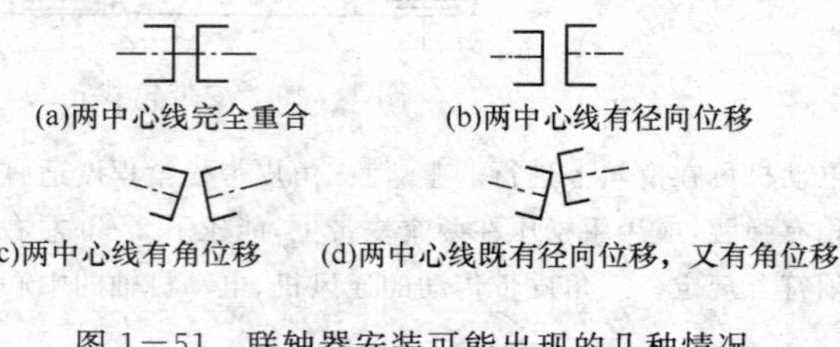 图1－51　联轴器安装可能出现的几种情况

续上表

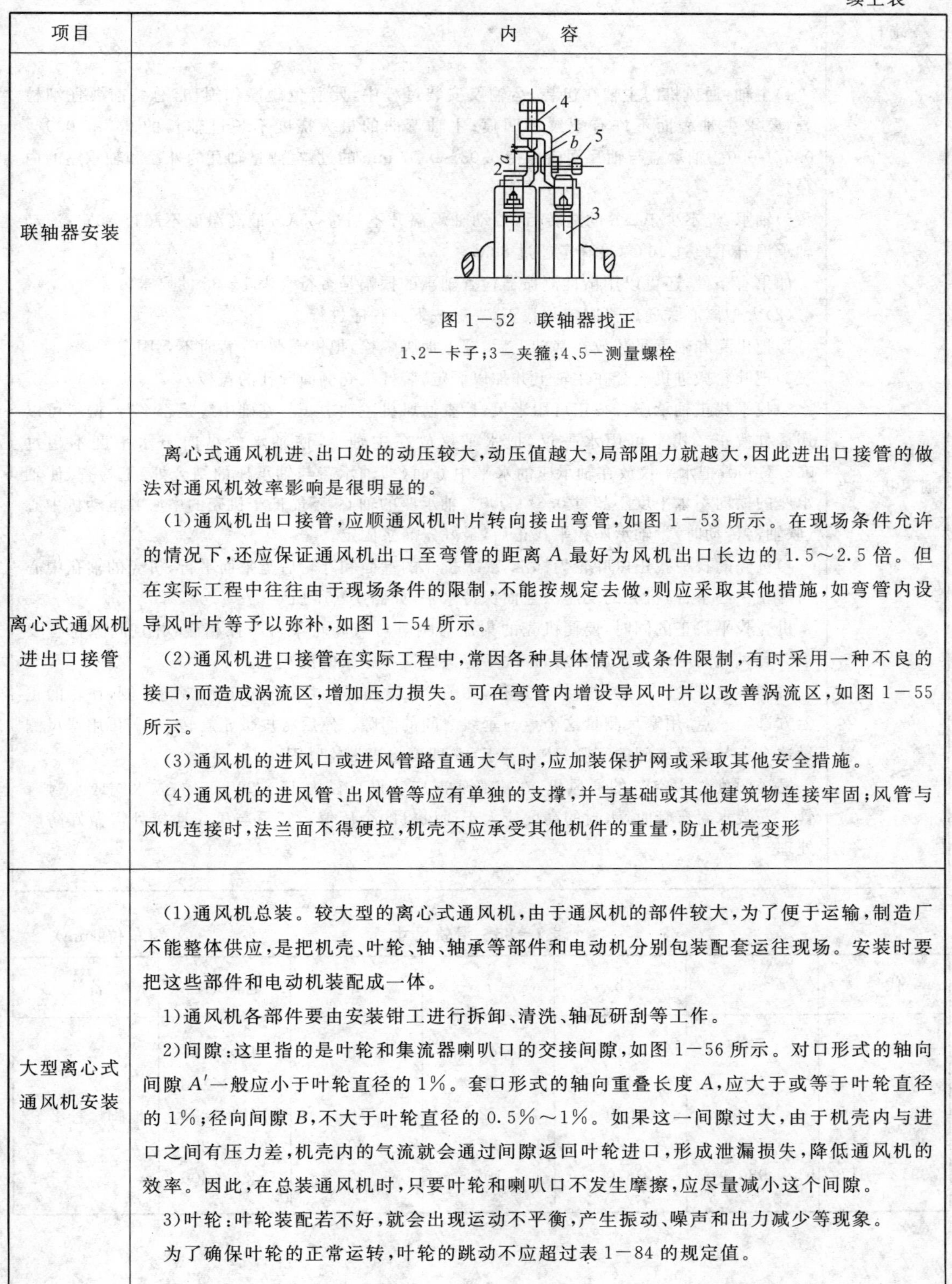

项目	内　容
联轴器安装	图 1－52　联轴器找正 1、2－卡子；3－夹箍；4、5－测量螺栓
离心式通风机进出口接管	离心式通风机进、出口处的动压较大，动压值越大，局部阻力就越大，因此进出口接管的做法对通风机效率影响是很明显的。 (1)通风机出口接管，应顺通风机叶片转向接出弯管，如图 1－53 所示。在现场条件允许的情况下，还应保证通风机出口至弯管的距离 A 最好为风机出口长边的 1.5～2.5 倍。但在实际工程中往往由于现场条件的限制，不能按规定去做，则应采取其他措施，如弯管内设导风叶片等予以弥补，如图 1－54 所示。 (2)通风机进口接管在实际工程中，常因各种具体情况或条件限制，有时采用一种不良的接口，而造成涡流区，增加压力损失。可在弯管内增设导风叶片以改善涡流区，如图 1－55 所示。 (3)通风机的进风口或进风管路直通大气时，应加装保护网或采取其他安全措施。 (4)通风机的进风管、出风管等应有单独的支撑，并与基础或其他建筑物连接牢固；风管与风机连接时，法兰面不得硬拉，机壳不应承受其他机件的重量，防止机壳变形
大型离心式通风机安装	(1)通风机总装。较大型的离心式通风机，由于通风机的部件较大，为了便于运输，制造厂不能整体供应，是把机壳、叶轮、轴、轴承等部件和电动机分别包装配套运往现场。安装时要把这些部件和电动机装配成一体。 1)通风机各部件要由安装钳工进行拆卸、清洗、轴瓦研刮等工作。 2)间隙：这里指的是叶轮和集流器喇叭口的交接间隙，如图 1－56 所示。对口形式的轴向间隙 A' 一般应小于叶轮直径的 1%。套口形式的轴向重叠长度 A，应大于或等于叶轮直径的 1%；径向间隙 B，不大于叶轮直径的 0.5%～1%。如果这一间隙过大，由于机壳内与进口之间有压力差，机壳内的气流就会通过间隙返回叶轮进口，形成泄漏损失，降低通风机的效率。因此，在总装通风机时，只要叶轮和喇叭口不发生摩擦，应尽量减小这个间隙。 3)叶轮：叶轮装配若不好，就会出现运动不平衡，产生振动、噪声和出力减少等现象。 为了确保叶轮的正常运转，叶轮的跳动不应超过表 1－84 的规定值。

续上表

<table>
<tr><th>项目</th><th>内容</th></tr>
<tr><td>大型离心式通风机安装</td><td>4)主轴:通风机的主轴在包装、运输及安装过程中,要避免碰撞和损伤,总装前要仔细检查,要求主轴表面不许有裂纹和凹痕;主轴弯曲的最大挠度不超过轴长的 0.3/1 000～0.5/1 000。轴承盖与轴瓦间应保持 0.03～0.07 mm 的过盈(测量轴瓦的外径和轴承座的内径)。
5)轴承:经不少于 2 h 的运转后,滑动轴承温升不超过 35℃,最高温度不超过 70℃;滚动轴承温升不超过 40℃,最高不超过 80℃。
如果有条件,还可以用惰性测振器检查轴承的振幅是否符合表 1－85 的要求。
(2)大型离心式通风机固定与找正,一般按下列程序进行。
1)把机壳和轴承吊装放在基础上后,穿上地脚螺栓,把机壳摆正,暂时不要固定。
2)把叶轮搬进机壳套在主轴上并加以固定,装好机壳侧面圆孔的盖板。
3)找平找正轴承座。找正可用米尺,检查通风机主轴中线与基础中线是否平行,偏斜可以用撬杠拨正。找平可用水平仪,把水平仪放在主轴上,使轴承的纵向不水平度不超过 0.2/1 000;把水平仪放在轴承座的水平中分面(即轴承盖与轴承座的结合处)上检查,使轴承座的横向不水平度不超过 0.3/1 000。轴承座的轴心,不能低于机壳的中心和电动机中心(联轴器传动时)。轴承座找平找正后,最好先灌浆固定。
4)机壳的找平找正以叶轮为标准,要求机壳的壁面和叶轮后盘平面平行,机壳的轴孔中心与叶轮中心重合,机壳的支座法兰面保持水平,如图 1－57 所示。
机壳找平找正的同时,要使机壳的集流器喇叭口与叶轮不得摩擦相碰,并且间隙符合要求。通风机的叶轮停止旋转后,每次不应该停留在原来的位置上。
5)调整皮带轮。一般用吊线法进行,如图 1－58 所示。将线坠挂在皮带轮外侧,在轮的正上方选定一点,用塞尺测量这个点与垂线之间的间隙。然后将皮带轮旋转 180°,再用塞尺测量这个点与垂线之间的间隙,使 a 等于 a_1,即可将皮带轮紧固。
输送湿度较大空气的通风机,在机壳底部应装设直径为 15～20 mm 的放水阀或水封弯管。安装水封弯管时,水封的高度应大于通风机的全压值。管子与机壳连接处需做好防腐处理</td></tr>
</table>

表 1－83 滑轨尺寸 (单位:mm)

<table>
<tr><th>代号</th><th>a</th><th>b</th><th>c</th><th>h</th><th>地脚螺栓</th><th>备注</th></tr>
<tr><td>3912－013</td><td>440</td><td>410</td><td>42</td><td>36</td><td>M10×160</td><td rowspan="5">地脚螺栓 2 套</td></tr>
<tr><td>3912－014</td><td>510</td><td>470</td><td>50</td><td>45</td><td>M12×200</td></tr>
<tr><td>3912－015</td><td>670</td><td>620</td><td>72</td><td>55</td><td>M16×250</td></tr>
<tr><td>3912－016</td><td>770</td><td>720</td><td>75</td><td>60</td><td>M16×250</td></tr>
<tr><td>3912－017</td><td>930</td><td>870</td><td>105</td><td>70</td><td>M20×300</td></tr>
</table>

表 1—84　叶轮径向和轴向跳动允许值　（单位：mm）

叶轮直径		200～600	600～1 000	1 000～1 400	1 400～2 000	2 000～2 600	2 600～3 200
跳动允许值	后盘、前盘径向	1.5	2.0	3.0	3.5	4.0	5.0
	后盘轴向	1.5	2.5	3.5	4.0	5.0	6.0
	前盘轴向	2.0	3.0	4.0	5.0	6.0	7.0

表 1—85　轴承允许最大振幅

主轴转速（r/min）	≤75	500	600	750	1 000	1 450	3 000	＞3 000
允许最大轴向振幅（mm）	0.18	0.16	0.14	0.12	0.10	0.08	0.06	0.04

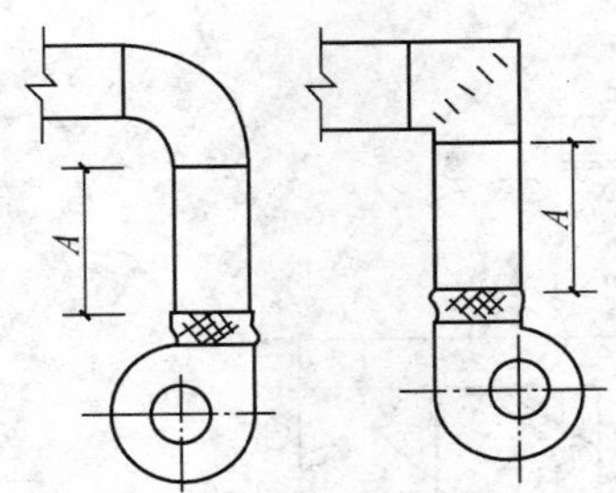

图 1—53　通风机出口接管示意圈

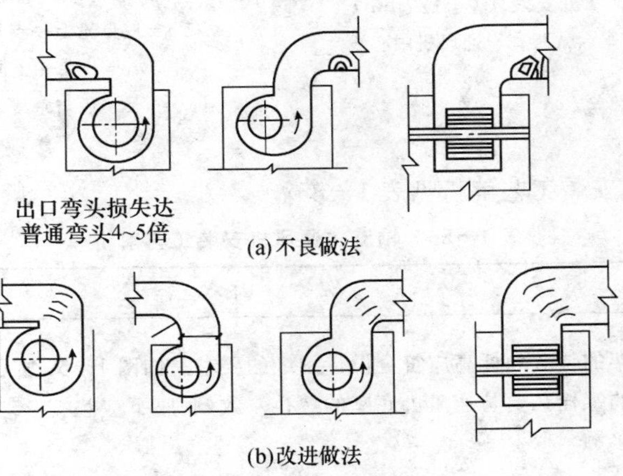

图 1—54　通风口出口改进示意图

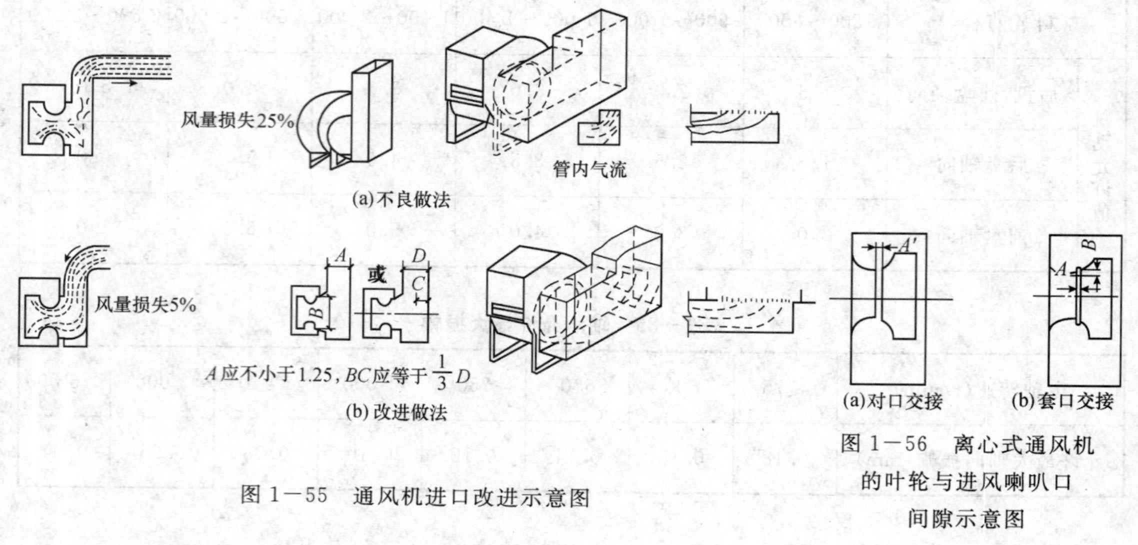

图 1－55 通风机进口改进示意图

图 1－56 离心式通风机的叶轮与进风喇叭口间隙示意图

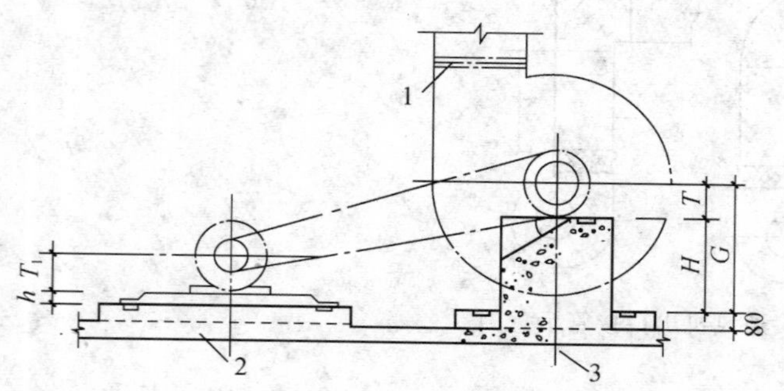

图 1－57 大型风机安装图(单位：mm)

1－软管接头；2－平台式板；3－通风机中心线

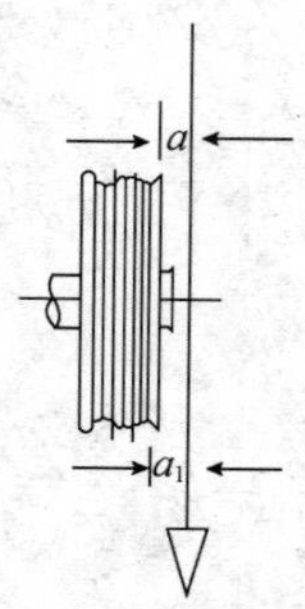

图 1－58 调整皮带轮的吊线法

a－皮带轮上一点与垂线之间的距离；

a_1－皮带轮上同一点转动 180°后与垂线之间的距离

(4)轴流式通风机安装工艺解析见表 1－86。

表 1－86 轴流式通风机安装工艺解析

项目	内 容
在墙上安装	支架的位置和标高应符合设计图纸的要求。如图 1－59 所示，支架应用水平尺找平，支架的螺栓孔要与通风机底座的螺孔一致，底座下应垫 3～5 mm 厚的橡胶板，以避免刚性接触
在墙洞内或风管内安装	墙的厚度应不少于 240 mm。土建施工时应及时配合留好孔洞，并预埋好挡板的固定件和轴流风机支座的预埋件。其安装方法如图 1－60 所示

续上表

项目	内　容
在钢窗上安装	在需要安装通风机的窗上，首先应用厚度为 2 mm 的钢板封闭窗口，钢板应在安装前打好与通风机框架上相同的螺孔，并开好与通风机直径相同的洞。洞内安装通风机，洞外装铝质活络百叶格，通风机关闭时叶片向下抵挡室外气流进入室内；通风机开启时，叶片被通风机吹起，排出气流，如图 1－61 所示。有遮光要求时，在洞内安装带有遮光百叶排风口
大型轴流风机组装间隙允许偏差	大型轴流风机组装，叶轮与机壳的间隙应均匀分布，并符合设备技术文件要求。叶轮与进风外壳的间隙见表 1－87

表 1－87　叶轮与进风外壳的间隙允许偏差　（单位：mm）

叶轮直径	≤600	600～1 200	1 200～2 000	3 000～3 000	3 000～5 000	5 000～8 000	≥8 000
对应两侧半径间隙之差不应超过	0.5	1	1.5	2	3.5	5	6.5

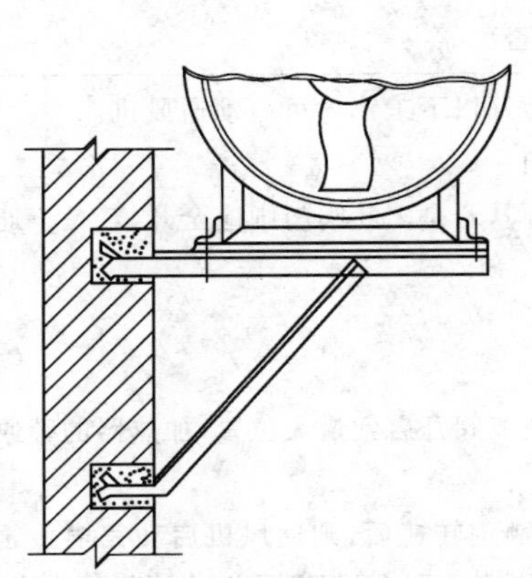

图 1－59　轴流式通风机在墙上安装

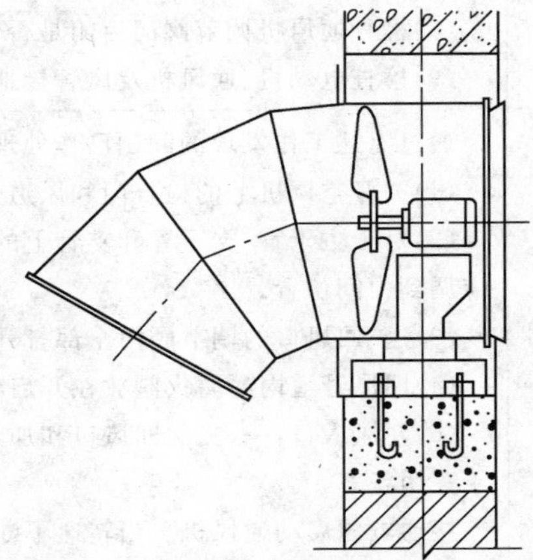

图 1－60　轴流式通风机在墙洞内安装

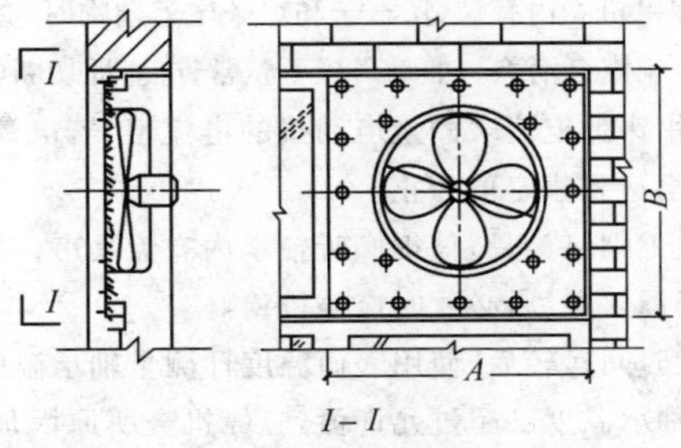

图 1－61　轴流式通风机在钢窗上安装

（5）通风机试运转工艺解析见表 1－88。

表 1—88　通风机试运转工艺解析

项目	内　容
试运转准备	(1)将空调机房打扫干净,清除空调机、风管内的脏物,以免进入空调房间或损坏设备,同时也为试调工作创造一个良好的环境。 (2)核对通风机,电动机型号、规格以及皮带轮直径是否与设计相符。 (3)检查通风机、电动机两个皮带轮(或联轴器)的中心是否在一条直线上,地脚螺栓是否拧紧。 (4)检查通风机进出口处柔性接头是否严密。 (5)传动皮带的松紧是否适当,太紧了皮带易于磨损,同时增加了电动机负荷;太松了皮带在轮子上打滑,降低效率,同时使风量、风压达不到要求。皮带的滑动系数 K,应调到 1.05 左右。 $K_p=\frac{n_d D_d}{n_f D_f}$ 式中　n_d、n_f——电动机和风机的转数(r/min); D_d、D_f——电动机和风机的槽轮直径(mm)。 (6)检查轴承处是否有足够的润滑油。 (7)用手盘车,通风机叶轮应无卡碰现象。 (8)检查通风机调节阀门启闭是否灵活,定位装置是否牢靠。 (9)检查电动机、通风机及风管接地线连接是否可靠
通风机的启动与运转	通过上述工作发现的问题已作处理后,还需做好以下工作才可启动通风机。 (1)关好空调机上的检查门和风道上的入孔门。 (2)对于主干管、支干管和支管上的风量调节阀,若是多叶阀门则应全开,若是三通阀门则应调到中间位置。 (3)送、回风口的调节阀门全部打开。 (4)回风管道内的防火阀放在开启的位置。 (5)新风入口,一、二次回风口和加热器前的调节阀开启到最大位置,加热器的旁通阀应处于关闭状态。 接通电源启动通风机。当转速不断上升达到额定转速后,则通风机启动完毕。通风机的旋转方向应与机壳上箭头所示的方向一致。这点很重要,因为通风机叶轮若反向旋转,虽然可以继续送空气,但风量、风压将会减少很多,所以必须保证通风机正转。 通风机启动时,如果机壳内有螺钉、石子和焊条尾等杂物时,必然会发出“啪、啪”的响声。这些东西被吹出机壳后,响声会消除。如响声极不正常,应立即切断电源,停机检查,取出杂物。 通风机启动后,用钳形电流表测量电动机的电流值,若电流值超过额定值,可将总风量调节阀逐渐关小,直至达到额定值为止。 借助金属棒或电工螺钉旋具,仔细倾听轴承内有无噪声,可根据噪声情况判断轴承是否损坏或润滑油中是否混入杂物,必要时应停机检修。 通风机经过一段时间运转后,使用表面温度计测量轴承温度,其温度值不得超过设备技术文件的规定;若是轴承温度已超过允许值,应停机查明原因加以消除。有的通风机(如双进风通风机,设于空调机内)运转时,轴承温度无法测量,可以关掉通风机后进行测量。 通过上述运转检查,如正常,就可以进入连续运转阶段。经过不小于 2 h(如设计无规定时)的试运转,并填写通风机试运转记录,经有关人员签证后,通风机单机试运转结束

续上表

项目	内 容
通风机工况测定	(1)进、出口压力测定。 1)一般用皮托管和微压计测定。测定时系统阀门、风口全开，三通处于中间位置，此时管网阻力最小，风量最大。 2)测定仪表的连接如图 1－62 所示。 3)通风机前后测定截面应选择在气流稳定均匀的部位。如果风管截面或流动方向发生变化，如图 1－63 所示，在这些三通、弯头和阀门等前后的气流会产生涡流且具有局部阻力。在这个区域内测定，由于涡流会影响测定数值，所以测定截面必须设在没有涡流的地方，即局部阻力影响极小的部位。在局部阻力之后，不小于 4 倍直径或局部阻力之前不小于 1 倍直径的直管段上。 4)截面上测点的确定在稳定的风管截面上其流速分布如图 1－64 所示，近管壁低，管中心高，贴管壁速度为零。所以当选择了截面后，如只测一点就不能代表该截面的速度，应该多测几个点(测点的布置根据风管的形状不同)，然后求平均值。 ①圆形风管截面上的测点布置：将圆面积分成等面积的几个圆环，然后在小面积中心圆环上测定，每个圆环测 4 点，位于互相垂直的两个直径上，如图 1－65 所示。 圆环上的测点至测孔的距离见表 1－89。 ②矩形风管截面上测点布置：将风管截面分成若干等面积的小截面(面积不大于 0.05 mm^2)，测点位于小截面中心，如图 1－66 所示。 (2)通风机出口的全压、静压为正值；通风机吸口的全压、静压为负值，如图 1－67 所示。被测截面离通风机较远时，如图 1－67 所示，在 $A-A$ 截面处测量，那么通风机出口处全压是将 $A-A$ 截面上测得的全压值加上从 $A-A$ 至通风机出口 $B-B$ 这段风管的理论计算压力损失值。 即： 系统的全压、静压等于通风机前后所测全压、静压绝对值之和。计算方法如下 $$P_{全}=\|P_{全出}\|+\|P_{全吸}\|=O_b+O_c=b_c$$
风量测定	由通风机前后测出的动压值按下面公式计算该截面风速，再由风速及截面积求风量。 风速计算：$v=\sqrt{\dfrac{2gP_v}{\gamma}}$ 或 $v=4.04\sqrt{P_v}$(上式的简化式) 风量计算：$L=3\ 600\cdot v\cdot F$ 式中 P_v——被测截面平均动压(kPa)； γ——空气的容重(kg/m^3)； g——重力加速度(9.81 m/s^2) v——平均风速(m/s)； F——被测截面积(m^2)； L——风量(m^3/h)。 通风机前后所测得风量差不应大于 5%，如果大于 5%应分析原因。 若测定结果比设计要求少得多，则必须在通风机允许的转速下，改变皮带轮大小以增加通风机转速。 风速小的系统亦可用热球风速仪测定风速
通风机转速	可在通风机叶轮的皮带盘中心位置上用转速表测出

表 1—89　圆形风管测定截面内各圆环的测点与管壁距离表

测点号	直径(mm)			
	200 以下	200～400	400～700	700 以上
	圆环数(个)			
	3	4	5	6
1	0.1*R*	0.1*R*	0.05*R*	0.05*R*
2	0.3*R*	0.2*R*	0.2*R*	0.15*R*
3	0.6*R*	0.04	0.3*R*	0.25*R*
4	1.4*R*	0.7*R*	0.5*R*	0.35*R*
5	1.7*R*	1.3*R*	0.7*R*	0.5*R*
6	1.9*R*	1.6*R*	1.3*R*	0.7*R*
7		1.8*R*	1.5*R*	1.3*R*
8		1.9*R*	1.7*R*	1.5*R*
9			1.8*R*	1.65*R*
10			1.95*R*	1.85*R*
11				1.85*R*
12				1.95*R*

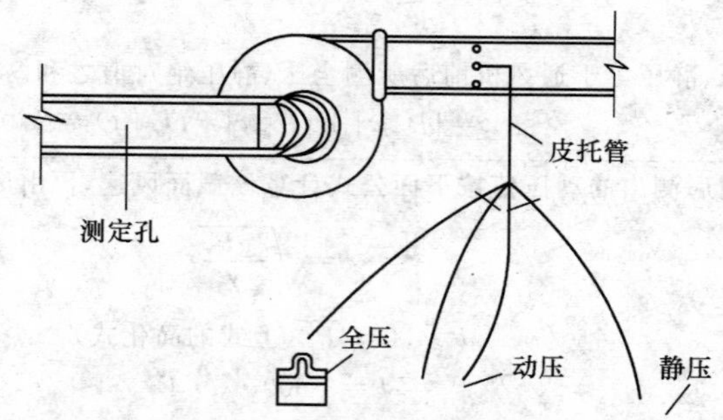

图 1—62　皮托管—微压计测压示意图

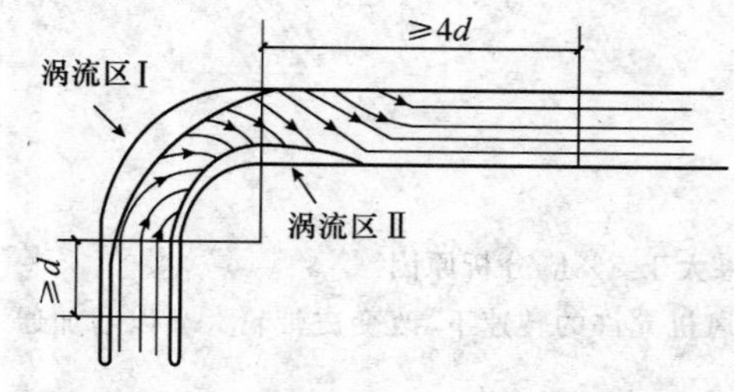

图 1—63　弯管气流转弯时产生两个涡流区

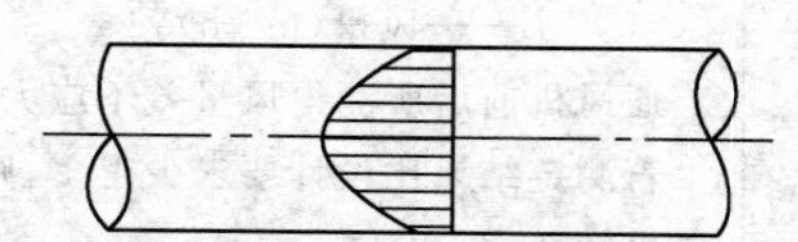

图 1—64　风管截面上气流速度分布示意图

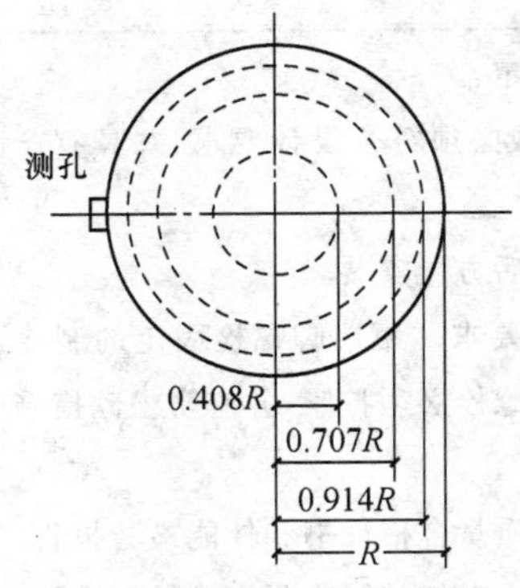

图 1－65　圆形截面内的测点位置

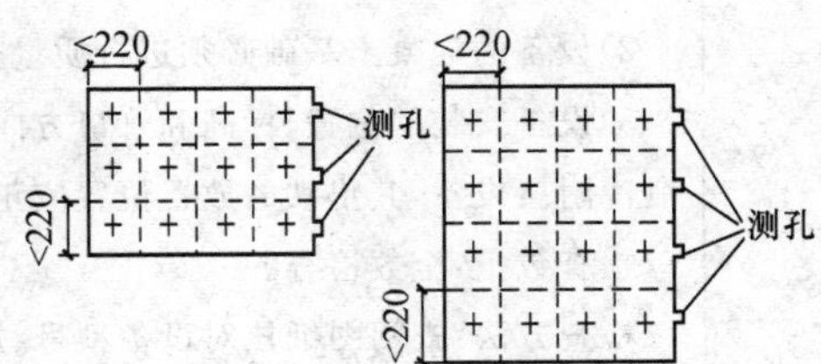

图 1－66　矩形截面内的测点位置(单位:mm)

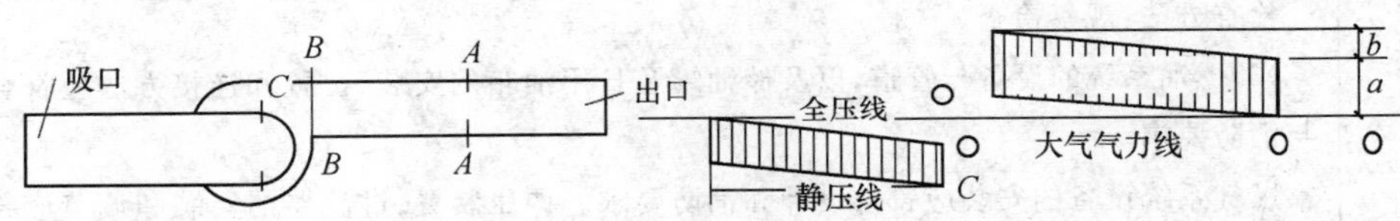

图 1－67　通风机出口、吸口压力分布图

第五节　空调制冷系统安装

一、验收标准条文

空调制冷系统安装质量验收标准见表 1－90。

表 1－90　空调制冷系统安装质量验收标准

项目	内　容
一般规定	(1)适用于空调工程中工作压力不高于 2.5 MPa,工作温度在－20℃～150℃的整体式、组装式及单元式制冷设备(包括热泵)、制冷附属设备、其他配套设备和管路系统安装工程施工质量的检验和验收。 (2)制冷设备、制冷附属设备、管道、管件及阀门的型号、规格、性能及技术参数等必须符合设计要求。设备机组的外表应无损伤、密封应良好,随机文件和配件应齐全。 (3)与制冷机组配套的蒸汽、燃油、燃气供应系统和蓄冷系统的安装,还应符合设计文件有关消防规范与产品技术文件的规定。 (4)空调用制冷设备的搬运和吊装,应符合产品技术文件和《通风与空调工程施工质量验收规范》(GB 50243－2002)第 7.1.5 条的规定。 (5)制冷机组本体的安装、试验、试运转及验收还应符合现行国家标准《制冷设备、空气分离设备安装工程施工及验收规范》(GB 50274－2010)有关条文的规定

续上表

项目	内　容
主控项目	(1)制冷设备与制冷附属设备的安装应符合下列规定: 1)制冷设备、制冷附属设备的型号、规格和技术参数必须符合设计要求,并具有产品合格证书、产品性能检验报告。 2)设备的混凝土基础必须进行质量交接验收,合格后方可安装。 3)设备安装的位置、标高和管口方向必须符合设计要求。用地脚螺栓固定的制冷设备或制冷附属设备,其垫铁的放置位置应正确、接触紧密;螺栓必须拧紧,并有防松动措施。 检查数量:全数检查。 检查方法:查阅图纸核对设备型号、规格,以及产品质量合格证书和性能检验报告。 (2)直接膨胀表面式冷却器的外表应保持清洁、完整,空气与制冷剂应呈逆向流动;表面式冷却器与外壳四周的缝隙应堵严,冷凝水排放应畅通。 检查数量:全数检查。 检查方法:观察检查。 (3)燃油系统的设备与管道,以及储油罐及日用油箱的安装,位置和连接方法应符合设计与消防要求。 燃气系统设备的安装应符合设计和消防要求。调压装置、过滤器的安装和调节应符合设备技术文件的规定,且应可靠接地。 检查数量:全数检查。 检查方法:按图纸核对、观察、查阅接地测试记录。 (4)制冷设备的各项严密性试验和试运行的技术数据,均应符合设备技术文件的规定。对组装式的制冷机组和现场充注制冷剂的机组,必须进行吹污、气密性试验、真空试验和充注制冷剂检漏试验,其相应的技术数据必须符合产品技术文件和有关现行国家标准、规范的规定。 检查数量:全数检查。 检查方法:旁站观察、检查和查阅试运行记录。 (5)制冷系统管道、管件和阀门的安装应符合下列规定: 1)制冷系统的管道、管件和阀门的型号、材质及工作压力等必须符合设计要求,并应具有出厂合格证、质量证明书。 2)法兰、螺纹等处的密封材料应与管内的介质性能相适应。 3)制剂液体管不得向上装成“Ω”形。气体管道不得向下装成“U”形(特殊回油管除外);液体支管引出时,必须从干管底部或侧面接出;气体支管引出时,必须从干管顶部或侧面接出;有两根以上的支管从干管引出时,连接部位应错开,间距不应小于 2 倍支管直径,且不小于 200 mm。 4)制冷机与附属设备之间制冷剂管道的连接,其坡度与坡向应符合设计及设备技术文件要求。当设计无规定时,应符合表 1－91 的规定。 5)制冷系统投入运行前,应对安全阀进行调试校核,其开启和回座压力应符合设备技术文件的要求。

续上表

<table>
<tr><th>项目</th><th>内　容</th></tr>
<tr><td>主控项目</td><td>检查数量：按总数抽检20%，且不得少于5件。
检查方法：核查合格证明文件，观察、水平仪测量、查阅调校记录。
(6)燃油管道系统必须设置可靠的防静电接地装置，其管道法兰应采用镀锌螺栓连接或在法兰处用铜导线进行跨接，且接合良好。
检查数量：系统全数检查。
检查方法：观察检查、查阅试验记录。
(7)燃气系统管道与机组的连接不得使用非金属软管。燃气管道的吹扫和压力试验应为压缩空气或氮气，严禁用水。当燃气供气管道压力大于0.005 MPa时，焊缝的无损检测的执行标准应按设计规定。当设计无规定且采用超声波探伤时，应全数检测，以质量不低于Ⅱ级为合格。
检查数量：系统全数检查。
检查方法：观察检查、查阅探伤报告和试验记录。
(8)氨制冷剂系统管道、附件、阀门及填料不得采用铜或铜合金材料(磷青铜除外)，管内不得镀锌。氨系统的管道焊缝应进行射线照相检验，抽检率为10%，以质量不低于Ⅲ级为合格。在不易进行射线照相检验操作的场合，可用超声波检验代替，以不低于Ⅱ级为合格。
检查数量：系统全数检查。
检查方法：观察检查、查阅探伤报告和试验记录。
(9)输送乙二醇溶液的管道系统，不得使用内镀锌管道及配件。
检查数量：按系统的管段抽查20%，且不得少于5件。
检查方法：观察检查、查阅安装记录。
(10)制冷管道系统应进行强度、气密性试验及真空试验，且必须合格。
检查数量：系统全数检查。
检查方法：旁站、观察检查和查阅试验记录</td></tr>
<tr><td>一般项目</td><td>(1)制冷机组与制冷附属设备的安装应符合下列规定：
1)制冷设备及制冷附属设备安装位置、标高的允许偏差，应符合表1－92的规定。
2)整体安装的制冷机组，其机身纵、横向水平度的允许偏差为1/1 000，并应符合设备技术文件的规定。
3)制冷附属设备安装的水平度或垂直度允许偏差为1/1 000，并应符合设备技术文件的规定。
4)采用隔振措施的制冷设备或制冷附属设备，其隔振器安装位置应正确；各个隔振器的压缩量，应均匀一致，偏差不应大于2 mm。
5)设置弹簧隔振的制冷机组，应设有防止机组运行时水平位移的定位装置。
检查数量：全数检查。
检查方法：在机座或指定的基准面上用水平仪、水准仪等检测，尺量与观察检查。
(2)模块式冷水机组单元多台并联组合时，接口应牢固，且严密不漏。连接后机组的外表，应平整、完好，无明显的扭曲。
检查数量：全数检查。</td></tr>
</table>

续上表

项目	内　容
一般项目	检查方法：尺量、观察检查。 (3)燃油系统油泵和蓄冷系统载冷剂泵的安装，纵、横向水平度允许偏差为1/1 000，联轴器两轴芯轴向倾斜允许偏差为0.2/1 000，径向位移为0.05 mm。 检查数量：全数检查。 检查方法；在机座或指定的基准面上，用水平仪、水准仪等检测，尺量、观察检查。 (4)制冷系统管道、管件的安装应符合下列规定： 1)管道、管件的内外壁应清洁、干燥；铜管管道支吊架的型式、位置、间距及管道安装标高应符合设计要求，连接制冷机的吸、排气管道应设单独支架；管径小于等于20 mm的铜管道，在阀门处应设置支架；管道上下平行敷设时，吸气管应在下方。 2)制冷剂管道弯管的弯曲半径不应小于3.5D(管道直径)，其最大外径与最小外径之差不应大于0.08D，且不应使用焊接弯管及皱褶弯管。 3)制冷剂管道分支管应按介质流向弯成90°弧度与主管连接，不宜使用弯曲半径小于1.5D的压制弯管。 4)铜管切口应平整，不得有毛刺、凹凸等缺陷，切口允许倾斜偏差为管径的1%，管口翻边后应保持同心，不得有开裂及皱褶，并应有良好的密封面。 5)采用承插钎焊焊接连接的铜管，其插接深度应符合表1－93的规定，承插的扩口方向应迎介质流向。当采用套接钎焊焊接连接时，其插接深度应不小于承插连接的规定。采用对接焊缝组对管道的内壁应齐平，错边量不大于0.1倍壁厚，且不大于1 mm。 6)管道穿越墙体或楼板时，管道的支吊架和钢管的焊接应按《通风与空调工程施工质量验收规范》(GB 50243－2002)第9章的有关规定执行。 检查数量：按系统抽查20%，且不得少于5件。 检查方法：尺量、观察检查。 (5)制冷系统阀门的安装应符合下列规定： 1)制冷剂阀门安装前应进行强度和严密性试验。强度试验压力为阀门公称压力的1.5倍，时间不得少于5 min；严密性试验压力为阀门公称压力的1.1倍，持续时间30 s不漏为合格。合格后应保持阀体内干燥。如阀门进、出口封闭破损或阀体锈蚀的还应进行解体清洗。 2)位置、方向和高度应符合设计要求。 3)水平管道上的阀门的手柄不应朝下；垂直管道上的阀门手柄应朝向便于操作的地方。 4)自控阀门安装的位置应符合设计要求。电磁阀、调节阀、热力膨胀阀、升降式止回阀等的阀头均应向上；热力膨胀阀的安装位置应高于感温包，感温包应装在蒸发器末端的回气管上，与管道接触良好，绑扎紧密。 5)安全阀应垂直安装在便于检修的位置，其排气管的出口应朝向安全地带，排液管应装在泄水管上。 检查数量：按系统抽查20%，且不得少于5件。 检查方法：尺量、观察检查、旁站或查阅试验记录。 (6)制冷系统的吹扫排污应采用压力为0.6 MPa的干燥压缩空气或氮气，以浅色布检查5 min，无污物为合格。系统吹扫干净后，应将系统中阀门的阀芯拆下清洗干净。 检查数量：全数检查。 检查方法：观察、旁站或查阅试验记录

表 1－91　制冷剂管道坡度、坡向

管道名称	坡向	坡度
压缩机吸气水平管(氟)	压缩机	≥10/1 000
压缩机吸气水平管(氨)	蒸发器	≥3/1 000
压缩机排气水平管	油分离器	≥10/1 000
冷凝器水平供液管臂	贮液器	(1～3)/1 000
油分离器至冷凝器水平管	油分离器	(3～5)/1 000

表 1－92　制冷设备与制冷附属设备安装允许偏差和检验方法

项次	项目	允许偏差(mm)	检验方法
1	平面位移	10	经纬仪或拉线和尺量检查
2	标高	±10	水准仪或经纬仪、拉线和尺量检查

表 1－93　承插式焊接的铜管承口的扩口深度表　（单位:mm）

铜管规格	≤*DN*15	*DN*20	*DN*25	*DN*32	*DN*40	*DN*50	*DN*65
承插口的扩口深度	9～12	12～15	15～18	17～20	21～24	24～26	26～30

二、施工材料要求

空调制冷系统施工材料要求见表 1－94。

表 1－94　空调制冷系统施工材料要求

项目	内　容
合格证明	(1)制冷设备、制冷附属设备的型号、规格和技术参数必须符合设计要求,并具有产品合格证书、产品性能检验报告。 (2)所采用的管道和焊接材料应符合设计规定,并具有出厂合格证明或质量鉴定文件。 (3)制冷系统的各类阀门必须采用专用产品,并有出厂合格证
无缝钢管	无缝钢管内外表面应无显著锈蚀、重皮及凹凸不平等缺陷
铜管	铜管内外避均应光洁、无疵孔、裂缝、结疤、层裂或气泡等缺陷。管材部应有分层,管子端部应平整无毛刺。铜管在加工、运输、储存过程中应无划伤、压入物、碰伤等缺陷
管道法兰	管道法兰密封面应光洁,不得有毛刺及径向沟槽,带有凹凸面的法兰应能自然嵌合,凸面的高度不得小于凹槽的深度
螺栓及螺母	螺栓及螺母的螺纹应完整,无伤痕、毛刺、残断丝等缺陷。螺栓与螺母应配合良好,无松动或卡涩现象
非金属垫片	非金属垫片,如石棉橡胶板、橡胶板等应质地柔韧,无老化变质或分层现象,表面不应有折损、皱纹等缺陷

三、施工工艺解析

(1)空调制冷系统管道清洗工艺解析见表1-95。

表1-95　空调制冷系统管道清洗工艺解析

项目		内　　容
管道的清洗	钢管	(1)对于一般钢管可用人工方法用钢丝刷(圆通刷)在管道内部拖拉数十次,直到将管内污物及铁锈等物彻底清除,再用干净的抹布蘸煤油擦净,然后用干燥的压缩空气吹洗管道内部,直到管口喷出的空气在白纸上无污物时为合格。对清洗后的干净管子,必须采取妥善的防潮措施,即将管口封闭好,待安装时启用。 (2)对小口径的管道、弯头或弯管,可用干净的抹布浸蘸煤油将管道内壁擦净。 (3)化学清洗法。对大直径的钢管,可灌入四氯化碳溶液处理,经15~20 min后,倒出四氯化碳溶液(以后再用),再按以上方法将管内擦净、吹干,然后封存。 (4)对钢管内残留的氧化皮等污染物用以上方法不能完全清除时,可以用20%的硫酸溶液使其在温度40℃~50℃的情况下进行酸洗,一直酸洗到氧化皮完全清除为止,一般情况所需时间为10~15 min。 酸洗后对管道进行光泽处理。光泽处理溶液成分如下: 铬干—100 g;硫酸—50 g;水—150 g。 溶液的温度不应低于15℃,处理时间一般为0.5~1 min。光泽处理后的管道,必须先进行冷水冲洗。再用3%~5%的碳酸钠溶液中和,然后再用冷水冲洗干净。最后对管道进行加热、吹干和封存
	紫铜管	紫铜管在摵弯时应进行烧红退火。退火后紫铜管内壁产生的氧化皮,要用下述两种方法予以清除。①酸洗。把紫铜管放在浓度为98%的硝酸(占30%)和水(占70%)的混合液中浸泡数分钟,取出后再用碱中和,并用清水洗净烘干。②用纱头拉洗。将纱布绑扎在钢丝上,浸上汽油,从管子一端穿入再由另一端拉出,纱头要在管内进行多次拉洗,每拉一次都要将纱头在汽油中清洗,直到洗净为止,最后用干纱头再拉净一次
	氟利昂制冷管道	氟利昂制冷管道在摵弯时,最好不要采用填砂的方法;如果必须填砂摵弯时,就要采用下述方法将砂清除干净:①铜管先用喷击速度为10~15 m/s的压缩空气吹扫,再用浓度为15%~20%的氢氟酸灌入管内,停留3 h,砂粒就被腐蚀。接着用10%~15%的苏打水中和,以干净热水冲洗后,并在120℃~150℃的温度下烘烤3~4 h即可。为除掉水蒸气,管内用干燥空气吹干。②钢管可向管内灌入浓度为5%的硫酸溶液,静置1.5~2 h,再用10%的无水碳酸钠溶液中和,并以清水冲洗干净,用干燥空气吹干,最后用20%的亚硝酸钠钝化
	阀门清洗与试压	(1)制冷管道用的阀门,凡具有产品合格证,进出口封闭良好,并在技术文件规定的期限内,无损伤、锈蚀等现象,可不做强度和严密性试验,否则应做强度和严密性试验。 (2)强度试验压力为公称压力的1.5倍。严密性试验压力为阀门公称压力,合格后应保持阀体内的干燥。

续上表

项目		内　容
管道的清洗	阀门清洗与试压	(3)阀门试压。常见的阀门单体试压用的工具由底座、龙门架、夹持螺杆及加橡胶垫板的夹板构成。试验时将阀门两端法兰分别夹在两个上下夹板之间,用夹持螺杆顶紧。然后打开进水球阀,直到水自行排空为止。再关闭阀门的闸板,以检查其严密性。此时打开球阀,以水泵继续供水加压。阀门严密性试压时间,见表1－96
管道的干燥处理		由于制冷机在运行过程中不允许有水分。所以制冷系统内应保持干燥,不准含有剩余的水分,否则将产生不利影响。 在管道清洗后应进行干燥处理。一般在安装前,除了用钢丝刷在管道内拉刷外,还应用干燥棉布擦过,必要时还可以进行烘干处理,然后管子两端用木塞塞严,以待安装。制冷管路安装完毕后,还应选择干燥天气,用干燥空气进行吹洗

表1－96　保持试验压力最短持续时间　(单位:s)

阀门公称直径(mm)	保持试验压力最短持续时间			
	壳体试验	上密封试验	密封试验	
			其他阀门	止回阀
≤50	15	15	60	15
65～150	60	60	60	60
200～300	120	60	60	120
350	300	60	120	120

(2)管道油漆设计无要求,制冷管道(有色金属管道除外)的防腐可按表1－97规定执行。

表1－97　制冷管道防腐

管道种类		油漆类别	油漆遍数	颜色标记
低压系统	绝热层以沥青为胶黏剂	沥青漆	2	蓝色
	绝热不以沥青为胶黏剂	防锈底漆	2	
高压系统		防锈底漆	2	红色
		色漆	2	

(3)空调制冷系统管道布置工艺解析见表1－98。

表1－98　空调制冷系统管道布置工艺解析

项目	内　　容
制冷管道布置的一般要求	(1)管道布置应考虑操作和检修方便、经济合理、阻力小。管道的布置应不妨碍正常的观察和运行维护压缩机及其他设备,不妨碍设备的检修和门窗的开关。 (2)管道与墙和顶棚,以及管道与管道之间应有适当间隔,一般以管道的零件或阀门(包括保温层)的最高点离墙1～3 cm为宜,以便于管道安装、保温和建筑墙面的装饰。 (3)为了防止吸气管和排气管在压缩机运转时引起振动,应设置一定数量的固定支架或坚固的吊架。在建筑结构负重允许的情况下,水平安装管道支、吊架的间距见表1－99。 (4)管道穿墙或楼板时设置套管。管子与套管间应留有10 mm左右的空隙。管道焊缝不得置于套管内。钢制套管应与墙面或楼板底面平齐,但应比地面高出20 mm。管道与套管的空隙应用隔热或其他不燃材料填塞,并不得作为管道的支撑。 (5)在金属支架、吊架上安装吸气管道时,应根据保温层厚度设置木垫块,木垫块应做防腐处理。 (6)吸气管和排气管安装在同一支架(吊架)上时,吸气管应放在排气管的下方。平行布置的管道之间应有一定的间距,以利于安装和维修。 管子的中心距,应视管径大小和是否有保温层而定,通常不小于200～250 mm。 (7)在布置管道和支架时,应考虑排气管的热膨胀,一般均利用管道的弯曲部分的自然补偿,不单独设置伸缩器。 (8)从压缩机到冷凝器的排气管道,在通过易燃墙壁的楼板时,应采用不燃烧材料进行隔离。 (9)从液体主管接出支管时,支管宜从主管底部接出。从气体主管接出支管时,支管宜从主管上方或侧旁接出。 (10)制冷系统的供液管的布置不应有局部向上凸起的弯曲现象,吸气管不应有局部向下凹的弯曲现象,以避免产生"气囊"和"液囊",阻碍液体或气体通过。 (11)为防止液滴进入压缩机气缸,吸气管应设有不小于3‰的坡度,坡向蒸发器。为了使润滑油和可能冷凝下来的液体不致返回压缩机,排气管应有不少于1‰的坡度,坡向氨油分离器或冷凝器。 (12)冷凝器的出液管与储液器之间的高差应保证氨液靠重力流入储液器中。 (13)制冷系统管道的坡度及坡向,应满足要求,并符合以下规定。 1)氟利昂制冷压缩机的吸、排气管道敷设:吸气管道水平管段的坡向应与气体流动方向一致(顺向),以便使润滑油能流回压缩机的曲轴箱内(图1－68)。 2)氨系统制冷压缩机的吸、排气管道敷设:由于氨具难溶性,所以氨系统吸气管的坡度与吸气方向相反(图1－69)。 (14)管道成三通连接时,应将支管按制冷剂流向弯成弧形再行焊接。当支管与干管直径相同且管道内径小于50 mm时,则需在干管的连接部位换上大一号管径的管段,再按以上规定进行焊接。 (15)不同管径的管子直线焊接时,应采用同心异径管。 (16)紫铜管连接宜采用承插口焊接,或套管式焊接,承插口的扩口深度应不小于管径,扩口方向应迎向介质流向。

续上表

项目		内容
制冷管道布置的一般要求		(17)紫铜管切口表面应平齐,不得有毛刺、凹凸等缺陷。切口平面允许倾斜偏差为管子直径的1%。 (18)紫铜管揻弯可用热弯或冷弯,椭圆率应不大于8%
氟利昂制冷管道布置	制冷压缩机吸气管道	制冷系统投入运行后,润滑油随着制冷剂进入蒸发器中,液体制冷剂在蒸发器内汽化,润滑油与制冷剂蒸汽仍混在一起。吸气管道的布置应使润滑油能顺利地随吸气返回制冷压缩机中。吸气管道与制冷压缩机如何连接,应根据蒸发器与制冷压缩机的相对位置而确定。 (1)为保证润滑油随氟利昂气体能顺利地返回压缩机曲轴箱内,吸气管的水平管段应有不小于2%的坡度坡向压缩机。 (2)蒸发器和制冷压缩机布置在同一水平位置时,吸气管布置应如图1－70所示。使蒸发器和制冷压缩机之间的管路形弯成"U"形,防止停机后液体制冷剂进入制冷压缩机内。 (3)蒸发器在制冷压缩机上方时,蒸发器上部管应做成如图1－71所示的"U"形弯曲。 (4)由蒸发器至制冷压缩机的吸气立管,在负荷最小、制冷剂气体流速最低时,必须保证能将润滑油均匀地带入制冷压缩机中。润滑油能否被制冷剂气体经向上的吸气立管带至制冷压缩机,取决于立管中制冷剂气体的流速和密度
	制冷压缩机排气管道	(1)制冷系统排气管的水平管段应有不小于1%的坡度,在制冷压缩机下方的管道连接方式,应延坡向冷凝器,使制冷压缩机的润滑油流入冷凝器,防止其返回制冷压缩机的顶部。 (2)制冷系统的直立排气管,如果管长超过2.5～3 m,为防止管内壁沉淀的润滑油进入制冷压缩机顶部,应使排气管上形成如图1－72所示的存油弯。存油弯在停止时存留液体制冷剂和润滑油的混合液体。如直立管较长,除在靠近制冷压缩机处设一个集油弯外,每隔8 m再设一个集油弯,以保证存留混合液体的容量。 设有油分离器的排气管,可不设集油弯,系统停止后排气立管的润滑油可流入油分离器中,而不会产生倒灌入制冷压缩机的现象。 (3)两台或多台制冷压缩机并联时,为防止在运转中制冷压缩机排出的润滑油流入停用的制冷压缩机中,其排气主管应采取如图1－73所示的连接方式。 (4)排气总管安装在制冷压缩机上方时,制冷压缩机的排气管应从上面接入总管,可防止排气总管的润滑油倒流入停用的制冷压缩机内。连接方式如图1－74所示
	冷凝器至储液器的液体管道	(1)卧式冷凝器至储液器的液体管道。管道内的液体流速不应超过0.5 m/s,水平管段的坡度为1/50,坡向储液器。冷凝器至储液器之间的阀门,应安装在距离冷凝器下部出口处不少于200 mm的部位,其连接方式如图1－75所示。

续上表

项目		内容
氟利昂制冷管道布置	冷凝器至储液器的液体管道	(2)蒸发式冷凝器至储液器的液体管道。单组冷却排管的蒸发式冷凝器,可用液体管本身进行均压。冷凝液体的流速不应超过 0.5 m/s,水平管段的坡度为 1/50,坡向储液器。如阀门安装位置受施工条件所限,可装在立管上,但必须装在出液口 200 mm 以下的位置。为保证系统的正常运转,蒸发式冷凝器排管的出口处应安装放空气阀。如冷凝器与储液器之间不安装均压管时,应在储液器上安装放空气阀,其连接方式如图 1－76所示。 多台蒸发式冷凝器并联使用时,为防止由于各台冷凝器内的压力不一致而造成冷凝器液体回灌入压力较低的冷却排管中,液体出口的立管段应留有足够高度,以平衡各台冷凝器之间的压差和抵消排管的压力降。液体总管在进入储液器处向上弯起作为液封。冷凝器液体出口与储液器进液水平管的垂直高度应不小于 600 mm。液体管内的液体流速不应大于 0.5 m/s,并有 1/50 的坡度坡向储液器。冷凝器与储液器应安装均压管,其连接方式如图 1－77 所示。 该连接方式仅适用于冷却排管压降较小的冷凝器(约为 0.007 MPa)。如压降较大,则压降每增加 0.007 MPa,冷凝器液体出口与储液器进液水平管的垂直高度相应增加600 mm。如安装的垂直高度受施工现场的条件所限,可将均压管安装在冷凝器的液体出口管段上,其安装的垂直高度不需考虑冷却排管的压力降,只需考虑克服进液管管件和阀门的阻力,其连接方式如图 1－78 所示。 该连接方式可以降低冷凝器安装的高度,冷凝器出液口至储液器进液口的高度达到450 mm,即可满足要求,但各并联的冷凝器的规格和阻力应相同;在系统运转中,如停用某台冷凝器,必须用阀门将系统切断,防止制冷压缩机的排气压力流经停用的排气管倒灌入其他冷却排管的出口端,而使冷凝后的液体倒流至排管中
	冷凝器或储液器至蒸发器的液体管道	在冷凝器或储液器至蒸发器的液体管道上,由于安装有干燥器、过滤器、电磁阀等附件,致使产生膨胀阀前压力损失和供液到高处的静液柱压力损失,且管外侵入的热量使制冷剂温度上升。如以上的因素超过制冷剂的过冷度时,将会出现闪发气体,造成膨胀阀的供液量不足,而降低制冷能力。为防止产生闪发气体,应在制冷系统中设置热交换器,使膨胀阀前的液体制冷剂得到一定的过冷。 在氟利昂系统中设置的热交换器如图 1－79 所示,它是从储液器引出的高压液体制冷剂与来自蒸发器的低压气体制冷剂进行热交换,使高压液体制冷剂得到过冷,同时在热交换过程中夹杂在低压气体制冷剂中的液滴吸收热量而汽化,可防止压缩机出现湿冲程。 为防止环境湿度的影响,当液体制冷剂温度低于环境温度时,可采取保温措施。 (1)单台蒸发器在冷凝器或储液器下面时的管道连接方式为防止在制冷系统停止运行时液体制冷剂流向蒸发器,在系统中未安装电磁阀的情况下,应安装倒“U”形液封管,其高度不小于 200 mm,其连接方式如图 1－80 所示。 (2)多台蒸发器在冷凝器或储液器上端时的管道连接方式,如不能避免产生闪发气体,可按图 1－81 所示的连接方式,使每台蒸发器较均匀地流过闪发气体。如果液体管道的压力损失较大,则膨胀阀尺寸应比充分过冷时增大一号

续上表

项目		内　容
氨制冷管道布置	氨制冷压缩机吸气管道布置	制冷压缩机吸气管道由蒸发器至制冷压缩机的吸气管道应有0.5%～1%的坡度，坡向蒸发器，防止管道中的液体制冷剂进入制冷压缩机中造成液击现象。 另外，为防止管道的干管内液体制冷剂进入制冷压缩机，吸气支管应从干管的顶部接出
	氨制冷压缩机排气管道布置	制冷压缩机排气管道应有不小于1%的坡度，坡向油分离器和冷凝器，防止排气管道中的润滑油进入制冷压缩机，造成液击现象。 另外排气支管应从排气干管的顶部或斜向接出，防止管道内的润滑油进入停开的制冷压缩机中
	冷凝器至储液器的液体管道	(1)卧式冷凝器和储液器间的管道不长时，可不设均压管，管内的液体流速不应大于0.5 m/s。由冷凝器的出口至储液器进口处的角形阀的垂直管段，应有300 mm以上的高差。其连接方式如图1－82所示。 如冷凝器至储液器的液体管道内的液体流速大于0.5 m/s时，其间应安装均压管。其连接方式如图1－83所示。 如配用"库存"式储液器时，冷凝器出口至储液器内假定的最高液位间的距离 H，应满足表1－100所列的数值，以防止液体制冷剂倒灌入冷凝器。冷凝器的出液管上如果需要安装阀门时，其安装的高度应在储液器内液面水平以下。其安装方式如图1－84所示。 (2)立式冷凝器与储液器的液体管道。在冷凝器至储液器的液体管上安装阀门时，出口与阀门之间要有不小于200 mm的距离。水平管段应有不小于1/50的坡度坡向储液器，并使管内的液体流速维持在0.5～0.75 m/s。如果在冷凝器至储液器之间设有均压管，则应从冷凝器的中部与储液器的顶部引出接管，以保证在储液器内的压力超过冷凝压力的情况下系统仍能正常循环。均压管的尺寸与制冷剂的种类及制冷量有关，其管径见表1－101。系统的连接方式如图1－85所示。 如果施工现场的条件需要将冷凝器安装的高度降低时，可将储液器进口的阀门改用角形阀，或将冷凝器出口处的阀门改装在水平管段上，如图1－86所示。多台立式冷凝器与多台储液器的连接方式如图1－87所示。 (3)冷凝器或储液器至洗涤式氨油分离器的液体管道进液管，应从冷凝器至储液器的氨液管的管底接出。为使氨液能较通畅地进入氨油分离器，其规定液面(设备样本提供的数值)应比氨液进液管的连接处约低150～250 mm，其连接方式如图1－88所示。 (4)浮球调节阀的安装。 为使蒸发器达到一定的热交换效果，但又要避免将液体制冷剂带入制冷压缩机而产生液击现象，必须注意蒸发器中的液位既不能过低也不能过高。 在卧式蒸发器上安装浮球调节阀的高度，应根据蒸发器管板间的长度 L 与筒身直径 D 的比值来确定，其安装方式如图1－89所示，高度见表1－102。 在水箱式蒸发器上安装浮球调节阀的高度，应使从放油管中心至浮球调节阀中心的距离为700～760 mm。也可使浮球调节阀中心与蒸发排管的上总管管底齐平，其安装位置如图1－90所示。 为了保证制冷系统在浮球阀检修状况下仍能正常运转，必须设置旁通管道，使液体制冷剂在检修浮球阀时仍能经旁通管道进入蒸发器。其管道连接方式如图1－91所示

续上表

<table>
<tr><th colspan="2">项目</th><th>内　容</th></tr>
<tr><td rowspan="5">其他管道布置</td><td>空气分离器的管道布置</td><td>空气分离器(不凝性气体分离器)有两种不同的结构形式:即卧式四重管空气分离器和立式不凝性气体分离器。
卧式四重管空气分离器的管道配置可根据产品制造厂提供的管道尺寸进行安装。其安装高度,一般情况下取距地面 1.2 m 左右为宜,还应注意使其进液端略抬高 20 mm 左右。放空气管道出口应浸入水箱中,其管道连接如图 1—92(a)所示。
立式不凝性气体分离器的管道配置,也可根据产品制造厂提供的尺寸进行安装。安装高度则应考虑以便于操作为宜。放空气管也应按卧式四重管空气分离器的方法处理。其管道连接如图 1—92(b)所示</td></tr>
<tr><td>浮球调节阀的管道布置</td><td>浮球调节阀的管道布置,必须考虑当浮球阀投入运行时,使液体制冷剂流经过滤器和浮球阀而进入蒸发器。此外,还应考虑当浮球阀需要检修时,使液体制冷剂能够经由旁通管道进入蒸发器。其连接方式有两种,如图 1—93 所示</td></tr>
<tr><td>储液器与蒸发器之间的管道布置</td><td>储液器至蒸发器的液体管道可以经调节阀直接接至蒸发器,也可以先接至分配总管,然后再分几条支管接到各蒸发器</td></tr>
<tr><td>安全阀管道布置</td><td>制冷装置的冷凝器、储液器和管壳式蒸发器等设备上应设置安全阀及压力表。如在安全管上装设阀门时,必须装在安全阀之前,并须呈开放状态,并加以铅封。
安全管道的管径应不小于安全阀的公称直径。当几个安全阀共用一根安全管时,安全总管的截面积应不小于各安全阀分支管截面积的总和。安全管排出口应接到室外</td></tr>
<tr><td>排油管道布置</td><td>制冷剂中常混有润滑油,因为润滑油的密度大于液氨的密度,所以集聚在冷凝管、储液器和蒸发器等设备中的润滑油,均应由其底部管道放出。为了防止制冷剂的损失,在氨制冷系统中,一般情况下均应经由集油器处放油。为了防止液体氨随油放出,排油管的管径应比设备的底部排污管径大些</td></tr>
</table>

表 1—99　钢管管道支架的最大间距

公称直径(mm)	15	20	25	32	40	50	70	80	100	125	150	200	250	300
保温管	2	2.5	2.5	2.5	3	3	4	4	4.5	6	7	7	8	8.5
不保温管	2.5	3	3.25	4	4.5	5	6	6	6.5	7	8	9.5	11	12

表 1－100　冷凝器出口至储液器内假定最高液位的距离

液体制冷剂最高流速(m/s)	冷凝器至储液器之间的阀门	H(最小)(mm)	液体制冷剂最高流速(m/s)	冷凝器至储液器之间的阀门	H(最小)(mm)
0.75	无阀门	350	0.75	直通阀	700
0.75	角形阀	400	0.5	无阀门、角形阀、直通阀	350

表 1－101　氨系统均压管尺寸

均压管道直径 DN(mm)	20	25	32
最大制冷量(kW/h)	770	1 040	1 740

表 1－102　浮球调节阀安装高度

管板间长度 L 与筒身直径 D 比值	浮球调节阀安装高度 h
$L/D<5.5$	$0.8D$
$L/D=5.5\sim7$	$0.75D$
$L/D>7$	$0.65D$

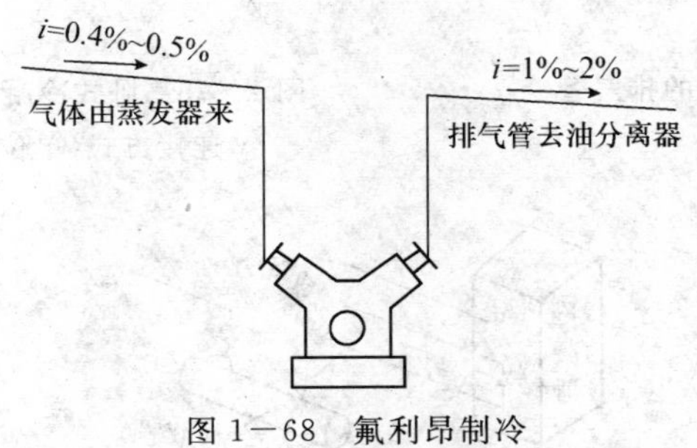

图 1－68　氟利昂制冷

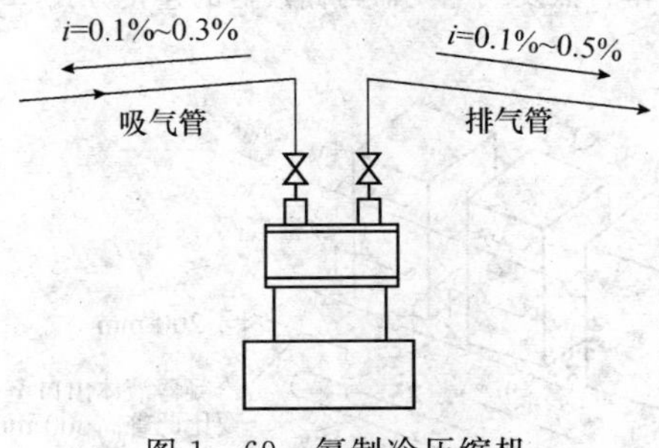

图 1－69　氨制冷压缩机

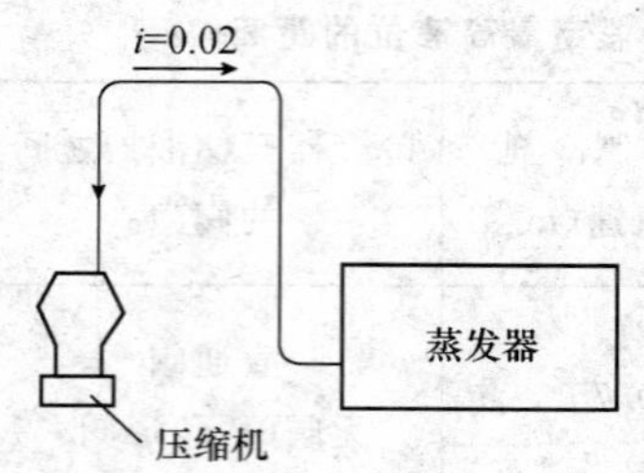

图 1－70　蒸发器与制冷压缩机在相同标高的管道连接示意图

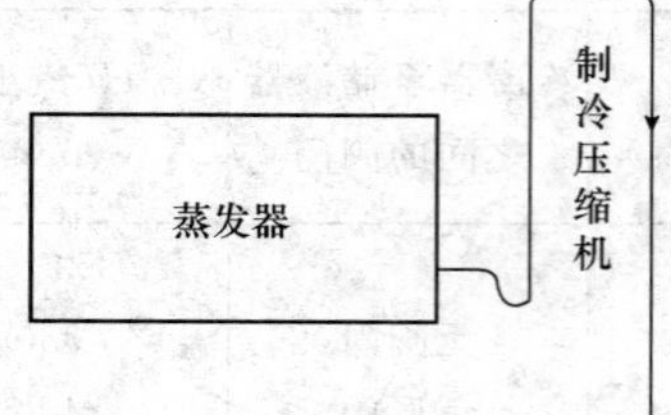

图 1－71　蒸发器在制冷压缩机上方时的管道连接方式

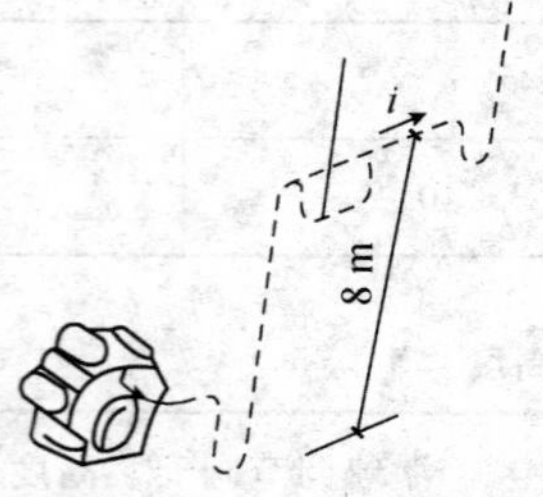

图 1－72　排气管制冷压缩机的存油弯

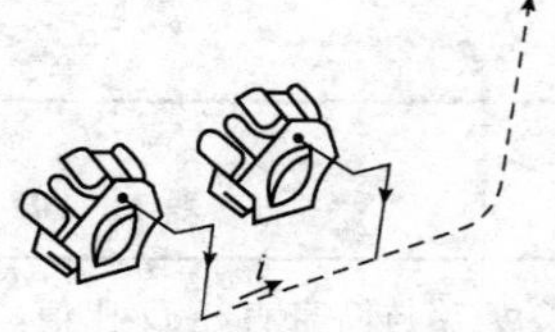

图 1－73　多台制冷压缩机的排气管连接方式之一

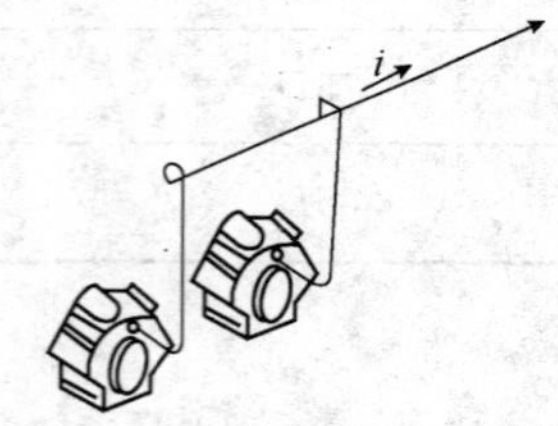

图 1－74　多台制冷压缩机的排气管连接方式之二

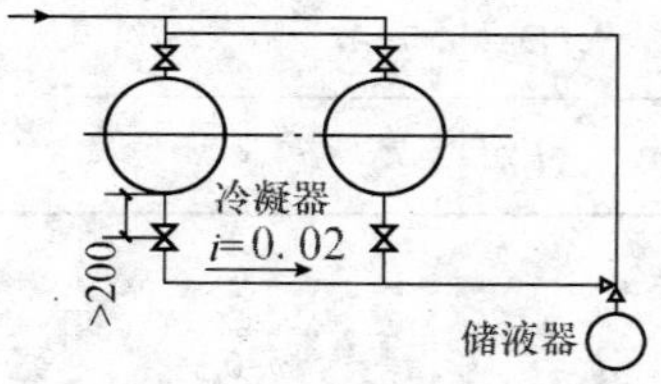

图 1－75　卧式冷凝器与储液器连接方式(单位:mm)

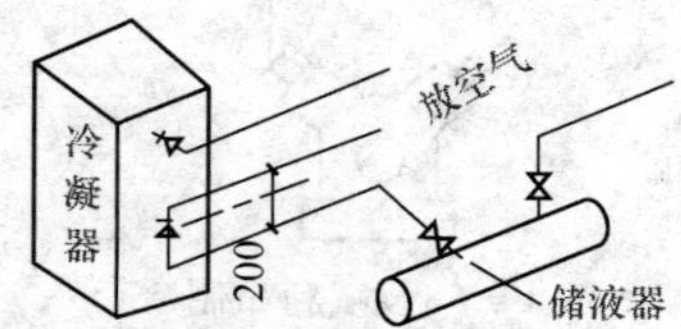

图 1－76　单台蒸发式冷凝器与储液器的连接方式(单位:mm)

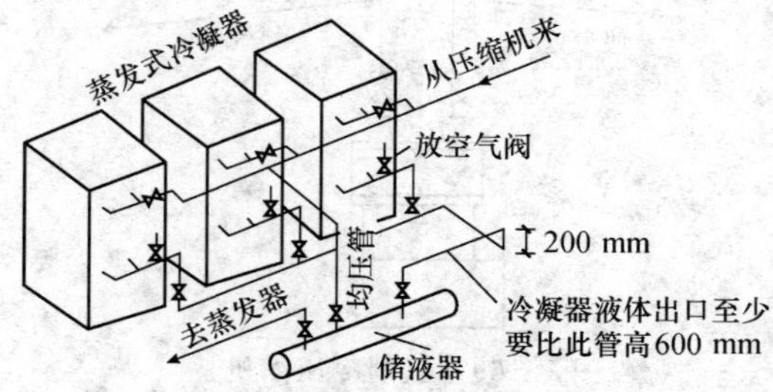

图 1－77　多台蒸发式冷凝器与储液器的连接方式之一

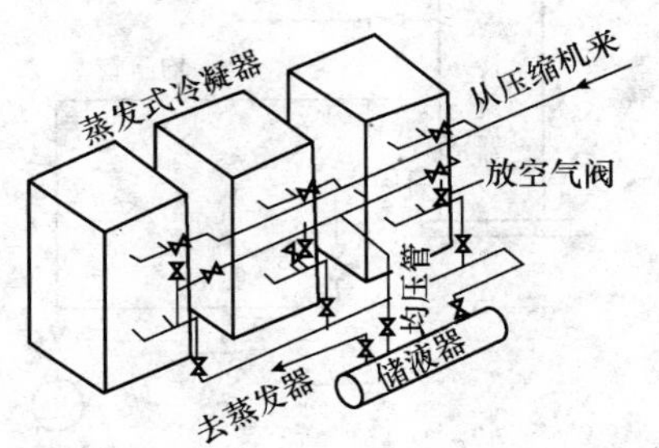

图 1－78　多台蒸发式冷凝器与储液器的连接方式之二

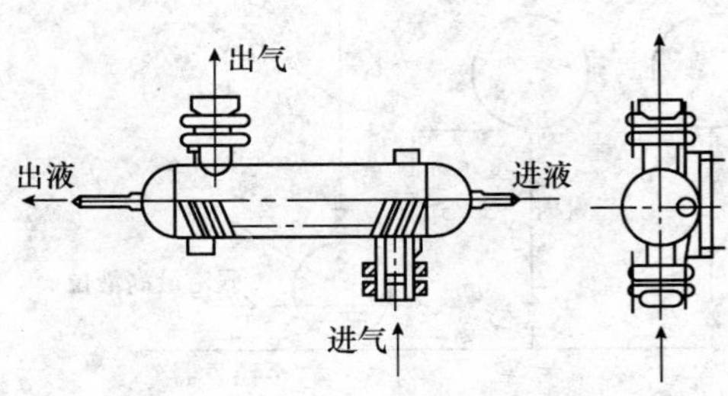

图 1－79　热交换器

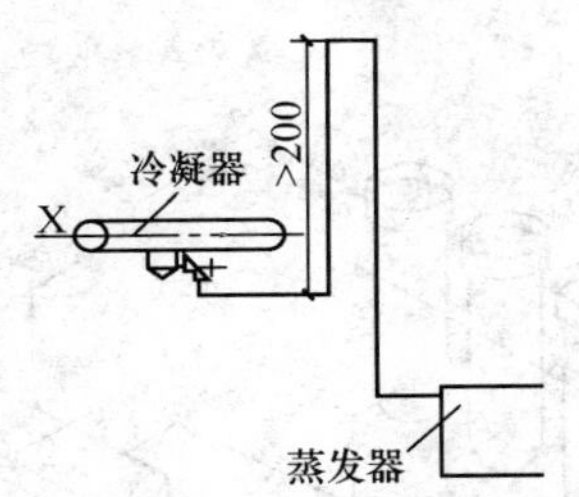

图 1－80　蒸发器在冷凝器或储液器下面时的管道连接示意图(单位:mm)

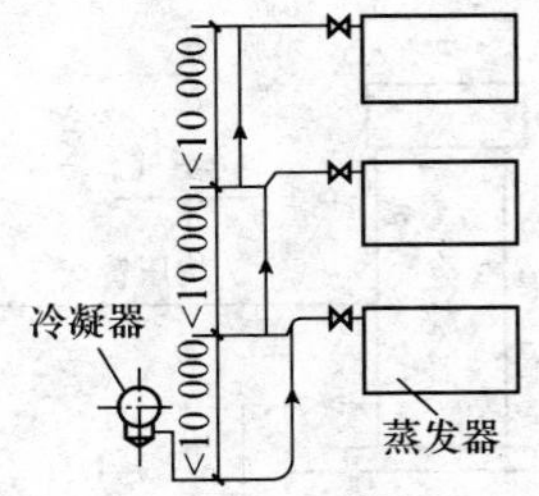

图 1－81　蒸发器在冷凝器或储液器上端时的管道连接示意图(单位:mm)

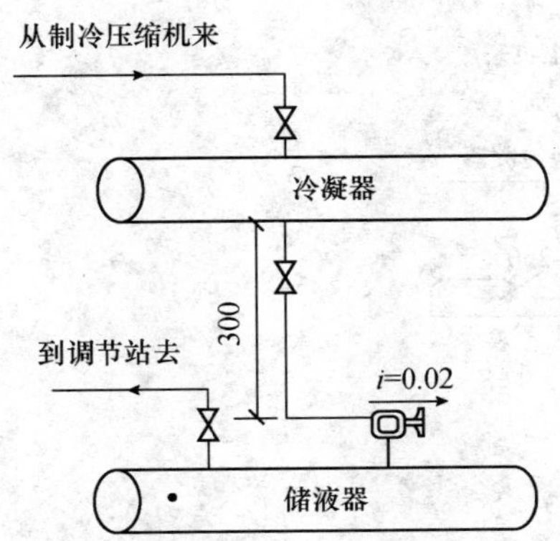

图 1－82　卧式冷凝器至储液器的连接方式之一(单位:mm)

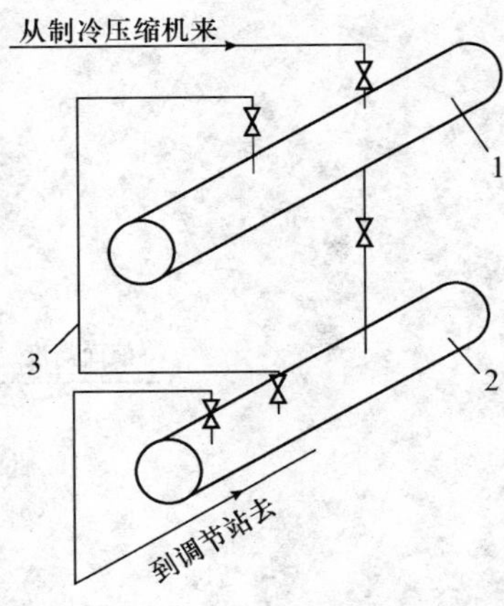

图 1－83　卧式冷凝器至储液器的连接方式之二

1－卧式冷凝器;2－储液器;3－均压器

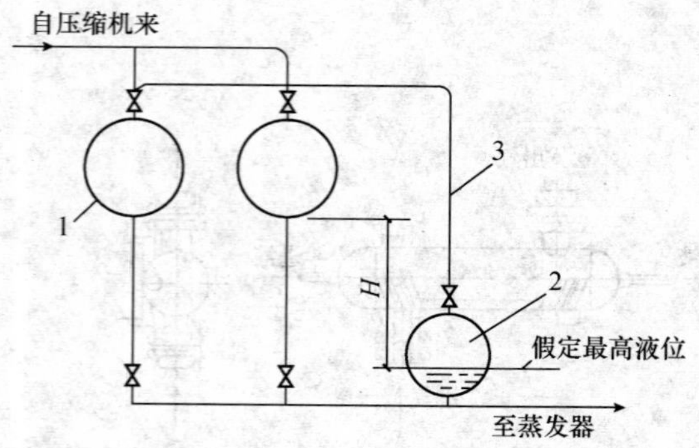

图 1－84　“库存”式储液器与冷凝器的连接方式

1－冷凝器；2－储液器；3－均压管

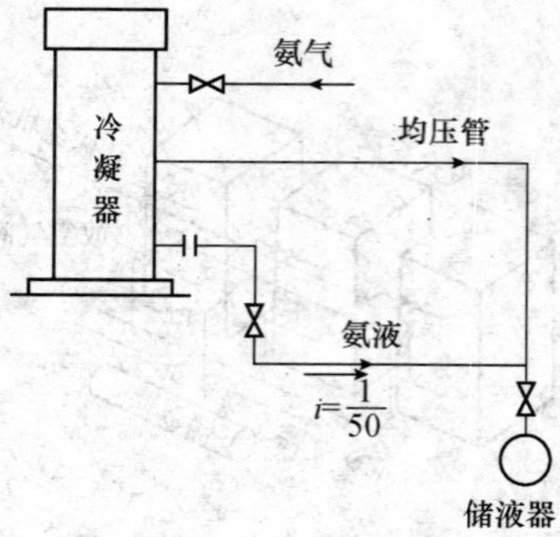

图 1－85　立式冷凝器与储液器连接方式之一

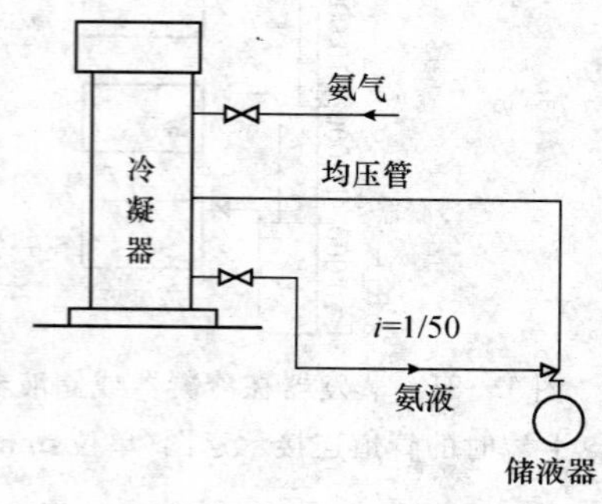

图 1－86　立式冷凝器与储液器连接方式之二

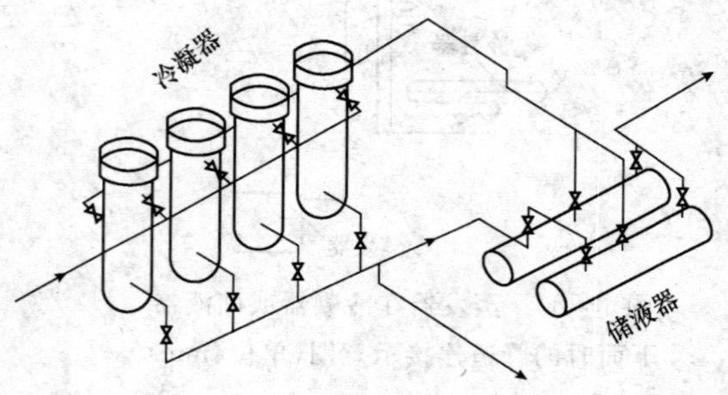

图 1－87　立式冷凝器与储液器连接方式之三

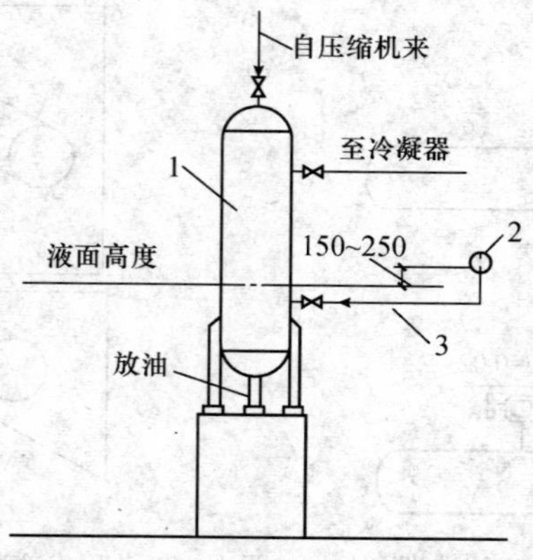

图 1－88　洗涤式氨油分离器的连接方式(单位:mm)

1－洗涤式氨油分离器；2－自冷凝器至储液器的氨液管；3－油分离器进液管

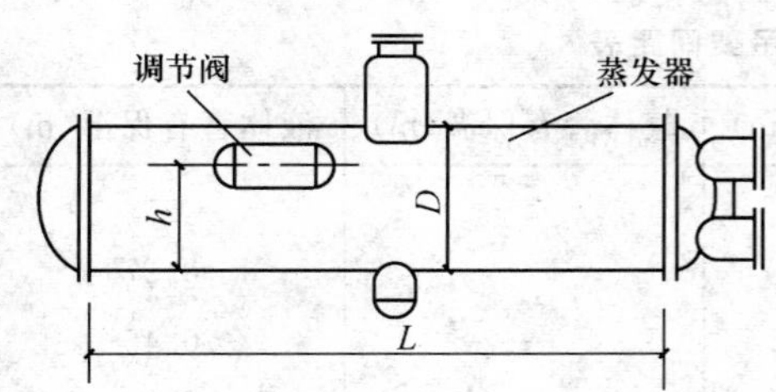

图 1－89　浮球调节阀安装位置

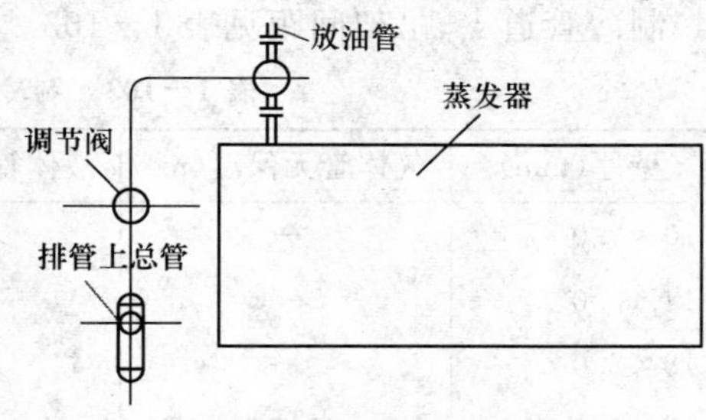

图 1－90　水箱式蒸发器浮球调节阀安装位置

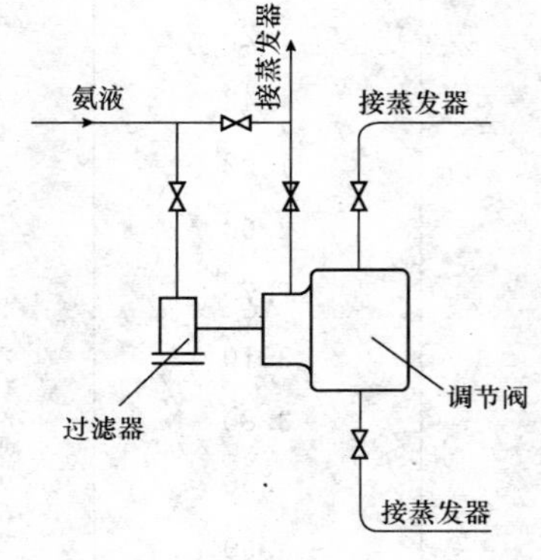

(a)连接方式一

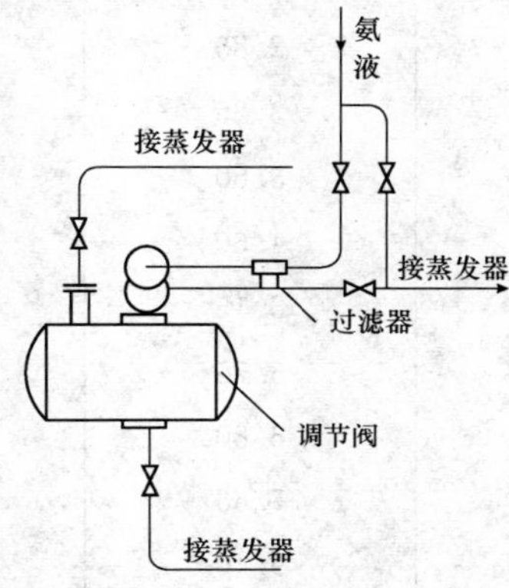

(b)连接方式二

图 1－91　浮球调节阀的旁通道连接

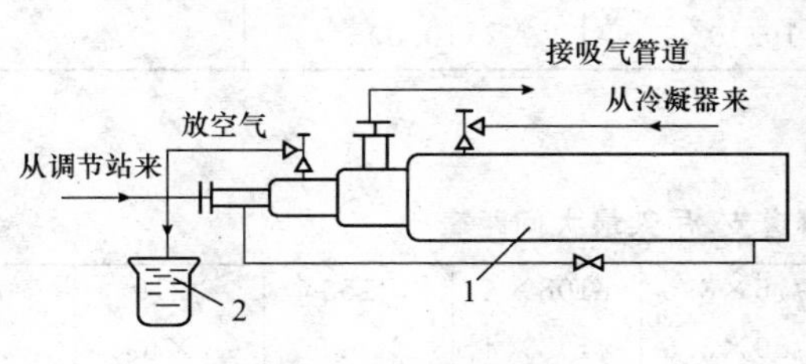

(a)卧式四重管空气分离器

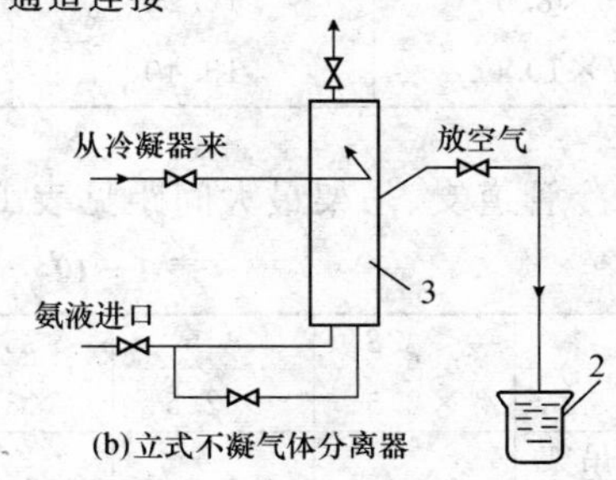

(b)立式不凝气体分离器

图 1－92　空气分离器管道连接示意图

1－卧式四重管空气分离器；2－水箱；3－不凝性气体分离器

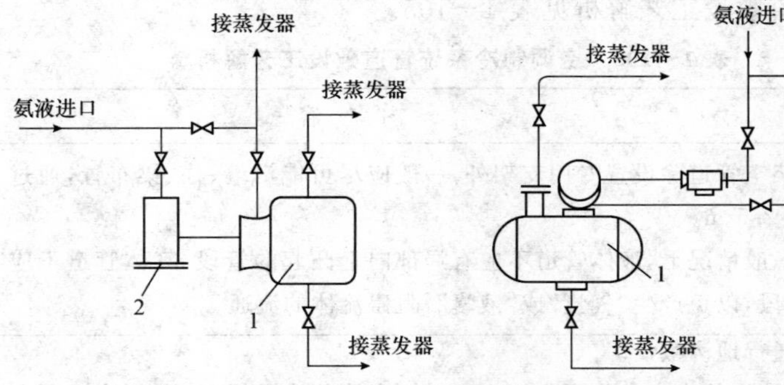

图 1－93　两种不同形式的浮球调节阀的管道连接示意图

1－浮球调节阀；2－氨液过滤器

(4)制冷管道支、吊架间距见表1－103。

表1－103 制冷管道支、吊架间距表

外径×壁厚(mm)	气体管无保温(m)	液体管无保温(m)	气体管有保温(m)	液体管有保温(m)
10×2.0	—	1.05	—	—
14×2.0	—	1.35	—	0.27
18×2.0	—	1.55	—	0.45
22×2.0	1.95	1.85	0.75	0.60
32×2.5	2.60	2.35	1.02	0.76
38×2.5	2.85	2.50	1.20	1.02
45×2.5	3.25	2.80	1.42	1.16
57×3.5	3.80	3.33	1.92	1.40
76×3.5	4.60	3.94	2.60	1.90
89×3.5	5.15	4.32	2.75	2.42
108×4.0	5.75	4.25	3.10	3.00
133×4.0	6.80	5.40	3.80	3.65
159×4.5	7.65	6.10	4.56	4.30
219×6.0	9.40	7.38	5.90	—
273×7.0	10.90	8.40	7.35	—
325×8.0	12.25	9.40	8.66	—
377×10.0	13.40	10.40	10.00	—

(5)制冷管道支、吊架最大间距见表1－104。

表1－104 制冷管道支、吊架最大间距表

规格(mm)	<ϕ38×2.5	ϕ45×2.5	ϕ57×3.5	ϕ76×3.5 ϕ89×3.5	ϕ108×4 ϕ133×4	ϕ159×4.5	ϕ219×6	>ϕ377×7
管道支、吊架最大间距(m)	1.0	1.5	2.0	2.5	3	4	5	6.5

(6)空调制冷系统管道敷设工艺解析见表1－105。

表1－105 空调制冷系统管道敷设工艺解析

项目	内 容
架空管道敷设	(1)架空管道除设置专用支架外，一般应尽可能沿墙、柱、梁布置，通过人行道上方不应低于2.5 m。 (2)一般情况下，液体管道不应有局部向上凸起的管段，气体管道不应有局部向下凹陷的管段，以免产生“气囊”或“液囊”，阻碍流体的流通
地下管道敷设	(1)通行地沟敷设。 通行地沟的净高一般不小于1.8 m。多管共沟敷设时，必须注意避免将热管道敷设在冷管道的下部或邻近处。

续上表

项目	内　　容
地下管道敷设	(2)半通行地沟敷设。 半通行地沟净高一般为 1.2 m。由于地沟狭窄，一般不许把冷、热管道敷设在同一地沟内，其他管道可以同沟敷设。较长的半通行地沟，在适当的位置应设检查井。 (3)不通行地沟敷设。 一般情况下，均不与其他工业管道共沟敷设。地沟通常采用活动式地沟盖板，工程中常采用这种地沟敷设制冷管道

(7)空调制冷系统管道连接工艺解析见表 1－106。

表 1－106　空调制冷系统管道连接工艺解析

项目	内　　容
管道焊接连接	(1)三通连接 应将支管按制冷剂流向弯成弧形再行焊接，如图 1－94(a)所示；当支管与干管直径相同且管道内径小于 50 mm 时，则需在干管上用直径大一号的管段，按以上规定进行焊接，如图 1－94(b)所示；当不同直径的管道直接焊接时，应采用同心异径管，如图 1－94(c)所示。 (2)紫铜管连接 紫铜管之间的连接采用承插式焊接，如图 1－95 所示。焊接方法宜采用氧－乙炔气焊。 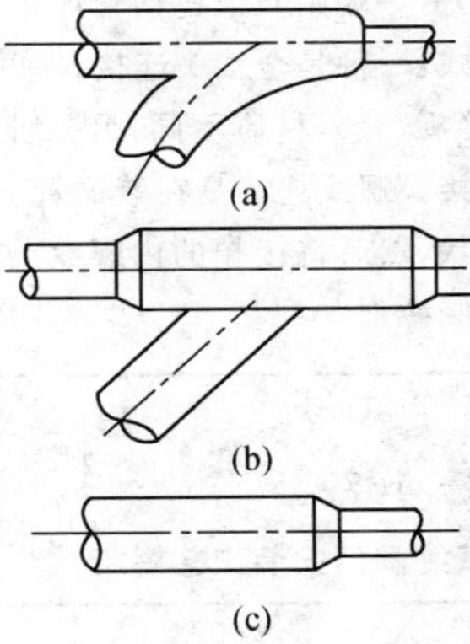 (a)　(b)　(c) 图 1－94　管道焊接连接形式 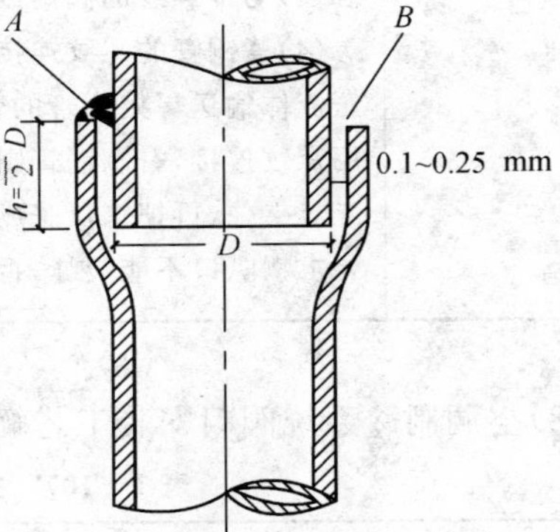 A　B　$h=\frac{1}{2}D$　0.1~0.25 mm　D 图 1－95　紫铜管承插焊接 A－焊后；B－焊前 (3)锡焊 铜管与钢管的连接采用铜焊(锡焊)；紫铜管与黄铜管连接也采用铜焊；黄铜管与黄铜管的连接可用锡焊，但必须焊透。 (4)补焊 焊口不牢如需补焊时，先要清除接口表面的油漆、锈层等脏物，并用纱布擦净；原为铜焊的可用银合金焊料补焊，能达到满意的质量要求。原为银合金作焊料的仍用银合金补焊。磷铜焊只能用磷铜料补焊。焊缝的补焊次数不得超过两次，否则应割去或换管重焊。

续上表

项目	内　容
管道焊接连接	(5)质量要求 焊缝与热影响区严禁有裂纹。焊缝表面无夹渣、气孔等缺陷
管道法兰连接	(1)公称直径 $DN \geqslant 32$ mm 的管道,与设备阀门连接一律采用法兰连接。法兰盘应采用 Q235 镇静钢制作,采用凹凸式密封面;法兰表面应平整相互平行,以增强密封性。 (2)法兰装到管道上时,其密封面与管子轴心垂直偏差最大不超过 0.5 mm。当法兰螺栓拧紧后,用塞尺检查两法兰之间的平行度。法兰垫圈采用厚度为 2～3 mm 的中压石棉橡胶板,板的厚薄要均匀,不得有斜面或缺口。安装时在垫圈的两面涂上石墨与机油的调和料。 (3)为便于装卸法兰螺栓,法兰与墙面或其他平面之间距离不宜小于 200 mm。工作温度高于 100℃的管道法兰,在螺栓的螺纹上可涂以石墨机油调和料,以避免螺栓因长久使用锈死而影响拆卸
管道螺纹连接	公称直径 $DN < 32$ mm 的管道,与设备连接允许采用螺纹连接,要求如下: (1)在管子连接螺纹处,应涂上氧化铅与甘油的调和料(通常 1 kg 氧化铅配上 0.7 L 的甘油,调成糊状)作为密封填料。严禁用白原漆和麻丝代替。调和料应随用随调。 (2)连接前,应先用汽油或煤油清洗螺纹,除去油腻和污垢等杂质后将其擦干,然后在螺纹处涂上填料,并相互拧紧。勿将填料挤入管口,以防干固后缩小管道的断面。 (3)由于无缝钢管的管径与焊接钢管不同,往往不能套螺纹,当与螺纹管件连接时,可用一段加厚焊接钢管或内外径和壁厚与焊接钢管相仿的无缝钢管,一端套螺纹(或车削螺纹)与带螺纹的阀门或管件连接,另一端则与无缝钢管焊接。 (4)紫铜管的螺纹连接有两种形式:一种是全接头连接,即两端以螺纹连接,相当于低压流体输送焊接钢管的管件—内接头,只是材质不同;另一种是半接头连接,左侧铜管用螺纹连接,右侧铜管则与接头焊接。螺纹连接是在紫铜管上套以接扣后,管口用扩口工具夹住,再把管口胀成喇叭口形状,然后将接扣的内螺纹与接头的外螺纹接好拧紧。要求喇叭口不能裂缝,否则会泄漏制冷剂

(8)空调制冷系统阀门安装工艺解析见表 1－107。

表 1－107　空调制冷系统阀门安装工艺解析

项目	内　容
安装一般规定	(1)氨制冷系统制冷管道用的各种阀门(截止阀、节流阀、止回阀、浮球阀和电磁阀等)必须采用专用产品。 (2)安装前阀门应逐个拆卸清洗,除去油污和铁锈。应检查密封效果,必要时应作研磨,并检查填料密封是否良好,对密封性不好的填料应更换或修理。阀门清洗装配好后,应启闭 4～5 次,然后关闭阀门注入煤油进行试漏,经过 2 h 后如无渗漏现象认为合格。 (3)阀门的安装位置、方向、高度应符合设计要求。应注意各种阀门的进出口和介质流向,切勿装错。如阀门上有流向标记则应按标记方向安装,如无标记则以“低进高出”的原则安装。安装时,阀门不得歪斜。禁止将阀门手轮朝下或置于不易操作的部位。

续上表

<table>
<tr><th colspan="2">项目</th><th>内　容</th></tr>
<tr><td colspan="2">安装一般规定</td><td>(4)安装带手柄的手动截止阀,手柄不得向下。电磁阀、调节阀、热力膨胀阀、升降式止回阀等的阀头均应向上竖直安装。
(5)热力膨胀阀的安装位置应高于感温包。感温包应安装在蒸发器末端的回气管上,与管道接触良好、绑扎紧密,并用隔热材料密封包扎,其厚度与保温层相同。
(6)安全阀安装前,应检查阀门铅封情况和出厂合格证件,不得随意拆启。若其规定压力与设计要求不符,应按有关规程进行调整,做出记录,然后再行铅封。
安全阀放空管末端宜做成S形或Z形,排放口应朝向安全地带。安全阀与设备间若设关断阀门,在运转中必须处于全开位置,并予以铅封</td></tr>
<tr><td colspan="2">氨浮球阀安装</td><td>氨浮球阀前应设置液体过滤器,以免污物堵塞阀孔;同时应设置旁通管,旁通管上应装置手动调节阀,以便浮球阀检修时使用。浮球阀的安装高度应使其水平中心线与所控制设备的液面相平。氨浮球阀安装如图1—98所示</td></tr>
<tr><td rowspan="3">氟利昂制冷系统热力膨胀阀的安装</td><td>安装前检查</td><td>安装前要首先检查阀门各部分是否完好,感温包有无泄漏,密封盖是否严密,若无异常现象才能安装。否则,要先进行修理、试压、校验,合格后方能安装。并将这部分资料归入竣工资料中</td></tr>
<tr><td>阀体安装</td><td>氟利昂制冷系统的热力膨胀阀应安装在蒸发器进液口的供液管段上,它的感温包应紧贴在蒸发器出气口的回气管段上,并和管道一起保温,不能隔开,以减小环境温度的影响,保证足够的灵敏度。热力膨胀阀的装设如图1—99所示。
膨胀阀在管道中的安装方向,应使液体制冷剂从装有过滤网的接口一端进入阀体。膨胀阀的调节杆应垂直向下,在可能发生振动时,阀体应固定在支架上。阀体不许倒装</td></tr>
<tr><td>感温包安装</td><td>(1)膨胀阀是靠感温包的温度变化来调节供液量的,在回气管上,随着蒸发器距离的增加,其中制冷剂的过热度也随着上升,所以感温包的安装位置也就直接影响膨胀阀的供液量。实践表明,感温包应装在蒸发器出口端的回气管上,且远离压缩机吸气口至少1.5 m处。在小型制冷系统中,此尺寸不易保证。因此,只有靠调节阀杆的位置来解决。
(2)感温包安装在水平管道上,当管道外径大于22 mm时,可将感温包装于管中心水平线以下30°处,如图1—96所示。 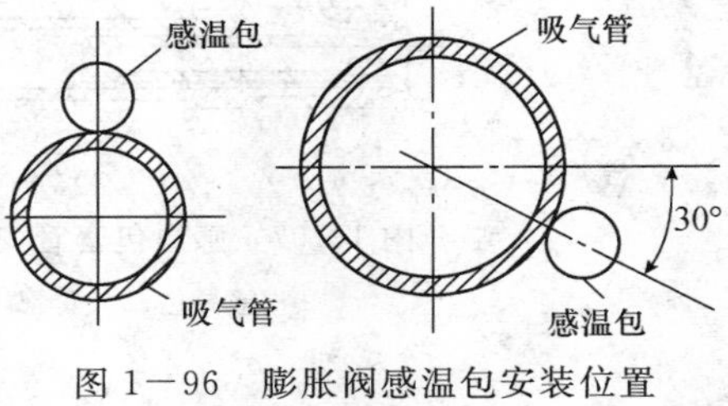
感温包　吸气管　吸气管　30°　感温包
图1—96　膨胀阀感温包安装位置</td></tr>
</table>

续上表

<table>
<tr><th colspan="2">项目</th><th>内　容</th></tr>
<tr><td rowspan="2">氟利昂制冷系统热力膨胀阀的安装</td><td>感温包安装</td><td>(3)压缩机吸气管道、感温包、毛细管的传热有一定的时间过程，所以膨胀阀感温包传递温度信号也有一定的滞后现象。为减少这一现象，要将感温包与吸气管紧密接触，接触面要擦干净，刷上铝漆，以减少腐蚀和接触不良现象。为了使其不受外界的温度干扰，感温包与吸气管外面都应用绝热材料包好，并绑扎牢固。
(4)毛细管的位置应比感温包高些，这样，在感温包内汽化了的制冷剂才能顺利地流过毛细管，将压力信号传至膜片。
(5)感温包在任何情况下都不应安装在吸气管道的积液处。因为当有积液存在时，吸气管所反映的温度并不是真正的过热度，结果就会引起膨胀阀误动作。在遇有蒸发器后的管道向上弯曲时，弯管的最低处就可能存有液体制冷剂。此时，可按如图 1－100 所示方法，将管道水平段稍作延长，图中虚线为正确接管。
若因条件限制不能按图 1－100 的方式处理时，可按如图 1－101 所示方式安装，图中虚线为正确接管方法</td></tr>
<tr><td>感温包安装形式</td><td>(1)将感温包包扎在吸气管道上，如图 1－102 所示。
首先将包扎感温包的吸气管道段上的氧化皮清除干净，以露出金属本色为宜，并涂上一层铝漆作保护层，可减少腐蚀。然后用两块厚度为 0.5 mm 的铜片将吸气管和感温包紧紧包住，并用螺钉拧紧，以增强传热效果(对于管径较小的吸气管也可用一块较宽的金属片固定)。当吸气管直径小于 25 mm 时，可将感温包包扎在吸气管上面[图 1－101(a)]；当吸气管直径大于 25 mm 时，应将感温包绑扎在吸气管水平轴线以下与水平线成 30°左右的位置上[图 1－101(b)]，以免吸气管内积液(或积油)而使感温包的传感温度不正确。感温包外面包裹一层软性泡沫塑料作隔热层。
(2)将感温包直接插入吸气管道内。使感温包和过热蒸汽直接接触，其温度传感速度最快，但安装和拆卸都很困难，非特殊要求一般不宜采用此法。
(3)将感温包安装在套管里，如图 1－97 所示。对于－60℃以下的低温设备，为提高感温包灵敏度，可采用此法

图 1－97　感温包套管安装法
1－感温包；2－套管</td></tr>
</table>

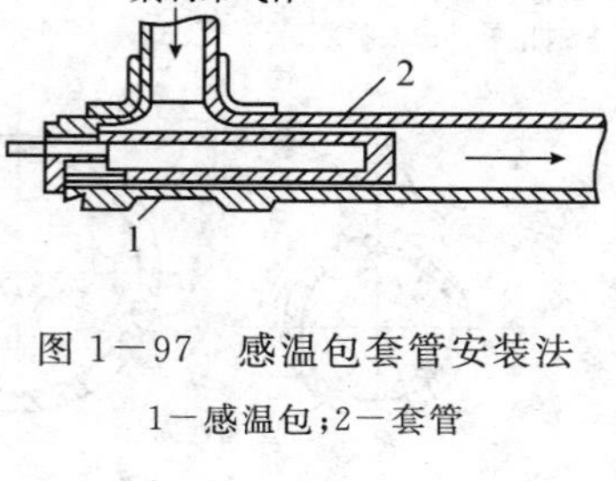

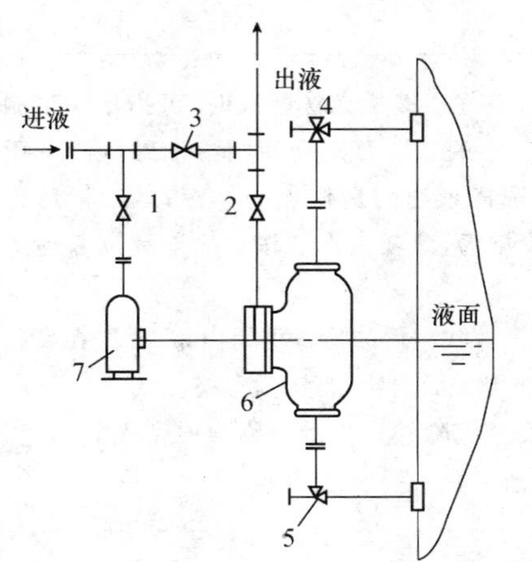

图 1－98　氨浮球阀接管图

1、2－截止阀；3－手动膨胀阀；4、5－角阀；6－浮球调节阀；7－过滤器

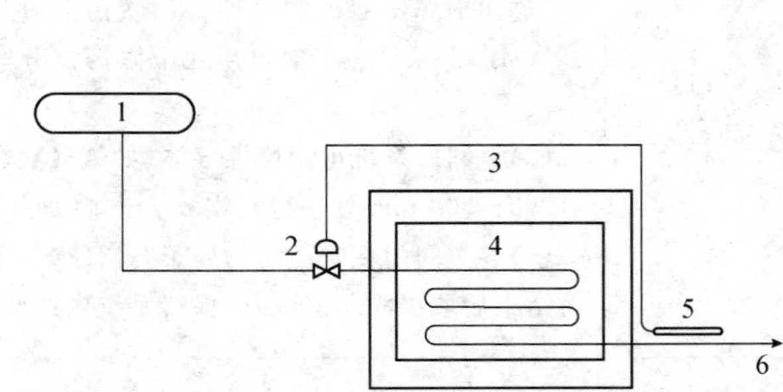

图 1－99　热力膨胀阀的装设部位

1－高压储液器；2－热力膨胀阀；3－冷间；4－蒸发器；5－感温包；6－回汽管

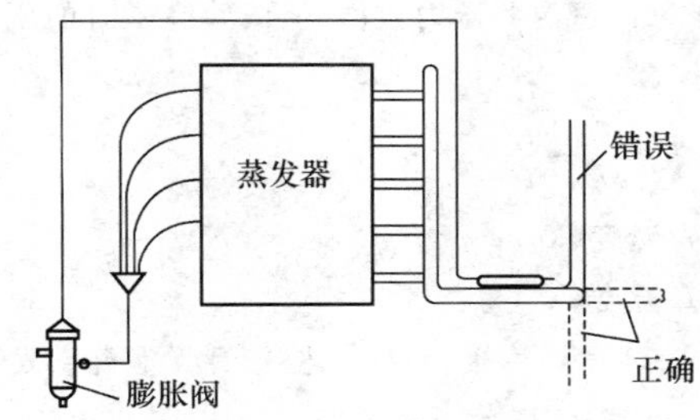

图 1－100　感温包安装在蒸发器上弯曲时

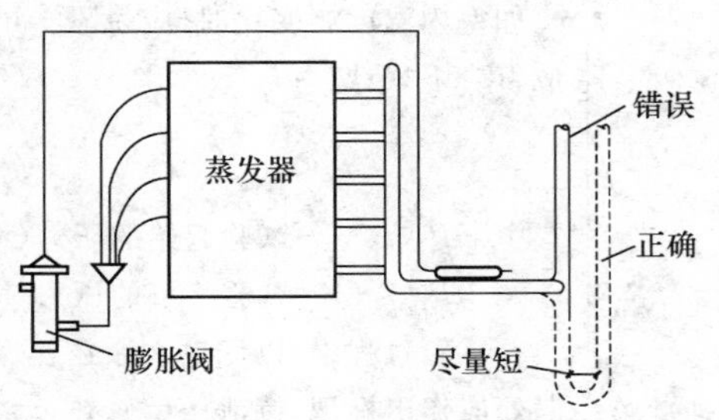

图 1－101　感温包安装在蒸发器后接管受场地地限制时做法

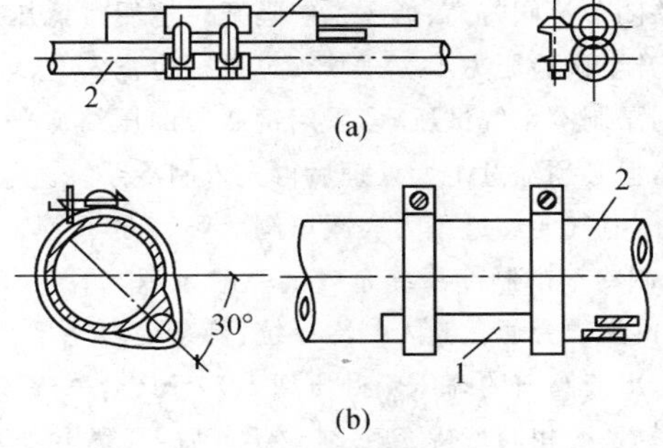

图 1－102　感温包包扎安装法

1－感温包；2－吸气管

(9)空调制冷系统管道系统试验工艺解析见表 1－108。

表 1－108　空调制冷系统管道系统试验工艺解析

项目	内　容
制冷管道系统吹扫	(1)氨系统吹污最好用空气压缩机进行，若空气压缩机无法解决时，可指定一台制冷压缩机代用，但使用应注意排气温度不得超过 145℃，否则会使润滑油黏度降低而结炭，进而损坏压缩机的零部件。吹污前，应选择系统的最低点为排污口，吹污压力为 0.6 MPa。系统较长时可用几个排污口分段排污，此项工作应按次序连续反复地进行多次。 (2)氟利昂系统可用惰性气体(如氮气)吹污。吹污后的检查可用白布，放置在离排污口300～500 mm 处进行观察，5 min 内如白布上无吹出物，则认为合格。 (3)各类阀门在吹污时均处于开启状态(安全阀除外)，少量杂物会滞留在阀门里，吹污结束后取出阀芯清洗，以保持系统内的清洁
系统气密性试验	(1)对氨制冷系统，用压缩空气进行试压。气密性试验压力见表 1－109。 (2)低压系统：指自节流阀起，经蒸发器到压缩机吸入口的试验压力；高压系统：指自压缩机排出口起，经冷凝器到节流阀止的试验压力。 气压试验需保持 24 h，前 6 h 检查压力下降应不大于 3 kPa，后 18 h 除去因环境温度变化而引起的误差外，压力无变化为合格。 如室内温度有变化时，应每隔 1 h 记录一次室温和压力数值，但试验终了时的压力值应符合下式计算值： $$P_2=P_1\frac{273+t_2}{273+t_1}$$ 式中　P_1、t_1——试验起始的压力(MPa)、温度(℃)； 　　　P_2、t_2——试验终了的压力(MPa)、温度(℃)。 在试验过程中，以肥皂水涂在各焊口、接口和阀盖接合缝处，检查有无泄漏。发现泄漏处应作出标记，待泄压后修补。修整后再重新试压，直到合格为止。 试验如使用制冷系统压缩机本身，则在压缩机入口过滤网处包上白布，以防止灰尘进入汽缸。运转试压时需间歇进行。排气温度不得超过 140℃。 为缩短试压时间，可先将整个系统以低压端试验压力 1.18 MPa 试漏。待低压试验合格后，再关闭节流阀将高、低压系统隔开。然后将低压管系统的空气抽到高压系统，使高压系统升至试验压力 1.77 MPa，再进行检查。 (3)对氟利昂制冷系统试压，多采用钢瓶装的压缩氮气进行。无钢瓶装氮气时，也可用压缩空气，但必须经过干燥处理后再充入制冷系统。 瓶装的高压氮气要经过压力表减压阀减压后方可充入，同时可以控制充气压力。 以 R12 为制冷剂的制冷系统充气试验的原理，如图 1－103 所示。首先将氮气从压缩机排气截止阀的旁通孔充入制冷系统，待系统内充足 0.91 MPa 的氮气后，关闭储液器的出液阀，出液阀前的高压侧升压到 1.57 MPa，稍待片刻就停止充气。 检漏法与氨系统相同。待充气 24～48 h 后，观察压力值未下降就认为合格
真空试验	真空试验剩余压力，氨系统不应高于 8 kPa(约 60 mmHg)，氟利昂系统不应高于 5.3 kPa(约 40 mmHg)，保持 24 h，氨系统压力以不发生变化为合格，氟利昂系统压力回升应不大于 0.5 kPa(约 4 mmHg)。离心式制冷机按设备技术规定执行。

续上表

项目	内　容
真空试验	(1)氨制冷系统的真空试验应用真空泵进行。如无真空泵时也可用制冷压缩机,方法如下。 将压缩机的专用排气阀(或排气口)打开,抽空时将气体排至大气,通过压缩机的吸气管道使整个系统抽空。 制冷系统的真空度应比当地大气压力值低 2.67～4 kPa 以下。在上述真空条件下,整个系统的真空度以在 18 h 内无变化即为合格。试验结果用 U 形水银压差计检查。 (2)小型氟利昂制冷系统的真空试验,如用本身的压缩机进行时,可利用图 1－103 所示的系统,将氨气瓶改为油杯。在抽气工作开始前,可将排气截止阀向上关闭,充气管作排气管,插入盛冷冻机油的油杯中,观察管口冒气泡的情况。若在 5 min 内无气泡冒出,则可认为系统内气体已基本抽完。 对于全封闭、半封闭压缩机和以大型压缩机所组成的氟利昂制冷系统,则不能以本身的压缩机抽真空,而应将图 1－103 中所示的氨气瓶,改换为真空泵进行系统抽真空作业
充液试验	(1)在系统正式充灌制冷剂前,必须进行一次充液试验,以验证系统能否耐受制冷剂的渗透性。 对氨制冷系统则应在真空试验进行过后,在真空条件下将制冷剂充入系统,使系统压力达到 0.2 MPa 后,停止充液,进行检漏。检查方法是将酚酞试纸放到各个焊口、法兰及阀门垫片等接合部位。如酚酞试纸呈现玫瑰红色,就可查明渗漏处。 已查明的渗漏处应做好标记,再将有漏氨部位的局部抽空,用压缩空气吹净,经检查无氨后才允许更换附件。 需修焊的附件应将系统内的氨和空气中的氨排尽后再作焊接,否则应在制冷机房外面进行修焊。 操作者要戴上防毒面具、橡皮手套,并准备急救药品。充氨现场严禁吸烟和进行电、气焊作业。充氨装置如图 1－104 所示。 充氨的操作方法如下:氨瓶称量后出口向下呈 30°角倒置于瓶架上。 开始时,将连接管活接头松开,开启瓶阀,顶出管内空气,然后再上紧活接头,氨液靠氨瓶与系统内压力差而充入,当氨瓶底部出现白霜时,表示瓶内氨液已完,关闭瓶阀及进液阀,用相同的方法换瓶再充。换下空瓶过秤,算出充氨量。当系统内液氨压力达到 0.4 MPa时,将出液阀关闭,开启冷却水泵,启动压缩机,使系统氨气冷凝成氨液,储入储液器中。当储液器中氨液达到 60%时,应检查各设备中的氨液量,调整各个阀门,使系统试运行。 (2)对于氟利昂制冷系统,待充液后系统内压力达到 0.2～0.3 MPa 时就可进行检漏试验。检漏方法可以用肥皂水、烧红的铜丝、卤素喷灯或卤素检漏仪。当将烧红的铜丝接触到氟利昂 12(R12)蒸气时则呈青绿色。 检漏时,只要将卤素喷灯的吸气软管的管口靠近制冷系统各个管接头的焊缝处,如有渗漏,吸气软管就吸入氟利昂蒸气,燃烧时火焰就会发出绿色或蓝色的亮光。颜色越深则说明氟利昂渗漏得越多。 氟利昂燃烧产生的光气对人体有毒,如发现火焰呈现紫绿色和亮蓝色时,宜改用肥皂水作进一步试漏。 发现渗漏时,将氟利昂排尽,再用压缩空气吹扫后,才可进行补漏作业

表 1－109　系统气密性试验压力　(单位:MPa)

系统压力	制冷剂			
	活塞式制冷机		离心式制冷机	
	R717	R22	R12	R11
低压系统	1.176(12)		0.98(10)	0.196(2)
高压系统	1.764(18)		1.56(16)	0.196(2)

注:括号内单位为 kg/cm^2。

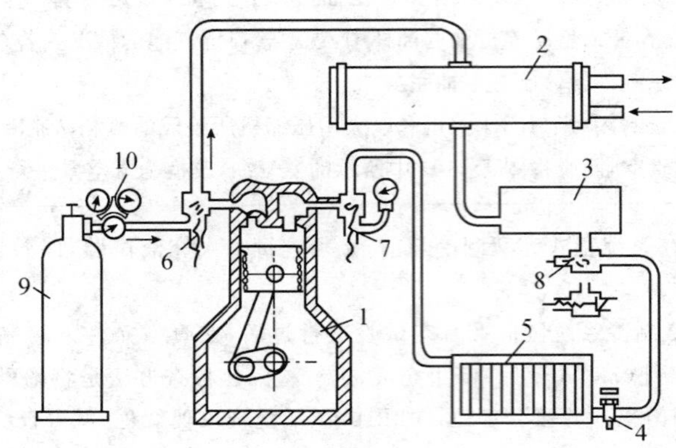

图 1－103　氟利昂制冷系统充气试验操作示意图

1－压缩机;2 冷凝器;3－储液器;4－热力膨胀阀;5－蒸发器;
6－排气截止阀;7－吸气截止阀;8－出液阀;9－氮气瓶;10－减压阀

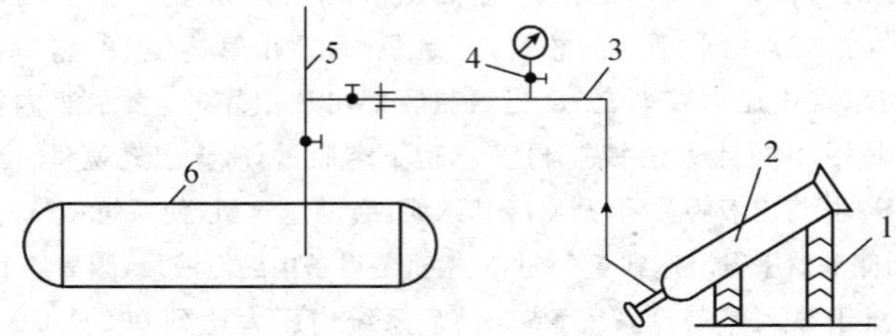

图 1－104　充氨装置

1－瓶架;2－氨瓶;3－连接管;4－压力表;5－出液管;6－储液器

第六节　空调水系统管道与设备安装

一、验收标准条文

空调水系统管道与设备安装质量验收标准见表 1－110。

表 1－110　空调水系统管道与设备安装质量验收标准

项目	内　容
一般规定	(1)适用于空调工程水系统安装分部工程，包括冷（热）水、冷却水、凝结水系统的设备（不包括末端设备）、管道及附件施工质量的检验及验收。 (2)镀锌钢管应采用螺纹连接。当管径大于 *DN*100 时，可采用卡箍式、法兰或焊接连接，但应对焊缝及热影响区的表面进行防腐处理。 (3)从事金属管道焊接的企业，应具有相应项目的焊接工艺评定。焊工应持有相应类别焊接的焊工合格证书。 (4)空调用蒸汽管道的安装，应按现行国家标准《建筑给水排水及采暖工程施工质量验收规范》(GB 50242－2002)的规定执行
主控项目	(1)空调工程水系统的设备与附属设备、管道、管配件及阀门的型号、规格、材质及连接形式应符合设计规定。 检查数量：按总数抽查 10%，且不得少于 5 件。 检查方法：观察检查外观质量并检查产品质量证明文件、材料进场验收记录。 (2)管道安装应符合下列规定。 1)隐蔽管道必须按《通风与空调工程施工质量验收规范》(GB 50243－2002)的有关规定执行。 2)焊接钢管、镀锌钢管不得采用热摵弯。 3)管道与设备的连接，应在设备安装完毕后进行，与水泵、制冷机组的接管必须为柔性接口。柔性短管不得强行对口连接，与其连接的管道应设置独立支架。 4)冷热水及冷却水系统应在系统冲洗、排污合格（目测：以排出口的水色和透明度与入水口对比相近，无可见杂物），再循环试运行 2 h 以上，且水质正常后才能与制冷机组、空调设备相贯通。 5)固定在建筑结构上的管道支、吊架，不得影响结构的安全。管道穿越墙体或楼板处应设钢制套管，管道接口不得置于套管内，钢制套管应与墙体饰面或楼板底部平齐，上部应高出楼层地面 20～50 mm，并不得将套管作为管道支撑。保温管道与套管四周间隙应使用不燃绝热材料填塞紧密。 检查数量：系统全数检查；每个系统管道、部件数量抽查 10%，且不得少于 5 件。 检查方法：尺量、观察检查，旁站或查阅试验记录、隐蔽工程记录。 (3)管道系统安装完毕，外观检查合格后，应按设计要求进行水压试验。当设计无规定时，应符合下列规定： 1)冷热水、冷却水系统的试验压力，当工作压力小于等于 1.0 MPa，为 1.5 倍工作压力，但最低不小于 0.6 MPa；当工作压力大于 1.0 MPa 时，为工作压力加 0.5 MPa。 2)对于大型或高层建筑垂直位差较大的冷（热）媒水、冷却水管道系统宜采用分区、分层试压和系统试压相结合的方法。一般建筑可采用系统试压方法。分区、分层试压：对相对独立的局部区域的管道进行试压。在试验压力下，稳压 10 min，压力不得下降，再将系统压力降至工作压力，在 60 min 内压力不得下降、外观检查无渗漏为合格。 系统试压：在各分区管道与系统主、干管全部连通后，对整个系统的管道进行系统的试压。试验压力以最低点的压力为准，但最低点的压力不得超过管道与组成件的承受压力。压力试验升至试验压力后，稳压 10 min，压力下降不得大于 0.02 MPa，再将系统压力降至工作压力，外观检查无渗漏为合格。

续上表

项目	内　容
主控项目	3)各类耐压塑料管的强度试验压力为1.5倍工作压力,严密性工作压力为1.15倍的设计工作压力。 4)凝结水系统采用充水试验,应以不渗漏为合格。 检查数量:系统全数检查。 检查方法:旁站观察或查阅试验记录。 (4)阀门的安装应符合下列规定: 1)阀门的安装位置、高度、进出口方向必须符合设计要求,连接应牢固紧密。 2)安装在保温管道上的各类手动阀门,手柄均不得向下。 3)阀门安装前必须进行外观检查,阀门的铭牌应符合现行国家标准《通用阀门标志》(GB 12220—1989)的规定。对于工作压力大于1.0 MPa及在主干管上起到切断作用的阀门,应进行强度和严密性试验,合格后方准使用。其他阀门可不单独进行试验,待在系统试压中检验。强度试验时,试验压力为公称压力的1.5倍,持续时间不少于5 min,阀门的壳体、填料应无渗漏。 严密性试验时,试验压力为公称压力的1.1倍;试验压力在试验持续的时间内应保持不变,时间应符合表1－111的规定。以阀门密封面无渗漏为合格。 检查数量:1、2款抽查5%,且不得少于1个;水压试验以每批(同牌号、同规格、同型号)数量中抽查20%,且不得少于1个;对于安装在主干管上起切断作用的闭路阀门,全数检查。 检查方法:按设计图核对、观察检查;旁站或查阅试验记录。 (5)补偿器的补偿量和安装位置必须符合设计及产品技术文件的要求,并应根据设计计算的补偿量进行预拉伸或预压缩。 设有补偿器(膨胀节)的管道应设置固定支架,其结构形式和固定位置应符合设计要求,并应在补偿器的预拉伸(或预压缩)前固定;导向支架的设置应符合所安装产品技术文件的要求。 检查数量:抽查20%,且不得少于1个。 检查方法:观察检查,旁站或查阅补偿器的预拉伸或预压缩记录。 (6)冷却塔的型号、规格、技术参数必须符合设计要求。对含有易燃材料冷却塔的安装,必须严格执行施工防火安全的规定。 检查数量:全数检查。 检查方法:按图纸核对,监督执行防火规定。 (7)水泵的规格、型号、技术参数应符合设计要求和产品性能指标。水泵正常连续试运行的时间,不应少于2 h。 检查数量:全数检查。 检查方法:按图纸核对,实测或查阅水泵试运行记录。 (8)水箱、集水缸、分水缸、储冷罐的满水试验或水压试验必须符合设计要求。储冷罐内壁防腐涂层的材质、涂抹质量、厚度必须符合设计或产品技术文件要求,储冷罐与底座必须进行绝热处理。 检查数量:全数检查。 检查方法:尺量、观察检查,查阅试验记录

续上表

<table>
<tr><th>项目</th><th>内　容</th></tr>
<tr><td>一般项目</td><td>(1)当空调水系统的管道，采用建筑用硬聚氯乙烯(PVC－U)、聚丙烯(PP－R)、聚丁烯(PB)与交联聚乙烯(PEX)等有机材料管道时，其连接方法应符合设计和产品技术要求的规定。
检查数量：按总数抽查20%，且不得少于2处。
检查方法：尺量、观察检查，验证产品合格证书和试验记录。
(2)金属管道的焊接应符合下列规定：
1)管道焊接材料的品种、规格、性能应符合设计要求。管道对接焊口的组对和坡口形式等应符合表1－112的规定，对口的平直度为1/100，全长不大于10 mm。管道的固定焊口应远离设备，且不宜与设备接口中心线相重合。管道对接焊缝与支、吊架的距离应大于50 mm。
2)管道焊缝表面应清理干净，并进行外观质量的检查。焊缝外观质量不得低于现行国家标准《现场设备、工业管道焊接工程施工及验收规范》(GB 50236—2011)中第11.3.3条的Ⅳ级规定(氨管为Ⅲ级)。
检查数量：按总数抽查20%，且不得少于1处。
检查方法：尺量、观察检查。
(3)螺纹连接的管道，螺纹应清洁、规整，断丝或缺丝不大于螺纹全扣数的10%；连接牢固，接口处根部外露螺纹为2～3扣，无外露填料；镀锌管道的镀锌层应注意保护，对局部的破损处，应做防腐处理。
检查数晕：按总数抽查5%，且不得少于5处。
检查方法：尺量、观察检查。
(4)法兰连接的管道，法兰面应与管道中心线垂直，并同心。法兰对接应平行，其偏差不应大于其外径的1.5/1 000，且不得大于2 mm；连接螺栓长度应一致、螺母在同侧、均匀拧紧。螺栓紧固后不应低于螺母平面。法兰的衬垫规格、品种与厚度应符合设计的要求。
检查数量：按总数抽查5%，且不得少于5处。
检查方法：尺量、观察检查。
(5)钢制管道的安装应符合下列规定：
1)管道和管件在安装前，应将其内、外壁的污物和锈蚀清除干净。当管道安装间断时，应及时封闭敞开的管口。
2)管道弯制弯管的弯曲半径，热弯不应小于管道外径的3.5倍、冷弯不应小于4倍；焊接弯管不应小于1.5倍；冲压弯管不应小于1倍。弯管的最大外径与最小外径的差不应大于管道外径的8/100，管壁减薄率不应大于15%。
3)冷凝水排水管坡度，应符合设计文件的规定。当设计无规定时，其坡度宜大于或等于8‰；软管连接的长度，不宜大于150 mm。
4)冷热水管道与支、吊架之间，应有绝热衬垫(承压强度能满足管道重量的不燃、难燃硬质绝热材料或经防腐处理的木衬垫)，其厚度不应小于绝热层厚度，宽度应大于支、吊架支承面的宽度。衬垫的表面应平整、衬垫接合面的空隙应填实。
5)管道安装的坐标，标高和纵、横向的弯曲度应符合表1－113的规定。在吊顶内等暗装管道的位置应正确，无明显偏差。</td></tr>
</table>

续上表

<table>
<tr><th>项目</th><th>内　容</th></tr>
<tr><td>一般项目</td><td>检查数量：按总数抽查10%，且不得少于5处。
检查方法：尺量、观察检查。
(6)钢塑复合管道的安装，当系统工作压力不大于1.0 MPa时，可采用涂(衬)塑焊接钢管螺纹连接，与管道配件的连接深度和扭矩应符合表1－114的规定；当系统工作压力为1.0～2.5 MPa时，可采用涂(衬)塑无缝钢管法兰连接或沟槽式连接，管道配件均为无缝钢管涂(衬)塑管件。
沟槽式连接的管道，其沟槽与橡胶密封圈和卡箍套必须为配套合格产品；支、吊架的间距应符合表1－115的规定。
检查数量：按总数抽查10%，且不得少于5处。
检查方法：尺量、观察检查、查阅产品合格证明文件。
(7)风机盘管机组及其他空调设备与管道的连接，宜采用弹性接管或软接管(金属或非金属软管)，其耐压值应大于等于1.5倍的工作压力。软管的连接应牢固、不应有强扭和瘪管。
检查数量：按总数抽查10%，且不得少于5处。
检查方法：观察、查阅产品合格证明文件。
(8)金属管道的支、吊架的形式、位置、间距、标高应符合设计或有关技术标准的要求。设计无规定时，应符合下列规定：
1)支、吊架的安装应平整牢固，与管道接触紧密。管道与设备连接处，应设独立支、吊架。
2)冷(热)媒水、冷却水系统管道机房内总、干管的支、吊架，应采用承重防晃管架；与设备连接的管道管架宜有减振措施。当水平支管的管架采用单杆吊架时，应在管道起始点、阀门、三通、弯头及长度每隔15 m设置承重防晃支、吊架。
3)无热位移的管道吊架，其吊杆应垂直安装；有热位移的，其吊杆应向热膨胀(或冷收缩)的反方向偏移安装，偏移量按计算确定。
4)滑动支架的滑动面应清洁、平整，其安装位置应从支承面中心向位移反方向偏移1/2位移值或符合设计文件规定。
5)竖井内的立管，每隔2～3层应设导向支架。在建筑结构负重允许的情况下，水平安装管道支、吊架的间距应符合表1－116的规定。
6)管道支、吊架的焊接应由合格持证焊工施焊，并不得有漏焊、欠焊或焊接裂纹等缺陷。支架与管道焊接时，管道侧的咬边量，应小于0.1管壁厚。
检查数量：按系统支架数量抽查5%，且不得少于5个。
检查方法：尺量、观察检查。
(9)采用建筑用硬聚氯乙烯(PVC－U)、聚丙烯(PP－R)与交联聚乙烯(PEX)等管道时，管道与金属支、吊架之间应有隔绝措施，不可直接接触。当为热水管道时，还应加宽其接触的面积。支、吊架的间距应符合设计和产品技术要求的规定。
检查数量：按系统支架数量抽查5%，且不得少于5个。
检查方法：观察检查。
(10)阀门、集气罐、自动排气装置、除污器(水过滤器)等管道部件的安装应符合设计要求，并应符合下列规定：</td></tr>
</table>

续上表

项目	内容
一般项目	1)阀门安装的位置、进出口方向应正确,并便于操作;连接应牢固紧密,启闭灵活;成排阀门的排列应整齐美观,在同一平面上的允许偏差为 3 mm。 2)电动、气动等自控阀门在安装前应进行单体的调试,包括开启、关闭等动作试验。 3)冷冻水和冷却水的除污器(水过滤器)应安装在进机组前的管道上,方向正确且便于清污;与管道连接牢固、严密,其安装位置应便于滤网的拆装和清洗;过滤器滤网的材质、规格和包扎方法应符合设计要求。 4)闭式系统管路应在系统最高处及所有可能积聚空气的高点设置排气阀,在管路最低点应设置排水管及排水阀。 检查数量:按规格、型号抽查 10%,且不得少于 2 个。 检查方法:对照设计文件尺量、观察和操作检查。 (11)冷却塔安装应符合下列规定: 1)基础标高应符合设计的规定,允许误差为±20 mm。冷却塔地脚螺栓与预埋件的连接或固定应牢固,各连接部件应采用热镀锌或不锈钢螺栓,其紧固力应一致、均匀。 2)冷却塔安装应水平,单台冷却塔安装水平度和垂直度允许偏差均为 2/1 000。同一冷却水系统的多台冷却塔安装时,各台冷却塔的水面高度应一致,高差不应大于 30 mm。 3)冷却塔的出水口及喷嘴的方向和位置应正确,积水盘应严密无渗漏;分水器布水均匀。带转动布水器的冷却塔,其转动部分应灵活,喷水出口按设计或产品要求,方向应一致。 4)冷却塔风机叶片端部与塔体四周的径向间隙应均匀。对于可调整角度的叶片,角度应一致。 检查数量:全数检查。 检查方法:尺量、观察检查,积水盘做充水试验或查阅试验记录。 (12)水泵及附属设备的安装应符合下列规定: 1)水泵的平面位置和标高允许偏差为±10 mm,安装的地脚螺栓应垂直、拧紧,且与设备底座接触紧密。 2)垫铁组放置位置正确、平稳,接触紧密,每组不超过 3 块。 3)整体安装的泵,纵向水平偏差不应大于 0.1/1 000,横向水平偏差不应大于 0.2/1 000;解体安装的泵纵、横向安装水平偏差均不应大于 0.05/1 000;水泵与电机采用联轴器连接时,联轴器两轴芯的允许偏差,轴向倾斜不应大于 0.2/1 000,径向位移不应大于 0.05 mm 小型整体安装的管道水泵不应有明显偏斜。 4)减震器与水泵及水泵基础连接应牢固、平稳、接触紧密。 检查数量:全数检查。 检查方法:扳手试拧、观察检查,用水平仪和塞尺测量或查阅设备安装记录。 (13)水箱、集水器、分水器、储冷罐等设备的安装,支架或底座的尺寸、位置符合设计要求。设备与支架或底座接触紧密,安装平正、牢固。平面位置允许偏差为 15 mm,标高允许偏差为±5 mm,垂直度允许偏差为 1/1 000。膨胀水箱安装的位置及接管的连接,应符合设计文件的要求。 检查数量:全数检查。 检查方法:尺量、观察检查,旁站或查阅试验记录

表 1－111　阀门压力持续时间

公称直径 DN (mm)	最短试验持续时间(s)	
	严密性试验	
	金属密封	非金属密封
≤50	15	15
65～200	30	15
250～450	60	30
≥500	120	60

表 1－112　管道焊接坡口形式和尺寸

项次	厚度 T(mm)	坡口名称	坡口形式	坡口尺寸			备注
				间隙 C(mm)	钝边 P(mm)	坡口角度 α(°)	
1	1～3	Ⅰ形坡口	C T	0～1.5	—	—	内壁错边量≤0.1T且≤2 mm，外壁≤3 mm
	3～6			1～2.5			
2	6～9	V形坡口	α T P C	0～2.0	0～2	65～75	
	9～26			0～3.0	0～3	55～65	
3	2～30	T形坡口	T_1 C T_2	0～2.0	—	—	

表 1－113　管道安装的允许偏差和检验方法

项目			允许偏差(mm)	检查方法
坐标	架空及地沟	室外	25	按系统检查管道的起点、终点、分支点和变向点及各点之间的直管 用经纬仪、水准仪、液体连通器、水平仪、拉线和尺量检查
		室内	15	
	埋地		60	
标高	架空及地沟	室外	±20	
		室内	±15	
	埋地		±25	
水平管道平直度		DN≤100 mm	2L‰，最大 40	用直尺、拉线和尺量检查
		DN>100 mm	3L‰，最大 60	
立管垂直度			5L‰，最大 25	用直尺、线锤、拉线和尺量检查
成排管段间距			15	用直尺尺量检查

续上表

项目	允许偏差(mm)	检查方法
成排管段或成排阀门在同一平面上	3	用直尺、拉线和尺量检查

注：L—管道的有效长度(mm)。

表 1—114　钢塑复合管螺纹连接深度及紧密扭矩

公称直径(mm)		15	20	25	32	40	50	65	80	100
螺纹连接	深度(mm)	11	13	15	17	18	20	23	27	33
	牙数	6.0	6.5	7.0	7.5	8.0	9.0	10.0	11.5	13.5
扭矩(N·m)		40	60	100	120	150	200	250	300	400

表 1—115　沟槽式连接管道的沟槽及支、吊架的间距

公称直径(mm)	沟槽深度(mm)	允许偏差(mm)	支、吊架的间距(m)	端面垂直度允许偏差(mm)
65～100	2.20	0～+0.3	3.5	1.0
125～150	2.20	0～+0.3	4.2	1.5
200	2.50	0～+0.3	4.2	
225～950	2.50	0～+0.3	5.0	
300	3.0	0～+0.5	5.0	

注：1. 连接管端面应平整光滑、无毛刺；沟槽过深，应作为废品，不得使用。

2. 支、吊架不得支承在连接头上，水平管的任意两个连接头之间必须有支、吊架。

表 1—116　钢管道支、吊架的最大间距

公称直径(mm)		15	20	25	32	40	50	70	80	100	125	150	200	250	300
支架的最间距(mm)	L_1	1.5	2.0	2.5	2.5	3.0	3.5	4.0	5.0	5.0	5.5	6.5	7.5	8.5	9.5
	L_2	2.5	3.0	3.5	4.0	4.5	5.0	6.0	6.5	6.5	7.5	7.5	9.0	9.5	10.5
	对大于 300 mm 的管道可参考 300 mm 管道														

注：1. 适用于工作压力不大于 2.0 MPa，不保温或保温材料密度不大于 200 kg/m^3 的管道系统。

2. L_1 用于保温管道，L_2 用于不保温管道。

二、施工工艺解析

(1)金属管道及部件安装工艺解析见表 1—117。

表 1－117　金属管道及部件安装工艺解析

<table>
<tr><th colspan="2">项目</th><th>内　　容</th></tr>
<tr><td rowspan="3">支、吊架制作与安装</td><td>支、吊架选用要求</td><td>(1)管道支、吊架的形式、材质、加工尺寸、精度及焊接等应符合设计要求。
(2)支架底板及支、吊架弹簧盒的工作面应平整。
(3)管道支、吊架焊缝应进行外观检查，不得有漏焊、欠焊、裂纹、咬肉等缺陷，焊接变形应予矫正。
(4)制作合格的支、吊架，应进行防腐处理，妥善保管。合金钢的支、吊架应有材质标记</td></tr>
<tr><td>支、吊架制作要求</td><td>(1)有较大位移的管段应设置固定支架。固定支架要设置在牢固的厂房结构或专设的结构物上。
(2)在管道上无垂直位移或垂直位移很小的地方，可装活动支架或刚性支架。活动支架的形式，应根据管道对摩擦作用要求的不同来选择。
1)对由于摩擦而产生的作用力无严格限制时，可采用滑动支架。
2)当要求减少管道轴向摩擦作用力时，可采用滚柱支架。
3)当要求减少管道水平位移的摩擦作用力时，可采用滚珠支架。
滚柱和滚珠支架结构较为复杂，一般只用于介质温度较高和管径较大的管道上。
在架空管道上，当不便装设活动支架时，可采用刚性吊架。
(3)在水平管道上只允许管道单向水平位移的地方，在铸铁阀件的两侧，补偿器两侧适当距离的地方，应装设导向支架。
(4)在管道具有垂直位移的地方，应装设弹簧吊架，在不便装设弹簧吊架时也可采用弹簧支架，在同时具有水平位移时，应采用滚珠弹簧支架。
(5)垂直管道通过楼板或屋顶时，应设套管，套管不应限制管道位移和承受管道垂直负荷。
(6)对于室外架空敷设的大直径管道的独立活动支架，为减少摩擦力，应设计为挠性的、双铰接的支架或采用滚动支架，避免采用刚性支架。
1)对于要求沿管道轴线方向有位移和横向有刚度时，采用挠性支架，一般布置在管道沿轴向膨胀的直线管段。补偿器应用两个挠性支架支承，以承受补偿器重量和使管道膨胀收缩时不扭曲，此两个支架跨距一般为 3～4 m，车间内部最大不超过 6 m。
2)仅承受垂直力，允许管道在平面上作任何方向移动时，可采用双铰接支架。一般布置在自由膨胀的转弯点处</td></tr>
<tr><td>支架安装步骤</td><td>(1)墙上有预留孔洞的，可将支架横梁埋入墙内，如图 1－105 所示。
(2)钢筋混凝土构件上的支架，浇注时要在各支架的位置预埋钢板，然后将支架横梁焊接在预埋钢板上，如图 1－106 所示。
(3)在没有预留孔洞和预埋钢板的砖或混凝土构件上，可以用射钉或膨胀螺栓安装支架，但不宜安装推力较大的固定支架。
1)用射钉安装的支架如图 1－107 所示。
2)用膨胀螺栓安装的支架如图 1－108 所示。
(4)管道安装完毕后，应按设计要求逐个核对支、吊架的形式、材质和位置。
(5)有热位移的管道，在热负荷运行时，应及时对支、吊架进行检查和调整</td></tr>
</table>

续上表

<table>
<tr><th colspan="2">项目</th><th>内　　容</th></tr>
<tr><td colspan="2">金属管材加工</td><td>(1)管道下料尺寸应是现场测量的实际尺寸。切断的方法有手工切割、氧－乙炔焰切割和机械切割。公称直径不大于 50 mm 的管子用手工或割刀切割,公称直径大于 50 mm的管子可用氧－乙炔焰切割或机械切割。
(2)管子切口表面应平整,不得有裂纹、重皮;毛刺、凸凹、缩口、熔渣、氧化铁、铁屑等应予以清除;切口表面倾斜偏差为管子直径的 1%,但不得超过 3 mm</td></tr>
<tr><td>金属管道</td><td>金属管道焊接</td><td>(1)管道焊接材料的品种、规格、性能应符合设计要求。管道对接焊口的组对和坡口形式等应符合表 1－112 的规定;对口的平直度为 1%,全长不大于 10 mm。
管道的固定焊口应远离设备,且不宜与设备接口中心线相重合。管道对接焊缝与支、吊架的距离应大于 50 mm。
(2)管道焊缝表面应清理干净,并进行外观质量的检查。焊缝外观质量不得低于现行国家标准。
(3)低温下焊接时,必须对焊缝进行预热。预热要求见表 1－118。上述焊口预热区,宽度为 200～250 mm,一般用气焊嘴烤热。
在低温下焊接时,焊缝冷却速度很高,因而产生较大的焊接应力,焊缝容易破裂。另外,熔化金属的快速冷却阻碍了气体的析出,故焊缝中产生气孔;当温度很低时,焊工易疲劳,也影响质量。
(4)对口清理。
1)清除接口处的浮锈、污垢及油脂。
2)钢管切割时,其割口断面应与管子中心线垂直,以保证管子焊接完毕的同心度。
3)切割坡口:是为了保证施焊过程中管壁能充分焊透。
4)坡口成型可采用气割或使用坡口机加工,但应清除渣屑和氧化铁,并用锉刀打磨直至露出金属光泽。
5)直径相同的管子对焊时,两管壁厚度差不应大于 3 mm,异径管对焊时,应将大管口径甩成与小管的口径相同时再进行焊接。
(5)预热和热处理。
1)为降低或消除焊接接头的残余应力,防止产生裂纹,改善焊缝和热影响区的金属组织与性能,应根据钢材的淬硬性、焊件厚度及使用条件等综合考虑,进行焊前预热和焊后热处理。
2)异种金属焊接时,预热温度应按可焊性较差一侧钢材确定。
3)预热时,应使焊口两侧及内外管壁的温度均匀,防止局部过热,加热区附近应予保温,以减少热损失。
4)焊前预热的加热范围,以焊口中心为基准,每侧不小于壁厚的 3 倍;有淬硬倾向或易产生延迟性裂纹的管道,每侧应不小于 100 mm。
5)焊后热处理温度应按规定进行。管道焊接接头的焊后热处理,一般应在焊接后及时进行。</td></tr>
</table>

续上表

<table>
<tr><th colspan="2">项目</th><th>内　容</th></tr>
<tr><td rowspan="3">金属管道</td><td>金属管道焊接</td><td>易产生焊接延迟性裂纹的焊接接头，如果不能及时进行热处理，应在焊接后冷却至300℃～350℃时（或用加热的方法），予以保温缓冷。若用加热方法时，其加热范围与热处理条件相同。
6)焊后热处理加热范围，以焊口中心为基准，每侧应不小于焊缝宽度的3倍。
(6)钢管焊接，一般是采用电焊和气焊。由于电焊比气焊的焊缝强度高，而且经济，因此钢管大多数采用电焊，只有当管壁厚度小于4 mm时，才采用气焊连接。
两钢管壁厚差超过3 mm者不宜对焊，可采用扩、缩管口的方法解决。
气焊连接一般采用对口焊形式，焊口一般焊两层，每层尽量一次焊完以减少接头。施焊中注意排除焊接熔池中的气体，防止产生焊接缺陷。
(7)酸洗和钝化处理。
在酸洗和钝化前先进行表面清理和修补，把表面损伤的地方修补好，用手提砂轮机磨光，把焊缝上的熔渣和焊缝近旁的飞溅物清除干净。
酸洗的目的是去除氧化皮。经热加工的不锈钢和焊接影响区都会生成一层氧化皮，这层氧化皮影响耐腐蚀性能。
钝化是为了使不锈钢表面生成一层无色致密的氧化薄膜，起耐腐蚀作用。
(8)焊缝检查。
1)角焊缝的焊脚高度应符合设计规定，其外形应平缓过渡，表面不得有裂缝、气孔、夹渣等缺陷；咬肉深度不得大于0.5 mm。
2)各级焊缝内部质量标准。进行无损探伤的焊缝，其不合格部分必须返修，返修后仍按原规定方法进行探伤。
3)按设计规定必须进行无损探伤的焊缝，应对每一焊工所焊的焊缝按比例进行抽查，在每条管线上最低探伤长度不得少于一个焊口。
若发现不合格者，应对被抽查焊工所焊焊缝，按原规定比例加倍探伤，如仍不合格者，则应对该焊工在该管线上所焊的全部焊缝进行无损探伤。
4)凡进行无损探伤的焊缝，其不合格部位必须进行返修，返修后仍按原方法进行探伤。
5)管道各级焊缝的射线探伤数量，当设计无规定时，应按表1－119的规定执行</td></tr>
<tr><td>金属管道螺纹连接规定</td><td>(1)管道螺纹应清洁、规整，断丝或缺丝不大于螺纹全数的10%；连接牢固；接口处根部外露螺纹为2～3个螺距，无外露填料；镀锌管道的镀锌层应注意保护，对局部的破损处，应做防腐处理。
(2)管道螺纹连接处填料选用见表1－120。
(3)镀锌钢管应采用螺纹连接，不得采用焊接</td></tr>
<tr><td>金属管道法兰连接</td><td>(1)法兰连接的管道，法兰面应与管道中心线垂直，并同心。法兰对接应平行，其偏差不应大于其外径的1.5‰，且不得大于2 mm；连接螺栓长度应一致，螺母在同侧，均匀拧紧。螺栓紧固后不应低于螺母平面。法兰的衬垫规格、品种与厚度应符合设计的要求。</td></tr>
</table>

续上表

项目		内　容
金属管道	金属管道法兰连接	(2)管道上除在连接设备、阀件及仪表处采用法兰外，不得在管道中任意增设和取消设计的法兰连接处。 (3)法兰螺孔应对正，螺孔与螺栓直径配套。法兰连接螺栓长短应一致，螺母应在同一侧，螺栓拧紧后应伸出螺母 1～3 扣。 (4)法兰接口不宜埋入土中，而宜安设在检查井或地沟内，如果必须将其埋入土中时，应采取防腐措施。 (5)平焊钢法兰与管道装配时，管道外径与法兰内孔的间隙不得大于 2 mm。 (6)平焊钢法兰焊接时，管子应插入法兰厚度的 1/2～2/3，并在互为 90°角的两个方向进行垂直度检查。 (7)法兰密封面应与管道的中心线垂直(特殊要求法兰例外)；管道中心线的垂直线与法兰面、法兰外径的允许偏差为： $DN \leqslant 300$ mm 时，为 1 mm； $DN > 300$ mm 时，为 2 mm。 (8)平焊法兰与管道装配时，管道外径与法兰内孔的间隙不得超过 2 mm。 (9)当设计无规定时，垫片材料可根据介质的压力、温度和特性按表 1－121 选用。 垫片周边应整齐，尺寸应与法兰密封面相符，其偏差不得超过表 1－122 的规定。 (10)法兰紧固。 1)每对法兰紧固应采用同一规格的螺栓，且安装方向一致。 2)需加垫圈时，每个螺栓只用一个。 3)如遇下列情况，且当设计无明确规定时，螺栓和螺母应涂以二硫化钼油脂、石墨机油或石墨粉。 ①合金钢螺栓和螺母。 ②管道温度设计高于 100℃或低于 0℃。 ③露天装置的法兰连接。 ④腐蚀性介质或有大气腐蚀的场所。 4)紧固螺栓时，操作者应站立稳固，不得晃动用力；高空作业除应拴安全带外，扳手也应绑在安全绳上，以免失手掉下伤人。 5)螺栓热紧或冷紧。当设计无明确规定时，高温或低温管道的法兰螺栓连接应在试运行时按表 1－123 所列要求进行热紧或冷紧
	沟槽连接	(1)检查加工好的钢管端部，应无裂纹、凸起、压痕及毛边，检查密封圈是否变形，安装过程中要使用润滑剂或肥皂水均匀涂在垫圈边缘及外侧。 (2)管端到凹槽之间管道要光滑，如有松散的油漆、铁屑、污物、碎片和铁锈等杂质必须除去。 (3)把密封圈套在钢管末端，并保证密封圈边缘不超出管道末端。 (4)把两管和管件对接在一条直线上，两端对接，然后移动密封圈，使之到两沟槽间的中心位置，不能盖住或挡住沟槽，密封圈不应偏向任何一边。 (5)把管箍合在密封圈上并确保接头边缘在沟槽内。 (6)插上螺栓，然后套上螺母，均匀地拧紧两边螺母，使接头两端口紧密结合在一起

续上表

<table>
<tr><th colspan="2">项目</th><th>内　容</th></tr>
<tr><td colspan="2">阀门安装</td><td>(1)空调工程水系统的设备与附属设备、管道、管配件及阀门的型号、规格、材质及连接形式应符合设计规定。
(2)阀门的安装应符合下列规定：
1)阀门的安装位置、高度、进出口方向必须符合设计要求，连接应牢固紧密。
2)安装在保温管道上的各类手动阀门、手柄均不得向下。
3)阀门安装前必须进行外观检查，阀门的铭牌应符合现行国家标准《通用阀门标志》(GB/T 12220－1989)的规定。对于工作压力大于 1.0 MPa 及在主干管上起到切断作用的阀门，应进行强度和严密性试验，合格后方准使用。其他阀门可不单独进行试验，可在系统试压中检验。
强度试验时，试验压力为公称压力的 1.5 倍，持续时间不少于 5 min，阀门的壳体、填料应无渗漏。
严密性试验时，试验压力为公称压力的 1.1 倍；试验压力在试验持续的时间内应保持不变，时间应符合表 1－124 的规定，以阀瓣密封面无渗漏为合格。
4)阀门安装的位置、进出口方向应正确，并便于操作；连接应牢固紧密，启闭灵活；成排阀门的排列应整齐美观，在同一平面上的允许偏差为 3 mm。
5)电动、气动等自控阀门在安装前应进行单体的调试，包括开启、关闭等动作试验。
(3)阀门安装前，必须先对阀门进行强度和严密性试验，不合格的不得进行安装。
(4)水平管道上的阀门，阀杆宜垂直或向左右偏 45°，也可水平安装，但不宜向下；垂直管道上阀门阀杆必须顺着操作巡回线方向安装。
(5)阀门安装时应保持关闭状态，并注意阀门的特性及介质流向。
(6)阀门与管道连接时，不得强行拧紧法兰上的连接螺栓；对螺纹连接的阀门，其螺纹应完整无缺，拧紧时宜用扳手卡住阀门一端的六角体。
(7)安装螺纹阀门时，一般应在阀门的出口处加设一个活接头。
(8)对具有操作机构和传动装置的阀门，应在阀门安装好后，再安装操作机构和传动装置，且在安装前先对它们进行清洗，安装完后还应将它们调整灵活，指示准确</td></tr>
<tr><td rowspan="2">补偿器安装</td><td>安装规定</td><td>补偿器的补偿量和安装位置必须符合设计及产品技术文件的要求，并应根据设计计算的补偿量进行预拉伸或预压缩。
设有补偿器(膨胀节)的管道应设置固定支架，其结构形式和固定位置应符合设计要求，并应在补偿器预拉伸(或预压缩)前固定；导向支架的设置应符合所安装产品技术文件的要求</td></tr>
<tr><td>方形补偿器安装</td><td>(1)制作好的补偿器经过检验合格后，才允许安装。
(2)方形补偿器通常水平安装，只有在空间上较狭窄不能水平安装时，才容许垂直安装。水平安装时，水平臂应与管线坡度及坡向相同，垂直臂应呈水平。
(3)方形弯可朝上也可以朝下，朝上配置时应在最高点安装排气装置；朝下配置时应在最低点安装疏水装置。不论怎样安装，须保持整个补偿器的各个部分处在同一平面上。
(4)补偿器预拉伸或预压缩值必须符合设计的规定，允许偏差为±10 mm。</td></tr>
</table>

续上表

<table>
<tr><th colspan="2">项目</th><th>内　容</th></tr>
<tr><td rowspan="2">补偿器安装</td><td>方形补偿器安装</td><td>(5)安装补偿器时，把撑拉补偿器用的螺纹撑杆和补偿器一起安装好。在补偿器撑拉好并把管道紧固到固定支架上以后，再从补偿器上取下。
使用撑拉螺纹杆时，如图 1－109 所示，只要旋动螺母 3 使其顺螺杆 4 前进或后退，就能使补偿器的两臂受到压缩或拉伸。
(6)当几条管道上的方形补偿器配置在同一平面(一个套装在另一个里面)时，这些补偿器先不作预拉伸，而是最后再将补偿器同管道一起进行拉伸。这样，可用通常的方法装配管道，即先用螺栓把法兰连起来或将焊口作点焊定位，但留一个接口不连而保留适当的空隙，此空隙值就等于补偿器的规定拉伸值。
然后装配补偿器并将其两端与两侧的管段连接。安装补偿器时，应使其所在的对称面朝固定支点的方向偏移，其工作位置等于 1/4 管道热伸长值。此时，须预先将固定支点与补偿器之间的接口全部焊牢。
拉伸补偿器的接口位置通常在施工图上给出。
如果施工图上未给出此值，为了避免补偿器歪斜，则不应利用临近补偿器的接口作拉伸，而应以与其临近的接口留出调整间隙，如图 1－110 所示</td></tr>
<tr><td>波方形补偿器安装</td><td>(1)波形补偿器多用于工作压力不超过 0.7 MPa，温度为－30℃～450℃的管道上，在直径较大的碳钢、不锈钢和铝板卷焊管道比较常用。
(2)在水平敷设的空调水系统管道段通常采用带疏水器的补偿器(图 1－111)，并将疏水管引到专设的集水器内，将水排到指定地点。
在弯曲的管段上，应采用如图 1－112 所示的带紧固装置的补偿器，该紧固装置能保证波形管不发生轴向变形。
(3)安装波形补偿器时应设临时固定，待管道安装固定后再拆除临时固定。
(4)安装波形补偿器应根据补偿零点温度定位。补偿零点温度就是管道设计考虑达到的最高温度和最低温度的中点。在环境温度等于补偿零点温度时安装，补偿器可不进行预拉或预压。
(5)波形补偿器的预拉或预压，应当在平地上进行。作用力应分 2～3 次逐渐增加，尽量保证各波节的圆周面受力均匀。
拉伸或压缩量的偏差应小于 5 mm。当拉伸或压缩达到要求的数值时，应立即安装固定。
(6)波形补偿器内套有焊缝的一端，水平管道应迎介质流向安装，垂直管道应置于上部。波形补偿器应与管道保持同心，不得偏斜。
(7)吊装波形补偿器时，不能把吊索绑扎在波节上，也不能把支撑件焊接在波节上。
(8)如管道内有凝结水产生，应在波形补偿器每个波节的下方安装放水阀。
安装时应将补偿器的导管与外壳焊接的一端朝向坡度的上方，以防凝结水大量流到波节里</td></tr>
</table>

续上表

项目		内　容
管道试压	管道系统试压规定	(1)管道安装完毕,应对管道系统进行压力试验。按试验的目的,可分为检查管道机械性能的强度试验和检查管道连接情况的严密性试验。按试验使用的介质,可分为用水作介质的水压试验和用气体作介质的气压试验。 (2)冷热水、冷却水系统的试验压力,当工作压力小于等于 1.0 MPa 时,为 1.5 倍工作压力,但最低不小于 0.6 MPa;当工作压力大于 1.0 MPa 时,为工作压力加 0.5 MPa。 (3)大型或高层建筑垂直位差较大的冷(热)媒水、冷却水管道系统应采用分区、分层试压和系统试压相结合的方法。一般建筑可采用系统试压方法。 (4)分区、分层试压对相对独立的局部区域的管道进行试压。在试验压力下,稳压 10 min,压力不得下降,再将系统压力降至工作压力,以在 60 min 内压力不下降、外观检查无渗漏为合格。 (5)系统试压在各分区管道与系统主、干管全部连通后,对整个系统的管道进行系统的试压。试验压力以最低点的压力为准,但最低点的压力不得超过管道与组成件的承受压力。系统压力升至试验压力后,稳压 10 min,压力下降不得大于 0.02 MPa,再将系统压力降至工作压力,外观检查无渗漏为合格。 (6)压力试验用的压力表和温度计必须是经过检验的合格品。工作压力在 0.07 MPa 以下的管道进行气压试验时,可采用充水银或水的 U 形玻璃压力计,但刻度必须准确。 (7)管道试压前不得进行涂漆和保温,以便对管道进行外观检查。所有法兰连接处的垫片应符合要求,螺栓应全部拧紧。管道与设备之间加上盲板,试压结束后拆除;按空管计算支架及跨距的管道,进行水压试验应加临时支撑。 (8)管道试验一般可按表 1－125 的规定项目进行。 (9)管道系统强度与严密性试验,一般采用液压方式进行。如因设计结构或其他原因,液压强度试验确有困难时,可用气压试验代替,但必须采取有效的安全措施,并应报请主管部门批准,试验压力一般不得超过表 1－126 的规定。 (10)管道系统试验前应具备下列条件: 1)管道系统施工完毕,并符合设计要求。 2)支、吊架安装完毕。 3)焊接和热处理工作结束,并经检验合格。焊缝及其他应检查的部位未经涂漆和保温。 4)埋地管道的坐标、标高、坡度及管基、垫层等经复查合格。试验用的临时加固措施经检查确认安全可靠。 5)试验用压力表已校检,精度不低于 1.5 级,表的满刻度值为最大被测压力的 1.5～2 倍,压力表不少于 2 块。 6)具有完善的、经批准的试验方案。 (11)试验前应将不能参加试验的系统、设备、仪表及管道附件等加以隔离。加置盲板的部位应有明显标记和记录。 (12)管道系统试验前,应与运行中的管道设置隔离盲板。对水或蒸汽管道如以阀门隔离时,阀门两侧温度差不应超过 100℃。 (13)有冷脆倾向的管道,应根据管材的冷脆温度,确定试验介质的最低温度

续上表

项目		内　　容
管道试压	水压试验	(1)试验压力应按表1－127的规定进行。 (2)碳素钢管道的设计温度高于200℃或合金钢管道的设计温度高于350℃时，其强度试验压力应按下式计算： $$P_S=K\cdot P_C\frac{[\sigma_1]}{[\sigma_2]}$$ 式中　K——安全系数，中低压取1.25，高压取1.5； P_S——常温时试验压力(MPa)； $[\sigma_1]$——常温时材料的许用应力； P_C——工作压力(MPa)； $[\sigma_2]$——工作温度时材料的许用应力。 (3)对位差较大的管道系统，应考虑试验介质的静压影响。液体管道以最高点的压力为准，但最低点的压力不得超过管道附件及阀门的承受能力。 (4)水压试验应用清洁的水作介质，氧气管道应用无油质的水。向管内灌水时，应打开管道各高处的排气阀，待水灌满后，关闭排气阀和进水阀，用手摇式水泵或电动水泵加压，压力应逐渐升高。加压到一定数值时，应停下来对管道进行检查，无问题时再继续加压，一般分2～3次升至试验压力。当压力达到试验压力时，停止加压，一般动力管道在试验压力下保持5 min，化工工艺管道在试验压力下保持20 min。在试验压力下保持的时间内，如管道未发生异常现象，压力表指针不下降，即认为强度试验合格。然后把压力降至工作压力进行严密性试验。在工作压力下对管道进行全面检查，并用重量1.5 kg以下的圆头小锤在距焊缝10～20 mm处沿焊缝方向轻轻敲击。到检查完毕时，如压力表指针没有下降，管道焊缝及法兰连接处未发现渗漏现象，即可认为试验合格。 在气温低于0℃时，可采用特殊防冻措施后，用50℃左右的热水进行试验。试验完毕，应立即将管内存水放净。氧气管道和乙炔管道必须用无油的压缩空气或氧气吹干
	气压试验	(1)试验压力注意事项如下： 1)气压强度试验压力为设计压力的1.15倍；真空管道为0.2 MPa。严密性试验压力按设计压力进行，但真空管道不小于0.1 MPa。 2)气压严密性试验应在液压强度试验合格后进行。以空气试验时，其压力不宜超过25 MPa。 (2)气压试验一般为空气，也可用氮气或其他惰性气体进行。氧气管道试验用的气体，应是无油质的。 试验步骤为： 1)气压试验前，应对管道及管件的耐压强度进行验算，验算时采用的安全系数不得小于2.5。 2)试验时，压力应逐渐升高，达到试验压力时停止升高。在焊缝和法兰连接处涂上肥皂水，检查是否有气体泄漏。如发现有泄漏的地方，应做上记号，卸压后进行修理。消除缺陷后再升压至试验压力，在试验压力下保持30 min，如压力不下降，即认为强度试验合格。

续上表

<table>
<tr><th colspan="2">项目</th><th>内　容</th></tr>
<tr><td rowspan="2">管道试压</td><td>气压试验</td><td>3)强度试验合格后，降至设计压力，用涂肥皂水的方法检查，如无泄漏，稳压半小时，压力不降，则严密性试验为合格</td></tr>
<tr><td>其他试验</td><td>(1)真空系统在严密性试验合格后，在联动试运转时，还应以设计压力进行真空度试验，时间 24 h，增压率不大于 5%为合格。
(2)泄漏量试验应在系统吹洗合格后进行，试验时的测压、测温点应有代表性。
(3)泄漏量试验压力等于设计压力，时间为 24 h，全系统每小时平均泄漏率应符合设计要求。如设计无要求时，不得超过表 1－128 的规定。
表 1－127 适用于公称直径 300 mm 的管道，其余直径管道的压力降标准还应乘以按下式求出的校正系数：
$$K=\frac{300}{DN}$$
式中　DN——试验管道的公称直径(mm)。
泄漏率按下式计算：
$$A=\frac{100}{t}\left(1-\frac{P_2T_1}{P_1T_2}\right)$$
式中　A——每小时平均泄漏率(%)；
P_1——试验开始时的绝对压力(MPa)；
P_2——试验结束时的绝对压力(MPa)；
T_1——试验开始时气体的绝对温度(K)；
T_2——试验结束时气体的绝对温度(K)；
t——试验时间(h)。
试验压力不应低于 0.02 MPa(表压)</td></tr>
<tr><td colspan="2">管道清洗</td><td>工作介质为液体的管道，一般应进行水冲洗，如不能用水冲洗或不能满足清洁要求时，可用空气进行吹扫，但应采取相应措施。
一般管道在压力试验(强度试验)合格后进行清洗。对于管内杂物较多的管道系统，可在压力试验前进行清洗。
(1)清洗前，应将管道系统内的流量孔板、滤网、温度计、调节阀阀芯、止回阀阀芯等拆除，待清洗合格后再重新装上。
(2)热水、供水、回水及凝结水管道系统用清水进行冲洗。如管道分支较多，末端面积较小时，可将干管中的阀门拆掉 1～2 个，分段进行冲洗。排水管截面积不应小于被冲洗管道截面积的 60%。排水管应接至排水沟并应保证排泄和安全。冲洗时，以系统内可能达到的最大压力和流量(不小于 1.5 m/s)进行，直到出口处的水色和透明度与入口处目测一致为合格。
(3)管道冲洗后应将水排尽，需要时可用压缩空气吹干或采取其他保护措施</td></tr>
</table>

表 1－118　管子焊接的环境温度和预热要求

钢号	允许焊接的最低环境温度(℃)	预热温度(℃)	
		常湿(0℃以上)焊接	低湿焊接
含碳量≤0.2%的碳钢	－30	环境温度高于－20℃时,均不预热	环境温度低于－20℃时,预热100℃～150℃
含碳量0.2%～0.3%的碳钢	－20	环境温度高于－10℃时,均不预热	环境温度低于－10℃时,预热100℃～150℃
Q345	－10	不预热	环境温度低于0℃时,预热150℃～200℃

表 1－119　管道焊缝射线探伤数量

焊缝等级		探伤数量(%)	适用范围
Ⅰ		100	高于Ⅱ级焊缝质量要求的焊缝
Ⅱ	A	100	Ⅰ类管道及Ⅱ类管道固定焊口
	B	100	Ⅲ类管道及Ⅱ类管道转动口(Ⅲ类管道固定焊口探伤数量为40%)
Ⅲ	A	10	Ⅳ类管道固定焊口
	B	5	Ⅳ类管道转动焊口
Ⅳ	A	5	Ⅳ类铝及铝合金管道焊口(其中固定焊口探伤数为15%)
	B	由检查员根据现场情况提出,但不多于1%	Ⅴ类管道焊口

表 1－120　管道螺纹连接接头处填料选用表

调料名称	适用介质
白厚漆	水、煤气、压缩空气
白厚漆＋麻丝	水、压缩空气
黄粉(一氧化铅)＋甘油	煤气、压缩空气、乙炔、氨
黄粉(一氧化铅)＋蒸馏水	氧气
聚四氟乙烯生料带	小于250℃蒸汽、煤气、压缩空气、氧气、乙炔、氨,也可用于腐蚀介质

表 1－121　各种法兰垫片的适用范围

垫片材料	适用介质	最高工作压力（MPa）	最高工作温度（℃）
橡胶板	水、压缩空气、惰性气体	0.6	60
夹布橡胶板	水、压缩空气、惰性气体	1.0	60
低压橡胶石棉板	水、压缩空气、惰性气体、蒸汽、煤气、具有氧化性的气体（二氧化硫、氮等）、酸碱稀溶液、氨	4.0	350
高压橡胶石棉板	水、压缩空气、惰性气体、蒸汽	10.0	450
耐油橡胶石棉板	油品、溶剂、制冷剂	4.0	350
耐酸石棉板	有机溶剂、碳氢化合物、浓无机酸、强氧化性盐溶液	0.6	300
浸渍过的白石棉	具有氧化性的气体	0.6	300
软聚氯乙烯板	水、压缩空气、酸碱稀溶液、具有氧化性的气体	0.6	50

表 1－122　软垫片的允许偏差　（单位：mm）

公称直径 *DN*	法兰密封面形式					
	平面式		凹凸式		榫	
	允许偏差					
	内径	外径	内径	外径	内径	外径
＜125	＋2.5	－2	＋2	－1.5	＋1	－1
≥125	＋3.5	－3.5	＋3	－3	＋1.5	－1.5

表 1－123　法兰螺栓热、冷紧温度　（单位：℃）

管道工作温度	一次热、冷紧温度	二次热、冷紧温度
250～350	工作温度	—
＞350	350	工作温度
－70～－20	工作温度	—
＜－70	－70	工作温度

表 1－124　阀门压力持续时间

公称直径 *DN*（mm）	严密性试验最短持续时间（s）	
	金属密封	非金属密封
≤50	15	15
65～200	30	15

续上表

<table>
<tr><td rowspan="2">公称直径 DN(mm)</td><td colspan="2">严密性试验最短持续时间(s)</td></tr>
<tr><td>金属密封</td><td>非金属密封</td></tr>
<tr><td>250～450</td><td>60</td><td>30</td></tr>
<tr><td>≥500</td><td>120</td><td>60</td></tr>
</table>

表 1－125　管道系统试验项目

<table>
<tr><td rowspan="2">工作介质</td><td rowspan="2">设计压力(MPa)</td><td rowspan="2">强度试验</td><td colspan="2">严密性试验</td><td rowspan="2">其他试验</td></tr>
<tr><td>液压</td><td>气压</td></tr>
<tr><td rowspan="3">一般</td><td><0</td><td>做</td><td colspan="2">任选</td><td>真空度</td></tr>
<tr><td>0</td><td>—</td><td>充水</td><td>—</td><td>—</td></tr>
<tr><td>>0</td><td>做</td><td colspan="2">任选</td><td>—</td></tr>
<tr><td>有毒</td><td>任意</td><td>做</td><td>做</td><td>做</td><td>—</td></tr>
<tr><td rowspan="2">剧毒及甲、乙类火灾危险</td><td><10</td><td>做</td><td>做</td><td>做</td><td>泄漏量</td></tr>
<tr><td>>10</td><td>做</td><td>做</td><td>做</td><td>—</td></tr>
</table>

表 1－126　气压代替液压试验的压力规定

公称直径(mm)	试验压力(MPa)
≤300	1.6
>300	0.6

表 1－127　液压试验压力　(单位:MPa)

<table>
<tr><td colspan="3">管道级别</td><td>设计压力 P</td><td colspan="2">强度试验压力</td><td>严密性试验压力</td></tr>
<tr><td colspan="3">真空</td><td>—</td><td colspan="2">0.2</td><td>0.1</td></tr>
<tr><td rowspan="4">中低压</td><td colspan="2">地上管道</td><td>—</td><td colspan="2">1.25P</td><td>P</td></tr>
<tr><td rowspan="3">埋地管道</td><td>钢</td><td>—</td><td>1.25P 且不小于 0.4</td><td rowspan="3">不大于系统内阀门的单体试验压力</td><td rowspan="3">P</td></tr>
<tr><td>铸铁</td><td>≤5</td><td>2P</td></tr>
<tr><td>>5</td><td>P＋0.5</td><td></td></tr>
<tr><td colspan="3">高压</td><td>—</td><td colspan="2">1.5P</td><td>P</td></tr>
</table>

表 1－128　允许泄漏率

<table>
<tr><td rowspan="2">管道环境</td><td colspan="2">每小时平均泄漏率(%)</td></tr>
<tr><td>剧毒介质</td><td>甲、乙类火灾危险性介质</td></tr>
<tr><td>室内及地沟</td><td>0.15</td><td>0.25</td></tr>
<tr><td>室外及无维护结构车间</td><td>0.30</td><td>0.5</td></tr>
</table>

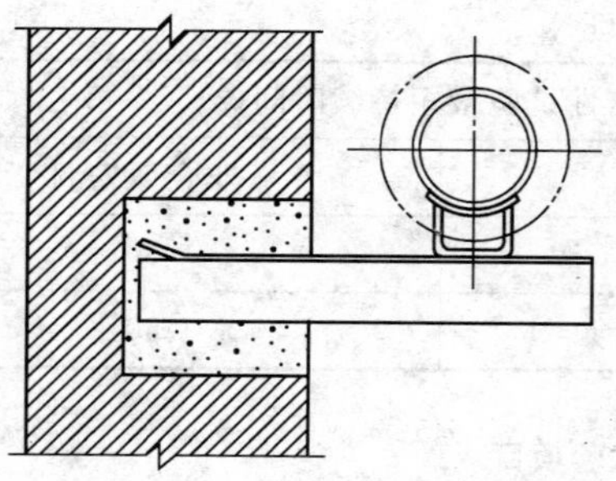

图 1－105 埋入墙内的支架

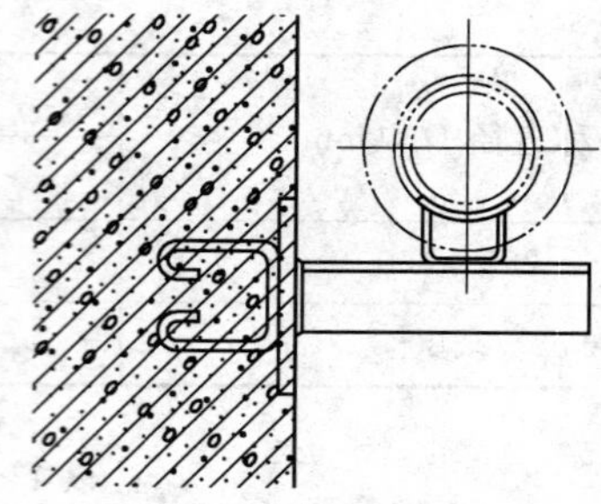

图 1－106 焊接到预埋钢板上的支架

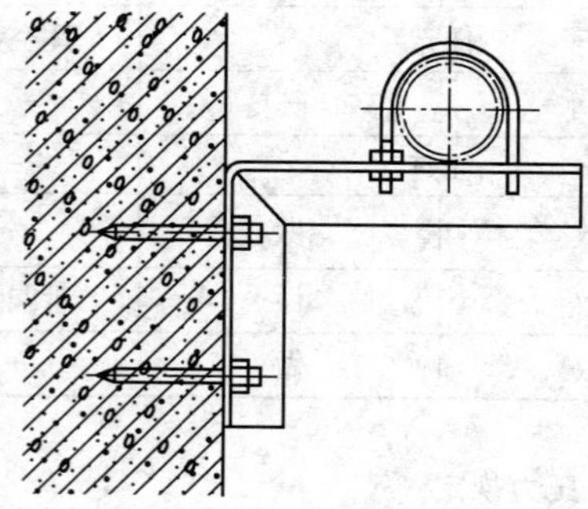

图 1－107 用射钉安装的支架

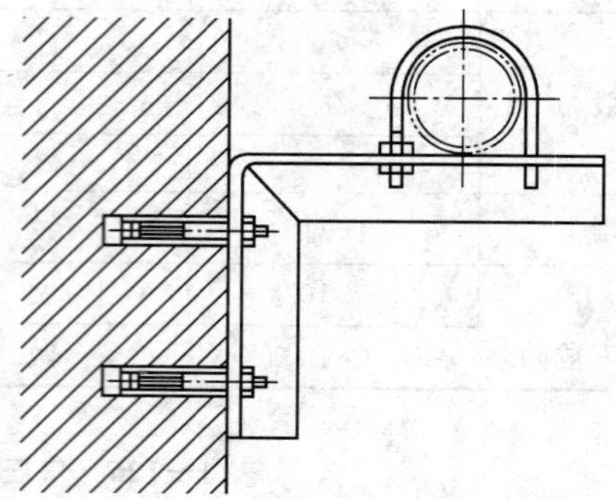

图 1－108 用膨胀螺栓安装的支架

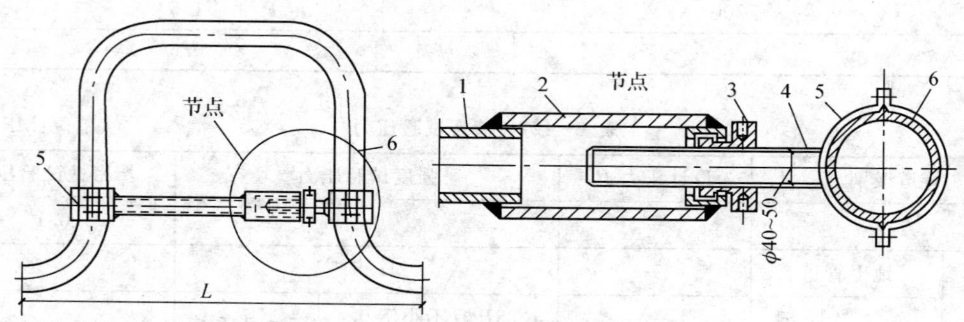

图 1－109 撑拉补偿器用的螺丝杆

1－撑杆；2－短管；3－螺母；4－螺杆；5－夹圈；6－补偿器的管段

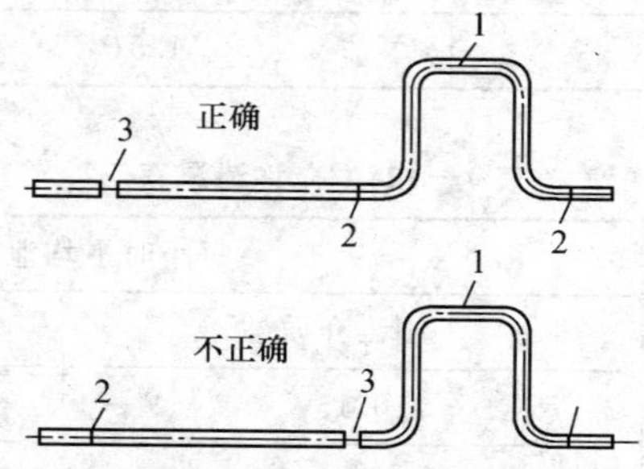

图 1－110 冷拉伸的补偿器的接点分布图

1－补偿器；2－已连接的接点；3－冷拉伸时预留的接点间隙

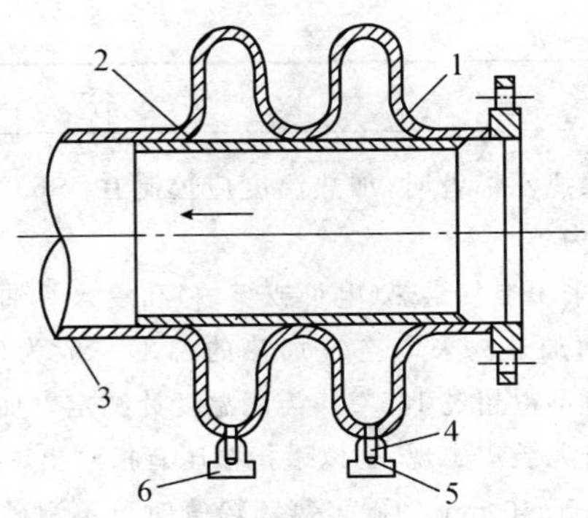

图 1－111 带疏水器的波形补偿器

1－波形节；2－套筒；3－管子；4－疏水管；5－垫片；6－螺母（或放水阀）

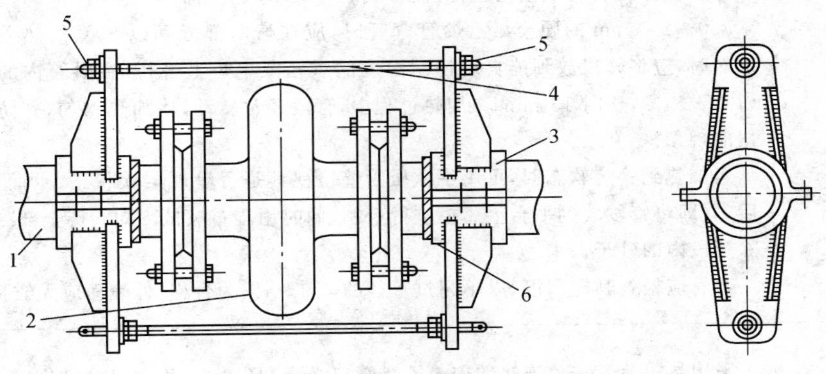

图 1－112 带紧固装置的波形补偿器

1－管子；2－波形节；3－夹箍；4－拉杆螺栓；5－螺母；6－衬挡

(2)非金属管道安装工艺解析见表 1－129。

表 1－129 非金属管道安装

项目		内容
支、吊架安装		硬聚氯乙烯管道不得直接与金属支、吊架相接触，而应在管道与支、吊架间垫以软塑料垫。 由于硬聚氯乙烯强度低、刚度小，支撑管子的支、吊架间距较小。管径较小、工作温度或大气温度较高时，应在管子全长上用角钢支托，以防止管子向下挠曲，并要注意防振。 支架间距在设计未规定时，可参考表 1－130 的规定敷设
非金属管道加工	调直	硬聚氯乙烯管道如产生弯曲，必须调直后才可使用。调直方法是把弯曲的管子放在平直的调直平台上，在管内通入蒸汽，使管子变软，以其本身自重调直
	切断	硬聚氯乙烯管采用木工锯或粗齿钢锯切割，坡口使用木工锉加工成 45°坡口

续上表

项目		内 容
非金属管道加工	弯曲	(1)加热硬聚氯乙烯管时,加热温度应控制在135℃～150℃,在此温度下,硬聚氯乙烯管的延伸率为100%。 加热方法可采用空气烘热(电炉或煤炉)和浸入甘油锅内加热法,但不能直接接触火焰,应缓慢转动加热。采取空气加热的温度一般为(135±5)℃;热甘油加热温度为140℃～150℃(不得超过165℃),需用温度计测定。加热温度是否适当,可用手触动塑料管表面,看有无皱皮出现,当以手指揿压有指纹出现时即为所需温度。 (2)热弯不大于40 mm的硬聚氯乙烯管时可不灌砂,直接在电炉或煤炉上加热。加热长度为弯头展开长度。 当弯成所需角度后,立即用湿布擦拭,使之冷却定型。 弯管操作可放在平板上进行,使弯成的弯头不产生扭曲。 ϕ50～200 mm的硬聚氯乙烯管弯管时,应在弯曲部分灌以80℃的热砂,并要打实。加热时,应将管段放到能自动控制温度的烘箱或电炉上进行[在烘箱内的加热温度为(135±5)℃,历时15 min]。加热过程中,管段经常转动,使加热均匀,并防止管段产生扭曲现象。 当加热到一定软态时,可用手揿压管壁检视其是否呈现柔软状态。当温度符合要求后,立即将管段放到平台上靠模进行弯制,同时用湿布擦拭冷却。待全部冷却后就可清除管段内的砂子。 弯管应检查其椭圆度,以不超过管径的3%～4%为合格,外表面应无皱折及凸起
	翻边	采用卷边活套法兰连接的聚氯乙烯管口必须翻出卷边肩(图1－113)。 管口翻边时应严格掌握温度。使用甘油加热锅(图1－114)加热时锅底部应垫一层砂,厚30 mm,以防止加热的管端与锅底接触。 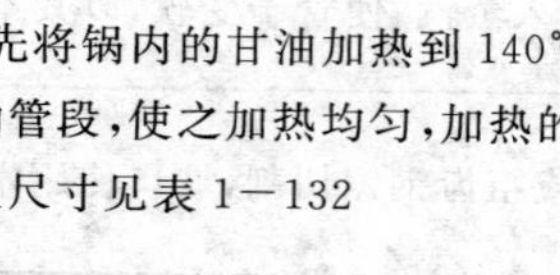 图1－113　卷边活套法兰 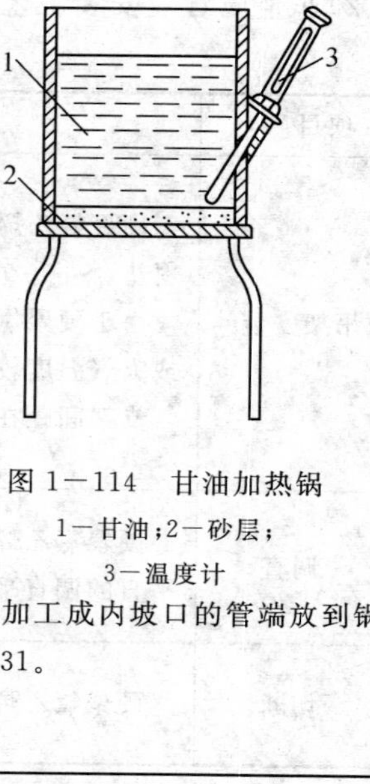 图1－114　甘油加热锅 1－甘油;2－砂层; 3－温度计 加热时,先将锅内的甘油加热到140℃～150℃,再把加工成内坡口的管端放到锅内,并经常转动管段,使之加热均匀,加热的时间见表1－131。 管口翻边尺寸见表1－132

续上表

<table>
<tr><th colspan="2">项目</th><th>内容</th></tr>
<tr><td>非金属管道连接</td><td>对焊连接</td><td>(1)对焊连接。对焊连接适用于直径较大(200 mm 以上)的管子连接。方法是将管子两端对起来焊成一体。焊口的连接强度比承插连接差,但施工简便,严密性好,也是一种常用的不可拆卸的连接方式。工程中应用最广泛的是电热空气加热法,这种焊接是用焊条将两块焊件连接在一起。电热空气加热法所用的焊接工具及设备如图 1－115 所示。
1)塑料焊条应符合下列规定:
①焊条直径应根据管道壁厚选择,管壁厚度小于 4 mm 时,焊条直径为 15 mm;管壁厚度为 4～16 mm 时,焊条直径为 3 mm。
②焊条材质与母材相同。
③焊条弯曲 180°不应折裂,但在弯曲处允许有发白现象。
④焊接表面光滑无凸瘤,切断面必须紧密均匀,无气孔与夹杂物。
2)坡口:焊接管端必须加工成 35°～45°的坡口。
3)焊枪电压为 36～45 V,功率为 400～500 W。焊枪喷嘴为可拆卸式,以便根据焊件形状选用直状或弯状的喷嘴。喷嘴直径应和焊条直径统一规格。
4)焊接所需热空气压力由阀门调节控制在 0.05～0.1 MPa,每把焊枪的压缩空气耗量为1～6 m^3/h 左右。为保证操作安全,电路中应设漏电自动切断器。
5)塑料管焊接表面应清洁、平整。
6)焊接时,焊条与焊缝两侧应均匀受热,外观不得有弯曲、断裂、烧焦和宽窄不一等缺陷。
7)焊条与焊件熔化良好,不允许有浮盖、重积等现象。
8)焊接过程中应注意以下问题:
①焊后应使焊缝缓慢冷却,以免焊缝开裂。
②焊件和焊条上的脏物、油污应用丙酮或苯等擦洗干净。
③为保证焊缝强度,焊条应填焊高于焊件表面 2 mm 左右。如要求焊件表面平滑,可把高出部分铲去。
④为使沿焊缝全长的焊接质量保持一致,焊条应填焊长出坡口端 10 mm 左右,焊完后再切去。如把焊缝两端连同母材一起切除 5 mm 左右时,则质量更有保证。当一条焊条用完,而未焊到焊缝终端时,接用的焊条应当以 45°斜边搭接。
(2)带套管对焊连接。
1)管子对焊连接后,将焊缝铲平,铲去主管外表面上对接焊缝的高出部分,使其与主管外壁面齐平。
2)制作套管:套管可用板材加热卷制,长度应为主管公称直径的 2.2 倍,壁厚应与主管壁厚相同(表 1－133)。
3)加装套管:先用酒精或丙酮将主管外壁和套管内壁擦洗干净,并涂上 PVC 塑料胶,再将套管套在主管对接缝处,使套管两端与焊缝保持等距,套管与主管间隙不应大于 0.3 mm。
4)封口:封口应采用热空气熔化焊接,先焊接套管的纵缝,再完成套管两端主管的封口焊。
(3)硬聚氯乙烯管承插连接。直径小于 200 mm 的挤压管多采用承插连接,如图 1－116所示。</td></tr>
</table>

续上表

<table>
<tr><th colspan="2">项目</th><th>内　　容</th></tr>
<tr><td rowspan="3">非金属管道连接</td><td>对焊连接</td><td>1)承口加工。首先将要扩胀为承口的管子端部加工成45°坡口,将作为插口的一端加工成45°外坡口,再将有内坡口端置于140℃～150℃甘油内加热,并均匀地转动管子。推荐加热时间见表1－134。取出后将有外坡口的管子插入已加热变软的管内,插入深度为管子外径的1～1.5倍,成型后取出插入的管子。
2)接口清洗:用酒精或丙酮将承口内壁和插口外壁清洗干净。
3)涂胶:在清洗干净的承口内壁和插口外壁涂上PVC塑料胶(601胶),涂层应均匀。
4)插接:将插口插入承口内,应一次插足,承插间隙不应大于0.3 mm。
5)封口:承插口外部应采用硬聚氯乙烯塑料焊条进行热空气熔化焊接封口。直径大于100 mm的管子,可用木制或钢制冲模在插口端部预先扩口,以便容易承插接口</td></tr>
<tr><td>法兰连接</td><td>(1)焊环活套法兰连接。这种方法是在管端焊上一挡环,用钢法兰连接。焊环活套法兰尺寸见表1－135并如图1－117所示。此法施工方便,可以拆卸,适用于较大的管径。但焊缝处易拉断。小直径管子宜用翻边活套法兰连接。法兰垫片采用软聚氯乙烯塑料垫片。
(2)扩口活套法兰连接。扩口方法与承插连接的承口加工方法相同。这种接口强度高,能承受一定压力,可用于直径在20 mm以下的管道连接。法兰为钢制,尺寸同一般管道。但由于塑料管强度低,法兰厚度可适当减薄。连接结构及尺寸如图1－118所示并见表1－136。活套法兰密封面应锉平。
(3)平焊塑料法兰连接。这种连接方法是用硬聚氯乙烯塑料板制作法兰,直接焊在管端上。连接简单,拆卸方便,适用于压力较低的管道。法兰尺寸和平焊钢法兰一致,但法兰厚度大些。垫片选用布满密封面的轻质宽垫片,否则拧紧螺栓时易损坏法兰。其结构尺寸如图1－119所示及见表1－137。</td></tr>
<tr><td>螺纹连接</td><td>对硬聚氯乙烯来说,螺纹连接一般只能用于连接阀件、仪表或设备上。密封填料宜用聚四氟乙烯密封带,拧紧螺纹时用力应适度,不可拧得过紧。螺纹加工应由制品生产厂家完成,不得在现场进行</td></tr>
<tr><td rowspan="3">聚丙烯管安装</td><td>胎具分类</td><td>胎具有内加热和外加热两种形式。内加热系电热,也称电加热胎具,经调压器接到220 V电源上使用;外加热是借喷灯或其他热源来加热胎具,如图1－120所示</td></tr>
<tr><td>胎具加热</td><td>将电加热胎具接通电源后,使表面温度达到270℃～300℃。检查胎具温度的方法采用示温笔,该笔常温为白色,当达到上述温度时即变为咖啡色,而随温度升高,颜色加深,直至变为黑色。胎具的加热时间与外界温度、管径大小有关,见表1－138。
在胎具电加热过程中,根据管径不同,加热电压也有所不同,在常温下加热电压见表1－139</td></tr>
<tr><td>管子连接</td><td>管端坡口角度约30°,钝边为1/3～2/3壁厚,并将连接的管件和管道用棉纱擦拭干净,使之无油无尘。分别作出插入深度的标记并插入胎具中进行加热。加热时不断进</td></tr>
</table>

续上表

<table>
<tr><th colspan="2">项目</th><th>内　容</th></tr>
<tr><td>聚丙烯管安装</td><td>管子连接</td><td>行转动，当达到 270℃～300℃，管道和管件出现熔融状态时，即行脱模，将管道用力旋转插入管件，并保持 30 s 后方能脱手。在接口周围有熔融的焊珠挤出时，说明连接情况良好。
当用外加热胎具时，应先将胎具加热到预定温度，再将管子和管件插入熔融，取下胎具进行连接，如图 1－121 所示</td></tr>
<tr><td colspan="2">管道试压</td><td>管道系统安装完毕，外观检查合格后，应按设计要求进行水压试验。当设计无规定时，压力应符合下列规定：
(1)冷热水、冷却水系统的试验压力：当工作压力不大于 1.0 MPa 时，为 1.5 倍工作压力，但最低不小于 0.6 MPa；当工作压力大于 1.0 MPa 时，为工作压力加 0.5 MPa。
(2)对于大型或高层建筑垂直位差较大的冷(热)媒水、冷却水管道系统宜采用分区、分层试压和系统试压相结合的方法。一般建筑可采用系统试压方法。
分区、分层试压：对相对独立的局部区域的管道进行试压。在试验压力下，稳压 10 min，压力不下降，再将系统压力降至工作压力，在 60 min 内压力不下降、外观检查无渗漏为合格。
系统试压：在各分区管道与系统主、干管全部连通后，对整个系统的管道进行系统的试压。试验压力以最低点的压力为准，但最低点的压力不得超过管道与组成件的承受压力。压力试验升至试验压力后，稳压 10 min，压力下降不得大于 0.02 MPa，再将系统压力降至工作压力，外观检查无渗漏为合格。
(3)各类耐压塑料管的强度试验压力为 1.5 倍工作压力，严密性工作压力为 1.15 倍的设计工作压力。
(4)凝结水系统采用充水试验，应以不渗漏为合格</td></tr>
</table>

表 1－130　硬聚氯乙烯管支架间距

管路外劲(mm)	最大支撑间距(m)	
	立管	横管
40	1.3	0.4
50	1.5	0.5
75	2.0	0.75
110	2.0	1.10
160	2.0	1.6

表 1－131　硬聚氯乙烯管翻边加热时间

管径(mm)	50	65	80	100	125	150	200
加热时间(min)	2～3	2～3	3～4	3～4	3～4	4～5	4～5

表 1－132　硬聚氯乙烯管翻边宽度　（单位：mm）

管子外径	25	32	40	51	65	78	90	114	140	166	218
翻边宽度	15		16	18				20			

表 1－133　带套管对焊连接的套管规格　（单位：mm）

公称直径 DN	25	32	40	50	65	80	100	125	150	200
套管长度 B	56	72	94	124	146	172	220	270	330	436
套管厚度 S	3			4		5		6		7

表 1－134　对焊连接管端推荐加热时间

管径(mm)	20	25～40	50～100	125～200
加热时间(min)	3～4	4～8	8～12	10～15

表 1－135　焊环活套法兰结构尺寸表　（单位：mm）

公称直径 DN	管子		焊环		法兰							螺栓
	d_w	S	D	h	D_1	D_2	D_3	b	Z	d	K	
50	65	7	90	12	110	140	67	12	4	14		M12
65	75	8	110	14	130	160	78	14	4	14		M12
80	90	6	130	14	150	185	92	14	4	18		M16
100	114	7	150	14	170	205	117	14	4	18	6	M16
125	140	8	180	14	200	235	143	14	8	18	6	M16
150	166	8	205	14	225	260	169	14	8	18	6	M16
200	218	10	260	18	280	315	221	18	8	18	6	M16

表 1－136　扩口活套法兰连接结构尺寸表　（单位：mm）

公称直径 DN	管子扩口尺寸					法兰尺寸							螺栓
	d_w	S	D	h_1	h_2	D_1	D_2	D_3	b	h	Z	d	
25	32	4	40	20	14	75	100	34	12	4	4	12	M10
32	40	5	50	20	12	90	120	42	12	5	4	14	M12
40	51	6	63	22	13	100	130	53	12	6	4	14	M12
50	65	7	79	23	12	110	140	67	12	7	4	14	M12

续上表

公称直径 DN	管子扩口尺寸					法兰尺寸							螺栓
	d_w	S	D	h_1	h_2	D_1	D_2	D_3	b	h	Z	d	
65	76	8	92	25	13	130	160	78	14	9	4	14	M12
80	90	6	102	27	18	150	185	92	14	6	4	16	M16
100	114	7	128	28	17	170	205	117	14	7	4	18	M16
125	140	8	156	30	18	200	235	143	14	8	8	18	M16
150	165	8	182	35	23	225	260	169	16	8	8	18	M16
200	218	10	238	40	25	280	315	221	18	10	8	18	M16

表 1－137 平焊塑料法兰式连接结构尺寸表

（单位：mm）

公称直径 DN	管子		法兰					螺栓
	d_w	S	D_1	D_2	b	Z	d	
25	32	4	75	100	12	4	12	M10
32	40	5	90	120	12	4	14	M12
40	51	6	100	130	12	4	14	M12
50	65	7	110	140	12	4	14	M12
65	76	8	130	160	14	4	14	M12
80	90	6	160	185	14	4	18	M16
100	114	7	170	205	14	4	18	M16
125	140	8	200	235	14	8	18	M16
200	218	10	280	315	18	8	18	M16

表 1－138 胎具加热时间表

外界温度(℃) / 加热时间(min) / 管径(mm)	10 以下	11～20	20 以上
16～25	15～20	14～18	约 15
40～50	12～15	9～12	约 9

续上表

管径(mm) \ 加热时间(min) \ 外界温度(℃)	10 以下	11～20	20 以上
65～75	22～25	13～14	约 12
100	30～37	20～23	约 20

表 1－139　加热电压表

胎具口径(mm)	16	20	25	40	50
控制电压(V)	75～85	75～80	65～70	65～70	65～70
熔接温度(℃)	270～300	270～300	270～300	270～300	270～300
外界温度(℃)	20	20	20	20	20

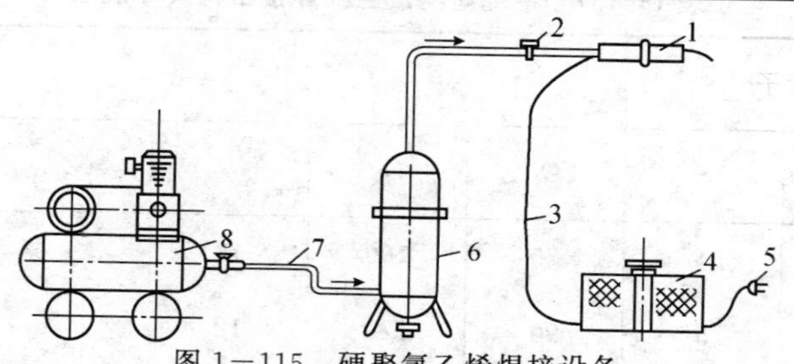

图 1－115　硬聚氯乙烯焊接设备

1－电热焊枪；2－气流控制阀；3－调压后电源（36～45 V)；4－调压变压器（1 kV·A)；5－接至 220 V 电源；6－油水分离器；7－压缩空气管；8－空气压缩机

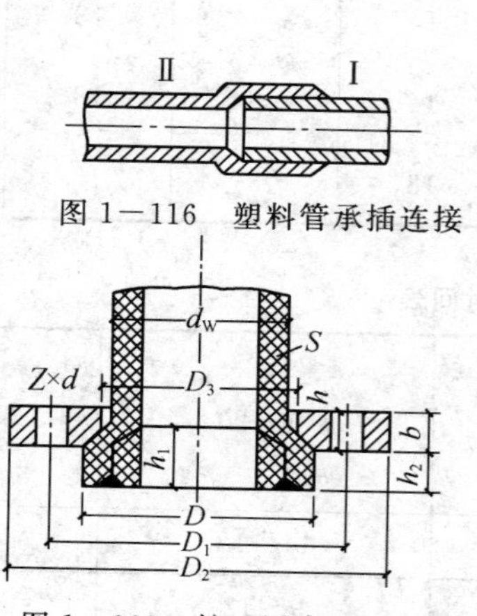

图 1－116　塑料管承插连接

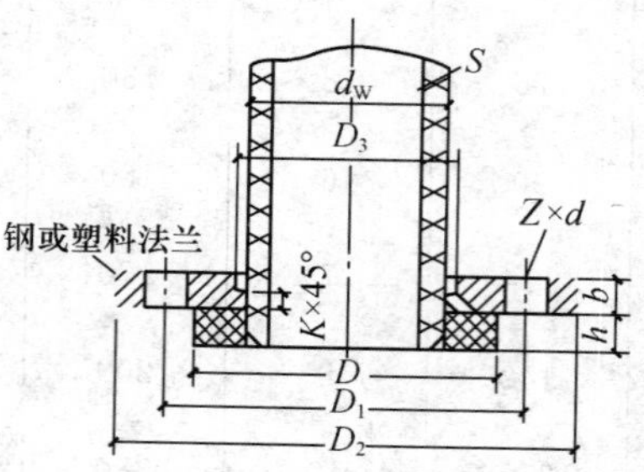

图 1－117　焊环活套法兰图

图 1－118　扩口活套法兰连接

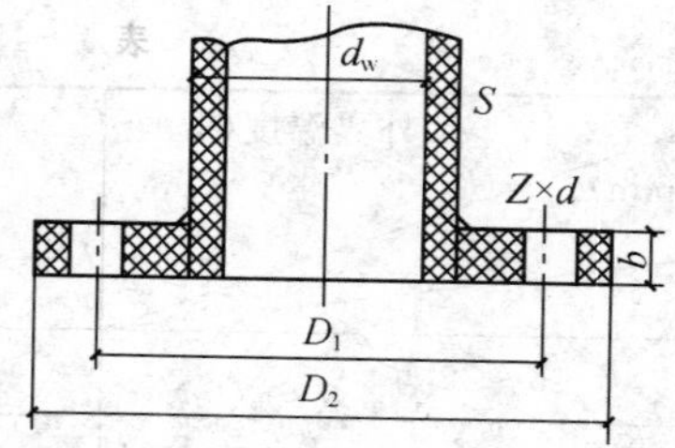

图 1－119　平焊塑料法兰式连接

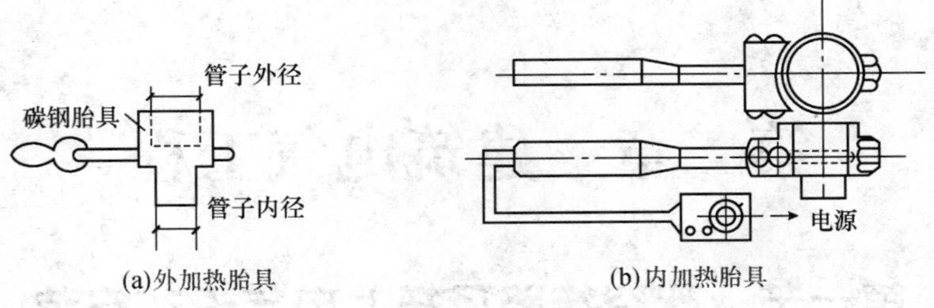

图 1－120 加热胎具

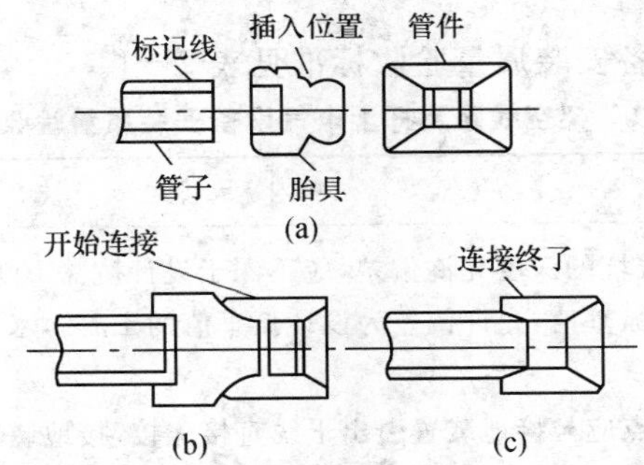

图 1－121 管道连接操作过程

第二章　建筑电气工程

第一节　架空线路及杆上电气设备安装

一、验收条文

架空线路及杆上电气设备安装质量验收标准见表2－1。

表2－1　架空线路及杆上电气设备安装质量验收标准

项目	内　容
主控项目	(1)电杆坑、拉线坑的深度允许偏差，应不深于设计坑深100 mm、不浅于设计坑深50 mm。 (2)架空导线的弧垂值，允许偏差为设计弧垂值的±5%，水平排列的同档导线间弧垂值偏差为±50 mm。 (3)变压器中性点应与接地装置引出干线直接连接，接地装置的接地电阻值必须符合设计要求。 (4)杆上变压器和高压绝缘子、高压隔离开关、跌落式熔断器、避雷器等必须按相应规定交接试验合格。 (5)杆上低压配电箱的电气装置和馈电线路交接试验应符合下列规定： 1)每路配电开关及保护装置的规格、型号应符合设计要求。 2)相间和相对地间的绝缘电阻值应大于0.5 MΩ。 3)电气装置的交流工频耐压试验电压为1 kV，当绝缘电阻值大于10 MΩ时，可采用2 500 V兆欧表摇测替代，试验持续时间1 min，无击穿闪络现象
一般项目	(1)拉线的绝缘子及金具应齐全，位置正确，承力拉线应与线路中心线方向一致，转角拉线应与线路分角线方向一致。拉线应收紧，收紧程度与杆上导线数量规格及弧垂值相适配。 (2)电杆组立应正直，直线杆横向位移不应大于50 mm，杆梢偏移不应大于梢径的1/2，转角杆紧线后不向内角倾斜，向外角倾斜不应大于1个梢径。 (3)直线杆单横担应装于受电侧，终端杆、转角杆的单横担应装于拉线侧。横担的上下歪斜和左右扭斜，从横担端部测量不应大于20 mm。横担等镀锌制品应热浸镀锌。 (4)导线无断股、扭绞和死弯，与绝缘子固定可靠，金具规格应与导线规格适配。 (5)线路的跳线、过引线、接户线的线间和线对地间的安全距离，电压等级为6～10 kV的，应大于300 mm；电压等级为1 kV及以下的，应大于150 mm。用绝缘导线架设的线路，绝缘破口处应修补完整。 (6)杆上电气设备安装应符合下列规定： 1)固定电气设备的支架、紧固件为热浸镀锌制品，紧固件及防松零件齐全。 2)变压器油位正常、附件齐全、无渗油现象、外壳涂层完整。

续上表

项目	内　容
一般项目	3)跌落式熔断器安装的相间距离不小于 500 mm;熔管试操动能自然打开旋下。 4)杆上隔离开关分、合操动灵活,操动机构机械锁定可靠,分合时三相同期性好;分闸后,刀片与静触头间空气间隙距离不小于 200 mm;地面操作杆的接地(PE)可靠,且有标识。 5)杆上避雷器排列整齐,相间距离不小于 350 mm,电源侧引线铜线截面积不小于 16 mm^2、铝线截面积不小于 25 mm^2;接地侧引线铜线截面积不小于 25 mm^2,铝线截面积不小于 35 mm^2。与接地装置引出线连接应可靠

二、施工材料要求

架空线路及杆上电气设备安装的材料要求见表 2—2。

表 2—2　架空线路及杆上电气设备安装的材料要求

项目	内　容
电杆	(1)钢筋混凝土电杆表面应光滑,内外壁厚均匀,不应有露筋、跑浆等现象。不应出现纵向裂纹,横向裂纹的宽度不应超过 0.2 mm,长度不应超过 1/2 周长。 (2)钢圈连接的混凝土电杆,焊缝不得有裂纹、气孔、结瘤和凹坑。 (3)混凝土杆顶应封口,防止雨水浸入。杆身弯曲不应超过杆长的 2/1 000。 (4)钢制灯柱应有出厂合格证,表面涂层完整,根部接线盒盒盖紧固件和内置熔断器、开关等器件齐全,盒盖密封垫片完整。钢柱内设有专用接地螺栓,地脚螺孔位置按提供的附图尺寸,允许偏差为 2 mm
外线金具	(1)采用钢材制作的金具零件应进行热浸镀锌。 (2)外线金具应具有产品出厂合格证或镀锌厂出具的镀锌质量证明书;若对镀锌质量有异议时,按批抽样送有资质的试验室检测。 (3)金具外观检查应是镀锌层覆盖完整,表面无锈斑,金具配件齐全,无砂眼
绝缘子	绝缘子分为高压线路针式绝缘子和低压线路蝴蝶形绝缘子,应具有产品出厂合格证,外观检查合格无缺陷
杆上电气设备	杆上电气设备包括变压器、高压隔离开关、跌落式熔断、断路器、避雷器等,应具有产品出厂合格证和随带技术文件,且外观检查合格
钢筋混凝土电杆和其他混凝土制品	(1)在工程规模较大时,钢筋混凝土电杆和其他混凝土制品常常是分批进场的,所以要按批查验合格证。 (2)外观检查要求钢筋混凝土电杆和其他混凝土制品,应表面平整,无缺角露筋,每个制品表面有合格印记;钢筋混凝土电杆表面光滑,无纵向、横向裂纹,杆身平直、弯曲不大于杆长的 1/1 000

三、施工工艺解析

架空线路及杆上电气设备安装的工艺解析见表2—3。

表2—3 架空线路及杆上电气设备安装的工艺解析

项目	内容
侧位	按设计坐标及标高测定坑位及坑深,钉好标桩撒好灰线
挖坑	(1)按灰线位置及深度要求挖坑,采用人力挖坑时,坑的一面应挖出坡道。核实杆位及坑深达到要求后,平整坑底并夯实。 (2)电杆埋设深度应符合设计规定,设计未作规定时,应符合表2—4内所列数值。坑深允许偏差为+100 mm、—5 mm;双杆基坑的根部中心偏差不应超过±30 mm,两杆坑深宜一致
底盘就位	用大绳拴好底盘,立好滑板,将底盘滑入坑内。用线坠找出杆位中心,将底盘放平、找正。然后,用墨斗在底盘弹出杆位线
横担组装	(1)将电杆、金具运到杆位,对照图纸核查金具等规格和质量情况。 (2)用支架垫起杆身上部,量出横担安装位置,套上抱箍,穿好垫铁及横担,垫好平光垫圈,用螺母紧固,注意找平找正。然后安装连板、杆顶支座、抱箍拉线等。 (3)横担组装应符合以下要求。 1)同杆架设的双回路或多回路线路,横担间的垂直距离不应小于表2—5内数值。 2)1 kV以下线路的导线排列方式可采用水平排列,最大挡距不大于50 m时,导线间的水平距离为400 mm。靠近电杆的两导线的水平距离不应小于500 mm。10 kV及以下线路的导线排列及线间距应符合设计要求。 3)横担的安装,当线路为多层排列时,自上而下的顺序为:高压、动力、照明、路灯。当线路为水平排列时,上层横担距杆顶不宜小于200 mm,直线杆的单横担应装于受电侧,90°转角杆及终端杆应装于拉线侧。 4)横担端部上下歪斜及左右扭斜均不应大于20 mm。双杆的横担,横担与电杆联结处的高差不应大于联结距离的5‰;左右扭斜不应大于横担总长度的1%。 5)螺栓的穿入方向为水平顺线路方向,由送电侧穿入;垂直方向,由下向上穿入,开口销钉应从上向下穿。 6)使用螺栓紧固时,均应装设平垫圈、弹簧垫圈,每端的垫圈不应多于2个;螺母紧固后,螺杆外露丝不少于2扣,但不应长于30 mm,双螺母可平扣
立杆	(1)汽车吊就位。在电杆的适当部位挂上钢丝绳,吊索拴好缆风绳,挂好吊钩,在专人指挥下起吊就位。 (2)当电杆顶部离地面1 m左右时,应停止起吊,检查各部件、绳扣等是否安全,确认无误后再继续起吊。 (3)电杆起立后,调整好杆位,回填一步土,架上叉木,撤去吊钩及钢丝绳。校正好杆身垂直度及横担方向,再回填土。每填500 mm应夯实一次,填到卡盘安装位置为止。填好后撤去缆风绳及叉木。

续上表

项目	内　容
立杆	(4)电杆位置杆身垂直度。 1)直线杆的横向位移不应大于 50 mm。直线杆的倾斜,杆梢的位移不应大于杆梢直径的 1/2。 2)转角杆的横向位移不应大于 50 mm。转角杆应向外预偏,紧线后不应向内倾斜;向外角倾斜,其杆梢位移不应大于杆梢直径。 3)终端杆应向拉线侧预偏,其预偏值不应大于杆梢直径。紧线后不应向受力侧倾斜
卡盘安装	(1)将卡盘分散运至杆位,核实卡盘埋设位置及坑深,将坑底找平,并夯实。卡盘安装应符合以下要求: 1)卡盘上口距离地面不应小于 350 mm。 2)直线杆卡盘应与线路平行并应在电杆左、右侧交替埋设;终端杆卡盘应埋设在受力侧,转角杆应分上、下两层埋设在受力侧。 (2)将卡盘放入坑内,穿上抱箍,垫好垫圈,用螺母紧固。检查无误后回填土,回填土时应将土块打碎,每回填 500 mm 应夯实一次,并设高出地面 300 mm 的防沉土台

表 2—4　电杆埋设深度

杆长(m)	8.0	9.0	10.0	11.0	12.0	13.0	15.0
埋深(m)	1.5	1.6	1.7	1.8	1.9	2.0	2.3

注:遇有土质松软、流沙、地下水位较高等情况时,应作特殊处理。

表 2—5　同杆架设线路横担内的最小垂直距离　　(单位:mm)

架设方式	直线杆	分支活转角杆
10 kV 与 10 kV 以上	800	500
1～10 kV	1 200	1 000
1 kV 与 1 kV 以下	600	300

第二节　变压器、箱式变电所安装

一、验收条文

变压器、箱式变电所安装质量验收标准见表 2－6。

表 2－6　变压器、箱式变电所安装质量验收标准

项目	内　容
主控项目	(1)变压器安装应位置正确，附件齐全。油浸变压器油位正常，无渗油现象。 (2)接地装置引出的接地干线与变压器的低压侧中性点直接连接；接地干线与箱式变电所的 N 母线和 PE 母线直接连接；变压器箱体、干式变压器的支架或外壳应接地(PE)。所有连接应可靠，紧固件及防松零件齐全。 (3)变压器必须按相应规定交接试验合格。 (4)箱式变电所及落地式配电箱的基础应高于室外地坪，周围排水通畅。用地脚螺栓固定的螺帽齐全，拧紧牢固；自由安放的应垫平放正。金属箱式变电所及落地式配电箱，箱体应接地(PE)或接零(PEN)可靠，且有标识。 (5)箱式变电所的交接试验，必须符合下列规定： 1)由高压成套开关柜、低压成套开关柜和变压器三个独立单元组合成的箱式变电所高压电气设备部分，按《建筑电气工程质量验收规范》(GB 50303－2002)有关内容的规定交接试验合格。 2)高压开关、熔断器等与变压器组合在同一个密闭油箱内的箱式变电所，交接试验按产品提供的技术文件要求执行。 3)低压成套配电柜交接试验应符合规范《建筑电气工程质量验收规范》(GB 50303－2002)有关内容的规定
一般项目	(1)有载调压开关的传动部分润滑应良好，动作灵活，点动给定位置与开关实际位置一致，自动调节符合产品的技术文件要求。 (2)绝缘件应无裂纹、缺损和瓷件瓷釉损坏等缺陷；外表清洁，测温仪表指示准确。 (3)装有滚轮的变压器就位后，应将滚轮用能拆卸的制动部件固定。 (4)变压器应按产品技术文件要求进行检查器身，当满足下列条件之一时，可不检查器身。 1)制造厂规定不检查器身者。 2)就地生产仅做短途运输的变压器，且在运输过程中有效监督，无紧急制动、剧烈振动、冲撞或严重颠簸等异常情况者。 (5)箱式变电所内外涂层完整、无损伤，有通风口的风口防护网完好。 (6)箱式变电所的高低压柜内部接线完整，低压每个输出回路标记清晰，回路名称准确。 (7)装有气体继电器的变压器顶盖，沿气体继电器的气流方向有 1.0%～1.5%的升高坡度

二、施工材料要求

变压器、箱式变电所安装材料要求见表 2－7。

表 2－7　变压器、箱式变电所安装材料要求

项目	内　容
合格证	查验合格证和随带技术文件，变压器应有出厂试验记录
外观检查	有铭牌，附件齐全，绝缘件无缺损、裂纹，充油部分不渗漏，充气高压设备气压指示正常，涂层完整。铭牌上应注明制造厂名，额定容量，一、二次额定电压，电流，阻抗电压及接线组别等技术数据

续上表

项目	内　容
干式变压器	干式变压器的局放试验PC值及噪声测试dB(A)值应符合设计及标准要求
带有防护罩的干式变压器	带有防护罩的干式变压器,防护罩与变压器的间距应符合标准的规定
型钢	各种规格型钢应符合设计要求,并无明显锈蚀
螺栓	除地脚螺栓及防震装置螺栓外,均应采用镀锌螺栓,并配相应的平垫圈和弹簧垫
其他材料	蛇皮管,耐油塑料管、电焊条、防锈漆、调和漆及变压器油,均应符合设计要求,并有产品合格证

三、施工工艺解析

(1)变压器安装工艺解析见表2—8。

表2—8　变压器安装工艺解析

项目	内　容
设备点件检查	(1)设备点件检查应由安装单位、供货单位会同建设单位代表共同进行,并做好记录。 (2)按照设备清单、施工图纸及设备技术文件核对变压器本体及附件备件的规格型号是否符合设计图纸要求,是否齐全,有无丢失及损坏。 (3)变压器本体外观检查无损伤及变形,油漆完好无损伤。 (4)油箱封闭是否良好,有无漏油、渗油现象,油标处油面是否正常,发现问题应立即处理。 (5)绝缘瓷件及环氧树脂铸件有无损伤、缺陷及裂纹
变压器二次搬运	(1)变压器在运输过程中,当改变运输方式时,应及时检查设备受冲击等情况,并作好记录。变压器二次搬运应由起重工作业,电工配合。最好采用汽车吊吊装。也可采用吊链吊装。距离较长最好用汽车运输,运输时必须用钢丝绳固定牢固,并应行车平稳,尽量减少震动;距离较短且道路良好时,可用卷扬机、滚杠运输。变压器重量及吊装点高度可参照表2—9、表2—10。 (2)变压器吊装时,必须使用合格的索具,钢丝绳必须挂在专用的吊钩上;油浸式变压器上盘的吊环仅作吊芯用,不得用此吊环吊装整台变压器。 (3)变压器搬运时,应注意保护瓷瓶,最好用木箱或纸箱将高低压瓷瓶罩住,使其不受损伤。 (4)变压器搬运过程中,不应有冲击或严重震动情况。利用机械牵引时,牵引的着力点应在变压器重心以下,以防倾斜。运输倾斜角不得超过15°,防止内部结构变形。 (5)用千斤顶顶升大型变压器时,按产品说明将千斤顶放置在器身专门部位进行顶升。 (6)变压器在搬运或装卸前,核对高低压侧方向,以免安装时调换方向发生困难。 (7)在设备运输前,必须对现场情况及运输路线进行检查,确保运输路线畅通。在必要的部位需搭设运输平台和吊装平台

续上表

项目		内容
变压器安装		(1)根据现场条件，变压器就位可用汽车吊直接甩进变压器室内，或用道木搭设临时轨道，用三步搭、吊链吊至临时轨道上，然后用吊链拉入室内合适位置。 (2)变压器就位时，应注意其方位和距墙尺寸应与图纸相符，允许误差为±25 mm，图纸无标注时，纵向按轨道定位，横向距离不得小于 800 mm，距门不得小于 1 000 mm，并适当照顾屋内吊环的垂线位于变压器中心，以便于吊芯。干式变压器安装图纸无注明时，安装、维修最小环境距离应符合图产品要求。 (3)变压器基础的轨道应水平，轨距与轮距应配合，装有气体继电器的变压器，应使其顶盖沿气体继电器气流方向有 1%～1.5%的升高坡度(制造厂规定不需安装坡度者除外)。 (4)变压器宽面推进时，低压侧应向外；窄面推进时，油枕侧一般应向外。在装有开关的情况下，操作方向应留有 1 200 mm 以上的宽度。 (5)油浸变压器的安装，应考虑能在带电的情况下，便于检查油枕和套管中的油位、上层油温、瓦斯继电器等。 (6)装有滚轮的变压器，滚轮应能转动灵活，在变压器就位后，应将滚轮用能拆卸的制动装置加以固定。 (7)变压器的安装应采取抗地震措施，参照建筑电气通用集 92DQ2 变压器防震做法图
附件安装	气体继电器安装	(1)气体继电器安装前应经检验鉴定。 (2)气体继电器应水平安装，观察窗应装在便于检查的一侧，箭头方向应指向油枕，与连通管的联结应密封良好。截油阀应位于油枕和气体继电器之间。 (3)打开放气嘴，放出空气，直到有油溢出时将放气嘴关上，以免有空气使继电保护器误动作。 (4)当操作电源为直流时，必须将电源正极接到水银侧的接点上，以免接点断开时产生飞弧。 (5)事故喷油管的安装方位，应注意到事故排油时不致危及其他电器设备；喷油管口应换为割划有“+”字线的玻璃，以便发生故障时气流能顺利冲破玻璃
	防潮呼吸器安装	(1)防潮呼吸器安装前，应检查硅胶是否失效，如已失效，应在 115℃～120℃温度烘烤8 h，使其复原或更新。浅蓝色硅胶变为浅红色，即已失效；白色硅胶，不加鉴定一律烘烤。 (2)防潮呼吸器安装时，必须将呼吸器盖子上橡皮垫去掉，使其通畅，并在下方隔离器具中装适量变压器油，起滤尘作用
	温度计安装	(1)套管温度计安装，应直接安装在变压器上盖的预留孔内，并在孔内加以适当变压器油。刻度方向应便于检查。 (2)电接点温度计安装前应进行校验，油浸变压器一次元件应安装在变压器顶盖上的温度计套筒内，并加适当变压器油；二次仪表挂在变压器一侧的预留板上。干式变压器一次元件应按厂家说明书位置安装；二次仪表安装在便于观测的变压器扩网栏上。软管不得有压扁或死弯，弯曲半径不得小于 50 mm，多余部分应盘圈并固定在温度计附近。 (3)干式变压器的电阻温度计，一次元件应预埋在变压器内，二次仪表应安装在值班室或操作台上。导线应符合仪表要求，并加以适当的附加电阻校验调试后方可使用

续上表

项目		内　　容
附件安装	电压切换装置安装	(1)变压器电压切换装置各分接点与线圈的连线应紧固正确，且接触紧密良好。转动点应正确停留在各个位置上，并与指示位置一致。 (2)电压切换装置的拉杆、分接头的凸轮、小轴销子等应完整无损，转动盘应动作灵活，密封良好。 (3)电压切换装置的传动机构(包括有载调压装置)的固定应牢靠，传动机构的摩擦部分应有足够的润滑油。 (4)有载调压切换装置的调换开关的触头及铜辫子软线应完整无损，触头间应有足够的压力(一般为 8～10 kg)。 (5)有载调压切换装置转动到极限位置时，应装有机械联锁与带有限位开关的电气连锁。 (6)有载调压切换装置的控制箱一般应安装在值班室或操作台上。连线应正确无误并应调整好，手动、自动工作正常，档位指示正确。 (7)电压切换装置吊出检查调整时，暴露在空气中的时间应符合表 2—11 的规定
	变压器连线	(1)变压器的一、二次联线，地线，控制管线均应符合相应各章节的规定。 (2)变压器一、二次引线的施工，不应使变压器的套管直接承受应力。 (3)变压器的低压侧中性点与接地装置引出的接地干线直接联结；变压器中性点的接地回路中，靠近变压器处，宜做 1 个可拆卸的联结点。 (4)变压器工作零线与中性点接地线，应分别敷设。工作零线宜用绝缘导线。 (5)油浸变压器附件的控制导线，应采用具有耐油性能的绝缘导线。靠近箱壁的导线，应用金属软管保护，并排列整齐，接线盒应密封良好
变压器吊芯检查及交接试验		(1)变压器吊芯检查。 1)变压器安装前应作吊芯检查。就地生产仅做短途运输的变压器，且在运输过程中有效监督，无紧急制动、剧烈振动、冲撞或严重颠簸等异常情况者，可不做吊芯检查。 2)吊芯检查应在气温不低于 0℃，芯子温度不低于周围空气温度，空气相对湿度不大于 75%的条件下进行(器身暴露在空气中的时间不得超过 16 h)。 3)所有螺栓应紧固，并应有防松措施。铁芯无变形，表面漆层良好，铁芯应接地良好。 4)线圈的绝缘层应完整，表面无变色、脆裂、击穿等缺陷。高低压线圈无移动变位情况。 5)线圈间、线圈与铁芯、铁芯与轭铁间的绝缘层应完整无松动。 6)引出线应绝缘良好，包扎紧固无破裂情况；引出线固定应牢固可靠；引出线与套管联结牢靠，接触良好紧密，并接线正确。 7)测量可接触到的穿芯螺栓、轭铁夹件及绑扎钢带对铁轭、铁芯、油箱及绕组压环的绝缘电阻。采用2 500 V兆欧表测量，持续时间为 1 min，应无闪络及击穿现象。 8)油路应畅通，油箱底部清洁无油垢杂物，油箱内壁无锈蚀。 9)芯子检查完毕后，应用合格的变压器油冲洗，并从箱底油堵将油放净。吊芯过程中，芯子与箱壁不应碰撞。

续上表

<table>
<tr><th colspan="2">项目</th><th>内　容</th></tr>
<tr><td colspan="2">变压器吊芯检查及交接试验</td><td>10)吊芯检查后如无异常,应立即将芯子复位并注油至正常油位。吊芯、复位、注油必须在 16 h 内完成。
11)吊芯检查完成后,要对油系统密封进行全面仔细检查,不得有漏油渗油现象。
(2)变压器的交接试验。
1)变压器的交接试验应由当地供电部门许可的试验室进行。试验标准应符合国家现行标准《电气装置安装工程电气设备交接试验标准》(GB 50150－2006)的要求,并符合当地供电部门规定及产品技术资料的要求。
2)变压器交接试验的内容:电力变压器的试验项目,应符合国家现行标准《电气装置安装工程电气设备交接试验标准》(GB 50150－2006)第 6.0.1 条的规定</td></tr>
<tr><td colspan="2">变压器送电前的检查</td><td>(1)变压器试运行前应做全面检查,确认符合试运行条件时方可投入运行。
(2)变压器试运行前,必须由质量监督部门检查合格。
(3)变压器试运行前的检查内容。
1)各种交接试验单据齐全,数据符合要求。
2)变压器应清理、擦拭干净,顶盖上无遗留杂物,本体及附件无缺损,且不渗油。
3)变压器一、二次引线相位正确,绝缘良好。
4)接地线良好,PE、N 线的联结点应在变压器处。
5)通风设施安装完毕,工作正常,事故排油设施完好;消防设施齐备。
6)油浸变压器系统油门应打开,油门指示正确,油位正常。
7)油浸变压器的电压切换装置及干式变压器的分接头位置放置正常电压档位。
8)保护装置整定值符合设计规定要求;操作及联动试验正常。
9)干式变压器护栏安装完毕,各种标志牌挂好,门装锁</td></tr>
<tr><td rowspan="2">变压器送电试运行验收</td><td>送电试运行</td><td>(1)变压器第一次投入时,可全压冲击合闸,冲击合闸时一般可由高压侧投入。
(2)变压器第一次受电后,持续时间不应少于 10 min,无异常情况。
(3)变压器应进行 3～5 次全压冲击合闸,并无异常情况,励磁涌流不应引起保护装置误动作。
(4)油浸变压器带电后,检查油系统不应有渗油现象。
(5)变压器试运行要注意冲击电流,空载电流,一、二次电压,温度,并做好详细记录。干式变压器自动风冷系统应能正常工作并达到设计要求。
(6)变压器并列运行前,应核对好相位。
(7)变压器空载运行 24 h,无异常情况,方可投入负荷运行</td></tr>
<tr><td>验收</td><td>(1)变压器开始带电起,24 h 后无异常情况,应办理验收手续。
(2)验收时,应移交下列资料和文件:变更设计证明;产品说明书、试验报告书、合格证及安装图纸等技术文件;安装检查及调整记录</td></tr>
</table>

表 2—9　树脂浇铸干式变压器重量

序号	容量(kVA)	重量(t)
1	100～200	0.71～0.92
2	250～500	1.16～1.90
3	630～1 000	2.08～2.73
4	1 250～1 600	3.39～4.22
5	2 000～2 500	5.14～6.30

表 2—10　油浸式电力变压器重量

序号	容量(kVA)	总重(t)	吊点高(m)
1	100～180	0.6～1.0	3.0～3.2
2	200～420	1.0～1.8	3.2～3.5
3	500～630	2.0～2.8	3.8～4.0
4	750～800	3.0～3.8	5.0
5	1 000～1 250	3.5～4.6	5.2
6	1 600～1 800	5.2～6.1	5.2～5.8

表 2—11　电压切换装置露空时间

环境温度(℃)	>0	>0	>0	<0
空气相对湿度(%)	65 以下	65～75	75～85	65～75
持续时间(h)	≤24	≤16	≤10	≤8

(2)箱式变电所设备安装工艺解析见表 2—12。

表 2—12　箱式变电所设备安装工艺解析

项目	内　容
测量定位	按设计施工图纸所标定位置及坐标方位、尺寸，进行测量放线，确定箱式变电所安装的底盘线和中心轴线，确定地脚螺栓的位置
基础型钢安装	(1)预制加工基础型钢的型号、规格应符合设计要求。按设计尺寸进行下料和调直，做好防锈处理，根据地脚螺栓位置及孔距尺寸进行制孔。制孔必须采用机械制孔。 (2)基础型钢架安装。按放线确定的位置、标高、中心轴线尺寸控制准确的位置放好型钢架，用水平尺或水准仪找平、找正，与地脚螺栓联结牢固。 (3)基础型钢与地线联结，将引进箱内的地线与型钢结构基架两端焊牢

续上表

项目	内　容
箱式变电所就位与安装	(1)就位:要确保作业场地清洁、通道畅通,将箱式变电所运至安装的位置,吊装时应严格吊点,应充分利用吊环将吊索穿入吊环内,然后做试吊检查。受力吊索力的分布应均匀一致,确保箱体平稳、安全、准确地就位。 (2)按设计布局的顺序组合排列箱体。找正两端的箱体,然后挂通线,找准调正,使其箱体正面平顺。 (3)组合的箱体找正、找平后,应将箱与箱用镀锌螺栓联结牢固。 (4)接地:箱式变电所接地应以每箱独立与基础型钢联结,严禁进行串联;接地干线与箱式变电所的N母线及PE母线直接联结;变电箱体、支架或外壳的接地应用带有防松装置的螺栓联结;联结均应紧固可靠,紧固件齐全。 (5)箱式变电所的基础应高于室外地坪,周围排水通畅。 (6)箱式变电所所用地脚螺栓应螺帽齐全,拧紧牢固,自由安放的应垫平放正。 (7)箱壳内的高低压室均应装设照明灯具。 (8)箱体应有防雨、防晒、防锈、防尘、防潮、防凝露的技术措施。 (9)箱式变电所安装高压或低压电度表时,必须接线相位准确,应安装在便于查看的位置
接线	(1)高压接线应尽量简单,但要求既有终端变电所接线,又有适应环网供电的接线。 (2)接线的接触面应联结紧密,联结螺栓或压线螺栓紧固必须牢固,与母线联结时紧固螺栓应采用力矩扳手紧固,其紧固力矩应达到相关规定要求。 (3)相序排列应准确、整齐、平整、美观,并涂有相序色标。 (4)设备接线端,母线搭接或卡子、夹板处,明设地线的接线螺栓处等两侧10～15 mm处均不得涂刷涂料
试验及验收	(1)箱式变电所应进行电气交接试验。变压器应按本章所涉及变压器试验的相关规定进行试验。 (2)高压开关、熔断器等与变压器组合在同一个密闭油箱内的箱式变电所,其高压电气交接试验必须按随带的技术文件执行。 (3)低压配电装置的电气交接试验。 1)对每路配电开关及保护装置核对规格型号,必须符合设计要求。 2)测量线间和线对地间绝缘电阻值大于0.5 MΩ。当绝缘电阻值大于10 MΩ时,用2 500 V兆欧表摇测1 min,应无闪络击穿现象。当绝缘电阻值在0.5～10 MΩ之间时,做1 000 V交流工频耐压试验,时间1 min,不击穿为合格

第三节 成套配电柜、控制柜(屏、台)和动力、照明配电箱(盘)安装

一、验收条文

成套配电柜、控制柜(屏、台)和动力、照明配电箱(盘)安装质量验收标准见表2—13。

表2—13 成套配电柜、控制柜(屏、台)和动力、照明配电箱(盘)安装质量验收标准

项目	内容
主控项目	(1)柜、屏、台、箱、盘的金属框架及基础型钢必须接地(PE)或接零(PEN)可靠;装有电器的可开启门,门和框架的接地端子间应用裸编织铜线连接,且有标识。 (2)低压成套配电柜、控制柜(屏、台)和动力、照明配电箱(盘)应有可靠的电击保护。柜(屏、台、箱、盘)内保护导体应有裸露的连接外部保护导体的端子。当设计无要求时,柜(屏、台、箱、盘)内保护导体最小截面积 S_p,不应小于表2—14的规定。 (3)手车、抽出式成套配电柜推拉应灵活,无卡阻碰撞现象。动触头与静触头的中心线应一致,且触头接触紧密。投入时,接地触头先于主触头接触;退出时,接地触头后于主触头脱开。 (4)高压成套配电柜必须按相应规定交接试验合格,且应符合下列规定: 1)继电保护元器件、逻辑元件、变送器和控制用计算机等单体校验合格。整组试验动作正确,整定参数符合设计要求。 2)凡经法定程序批准,进入市场投入使用的新高压电气设备和继电保护装置,按产品技术文件要求交接试验。 (5)低压成套配电柜交接试验,必须符合《建筑电气工程施工质量验收规范》(GB 50303—2002)有关内容的规定。 (6)柜、屏、台、箱、盘间线路的线间和线对地间绝缘电阻值,馈电线路必须大于0.5 MΩ;二次回路必须大于1 MΩ。 (7)柜、屏、台、箱、盘间二次回路交流工频耐压试验,当绝缘电阻值大于10 Ω时,用2 500 V兆欧表摇测1 min,应无闪络击穿现象;当绝缘电阻值在1～10 MΩ,时,做1 000 V交流工频耐压试验,时间1 min,应无闪络击穿现象。 (8)直流屏试验,应将屏内电子器件从线路上退出,检测主回路线间和线对地间绝缘电阻值应大于0.5 MΩ,直流屏所附蓄电池组的充、放电应符合产品技术文件要求;整流器的控制调整和输出特性试验应符合产品技术文件要求。 (9)照明配电箱(盘)安装应符合下列规定: 1)箱(盘)内配线整齐,无绞接现象。导线连接紧密,不伤芯线,不断股。垫圈下螺丝两侧压的导线截面积相同,同一端子上导线连接不多于2根,防松垫圈等零件齐全。 2)箱(盘)内开关动作灵活可靠,带有漏电保护的回路,漏电保护装置动作电流不大于30 mA,动作时间不大于0.1 s。 3)照明箱(盘)内,分别设置零线(N)和保护地线(PE线)汇流排,零线和保护地线经汇流排配出

续上表

项目	内　容
一般项目	(1)基础型钢安装应符合表 2－15 的规定。 (2)柜、屏、台、箱、盘相互间或与基础型钢应用镀锌螺栓连接，且防松零件齐全。 (3)柜、屏、台、箱、盘安装垂直度允许偏差为 1.5‰，相互间接缝不应大于 2 mm，成列盘面偏差不应大于 5 mm。 (4)柜、屏、台、箱、盘内检查试验应符合下列规定： 1)控制开关及保护装置的规格、型号符合设计要求。 2)闭锁装置动作准确、可靠。 3)主开关的辅助开关切换动作与主开关动作一致。 4)柜、屏、台、箱、盘上的标识器件标明被控设备编号及名称，或操作位置；接线端子有编号，且清晰、工整、不易脱色。 5)回路中的电子元件不应参加交流工频耐压试验；48 V 及以下回路可不做交流工频耐压试验。 (5)低压电器组合应符合下列规定： 1)发热元件安装在散热良好的位置。 2)熔断器的熔体规格、自动开关的整定值符合设计要求。 3)切换压板接触良好，相邻压板间有安全距离，切换时，不触及相邻的压板。 4)信号回路的信号灯、按钮、光字牌、电铃、电笛、事故电钟等动作和信号显示准确。 5)外壳需接地(PE)或接零(PEN)的，应连接可靠。 6)端子排安装牢固，端子有序号，强电、弱电端子隔离布置，端子规格与芯线截面积大小适配。 (6)柜、屏、台、箱、盘间配线：电流回路应采用额定电压不低于 750 V、芯线截面积不小于 2.5 mm^2 的铜芯绝缘电线或电缆；除电子元件回路或类似回路外，其他回路的电线应采用额定电压不低于 750 V、芯线截面不小于 1.5 mm^2 的铜芯绝缘电线或电缆。 二次回路连线应成束绑扎，不同电压等级、交流、直流线路及计算机控制线路应分别绑扎，且有标识；固定后不应妨碍手车开关或抽出式部件的拉出或推入。 (7)连接柜、屏、台、箱、盘面板上的电器及控制台、板等可动部位的电线应符合下列规定： 1)采用多股铜芯软电线，敷设长度留有适当裕量。 2)线束有外套塑料管等加强绝缘保护层。 3)与电器连接时，端部绞紧，且有不开口的终端端子或搪锡，不松散、断股。 4)可转动部位的两端用卡子固定。 (8)照明配电箱(盘)安装应符合下列规定： 1)位置正确，部件齐全，箱体开孔与导管管径适配，暗装配电箱箱盖紧贴墙面，箱(盘)涂层完整。 2)箱(盘)内接线整齐，回路编号齐全，标识正确。 3)箱(盘)不采用可燃材料制作。 4)箱(盘)安装牢固。垂直度允许偏差为 1.5‰，底边距地面为 1.5 m，照明配电板底边距地面不小于 1.8 m

表 2-14　保护导体的截面积

相线的截面积 $S(mm^2)$	相应保护导体的最小截面积 $S_p(mm^2)$
$S \leqslant 16$	S
$16 < S \leqslant 35$	16
$35 < S \leqslant 400$	$S/2$
$400 < S \leqslant 800$	200
$S > 800$	$S/4$

注：S 指柜（屏、台、箱、盘）电源进线相线减面积，且两者（S、S_p）材质相同。

表 2-15　基础型钢安装允许偏差

项目	允许偏差	
	mm/m	mm/全长
不直度	1	5
水平度	1	5
不平行度	—	5

二、施工材料要求

成套配电柜、控制柜（屏、台）和动力、照明配电箱（盘）安装材料要求见表 2-16。

表 2-16　成套配电柜、控制柜（屏、台）和动力、照明配电箱（盘）安装材料要求

项目	内　容
一般要求	(1)设备及材料均应符合国家或部颁的现行技术标准，符合设计要求。实行生产许可证和安全认证制度的产品，有许可证编号和安全认证标志，相关材证资料齐全。 (2)设备有铭牌，注明厂家、型号。 (3)应查验高低压成套配电柜、蓄电池柜、控制柜（屏、台）及电力、照明配电箱（盘）等设备合格证和随带技术文件。实行生产许可证和安全认证制度的产品，有许可证编号和安全认证标志。成套柜要有出厂试验记录，目的是为了在设备进行交接流试验时作对比用。 (4)成套配电柜、屏、台、箱、盘在运输过程中，因受震动使螺栓松动或导线连接脱落脱焊是经常发生的，所以进场验收时要注意检查，以利于采取措施，使其正确复位。在外观检查时应验有无铭牌，柜内元器件应无损坏丢失，接线无脱落脱焊，蓄电池柜内壳体无碎裂、漏液，充油、充气设备无泄漏，涂层完整，无明显碰撞凹陷
型钢	型钢表面无严重锈斑，无过度扭曲、弯折变形，焊条无锈蚀，有合格证和材质证明书
镀锌制品	镀锌制品螺栓、垫圈、支架、横担表面无锈斑，有合格证和质量证明书
导线电缆	导线电缆的规格型号必须符合设计要求，有产品合格证
配电箱体	配电箱体应有一定的机械强度，周边平整无损伤。铁制箱体二层底板厚度不小于 1.5 mm，阻燃型塑料箱体二层底板厚度不小于 8 mm，木制板盘的厚度不应小于 20 mm，并应刷漆作好防腐处理
其他材料	铅丝、酚醛板、油漆、绝缘胶垫等均应符合质量要求

三、施工工艺解析

成套配电柜、控制柜(屏、台)和动力、照明配电箱(盘)安装工艺解析见表2－17。

表2－17　成套配电柜、控制柜(屏、台)和动力、照明配电箱(盘)安装工艺解析

项目	内　容
设备开箱检查	(1)安装单位、供货单位、监理单位(或建设单位)共同进行,并做好验收检查记录。 (2)柜、屏、箱、盘进场检查。 1)检验合格证和随带技术文件,并按设计图纸、设备清单核对设备本体、备件的规格、型号。实行生产许可证和强制性认证制度的产品,有许可证编号和强制性认证标志(CCC)。生产厂家应提供与进场产品相适应的在有效期内的中国国家强制性产品认证证书和质量体系认证证书。 2)外观检查:设备有铭牌,柜(盘)内元器件应符合有关的国家标准且无损坏丢失、接线无脱落。金属配电箱体、配电柜钢板的厚度不应小于1.5 mm,钢板箱门、钢板盘面厚度不应小于2.0 mm,当箱门宽度≥500 mm时,应采用双开门或加肋筋。钢制配电箱外壳与墙体接触部分应刷樟丹油或其他防腐漆。箱门、箱内壁、盘面可采用刷漆、烤漆或喷塑处理。处于公共场所的配电箱内须有保护板(二层板、履板)。 3)内部接线检查。 ①柜、屏、台、箱、盘间配线:电流回路应采用额定电压不低于750 V、芯线截面积不小于2.5 mm^2 的铜芯绝缘电线或电缆;除电子元件或类似回路外,其他回路的电线应采用电压不低于750 V,芯线截面积不小于1.5 mm^2 的铜芯绝缘电线或电缆。 ②二次回路连线应成束绑扎,不同电压等级、交流、直流线路及计算机控制线路应分别绑扎,且有标识;固定后不应妨碍手车开关或抽出式部件的拉出或推入。 ③采用TN－S系统供电时,在配电箱、配电柜内应设置N、PE母线或端子板(排)。PE、N线经端子板配出,端子板上应预留与设备使用功能相适应的联结外部导体用的接线端子。采用TN－C－S系统,N、PE重复联结后的配电箱要求同TN－S系统
设备搬运	(1)设备运输:由起重工作业,电工配合。根据设备重量、距离长短可采用汽车、汽车吊配合运输,人力推车运输或卷扬机滚杠运输。 (2)设备运输、吊装时注意事项: 1)道路要事先清理,保证平整畅通。 2)设备吊点:柜(盘)顶部有吊环者,吊索应穿在吊环内;无吊环者吊索应挂在四角主要承力结构处。 3)吊索的绳长应一致,以防柜体变形损坏部件。 4)汽车运输时,必须用麻绳将设备与车身固定牢,开车要平稳
基础型钢安装	(1)调直型钢:将有弯的型钢调直、除锈,然后按照实测的配电柜尺寸预制加工基础型钢架(加工的尺寸应比实测值长、宽各大2 mm),将焊口磨光后通体刷好防锈漆。 (2)按照施工图纸所标位置,将预制好的基础型钢放在预留铁件上(或混凝土地面上),

续上表

项目	内 容
基础型钢安装	用水准仪找平、找正。找平过程中,需用垫片的地方最多不能超过3片。然后将基础型钢架、预埋铁、垫片用电焊焊牢(无预埋铁的直接用膨胀螺栓固定)。 (3)安装在室外的配电柜下应有不低于250 mm的设备基础(包括槽钢高度);安装在室内潮湿场所的配电柜下宜有150～200 mm的设备基础(包括槽钢高度);安装于室内干燥处的配电柜最终基础型钢顶部宜高出抹平地面50～10 mm。手车柜基础型钢顶面与抹平地面相平(不铺胶垫时)。 (4)基础型钢安装允许偏差见表2－15。 (5)基础型钢与地线的联结。 1)配电室内配电柜的基础型钢安装完毕后,应将引自室外的接地扁钢分别与基础槽钢焊牢(成排配电柜的基础槽钢应两点接地)。焊接长度为扁钢宽度的2倍,然后将槽钢上所有焊口清除药皮、刷防锈漆后,再通长刷2遍灰漆;当建筑物有总等电位联结时,应从配电柜内接地母排(MEB端子板)引出不小于25 mm^2 黄/绿双色BV线,与配电柜基础型钢焊接的接地螺栓(不小于M8)可靠压接。 2)建筑物其余地点安装的配电柜基础型钢应焊接接地螺栓(不小于M8),接地线应采用裸铜线或黄/绿双色BV线(不小于16 mm^2)可靠联结至配电柜内PE母排上。螺栓规格应按表2－18进行选择
柜(盘)安装	(1)应按照施工图纸(或变更洽商)的布置,按顺序将配电柜放在基础型钢上。 (2)单独柜(盘)只找柜面和侧面的垂直度。成列柜(盘)各台就位后,先找正两端的柜,再从柜下至上三分之二高的位置绷上小线,逐台找正,柜不标准以柜面为准。找正时采用0.5 mm铁片进行调整,每处垫片最多不超过3片。 (3)按配电柜上预留固定螺栓尺寸,在基础型钢上用铅笔划好十字线,用手枪钻钻长孔(不准用电、气焊割孔)。一般无要求时,低压柜钻ϕ12.2 mm孔,高压柜钻ϕ16.2 mm孔,分别用M12、M16镀锌螺栓固定。 (4)柜、屏、台、箱、盘安装垂直度允许偏差为1.5‰,相互间接缝不应大于2 mm,成排盘面偏差不应大于5 mm。 (5)柜(盘)就位,找正、找平后,柜体与基础型钢固定(螺栓选择见上条,平光垫、弹簧垫齐全);柜体与柜体、柜体与侧挡板均用镀锌螺栓联结(选择M8或M10的螺栓,每个柜体联结面至少固定两处)。 (6)柜(盘)接地:每台柜(盘)的框架应单独与柜内PE母线联结,装有电器的可开启门,门和框架的接地端子间应用裸编织铜线联结,且有标识。导线截面积应符合表2－19的规定。 (7)配电室内除本室需用的管道外,不应有其他的管道通过。室内的管道上不应有阀门,管道与散热器的联结应采用焊接。 (8)成排布置的配电柜的长度超过6 m时,柜后的通道应有两个通向本室或其他房间的出口,并应布置在通道的两端,当两出口之间的距离超过15 m时,其间还应增加出口。 (9)成排布置的配电柜,其柜前和柜后的通道宽度不应小于表2－20的规定

续上表

项目	内　容
柜(盘)内母线的配置	(1)电源母线应有永久性彩色分相标志(涂色标漆或贴标识),一般应按表2－21规定布置(特殊情况应与当地供电部门协商)。 (2)母线(L1、L2、L3、N)上可应用聚酯薄膜整块包裹(在联结处和支持件两侧10 mm以内不作处理),绝缘等级应达到B级,耐压等级应与使用环境相适应,高温燃烧时不应释放有毒气体。裸母线(L1、L2、L3、N)外侧应用阻燃绝缘板作可靠的防护,绝缘板上应喷涂醒目的警示标识。 (3)柜(屏、台、箱、盘)内保护导体(PE干线)最小截面积不应小于表2－14的规定。 如果应用此表得出非标准尺寸,那么应采用最接近标准截面积的导线。 (4)当设计要求总等电位联结时,对于TN－S系统,在配电室第一面电源柜处应用不小于25 mm^2 BV铜导线将柜内PE母排与总等电位端子箱内的MEB端子板可靠联结;对于TN－C－S系统在配电室第一面电源柜(或Ⅱ接柜)处对柜内PEN干线作重复接零(直接与从接地极引来的接地干线可靠联结);同时用不小于25 mm^2 BV铜导线将柜内PE母排与总等电位端子箱内的MEB端子板可靠联结。 (5)母线采用螺栓联结时,平置母线的联结螺栓应由下向上穿,其余情况下(包括N、PE母排)螺母应置于维护侧,螺栓、平垫圈及弹簧垫必须为热浸镀锌件且选用国标产品。螺栓长度应考虑在螺栓紧固后螺纹能外露出螺母2～3扣。母线上联结螺栓的紧固力矩应用扭力扳手抽测并应符合表2－22的规定
柜盘二次线联结	(1)按原理图逐台检查柜(盘)上的全部电器元件是否相符,其额定电压和控制、操作电源电压必须一致。 (2)按图敷设柜间控制电缆联结线。 (3)控制线校线后,应用白色套管作好标识(应使用不易褪色的记号笔书写),然后将每根芯线揻成圆圈,用镀锌螺丝＋平光垫＋弹簧垫联结在端子板上。端子板上每个端子压一根导线,最多不能超过2根(导线等截面时,线间加平光垫)。多股导线应涮锡,不准有断股
柜(盘)试验调整	(1)高压试验应由当地供电部门许可的试验单位进行。试验标准应符合国家规范、标准和当地供电部门的规定及产品技术资料的要求。 (2)试验内容:高压柜框架、母线、避雷器、高压瓷瓶、电压互感器、电流互感器、高压开关等。 (3)调整内容:过流继电器调整、时间继电器、信号继电器调整及机械连锁调整。 (4)二次控制线调整及模拟试验。 1)将所有的接线端子螺丝对照图纸检查一遍并重新紧固。 2)绝缘摇测:柜、屏、台、箱、盘间线路的线间和线对地间绝缘电阻值,二次回路必须大于1 MΩ。 3)柜、屏、台、箱、盘间二次回路交流工频耐压试验,当绝缘电阻值大于10 MΩ时,用2 500 V兆欧表摇测1 min,应无闪络击穿现象;当绝缘电阻值在1～10 MΩ时,作1 000 V交流工频耐压试验,时间1 min,应无闪络击穿现象。 4)直流屏试验,应将屏内电子元件从线路上退出,检测主回路线间和线对地间绝缘电阻值应大于0.5 MΩ;直流屏所附蓄电池组的充、放电应符合产品技术文件要求;整流器的控制调整和输出特性应符合产品技术文件要求。

续上表

<table>
<tr><th colspan="2">项目</th><th>内　容</th></tr>
<tr><td colspan="2">柜(盘)试验调整</td><td>5)二次控制回路上如有集成电路、电子元件时,该部位的检查不准用摇表和试铃(灯)测试,应使用万用表测试回路是否导通即可。
6)接通临时电源:将柜(盘)内的控制、操作电源总断路器(或隔离开关)进线拆掉,接上临时电源。
7)模拟试验:按照图纸要求,分别进行模拟试验控制、连锁、操作、继电保护和信号动作,所有试验应正确无误、灵敏可靠。
8)拆除临时电源,将正式电源线复位。
(5)带漏电保护的断路器的调整及模拟试验。
1)接通临时电源:将带漏电开关的照明柜(盘)内的控制、操作电源总断路器(或隔离开关)进线拆掉,接上临时电源。
2)检查回路上器具接线的正确性,特别是户内的带漏电开关的插座回路,应用接线检测器全数检查。
3)使用漏电开关测试仪测试每个漏电保护装置的动作电流和动作时间,必须符合设计要求。同时应重点检验不同级别漏电开关动作的协调性。
4)拆除临时电源,将正式电源线复位。
(6)不间断电源柜及蓄电池组安装及充放电指标均应符合产品技术条件及施工规范。电池组母线对地绝缘电阻值为 110 V,蓄电池不小于 0.1 MΩ;220 V 蓄电池不小于 0.2 MΩ</td></tr>
<tr><td rowspan="2">送电运行验收</td><td>送电前的准备工作</td><td>(1)一般应由建设单位备齐试验合格的验电器、绝缘靴、绝缘手套、临时接地编织铜线、绝缘胶垫、干粉灭火器(ABC 类型)、远红外测温仪等。
(2)彻底清扫全部设备及变配电室、控制室的灰尘。用吸尘器清扫电器、仪表元件。另外,室内除送电所需的设备、用具外,其他物品不得堆放。
(3)检查母线上、设备上有无遗漏的工具、金属材料及其他物件。
(4)试运行的组织工作:应明确试运行的参加者(特别是指挥者、操作者、监护人)。
(5)安装作业全部完毕后,质量检查部门检查全部合格。试验项目全部合格,并有试验报告单。
(6)继电保护动作灵敏可靠,控制、连锁、信号等动作准确无误</td></tr>
<tr><td>送电工作流程</td><td>(1)由供电部门检查合格后,将电源送进室内,经过验电、校相无误。
(2)由安装单位合进线柜开关,用开关对所带电缆及变压器冲击三次(先投保护),无问题后不拉开。检查 PT 柜上电压表三相是否电压正常,同时核对相位。
(3)合变压器柜进线开关,检查电压表三相电压是否正常。
(4)合低压柜进线开关,检查电压表三相电压是否正常。
(5)按上述 2～4 项,送其他柜的电源。
(6)在低压联络柜内,在开关的上下侧(开关未合状态)进行同相校核。用电压表或万用表电压档 500 V,用表的两个测针分别接触两路的同一相,电压表读数应为零,表示两路电源相位一致。用同样的方法检查其他两相。双路互投的控制柜也应按此方法核相。
(7)验收:送电空载运行 24 min,用远红外测温仪测量各接点温升正常,同时所有动力设备[包括水泵、风机、各种电动(电磁、防火)]阀类必须全数进行重新调试,确保运转方向和联动顺序的正确性。无异常现象后方可办理验收手续,交建设单位使用,同时提交规定的技术资料</td></tr>
</table>

表 2—18 保护接地端子选择标准

项次	电器约定发热电流 IPH(A)	接地螺栓的最小规格
1	IPH⩽20	M4
2	20＜IPH⩽200	M6
3	200＜IPH⩽630	M8
4	630＜IPH⩽1 000	M10
5	1 000＜IPH	M12

表 2—19 铜联结导线的截面积

项次	额定工作电流 I_e(A)	联结导线的最小截面积 S_p(mm^2)
1	$I_e \leqslant 20$	2
2	$20 < I_e \leqslant 25$	2.5
3	$25 < I_e \leqslant 32$	4
4	$32 < I_e \leqslant 63$	6
5	$I_e > 63$	10

注：S 指相导体线截面积，且两者(S、S_P)材质相同。

表 2—20 配电柜前(后)通道宽度 (单位：m)

装置种类	配电柜前(后)通道宽度											
	单排布置			双排对面布置			双排背对背布置			多排同向布置		
	柜前	柜后		柜前	柜后		柜前	柜后		柜间	前后排柜距墙	
		维护	操作		维护	操作		维护	操作		维护	操作
固定式	1.5 (1.5)	1.0 (0.8)	1.2	2.0	1.0 (0.8)	1.2	1.5 (1.3)	1.0	1.3	2.0	1.5 (1.3)	1.0 (0.8)
抽屉式	1.8 (1.6)	0.9 (0.8)	—	2.3	0.9 (0.8)	—	1.8 (1.6)	1.0	—	2.3	1.8 (1.6)	0.9 (0.8)

注：()内的数字为有困难时(如受建筑平面限制，通道内墙面有凹凸的柱子或暖气片等)的最小宽度。

表 2—21 母线安装

项次	相别	色标	母线安装位置		
			垂直安装	水平安装	引下线
1	L1	黄	上	后(内)	左
2	L2	绿	中	由	中
3	L3	红	下	前(外)	右
4	N	淡蓝	最下	最外	最右

续上表

项次	相别	色标	母线安装位置		
			垂直安装	水平安装	引下线
5	PE	绿/黄	—	—	—

表 2—22　钢制螺栓的紧固力矩值

项次	螺栓规格(mm)	力矩值(N·m)
1	M8	8.8～10.8
2	M10	17.7～22.6
3	M12	31.4～39.2
4	M14	51.0～60.8
5	M16	78.5～98.1
6	M18	98.0～127.4
7	M20	156.9～196.2
8	M24	274.6～343.2

第四节　低压电动机、电加热器及电动执行机构检查接线

一、验收条文

低压电动机、电加热器及电动执行机构检查接线质量验收标准见表 2—23。

表 2—23　低压电动机、电加热器及电动执行机构检查接线质量验收标准

项目	内　容
主控项目	(1)电动机、电加热器及电动执行机构的可接近裸露导体必须接地(PE)或接零(PEN)。 (2)电动机、电加热器及电动执行机构绝缘电阻值应大于 0.5 MΩ。 (3)100 kW 以上的电动机,应测量各相直流电阻值,相互差不应大于最小值的 2%;无中性点引出的电动机,测量线间直流电阻值,相互差不应大于最小值的 1%
一般项目	(1)电气设备安装应牢固,螺栓及防松零件齐全,不松动。防水防潮电气设备的接线入口及接线盒等应做密封处理。 (2)除电动机随带技术文件说明不允许在施工现场抽芯检查外,有下列情况之一的电动机,应抽芯检查。 1)出厂时间已超过制造厂保证期限;无保证期限的已超过出厂时间一年以上。 2)外观检查、电气试验、手动盘转和试运转有异常情况。 (3)电动机抽芯检查应符合下列规定。 1)线圈绝缘层完好、无伤痕,端部绑线不松动,槽楔固定、无断裂,引线焊接饱满,内部清洁,通风孔道无堵塞。

续上表

项目	内　容
一般项目	2)轴承无锈斑,注油(脂)的型号、规格和数量正确,转子平衡块紧固,平衡螺丝锁紧,风扇叶片无裂纹。 3)连接用紧固件的防松零件齐全完整。 4)其他指标符合产品技术文件的特有要求。 (4)在设备接线盒内裸露的不同相导线间和导线对地间最小距离应大于 8 mm,否则应采取绝缘防护措施

二、施工材料要求

低压电动机、电加热器及电动执行机构材料要求见表 2－24。

表 2－24　低压电动机、电加热器及电动执行机构材料要求

项目	内　容
执行标准	主要设备、材料、成品和半成品进场检验结论应有记录,确认符合《建筑电气工程施工质量验收规范》(GB 50303—2002)规定,才能在施工中应用
安全认证	查验合格证和随带技术文件,实行生产许可证和安全认证标志
外观检查	有铭牌,附件齐全,电气接线端子完好,设备器件无缺损,涂层完整
配套设备	与电动机配套的控制、保护、启动设备完好齐全,且符合设计要求

三、施工工艺解析

低压电动机、电加热器及电动执行机构检查接线工艺解析见表 2－25。

表 2－25　低压电动机、电加热器及电动执行机构检查接线工艺解析

项目	内　容
设备开箱点件	(1)设备开箱点件应由安装单位、供货单位会同建设单位代表共同进行,并做好记录。 (2)按照设备清单、技术文件,对设备及其附件与备件的规格、型号、数量进行详细核对。 (3)检查设备外观应无损伤及变形,涂层完好,符合设计要求
安装前的检查	(1)电动机、电加热器、电动执行机构本体、控制和启动设备应完好。盘动转子应轻快、无异常声响。 (2)定子和转子分箱装运的电机,其铁心转子和轴颈应完整无锈蚀现象。 (3)电机的附件、备件应齐全无损伤

续上表

项目	内　　容
电动机、电加热器及电动执行机构安装	电动机、电加热器及电动执行机构与其他设备配套联结，其安装主要由其他专业进行，电气专业配合进行检查
电动机抽芯检查	(1)除电动机随机技术文件说明不允许在施工现场抽芯检查外，有下列情况之一的电动机，应抽芯检查。 1)出厂日期超过制造厂保证期限或已超过出厂时间一年以上。 2)外观检查、电气试验、手动盘转和试运转有异常情况。 (2)电动机抽芯检查保证以下项目为正常。 1)线圈绝缘层完好，无伤痕，绕组联结正确，端部绑线不松动，槽楔固定、无断裂，引线焊接饱满，电机的铁芯、轴颈、集电环和换向器内部清洁，无伤痕和锈蚀现象，通风孔道无堵塞。 2)轴承无锈斑，注油(脂)的型号、规格和数量正确，转子平衡块紧固，平衡螺丝锁紧，风扇方向正确，风扇叶片无裂纹。 3)磁极及铁轭固定良好，励磁绕组紧贴磁板，不松动。 4)联结用紧固件的防松零件齐全完整。 5)其他指标符合产品特有要求
电机干燥	(1)电机由于运输、保管或安装后受潮，绝缘电阻或吸收比达不到规范要求，应进行干燥处理。 (2)电机干燥工作前应根据电机受潮情况制定烘干方法及有关技术措施。 (3)烘干温度要缓慢上升，1 min 上升 5℃～8℃，铁芯和线圈的最高温度应控制在70℃～80℃。 (4)当电机绝缘电阻值达到规范要求时，且在同一温度下经 5 h 稳定不变时，方可认为干燥完毕。 (5)烘干工作可根据现场情况、电机受潮程度选择以下方法进行： 1)循环热风干燥室烘干。 2)灯泡干燥法。灯泡可采用红外线灯泡或一般灯泡使灯光直接照射在绕组上。 3)电流干燥法。采用低压电压，用变阻器调节电流，控制在电机额定电流的 60%以内，并应设置测温计，随时监视干燥温度
控制、保护和启动设备安装	(1)安装前应检查设备是否与电机容量相符。 (2)电动执行机构的控制箱(盒)与其接线盒一般为分开就近安装，执行器的机械传动部分灵活，保护接零完善。 (3)电动机应装设过流和短路保护装置，并应根据设备需要装设相序断相和低电压保护装置。 (4)引至电动机接线盒的明敷导线长度应小于 0.5 m，并应加强绝缘。易受机械损伤的地方应套保护管。 (5)直流电动机、同步电机与调节电阻回路及励磁的联结，应采用铜导线。导线不应有接头。调节电阻器应接触良好。 (6)电动机的定子绕组按电压的不同和电动机铭牌的要求，接成星形或三角形形式

续上表

项目	内　容
试运行前的检查	(1)土建工程全部结束,现场清扫整理完毕。 (2)电机、电加热器、电动执行机构本体安装检查结束。 (3)冷却、调速、润滑等附属系统安装完毕,验收合格,分部试运行情况良好。 (4)电动机保护、控制、测量、信号、励磁等回路的调试完毕动作正常。 (5)电动机应做以下试验: 1)测量绝缘电阻:低压电动机使用 1 kV 兆欧表进行测量,绝缘电阻值不低于 1 MΩ。 2)1 000 kW 以上,中性关连线已引至出线端子板的定子绕组应分相做直流耐压级泄漏试验。 3)100 kW 以上的电动机应测量各相直流电阻值,其相互阻值差不应大于最小值的 2%;无中性点引出的电动机,测量线间直流电阻值,其相互阻值差不应大于最小值的 1%。 (6)电刷与换向器或滑环的接触应良好。 (7)盘动电机转子应转动灵活,无碰卡现象。 (8)电机引出线应相位正确、固定牢固、联结紧密。 (9)电机外壳油漆完整,保护接地良好
试运行及验收	(1)电动机试运行一般应在空载的情况下进行,空载运行时间为 2 h,并做好电动机空载电流电压记录。 (2)电动机试运行接通电源后,如发现电动机不能启动、启动时转速很低或声音不正常等现象,应立即切断电源检查原因。 (3)启动多台电动机时,应按容量从大到小逐台启动,不能同时启动。 (4)电机试运行中应进行以下检查: 1)电机的旋转方向符合要求,声音正常。 2)换向器、滑环及电刷的工作情况正常。 3)电动机的温度不应有过热现象。 4)滑动轴承温升不应超过 80℃,滚动轴承温升不应超过 95℃。 5)电动机的振动应符合规范要求。 (5)交流电动机带负荷启动次数应尽量减少,如产品无规定时,按在冷态时可连续启动 2 次;在热态时,可启动 1 次。 (6)电机验收时,应提交下列资料和文件: 1)设计变更洽商文件。 2)产品说明书、试验记录、合格证等技术文件。 3)安装记录(包括电动机抽芯检查记录、电机干燥记录等)。 4)调整试验记录

第五节　柴油发电机组安装

一、验收条文

柴油发电机组安装质量验收标准见表2－26。

表2－26　柴油发电机组安装质量验收标准

项目	内　容
主控项目	(1)发电机的试验必须符合《建筑电气工程施工质量验收规范》(GB 50303－2002)附录A的规定。 (2)发电机组至低压配电柜馈电线路的相间、相对地间的绝缘电阻值应大于0.5 MΩ;塑料绝缘电缆馈电线路直流耐压试验为2.4 kV,时间15 min,泄漏电流稳定,无击穿现象。 (3)柴油发电机馈电线路连接后。两端的相序必须与原供电系统的相序一致。 (4)发电机中性线(工作零线)应与接地干线直接连接,螺栓防松零件齐全,且有标识
一般项目	(1)发电机组随带的控制柜接线应正确,紧固件紧固状态良好,无遗漏脱落。开关、保护装置的型号、规格正确,验证出厂试验的锁定标记应无位移,有位移应重新按制造厂要求试验标定。 (2)发电机本体和机械部分的可接近裸露导体应接地(PE)或接零(PEN)可靠,且有标识。 (3)受电侧低压配电柜的开关设备、自动或手动切换装置和保护装置等试验合格,应按设计的自备电源使用分配预案进行负荷验,机组连续运行12 h无故障

二、施工材料要求

柴油发电机组施工材料要求见表2－27。

表2－27　柴油发电机组施工材料要求

项目	内　容
注意事项	柴油发电机组供货时,零部件较多,要依据装箱单逐一清点,核对主机、附件、专用工具、备品备件和随带技术文件,查验合格证和出厂试运行记录,发电机及其控制柜有出厂试验记录。 通常发电机是由柴油机厂向电机厂订货后,统一组装成发电机组,有电机制造厂的出厂试验记录,可在交接试验时作对比用
外观检查	外观检查要有铭牌,机身无缺件,涂层完整

三、施工工艺解析

柴油发电机组安装工艺解析见表2－28。

表 2—28　柴油发电机组安装工艺解析

项目	内　容
设备运输	(1)设备一般由生产厂家运至施工现场,或仓储地点。 (2)在由仓储地点运至施工现场时,一般采用汽车结合汽车吊的方式,运输时必须用钢丝绳将设备固定牢固。行车应平稳,尽量减少振动,防止运输过程中发生滑动或倾倒。 (3)在施工现场水平运输时,可采用卷扬机和滚杠运输。垂直运输可采用卷扬机结合滑轮的方式,或采用起重机吊运。 (4)在设备运输前,必须对现场情况及运输路线进行检查,确保运输路线畅通。在必要的部位需搭设运输平台和吊装平台。 (5)设备运输必须由起重工作业,其他工种配合。 (6)设备吊运前必须对吊装索具进行检查,钢丝绳必须挂在设备吊装钩上
基础验收	(1)柴油发电机组本体安装前必须根据设计图纸、产品样本、产品安装说明书及发电机组实物对基础进行全面检查,基础必须符合安装要求。 (2)混凝土基础四周至少大于机组钢基座各 150 mm,且高于地面 150 mm,以方便机组使用和维护。 (3)基础验收由建设单位、监理单位、施工单位、安装单位共同参加,并要有验收记录,四方签认
设备开箱检验	(1)设备开箱点件应由安装单位、生产厂家、建设单位、监理单位共同进行,并做好记录。 (2)依据装箱单,核对主机、附件、专用工具、备品备件和随带技术文件。查验产品合格证和出厂试运行记录,发电机及其控制柜应有出厂试验记录等。 (3)外观检查有无损伤,有无铭牌;机身无缺件,涂层完整。 (4)柴油发电机组及其附属设备均应符合设计要求
机组吊装及安装	(1)设备吊装前,必须对施工现场的环境进行考察,并根据现场的情况编制吊装及运输方案。 (2)用起重机将机组整体吊起(锁具必须挂在发电机组的吊装环位置),把随机配减震器装在机组的底下。 (3)在柴油发电机组施工完成的基础上,放置好机组。一般情况下,减震器无须固定,只要在减震器下垫一层薄薄的橡胶板就可以了。如果按产品安装说明书需要固定时,则划好减震器的地脚孔的位置,吊起机组,埋好螺栓后,将机组就位,最后拧紧螺栓。 (4)若安装现场不允许起重机作业,可将机组放在滚杠上,运至选定位置(基础上)。用千斤顶(千斤顶规格根据机组重量选定)将机组一端抬高,注意机组两边的升高一致,直至底座下的间隙能安装抬高一端的减震器。释放千斤顶,再抬机组另一端,装好剩余的减震器,撤出滚杠,释放千斤顶。 (5)当发电机房设有吊装钩时,也可用吊链将机组吊起然后进行安装,方法同上

续上表

项目	内　容
油、水冷、风冷 烟气排放系统、 减震防噪设施安装	(1)燃料系统的安装 柴油发电机组供油系统一般由储油罐、日用油箱、油泵和电磁阀、联结管路构成，当储油罐位置低(低于机组油泵吸程)或高于油门所能承受的压力时，必须采用日用油箱。日用油箱上有液位显示及浮子开关(自动供油箱装备)。 (2)水冷、风冷、烟气排放系统的安装 1)冷却水系统的安装。 ①核对水冷柴油发电机组的热交换器的进、出水口，与带压的冷却水源压力方向一致，联结进水管和出水管。 ②冷却水进、出水管与发电机组本体的联结应使用软管隔离。 2)通风系统的安装。 ①将进风预埋铁框预埋至墙壁内，用水泥护牢，待干燥后装配。 ②安装进风口百叶或风阀用螺栓固定。 ③通风管道的安装详见相关工艺标准。 3)排风系统的安装。 ①测量机组的排风口的坐标位置尺寸。 ②计算排风口的有关尺寸。 ③预埋排风口。 ④安装排风机、中间过渡体、软联结、排风口，有关工艺标准见相关专业要求。 4)排烟系统的安装。 ①排烟系统一般由排烟管道、排烟消声器以及各种联结件组成。 ②将导风罩按设计要求固定在墙壁上。 ③将随机法兰与排烟管焊接(排烟管长度及数量根据机房大小及排烟走向确定)，焊接时注意法兰之间的配对关系。 ④根据消声器及排烟管的大小和安装高度，配置相应的套箍。 ⑤用螺栓将消声器、弯头、垂直方向排烟管、波纹管按图纸联结好，保证各处密封良好。 ⑥将水平方向排烟管与消声器出口用螺栓联结好，保证接合面的密封性。 ⑦排烟管外围包裹一层保温材料。 ⑧柴油发电机组与排烟管之间的联结常规使用波纹管，所有排烟管的管道重量不允许压在波纹管上，波纹管应保持自由状态。 (3)减震防噪设施的安装 减震防噪设施的安装、参见相关的施工工艺
蓄电池充电检查	按产品技术文件要求进行蓄电池充液(免维护蓄电池除外)，并对蓄电池充电

续上表

<table>
<tr><th colspan="2">项目</th><th>内　容</th></tr>
<tr><td rowspan="3">柴油机空载运行、发电机静态试验及控制接线检查</td><td>柴油机空载运行</td><td>柴油发电机组的柴油机必须进行空载试运行，经检查无油、水泄漏，且机械运转平稳，转速自动或手动符合要求。柴油机空载试运行合格，做发电机空载试验</td></tr>
<tr><td>试运行前的检查准备工作</td><td>(1)发电机容量满足负荷要求。
(2)机房留有用于机组维护的足够空间。
(3)机房地势不受雨水的侵入。
(4)所有操作人员必须熟悉操作规程。
(5)所有操作人员须掌握安全性方法措施。
(6)检查所有机械联结和电气联结的情况是否良好。
(7)检查通风系统和废气排放系统联结是否良好。
(8)灌注润滑油、冷却剂和燃料。
(9)检查润滑系统的渗漏情况。
(10)检查燃料系统的渗漏情况</td></tr>
<tr><td>发电机静态试验及控制接线检查</td><td>(1)按照主控项目中的附表完成柴油发电机组本体的定子电路、转子电路、励磁电路和其他项目的试验检查，并做好记录，检查时最好有厂家在场或直接由厂家完成。
(2)根据厂家提供的随机资料，检查和校验随机控制屏的接线是否与图纸一致。
(3)摇测绝缘，绝缘阻值符合规范要求</td></tr>
<tr><td rowspan="3">发电机试运行及试验调整</td><td>空载试运行</td><td>(1)断开柴油发电机组负载侧的断路器或ATS。
(2)将机组控制屏的控制开关打到“手动”位置，按启动按钮。
(3)检查机组电压、电池电压、频率是否在误差范围内，否则进行适当调整。
(4)检查机油压力表。
(5)以上一切正常，可接着完成正常停车与紧急停车试验</td></tr>
<tr><td>带载试验</td><td>(1)发电机组空载运行合格以后，切断负载“市电”电源，按“机组加载”按钮，先进行假性负载(水电阻)试验，运行合格后，再由机组向负载供电。
(2)检查发电机运行是否稳定，频率、电压、电流、功率是否保持额定值。
(3)一切正常，发电机停机，控制屏的控制开关打到“自动”状态</td></tr>
<tr><td>自启动时间试验</td><td>(1)当市电二路电源同时中断时，备用发电机自动投入运行，它将在设计要求的时间内(一般为15 s)投入到满载负荷状态。
(2)当市电恢复供电时，所有备用电负荷自动倒回市供电系统，发电机组自动退出运行(按产品技术文件要求进行调整，一般为300 s后退出运行)</td></tr>
</table>

第六节　不间断电源安装

一、验收条文

不间断电源安装质量验收标准见表2－29。

表2－29　不间断电源安装质量验收标准

项目	内　容
主控项目	(1)不间断电源的整流装置、逆变装置和静态开关装置的规格、型号必须符合设计要求。内部按线连接正确，紧固件齐全，可靠不松动，焊接连接无脱落现象。 (2)不间断电源的输入、输出各级保护系统和输出的电压稳定性、波形畸变系数、频率、相位、静态开关的动作等各项技术性能指标试验调整必须符合产品技术文件要求，且符合设计文件要求。 (3)不间断电源装置间连线的线间、线对地间绝缘电阻值应大于0.5 MΩ。 (4)不间断电源输出端的中性线(N极)，必须与由接地装置直接引来的接地干线相连接。做重复接地
一般项目	(1)安放不间断电源的机架组装应横平竖直。水平度、垂直度允许偏差不应大于1.5‰，紧固件齐全。 (2)引入或引出不间断电源装置的主回路电线、电缆和控制电线、电缆应分别穿保护管敷设，在电缆支架上平行敷设应保持150 mm的距离；电线、电缆的屏蔽护套接地连接可靠，与接地干线就近连接，紧固件齐全。 (3)不间断电源装置的可接近裸露导体应接地(PE)或接零(PEN)可靠，且有标识。 (4)不间断电源正常运行时产生的A声级噪声，不应大于45 dB；输出额定电流为5 A及以下的小型不间断电源噪声，不应大于30 dB

二、施工材料要求

不间断电源安装施工材料要求见表2－30。

表2－30　不间断电源安装施工材料要求

项目	内　容
技术数据	设备铭牌标注型号、额定容量、电压等级、接线方法、生产厂名及编号、制造日期等技术数据齐全
设备配件	设备配件及备件齐全，内部接线正确，紧固件齐全，可靠不松动，焊接连接无脱落现象，外观应完整无损伤

续上表

项目	内　容
其他	(1)不间断电源设备由整流装置、逆变装置、静态开关和蓄电池组四个功能单元组成，由制造厂以柜式出厂供货，有的组合在一起，容量大的分柜供应。其型号、规格必须符合设计要求，具有产品出厂合格证、完整的随带技术文件、出厂试验记录。 (2)材料种类、规格符合设计要求，具备出厂合格证

三、施工工艺解析

不间断电源安装工艺解析见表2－31。

表2－31　不间断电源安装工艺解析

项目	内　容
设备开箱检查	(1)设备开箱检查由施工单位、供货单位、建设单位共同进行，并做好开箱检查记录。 (2)根据装箱单或供货清单的规格、品种、数量进行清点，技术文件是否齐全，设备规格、型号是否符合设计要求。 (3)检查主机、机柜等设备外观是否正常，有无受潮、擦碰及变形等情况，并做好记录和签字确认手续
基础槽钢安装	(1)根据有关图纸及设备安装说明安装基础槽钢，重点检查基础槽钢与机柜规定螺栓孔的位置是否正确、基础槽钢水平度及平面度是否符合要求。 (2)待机柜安装完毕后，需刷调和漆两遍，以防基础槽钢裸露部分锈蚀。 (3)检查机柜引入、引出管线及接地干线是否符合要求
主回路线缆及控制电缆敷设	(1)主回路及控制回路电缆敷设应符合国家有关现行技术标准。 (2)将输出端的中性线(N)与由接地装置直接引来的接地干线相联结，做重复接地。 (3)线缆敷设完毕后应进行绝缘测试，线间及线对地绝缘电阻值应大于0.5 MΩ
机柜就位及固定	(1)根据设备情况将机柜搬运至现场吊装在预先设置好的基础槽钢之上。 (2)采用镀锌螺栓将机柜固定在基础槽钢上。 (3)调整机柜的垂直度偏差及各机柜间的间距偏差、水平度，垂直度偏差不应大于1.5‰
柜内设备安装接线	(1)电缆接头制作应符合有关规范要求。 (2)按照技术文件安装说明、施工图纸对线缆进行编号标识，压接各线缆，确保各线缆联结可靠

续上表

项目	内　容
电池组安装就位	(1)电池组安装应平稳，间距均匀，排列整齐。 (2)操作人员应使用厂家提供的专用扳手连线。 (3)极板之间相互平齐、距离相等，每只电池的基板片数符合产品技术文件规定。 (4)蓄电池的正负极端柱必须极性正确、无变形，滤气帽或气孔塞的通气性能良好
配置电解液与注液	(1)蓄电池槽内应清理干净。 (2)操作时应穿戴好相应的劳动保护用具，如防护眼镜、橡胶手套、胶皮靴子、胶皮围裙等。 (3)将蒸馏水倒入耐酸(或耐碱)耐高温的干净配液容器中，然后将浓硫酸(或碱)缓慢倒入蒸馏水中，同时用玻璃棒搅拌均匀，使其迅速散热。 (4)调配好的电解液应符合铅酸电池或碱性电池电解液标准。 (5)注入蓄电池的电解液温度不宜高于30℃。 (6)电解液注入2 h后，检查液面高度，注入液面应在高低液面线之间。 (7)采用恒流法充电时，其最大电流不能超过生产厂家所规定的允许最大充电电流值；采用恒压法充电时，其充电的起始电流不能超过允许最大电流值。 (8)充电结束后，用蒸馏水调整液面至上液面线。 (9)整个充放电全过程按规定时间做好电压、电流、温度记录并绘制充放电特性曲线图
系统通电前测试检查	(1)检查各系统回路的接线是否正确、牢固，检查蓄电池是否有损伤。 (2)进行电缆线路的绝缘测试，需达到0.5 MΩ以上。 (3)在不间断电源设备的明显部位张贴系统调试标志，制作并悬挂相关电缆回路标识标签。 (4)重复接地的检查。不间断电源输出端的中性(N级)，必须与由接地装置直接引来的接地干线相联结，做重复接地。 (5)检查系统电压和电池的正负极方向，确保安装正确
系统整体调试及验收	(1)对各功能单元进行实验测试，全部合格后方可进行整机试验和检测。 (2)正确设定均充电压和浮充电压。 (3)依据设备安装使用说明书的操作提示进行送电调试。 (4)应在系统内各设备运转正常的情况下调整设备，使系统各项指标满足设计要求。 (5)不间断电源首次使用时应根据设备使用说明书的规定进行充电，在满足使用要求前不得带负载运行。 (6)试运行验收：设备在经过测试试验合格后按操作程序进行合闸操作。先和引入电源主回路开关，再合充电回路开关，观察充电电流指示是否正常，当电压上升至浮充电压时，充电器改为恒流工作。然后闭合逆变回路，测量输出的电压是否正常。 (7)经过空载运行试验24 h后，进行带负载运行试验，电压、电流指示正常方可验收交付使用。 (8)系统验收时应会同建设单位有关人员一道进行，并做好相关记录

第七节　低压电气动力设备试验和试运行

一、验收条文

低压电气动力设备试验和试运行质量验收标准见表2－32。

表2－32　低压电气动力设备试验和试运行质量验收标准

项目	内　容
主控项目	(1)试运行前，相关电气设备和线路应按规范《建筑电气工程施工质量验收规范》(GB 50303－2002)的规定试验合格。 (2)现场单独安装的低压电器交接试验项目应符合规范《建筑电气工程施工质量验收规范》(GB 50303－2002)附录B的规定
一般项目	(1)成套配电(控制)柜、台、箱、盘的运行电压、电流应正常，各种仪表指示正常。 (2)电动机应试通电，检查转向和机械转动有无异常情况；可空载试运行的电动机，时间一般为2 h，记录空载电流，且检查机身和轴承的温升。 (3)交流电动机在空载状态下(不投料)可启动次数及间隔时间应符合产品技术条件的要求；无要求时，连续启动2次的时间间隔不应小于5 min，再次启动应在电动机冷却至常温下。空载状态(不投料)运行，应记录电流、电压、温度、运行时间等有关数据，且应符合建筑设备或工艺装置的空载状态运行(不投料)要求。 (4)大容量(630 A及以上)导线或母线连接处，在设计计算负荷运行情况下应做温度抽测记录，温升值稳定且不大于设计值。 (5)电动执行机构的动作方向及指示，应与工艺装置的设计要求保持一致

二、施工材料要求

低压电气动力设备试验和试运行材料要求见表2－33。

表2－33　低压电气动力设备试验和试运行材料要求

项目	内　容
要求一	设备、仪器仪表、材料进场检验结论应有记录，确认符合《建筑电气工程施工质量验收规范》(GB 50303－2002)规定，才能在施工中应用
要求二	依法定程序对批准进入市场的新设备、仪器仪表、材料进行验收，除符合《建筑电气工程施工质量验收规范》(GB 50303－2002)规定外，尚应提供安装、使用、维修和试验要求等技术文件
要求三	进口电气设备、仪器仪表和材料进场验收，除符合《建筑电气工程施工质量验收规范》(GB 50303－2002)规定外，尚应提供商检证明和中文的质量合格证明文件，规格、型号、性能检测报告以及中文的安装、使用、维修和试验要求等技术文件

续上表

项目	内　　容
要求四	电气设备上计量仪表和与电气保护有关的仪表应检定合格，当投入试运行时，应在有效期内
要求五	因有异议送有资质试验室进行抽样检测，试验室应出具检测报告，确认符合《建筑电气工程施工质量验收规范》(GB 50303－2002)和相关技术标准规定后，才能在施工中应用

三、施工工艺解析

低压电气动力设备试验和试运行工艺解析见表 2－34。

表 2－34　低压电气动力设备试验和试运行工艺解析

项目	内　　容
准备工作	(1)认真学习和审查图纸资料。 (2)组织技术学习。结合设备的说明书明确设备的工作原理及电气控制各环节的关系，对重点部位和关键设施必须明确。 (3)编制检测、试验、试运行方案(包括安全技术措施及试验方法、步骤和可能出现的问题以及采取的对策等)。 (4)准备仪器、仪表、工具材料以及消耗性备件，如熔断器、灯泡等。 (5)试验用电源已准备就绪。 (6)工作场所应尽可能地保持整洁，试验时不必要的工具、试验设备等应搬离工作场所。 (7)在二次回路检验以前，应使一次设备在操作过程中不致带上运行电压。在检查盘的相邻盘上设明显的警示牌，应将所检验的回路与新安装而暂时不检验或已运行回路之间的联结线断开，以免引起误动作。 (8)对远距离操作设备进行检验时，在设备附近应设专人监视其动作情况，并装设对讲电话(或步话机)。 (9)工作场所应有适当的照明装置，在需要读取仪表指示数的地方，必须有足够的照明
接地或接零的检查	(1)逐一复查各接地处选点是否正确，接触是否牢固可靠，是否正确无误地联结到接地网上。 1)设备可接近裸露导体接地或接零联接完成。 2)接地点应与接地网联结，不可将设备的机身或电机的外壳代地使用。 3)各设备接地点应接触良好，牢固可靠且标识明显。要接在专为接地而设的螺钉上，不可用管卡子等附属物作为接地点。 4)接地线路走向合理，不要置于易碰伤和砸断之处。 5)禁止用一根导线做各处的串联接地。 6)不允许将一部分电气设备金属外壳采用保护接地，将另一部分电气设备金属外壳采用保护接零。

续上表

项目		内容
接地或接零的检查		(2)柜(屏、台、箱、盘)接地或接零检查。 1)装有电器的可开启门,门和框架的接地端子应用裸编织铜线联结,且有标识。 2)柜(屏、台、箱、盘)内保护导体应有裸露的联结外部保护导体的端子,当设计无要求时,柜(屏、台、箱、盘)保护导体最小截面应符合国家规范要求。 3)照明箱(盘)内,应分别设置零线和保护地线汇流排,零线和保护地线经汇流排配出。 4)明敷接地干线,沿长度方向分段涂以黄色和绿色相间的条纹。 (3)明敷接地干线,沿长度方向,每段为15～100 mm,分别涂以黄色和绿色相间的条纹。 (4)测试接地装置的接地电阻值必须符合设计要求
二次接线的检查	控制柜内检查	(1)依据施工设计图纸及变更文件,核对柜内的元件规格、型号,安装位置应正确。 (2)柜内两侧的端子排不能缺少。 (3)各导线的截面是否符合图纸的规定。 (4)逐线检查柜内各设备间的连线,由柜内设备引至端子排的连线不能有错误,接线必须正确。为了防止因并联回路而造成错误,接线时可根据实际情况,将被查部分的一端解开然后再检查。检查控制开关时,应将开关转动至各个位置逐一检查
	控制柜间联络电缆检查(通路试验)	(1)柜与柜之间的联络电缆必需逐一校对。通常使用查线电话或电池灯泡、电铃、万用表等校线方法。 (2)在回路查线的同时,应检查导线、电缆、继电器、开关、按钮、接线端子的标记,与图纸要相符。对有极性关系的保护,还应检查其极性关系的正确性
	操作装置的检查	(1)回路中所有操作装置都应进行检查,主要检查接线是否正确,操作是否灵活,辅助触点动作是否准确。一般用导通法进行分段检查和整体检查。 (2)检查时应使用万用表,不宜用兆欧表(摇表)检查,因为摇表检查不易发现接触不良或电阻变值。另外,检查时应注意拔去柜内熔丝,并将与被测电路并联的回路断开
	电流回路和电压回路的检查	电流互感器接线正确,极性正确,二次侧不准开路(而电压互感器二次侧不准短路),准确度符合要求,二次侧有1点接地
	二次接线绝缘电阻测量及交流耐压试验	(1)测量绝缘电阻。二次回路的绝缘电阻值必须大于1 MΩ(用500 V兆欧表检查)。48 V及以下的回路使用不超过500 V的兆欧表。 (2)交流耐压试验。 1)柜(屏、台、箱、盘)间二次回路交流工频耐压试验。 ①当绝缘电阻值大于10 MΩ时,用2 500 V兆欧表摇测1 min,应无闪络击穿现象; ②当绝缘电阻在1～10 MΩ时,做1 000 V交流工频耐压试验,时间1 min,应无闪络击穿现象。 2)回路中的电子元件不应参加交流工频耐压试验;48 V及以下回路可不做交流工频耐压试验

续上表

<table>
<tr><th colspan="2">项目</th><th>内　容</th></tr>
<tr><td rowspan="4">现场单独安装的低压电器交接试验</td><td>低压电器</td><td>包括电压为 60～1 200 V 的刀开关、转换开关、熔断器、自动开关、接触器、控制器、主令电器、启动器、电阻器、变阻器及电磁铁等</td></tr>
<tr><td>安装前检查</td><td>产品出厂时都经过检查合格，故在安装前一般只做外观检验。但在试运转前，要对相关的现场单独安装的各类低压电器进行单体的试验和检测，符合规范规定，才具备试运行的必备条件</td></tr>
<tr><td>低压电器的试验项目</td><td>(1)测量低压电器连同所联结电缆及二次回路的绝缘电阻。
(2)电压线圈动作值校验。
(3)低压电器动作情况检查。
(4)低压电器采用的脱扣器整定。
(5)测量电阻器和变阻器直流电阻。
(6)低压电器连同所联结电缆及二次回路的交流耐压试验</td></tr>
<tr><td>低压断路器检查试验</td><td>(1)一般性检查
1)各零部件应完整无缺，装配质量良好。
2)可动部分动作灵活，无卡阻现象。
3)分、合闸迅速可靠，无缓慢停顿情况。
4)开关自动脱扣后重复挂钩可靠。
5)缓慢合上开关时，三相触点应同时接触，触头接触的时差不应大于 0.5 mm。
6)动静触头的接触良好。
7)对于大容量的低压断路器，必要时要测定动、静触头及内部接点的接触电阻。
(2)电磁脱扣器通电试验
当通以 90%的整定电流时，电磁脱扣部分不应动作，当通以 110%的整定电流时，电磁脱扣器应瞬时动作。应采用以下试验方法。
1)试验接线分别接于断路器输入端和输出端。断路器如有欠压脱扣器时，可先将其线圈单独通电，使衔铁吸合，或先用绳子将衔铁捆住，再合上断路器，然后合上试验电源闸刀用较快速度调升调压器，使试验电流达到电磁脱扣动作电流值，断路器跳闸，并调整动作电流值与可调指针在刻度盘上指示值相符为止。对无刻度盘的断电器，可调整到两次试验动作值基本相同为止。
2)当断路器自动脱扣后，如要重新合闸，应先将手柄扳向注有“分”字标志一边，挂钩后，再扳向“合”字位置，才能合闸。此外，断路器如兼有热脱扣器，试验时要快速调升电流，尽量减少时间，或将热脱扣器临时短接，以防止热脱扣器动作。
3)热脱扣器试验的技术数值。
①其整定电流(指热继电器长期不动作电流)也有一定调节范围。延时动作时间不得超过产品技术条件规定。
②断路器因热过载脱扣，以手动复位后，待 1 min 后可再启动。
(3)欠压脱扣试验
1)脱扣器线圈按上述可调电源，调升电压衔铁吸合，再扳动手柄合闸后，继续升压，使线圈的电磁吸力增大到足以克服弹簧的反力，而将衔铁牢固吸合时的电压读数，即是脱扣器的合闸电压。</td></tr>
</table>

续上表

项目		内　容
现场单独安装的低压电器交接试验	低压断路器检查试验	2)逐渐减低电压,当衔铁释放使开关跳闸时的电压,即为分闸(释放)电压。脱扣器分、合闸电压整定值误差不得超过产品技术条件的规定。低压断路器试验时,应注意其整定值应符合设计要求
	双金属片式热继电器检查试验	通常双金属片式热继电器与交流接触器组装成磁力启动器。继电器的整定电流是通过调节装置调节的。其过载电流的大小与动作时间的关系见表2－35。 (1)一般性检查。 1)检查和选择热元件号应与被保护电机的额定电流以及与磁力启动器的型号相符。 2)如热元件系成套供应,根据制造厂的说明,不必再进行通电和机构调整,但必须检查其动作机构是否灵活。 3)检查热继电器各部件有无生锈现象及固定情况,复归装置是否好用,对于动作不灵活及生锈者应予更换。 (2)动作值试验。 1)试验接线如图2－1所示。指示灯ZD作为动作信号接在常闭触点上。测定动作时间可用秒表。 2)试验方法及步骤。 ①合上刀闸开关K,指示灯ZD发亮。 ②调节调压器ZB使电流升至整定电流,停留一段时间,热继电器不应动作。 ③再调升电流至1.2倍的整定电流时,热继电器应在20 min内动作。常闭触点断开,指示灯熄灭。然后将电流降至零,待热元件复位。常闭触点闭合使指示灯发亮后,即调升电流至1.5倍整定电流,此时热继电器应在2 min内动作。 ④同样将电流降至零,待热元件完全冷却后,快速地调升电流至6倍整定电流时,即拉开刀闸开关,在瞬间合上开关的同时,测定动作时间,热继电器应大于5 s动作。 ⑤以上动作特性要在调节装置中标明的最大和最小整定电流值下分别试验。如果动作时间误差较大,可旋动调节装置中的螺丝进行调整。 ⑥热继电器绝缘电阻可与接触器或系统一起进行测定。 (3)注意事项。 ①如果动作时间不符合要求,调整时只许拨动调整杆或调整螺丝,绝对禁止弯折双金属片。 ②当调整杆拨近"复位"杆或调整螺丝调近双金属片时,则可使热继电器动作时间变短,反之,则可使其动作时间加长。 ③由于热继电器的结构各有不同,在调整之前应很好地了解被调热继电器的结构、可调部分及其良好性,在通电加热之前将可调机构放在中间位置。 ④热元件的两端应保持平直与清洁,不得任意弯折,以免影响动作时间。 ⑤调整机构后,应按上述方法重新进行整定。 ⑥调整及试验好后,可在调整机构上加上明显标记,以便于检查。 ⑦经通电调整后,满足不了要求的热继电器应更换
	JRD22型电动机综合保护器	(1)JRD22型电动机综合保护器主要是以电子式热继电器为主体取代双金属片式热继电器的新产品。 (2)产品出厂时应按标准程序考核合格。动作电流值与外部整定值误差不大于2%。因此,使用时按其规格大小选取。 (3)电流分档范围:综合保护器的电流分档范围见表2－36

表 2－35　继电器过载电流的大小与动作时间的关系

项次	整定电流倍数(A)	动作时间	备注
1	1.05	大于 2 h	从冷状态开始
2	1.2	小于 20 min	从热状态开始
3	1.5	2.5 A 以下小于 1 min	从热状态开始
		2.5 A 以上小于 2 min	—
4	6.0	大于 5 s	从冷状态开始

注:热态开始是指热元件已被加热至稳定状态。

表 2－36　综合保护器的电流分档范围

额定电流等级	保护元件规格代号	保护元件规格(A)	整定电流调节范围(A)	额定电流等级	保护元件规格代号	保护元件规格(A)	整定电流调节范围(A)
20	A1	0.16	0.1～0.133～0.16	63	B5	63	50～56～63
	A2	0.25	0.16～0.2～0.25	160	C1	80	63～71～80
	A3	0.4	0.25～0.32～0.4		C2	100	80～90～100
	A4	0.63	0.4～0.52～0.63		C3	112	100～106～112
	A5	1.0	0.63～0.81～1.0		C4	125	112～118～125
	A6	1.6	1.0～1.3～1.6		C5	140	125～132～140
	A7	2.5	1.6～2.0～2.5		C6	160	140～150～160
	A8	4.0	2.5～3.2～4.0	260	D1	180	160～170～180
	A9	6.3	4.0～5.2～6.3		D2	200	180～190～200
	A10	10	6.3～8.1～10		D3	224	200～212～224
	A11	12.5	10～11～12.5		D4	250	224～237～250
	A12	16	12.5～14～16	400	E1	280	250～265～280
	A13	20	16～18～20		E2	315	280～297～315
63	B1	25	20～22.5～25		E3	355	315～335～355
	B2	31.5	25～28～31.5		E4	400	355～377～400
	B3	40	31.5～36～40	630	F1	500	400～450～500
	B4	50	40～45～50		F2	630	500～565～630

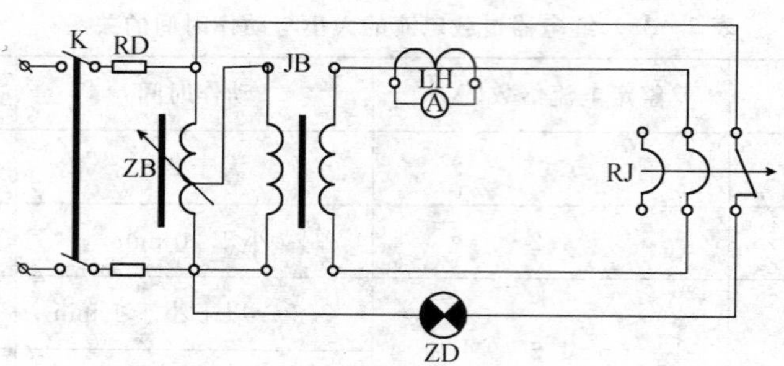

图 2－1 试验接线图

第八节 裸母线、封闭母线、插接式母线安装

一、验收条文

裸母线、封闭母线、插接式母线安装质量验收标准见表 2－37。

表 2－37 裸母线、封闭母线、插接式母线安装质量验收标准

项目	内容
主控项目	(1)绝缘子的底座、套管的法兰、保护网(罩)及母线支架等可接近裸露导体应接地(PE)或接零(PEN)可靠。不应作为接地(PE)或接零(PEN)的接续导体。 (2)母线与母线或母线与电器接线端子，当采用螺栓搭接连接时，应符合下列规定： 1)母线的各类搭接连接的钻孔直径和搭接长度符合《建筑电气工程施工质量验收规范》(GB 50303－2002)附录 C 的规定；用力矩扳手拧紧钢制连接螺栓的力矩值符合《建筑电气工程施工质量验收规范》(GB 50303－2002)附录 D 的规定。 2)母线接触面保持清洁，涂电力复合脂，螺栓孔周边无毛刺。 3)连接螺栓两侧有平垫圈，相邻垫圈间有大于 3 mm 的间隙，螺母侧装有弹簧垫圈或锁紧螺母。 4)螺栓受力均匀，不使电器的接线端子受额外应力。 (3)封闭、插接式母线安装应符合下列规定： 1)母线与外壳同心，允许偏差为±5 mm。 2)当段与段连接时，两相邻段母线及外壳对准，连接后不使母线及外壳受额外应力。 3)母线的连接方法符合产品技术文件要求。 (4)室内裸母线的最小安全净距应符合《建筑电气工程施工质量验收规范》(GB 50303－2002)附录 E 的规定。 (5)高压母线交流工频耐压试验必须按相应规定交接试验合格。 (6)低压母线交接试验应符合《建筑电气工程施工质量验收规范》(GB 50303－2002)有关内容的规定
一般项目	(1)母线的支架与预埋铁件采用焊接固定时，焊缝应饱满；采用膨胀螺栓固定时，选用的螺栓应适配，连接应牢固。

续上表

项目	内　容
一般项目	(2)母线与母线、母线与电器接线端子搭接，搭接面的处理应符合下列规定： 1)铜与铜：室外、高温且潮湿的室内，搭接面搪锡；干燥的室内，不搪锡。 2)铝与铝：搭接面不做涂层处理。 3)钢与钢：搭接面搪锡或镀锌。 4)铜与铝：在干燥的室内，铜导体搭接面搪锡；在潮湿场所，铜导体搭接面搪锡，且采用铜铝过渡板与铝导体连接。 5)钢与铜或铝：钢搭接面搪锡。 (3)母线的相序排列及涂色，当设计无要求时应符合下列规定： 1)上、下布置的交流母线，由上至下排列为 A、B、C 相；直流母线正极在上，负极在下。 2)水平布置的交流母线，由盘后向盘前排列为 A、B、C 相；直流母线正极在后，负极在前。 3)面对引下线的交流母线，由左至右排列为 A、B、C 相；直流母线正极在左，负极在右。 4)母线的涂色：交流，A 相为黄色、B 相为绿色、C 相为红色；直流，正极为赭色、负极为蓝色。在连接处或支持件边缘两侧 10 mm 以内不涂色。 (4)母线在绝缘子上安装应符合下列规定： 1)金具与绝缘子间的固定应平整牢固，不使母线受额外应力。 2)交流母线的固定金具或其他支持金具不形成闭合铁磁回路。 3)除固定点外，当母线平置时。母线支持夹板的上部压板与母线间有 1～1.5 mm 的间隙；当母线立置时，上部压板与母线间有 1.5～2 mm 的间隙。 4)母线的固定点，每段设置 1 个，设置于全长或两母线伸缩节的中点。 5)母线采用螺栓搭接时。连接处距绝缘子的支持夹板边缘不小于 50 mm。 (5)封闭、插接式母线组装和固定位置应正确，外壳与底座间、外壳各连接部位和母线的连接螺栓应按产品技术文件要求选择正确，连接紧固

二、施工材料要求

裸母线、封闭母线、插接式母线安装材料要求见表 2－38。

表 2－38　裸母线、封闭母线、插接式母线安装材料要求

项目	内　容
要求一	建筑电气工程选用的母线均为矩形铜、铝硬母线，各类型母线均应有出厂合格证和安装使用技术文件。其技术文件包括额定电压、额定容量、绝缘电阻测试和交流工频耐压试验报告等数据
要求二	裸母线应查验合格证，当铜、铝母线无出厂合格证以及对材质有怀疑时，应进行检测
要求三	外观检查裸母线要包装完好，裸母线平直，表面应光洁平整，无明显划痕，不应有裂纹、折皱、夹杂物及变形和扭曲现象。测量母线厚度和宽度要符合制造标准

续上表

项目	内　容
要求四	查验封闭母线、插接式母线合格证和随带安装技术文件，并验证其编号、安装顺序号、安装注意事项等内容是否与设计相符
要求五	对成套供应的封闭母线、插接式母线应防潮密封良好，各段编号标志清晰，附件齐全，外壳不变形
要求六	外观重点检查母线搭接面和插接式母线静触头表面的镀层质量及平整度是保证母线导电良好的关键。并应检查母线的螺栓搭接面平整、镀层覆盖完整、无起皮和麻面；插接式母线上的静触头应无缺损，表面光滑、镀层完整

三、施工工艺解析

(1)裸母线安装工艺解析见表2－39。

表2－39　裸母线安装工艺解析

项目		内　容
放线测量		(1)根据母线和支架的规格、型号，核对是否与图纸相符。 (2)核对沿母线敷设的空间有无障碍物。 (3)如母线安装于箱、柜内，测量与设备上其他部件安全距离是否符合要求。 (4)根据测量位置、放线确定各段支架和母线的加工尺寸
支架及拉紧装置安装		(1)母线支架用角钢或槽钢制作时，支架上的螺孔宜加工成长孔，以便于安装。当混凝土墙、梁、柱、板有预埋件时，支架焊在预埋件上；无预埋件时，采用膨胀螺栓固定，支架规格尺寸，见《建筑电气通用图集》(92DQ5)的规定。 (2)当母线跨梁、柱或屋架敷设时，需在母线终端或中间安装终端或中间设拉紧装置。其拉紧装置固定支架宜装有调节螺母的拉线，拉线的固定点应能承受1.2倍的拉线张力。安装完的母线在同一档距内，各相邻母线的驰度最大偏差应小于10%
绝缘子安装		(1)检查绝缘子的外观无裂纹和缺损，然后摇测绝缘子的绝缘，其绝缘值不小于1 MΩ，6～10 kV支柱绝缘子安装前应做耐压试验。 (2)绝缘子的夹板、卡板的规格应相适应，夹板、卡板安装须牢固。 (3)绝缘子上下要各垫一个石棉垫
母线加工	调直、切断	(1)硬母线的再安装前必须进行矫正，使其平直。手工调直时，必须用木锤，下面垫道木进行作业，不得用铁锤。 (2)母线切断可使用手锯或无齿锯作业，不得用电弧或乙炔进行切断

续上表

项目		内　容
母线加工	弯曲	(1)母线的弯曲有平弯、立弯和扭弯 3 种形式。如图 2－2 所示(图中 a 表示母线的厚度,b 表示母线的宽度,L 表示母线两支持点间距)。 (2)母线的弯曲应用专用工具(母线摵弯器)冷摵,弯曲部位不得有裂纹和显著的折皱出现。 (3)母线开始弯曲处到母线联结部位边缘的距离,不应小于 50 mm;到最近绝缘子的支持夹板边缘不应小于 50 mm,但不得大于母线两支持点间距的 1/4。 (4)母线平弯及立弯的弯曲半径不得小于表 2－40 的规定。 (5)母线进行 90°扭弯时,母线扭转部分的长度应为母线宽度的 2.5～5 倍
母线的联结、安装	联结	(1)母线钻孔尺寸及螺栓规格见表 2－41。 (2)矩形母线采用螺栓固定搭接时,联结处距支柱绝缘子的支持夹板边缘大于 50 mm;上片母线端头与下片母线平弯开始处的距离大于等于 50 mm,如图 2－3 所示。 (3)母线与母线、母线与分支线、母线与电器接线端子搭接时,其搭接面必须平整、清洁,并涂以电力复合脂。 (4)母线采用螺栓联结时,平垫应选用专用厚垫圈,螺栓、平垫圈及弹簧垫必须用镀锌件。螺栓长度应考虑在螺栓紧固后螺纹应露出螺母外 2～3 扣。母线水平安装螺栓由下向上,母线按垂直安装螺栓由内向外穿。 (5)母线的接触面应联结紧密,联结螺栓应用力矩扳手紧固
	焊接	(1)焊接方法:硬母线的焊接有多种方法,常用的有气焊、二氧化碳焊和氩弧焊。 (2)焊接位置:焊缝距离弯曲点或支持绝缘子边缘不得小于 50 mm,同一相如有多片母线,其焊缝应相互错开且不得小于 50 mm。 (3)焊接技术要求。 1)焊接前应当用钢丝刷清除母线坡口处的油污、氧化层,将母线用耐火砖等垫平对齐,防止错口。坡口处根据母线规格留出 1～5 mm 间隙,然后进行焊接,焊缝对口平直,不得错口。 2)铝及铝合金母线的焊接应采用氩弧焊,铜母线焊接可采用 201 号或 202 号紫铜焊条、301 号铜焊粉或硼砂。 3)焊接中若突然熄弧或换焊条造成重新焊接时,应从焊缝的另一端倒焊过来。若断接时间较长,焊缝温度已降至 100℃以下,则应清除旧焊重焊。 4)焊接至末段时,不可收弧过早而造成缺肉,也不可收弧延迟而使熔池扩大,造成空缩或凸起。 5)焊缝不得有任何程度的裂纹、未熔合、未焊透等缺陷存在。 6)焊缝处的直流电阻,不得大于截面积和长度均相同的原材质的电阻值。 7)对接焊缝的上部应有 2～4 mm 的加强高度。 8)引下母线采用搭接焊接时,其焊缝的加强高度应不小于引下母线的厚度,焊缝的长度不应小于母线厚度的 3 倍。 9)焊接冷却后,及时用 70℃左右的温水清洗掉焊接处残留的焊药,以免发生腐蚀

续上表

项目		内　　容
母线的联结、安装	安装	(1)母线在绝缘子上的固定。 1)螺栓固定:首先在母线上对应的位置打螺栓孔,然后将母线用螺栓直接固定在绝缘子上。 2)夹板固定:首先将母线放入绝缘子顶部的上下两夹板中,然后将夹板上的两条螺栓固定。 3)卡板固定:先将母线放入卡板内,然后将卡板沿顺时针方向旋转一定角度卡住母线。 (2)母线安装的最小安全距离应符合表 2－42 的规定。 (3)母线支持点的间距:对低压母线不得大于 900 mm,对高压母线不得大于 1 200 mm。低压母线垂直安装且支持点间距无法满足要求时,应加装母线绝缘夹板。 (4)母线在支持点的固定:对水平安装的母线采用开口元宝卡子,对垂直安装的母线应采用母线夹板,开口卡子做法具体及卡子规格见表 2－43。 (5)穿墙隔板的安装做法如图 2－4 所示。 (6)母线补偿装置的安装:母线补偿装置应采用与母线同种材质的伸缩节或伸缩接头。当设计无规定时,宜每隔下列长度装设一个:铝母线为 20～30 m;铜母线为 30～50 m;钢母线为 35～60 m。 母线补偿装置的安装如图 2－5 所示
母线涂色刷油		(1)母线的相序排列及涂色,当设计无要求时应符合下列规定: 1)上、下布置的交流母线,由上至下排列为 A、B、C 相;直流母线正极在上,负极在下。 2)水平布置的交流母线,由盘后向盘前排列为 A、B、C 相;直流母线正极在后,负极在前。 3)面对引下线的交流母线,由左至右排列为 A、B、C 相;直流母线正极在左,负极在右。 4)母线的涂色:交流,A 相为黄色、B 相为绿色、C 相为红色;直流,正极为赭色、负极为蓝色。在联结处或支持件边缘两侧 10 mm 以内不涂色。 (2)在母线安装完毕后,要对母线进行涂漆处理;涂漆应均匀、整齐,不得流坠或沾污设备。 (3)设备接线端,母线搭接活卡子、夹板处,明设地线的接线螺钉处等两侧 10～15 mm 处均不得涂漆
送电前检查		(1)母线安装完成后应清理工作现场,保持现场清洁干净。 (2)检查螺栓联结是否紧固,金属构件加工和焊接质量是否符合要求。 (3)所有螺栓、垫圈、弹簧垫、锁紧螺母均应齐全可靠。 (4)油漆完好,相色正确,接地良好;母线相间及对地电气距离符合要求
运行验收		(1)母线送电前应进行耐压试验,低压母线采用兆欧表摇测。 (2)送电后应进行母线核相试验。 (3)母线进行空载和有载运行时,电压、电流指示正常,并进行记录。经过 24 h 安全可靠运行后,即可办理验收移交手续

表 2－40　母线平弯及立弯弯曲半径

弯曲方式	母线截面尺寸(mm)	最小弯曲半径(mm)		
		铜	铝	钢
平弯	50×5 及以下	$2a$	$2a$	$2a$
	125×10 及以下	$2a$	$2.5a$	$2a$
立弯	50×5 及以下	$1b$	$1.5b$	$0.5b$
	125×10 及以下	$1.5b$	$2b$	$1b$

注：a—母线的厚度；b—母线的宽度。

表 2－41　母线钻孔尺寸及螺栓规格

搭接形式	类别	序号	联结尺寸(mm)			钻孔要求		螺栓规格
			b_1	b_2	a	ϕ (mm)	个数	
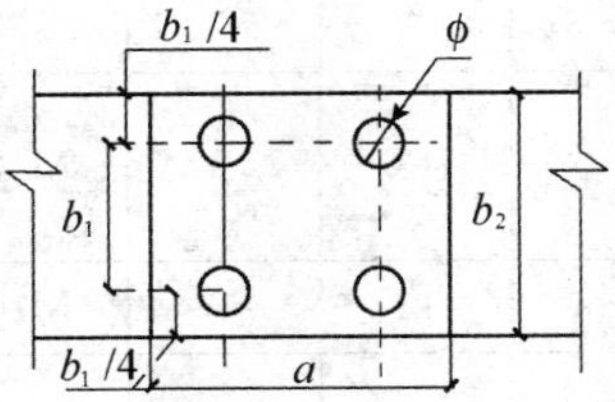	直线连接	1	125	125	b_1 或 b_2	21	4	M20
		2	100	100	b_1 或 b_2	17	4	M16
		3	80	80	b_1 或 b_2	13	4	M12
		4	63	63	b_1 或 b_2	11	4	M10
		5	50	50	b_1 或 b_2	9	4	M8
		6	45	45	b_1 或 b_2	9	4	M8
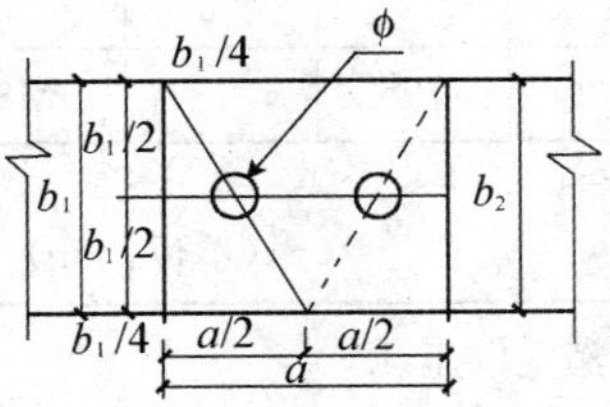	直线连接	7	40	40	80	13	2	M12
		8	31.5	31.5	63	11	2	M10
		9	25	25	50	9	2	M8
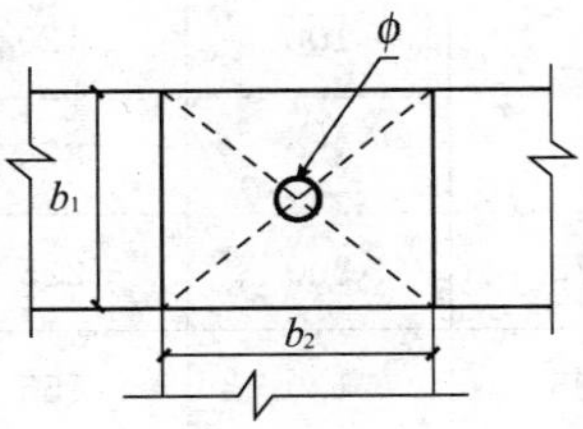	垂直连接	10	125	125	—	21	4	M20
		11	125	100～80	—	17	4	M16
		12	125	63	—	13	4	M12
		13	100	100～80	—	17	4	M16
		14	80	80～63	—	13	4	M12
		15	63	63～50	—	11	4	M10
		16	50	50	—	9	4	M8
		17	45	45	—	9	4	M8
	垂直连接	18	125	50～40	—	17	2	M16
		19	100	63～40	—	17	2	M16
		20	80	63～40	—	15	2	M14
		21	63	50～40	—	13	2	M10

续上表

搭接形式	类别	序号	联结尺寸(mm)			钻孔要求		螺栓规格
			b_1	b_2	a	ϕ (mm)	个数	
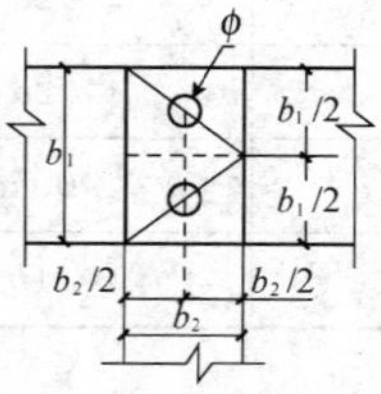	垂直连接	22	50	45～40	—	11	2	M10
		23	63	31.5～25	—	11	2	M10
		24	50	31.5～25	—	9	2	M8
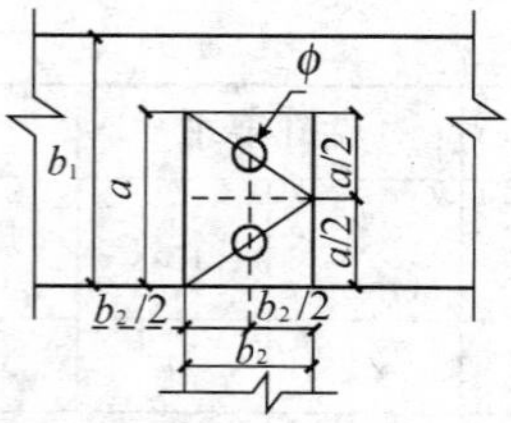	垂直连接	25	125	31.5～25	60	11	2	M10
		26	100	31.5～25	50	9	2	M8
		27	27	31.5～25	50	9	2	M8
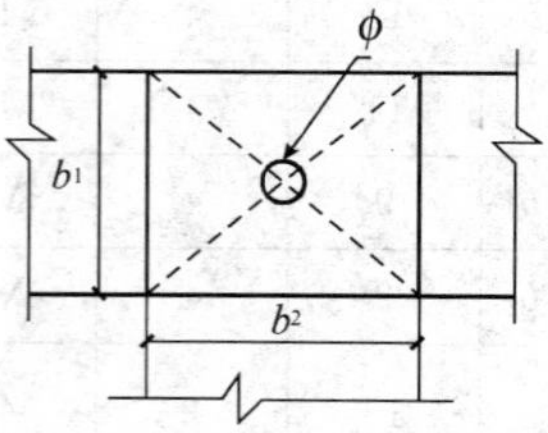	垂直连接	28	40	40～31.5	—	13	1	M12
		29	40	25	—	11	1	M10
		30	31.5	31.5～25	—	11	1	M10
		31	25	22	—	9	1	M8

表 2－42　母线安装的最小安全距离　　(单位:mm)

项次	项　目	额定电压(kV)			
		0.4	1～3	6	10
1	带电部分至地及不同相带电部分之间(A)	20	75	100	125
2	带电部分至栅栏(B_1)	800	825	850	875
3	带电部分至网状遮拦(B_2)	100	175	200	225
4	带电部分至板状遮拦(B_3)	65	105	130	155
5	无遮拦裸导体至地面(C)	2 300	2 375	2 400	2 425
6	不同分段的无遮拦裸导体间(D)	1 875	1 875	1 900	1 925
7	出线套管至室外通道路面(E)	3 650	4 000	4 000	4 000

表 2－43　开口卡子做法具体及卡子规格　（单位：mm）

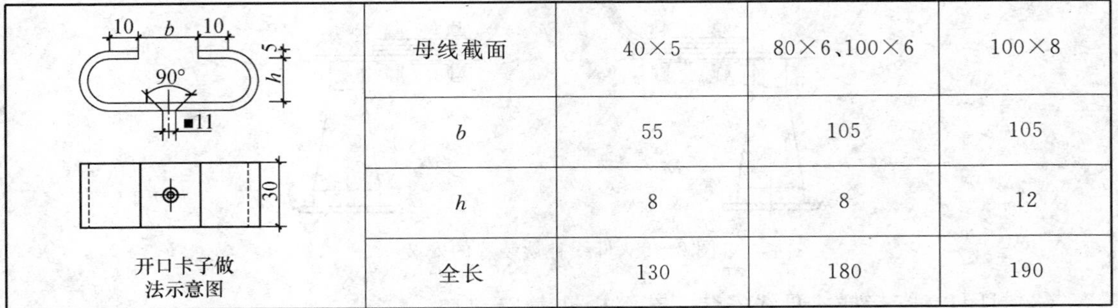

开口卡子做法示意图	母线截面	40×5	80×6、100×6	100×8
	b	55	105	105
	h	8	8	12
	全长	130	180	190

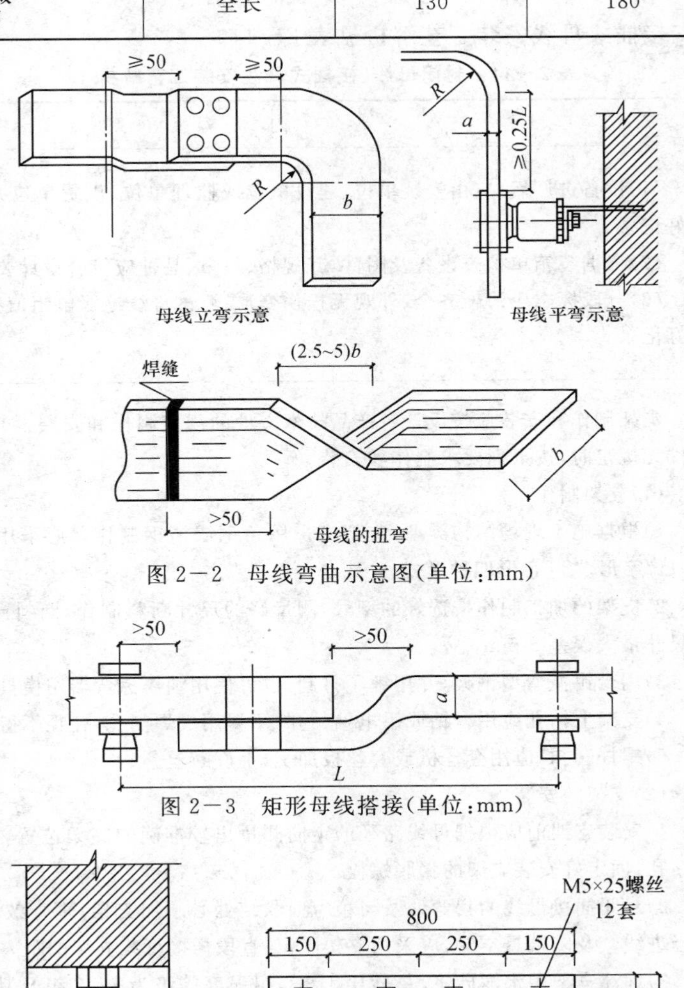

图 2－2　母线弯曲示意图（单位：mm）

图 2－3　矩形母线搭接（单位：mm）

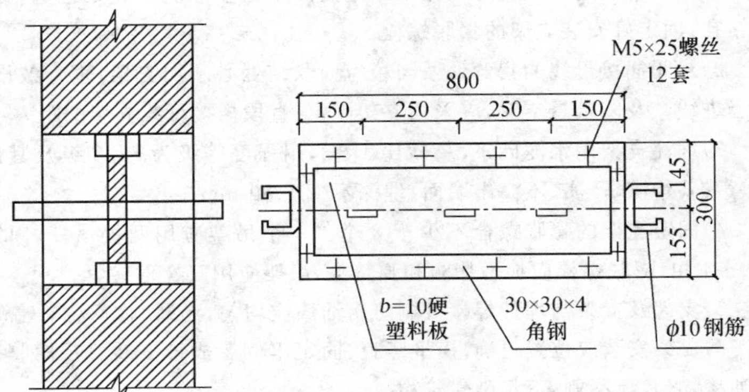

图 2－4　穿墙隔板的安装做法（单位：mm）

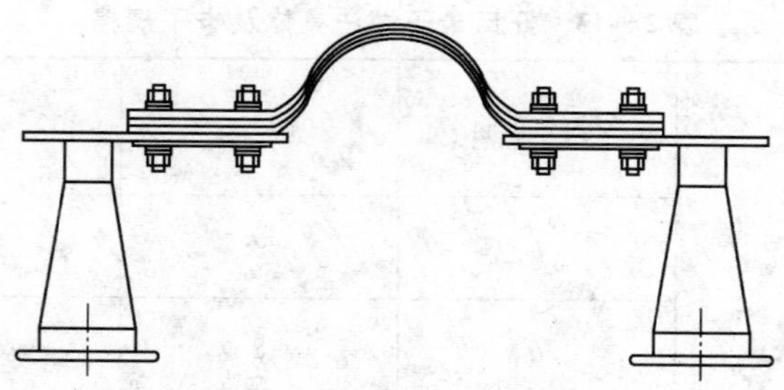

图 2－5　母线补偿装置的安装

(2)封闭母线、接插式母线安装工艺解析见表 2－44。

表 2－44　封闭母线、接插式母线安装工艺解析

项目	内　容
设备检验调整	(1)设备进厂后,应由安装单位、建设单位或监理单位、供货单位共同进行检查,并做好记录。 (2)根据装箱单检查设备及附件,其规格、数量、品种应符合设计要求。 (3)分段标志应清晰齐全、外观无损伤变形,测试母线绝缘电阻值符合规范要求,并做好记录
支架制作和安装	支架制作和安装应按设计各产品技术文件的规定制作和安装,如设计和产品技术文件无规定时,按下列要求制作和安装。 (1)支架制作 1)根据施工现场结构类型,支架应采用角钢或槽钢制作。应采用“一”字形、“L”形、“U”字形、“T”字形四种形式。 2)支架的加工制作按选好的型号,测量好的尺寸断料制作,断料严禁气焊切割,加工尺寸最大误差 5 mm。 3)用台钳搣弯型钢架,并用锤子打制,也可使用油压搣弯器用模具顶制。 4)支架上钻孔应用台钻或手电钻钻孔,不得用气焊割孔,孔径不得大于螺栓 2 mm。 5)螺杆套扣,应用套丝机或套丝板加工,不许断丝。 (2)支架的安装 1)安装支架前应根据母线路径的走向测量出较准确的支架位置,在已确定的位置上钻孔,固定好安装支架的膨胀螺栓。 2)封闭插接母线的拐弯处及与箱(盘)联结处必须加支架;垂直敷设的封闭插接母线当进线盒及末端悬空时,应采用支架固定;直段插接母线支架的距离不应大于 2 m。 3)埋注支架用水泥砂浆,灰砂比 1∶3,用强度等级为 32.5 级及其以上的水泥,应注意灰浆饱满、严实、不高出墙面,埋深不少于 80 mm。 4)固定支架的膨胀螺栓不少于 2 个。一个吊架应用两根吊杆,固定牢固,螺扣外露 2～4 扣,膨胀螺栓应加平垫圈和弹簧垫,吊架应用双螺母夹紧。 5)支架及支架与埋件焊接处刷防腐油漆应均匀,无漏刷,不污染建筑物。 6)支架安装应位置正确、横平竖直、固定牢固。成排安装,应排列整齐、间距均匀、刷油漆均匀、无漏刷、不污染建筑物

续上表

项目	内　容
封闭插接母线安装	(1)一般要求。 1)封闭插接母线应按设计和产品技术文件规定进行组装,组装前应对每段母线进行绝缘电阻测定,测量结果符合设计要求,并做好记录。 2)封闭插接母线固定距离不得大于 2.5 m。水平敷设距地高度不应小于 2.2 m。母线应固定在支架上,如图 2－6 所示。 3)母线槽的端头应装封闭罩,各段母线槽的外壳的联结应是可拆的,外壳间有跨接地线,两端应可靠接地。接地线压接处应有明显接地标识。 4)母线与设备联结采用软联结,如图 2－7 所示。母线紧固螺栓应由厂家配套供应,应用力矩扳手紧固。 5)母线段与段联结时,两相邻段母线及外壳应对准,母线接触面保持清洁,并涂电力复合脂,联结后不使母线及外壳受额外应力。 (2)母线沿墙水平安装时,安装高度应符合设计要求,无要求时不应距地小于 2.2 m,母线应可靠固定在支架上。 (3)母线槽悬挂吊装时,吊杆直径按产品技术文件要求选择,螺母应能调节,如图 2－8 所示。 (4)封闭式母线落地安装时,安装高度应按设计要求,设计无要求时应符合规范要求。立柱可采用钢管或型钢制作。 (5)封闭式母线垂直安装过楼板处应加装防震装置,并做防水台,如图 2－9 所示。 (6)封闭式母线敷设长度超过 40 m 时,应设置伸缩节。跨越建筑物的伸缩缝或沉降缝处,宜采取适当的措施进行处理,设备订货时应提出此项要求,如图 2－10 所示。 (7)封闭式母线插接箱安装应可靠固定,如图 2－11 所示。垂直安装时,安装高度应符合设计要求,设计无要求时,插接箱底口宜为 1.4 m。 (8)封闭式母线垂直安装距地 1.8 m 以下,并应采取保护措施(电气专用竖井、配电室、电机室、技术层等除外)。 (9)封闭式母线穿越防火墙、防火楼板时,应采取防火隔离措施。 (10)封闭插接母线组装和卡固位置正确,固定牢固,横平竖直。成排安装应排列整齐,间距均匀,便于检修。 (11)封闭插接母线外壳应可靠接地,接地牢固,防止松动,并严禁焊接
试运行验收	(1)试运行条件:变配电室已达到送电条件,土建及装饰工程及其他工程全部完工,并清理干净,绝缘良好。 (2)对封闭式母线进行全面的整理,清扫干净。接头联结紧密,相序正确,外壳接地(PE)或接零(PEN)良好。绝缘摇测和交流工频耐压试验合格,才能通电。低压母线的交流耐压实验电压为 1 kV,当绝缘电阻值,大于 10 MΩ 时,可用 2 500 V 兆欧表摇测替代,试验持续时间为 1 min。 (3)送电空载运行 24 h 无异常现象,办理验收手续,交建设单位使用,同时提交验收资料。 (4)验收资料包括:交工验收单,变更、洽商记录,产品合格证、说明书、测试记录、运行记录等

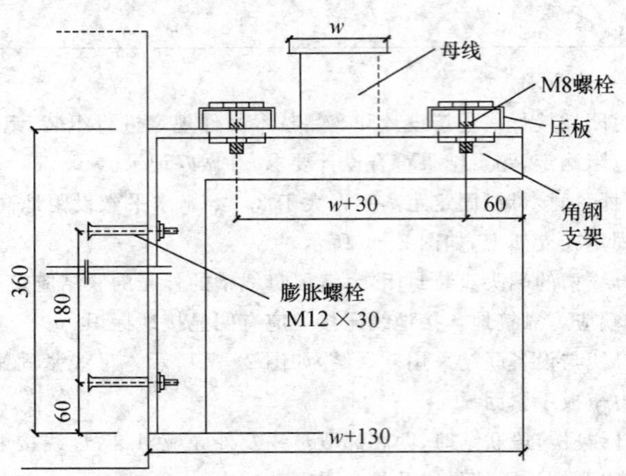

图 2－6　母线应固定在支架上(单位:mm)

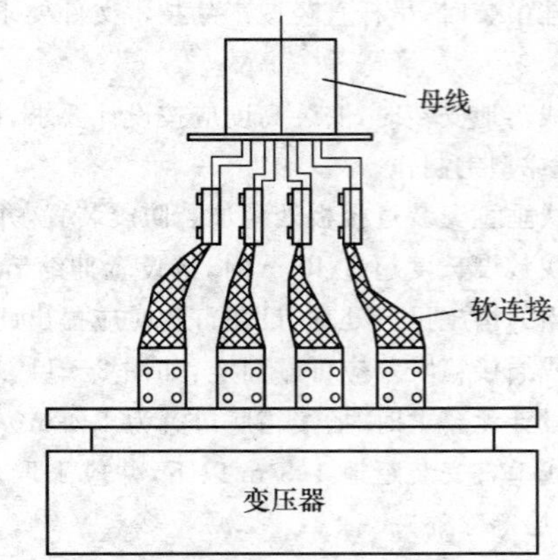

图 2－7　母线与设备联结采用软联结安装示意图

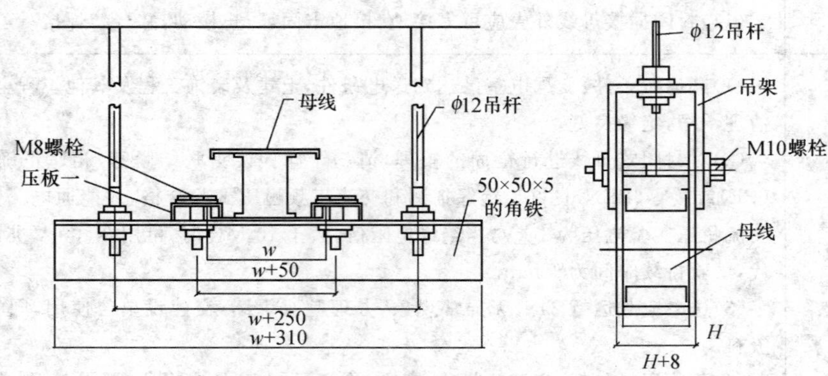

图 2－8　母线槽悬挂吊装安装示意图(单位:mm)

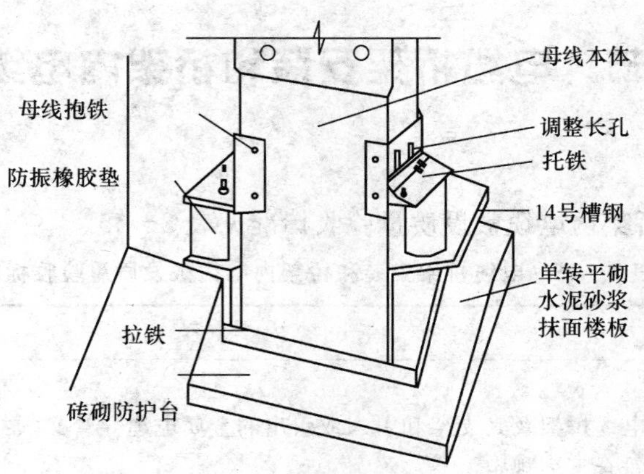

图 2－9　封闭式母线垂直安装

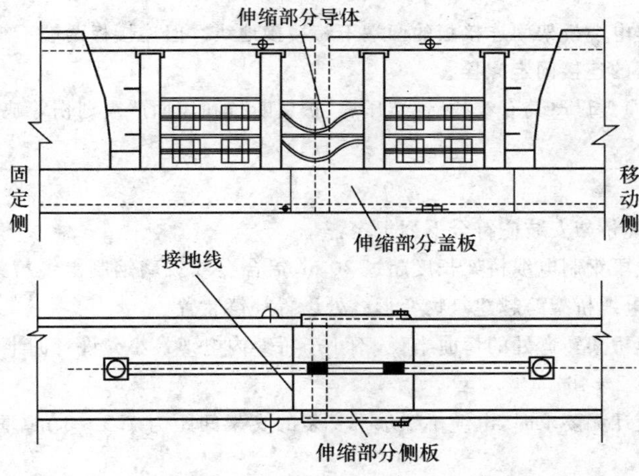

图 2－10　封闭式母线跨越建筑物的伸缩缝或沉降缝处做法

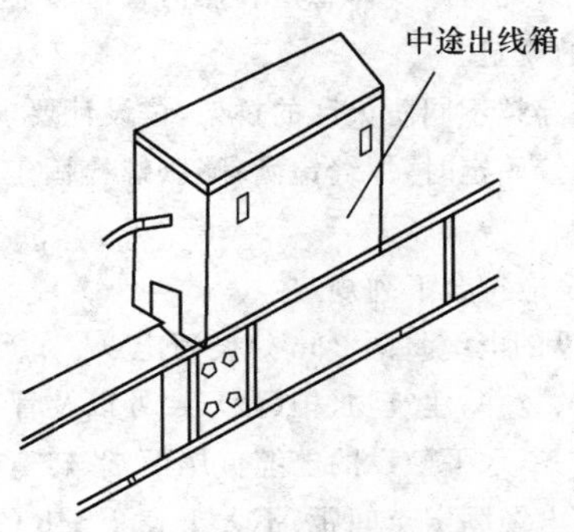

图 2－11　封闭式母线插接箱安装

第九节 电缆桥架安装和桥架内电缆敷设

一、验收条文

电缆桥架安装和桥架内电缆敷设质量验收标准见表2—45。

表2—45 电缆桥架安装和桥架内电缆敷设质量验收标准

项目	内容
主控项目	(1)金属电缆桥架及其支架和引入或引出的金属电缆导管必须接地(PE)或接零(PEN)可靠,且必须符合下列规定: 1)金属电缆桥架及其支架全长应不少于2处与接地(PE)或接零(PEN)干线相连接。 2)非镀锌电缆桥架间连接板的两端跨接铜芯接地线。接地线最小允许截面积不小于4 mm^2。 3)镀锌电缆桥架间连接板的两端不跨接接地线。但连接板两端不少于2个有防松螺帽或防松垫圈的连接固定螺栓。 (2)电缆敷设严禁有绞拧、铠装压扁、护层断裂和表面严重划伤等缺陷
一般项目	(1)电缆桥架安装应符合下列规定: 1)直线段钢制电缆桥架长度超过30 m、铝合金或玻璃钢制电缆桥架长度超过15 m设有伸缩节;电缆桥架跨越建筑物变形缝处设置补偿装置。 2)电缆桥架转弯处的弯曲半径,不小于桥架内电缆最小允许弯曲半径,电缆最小允许弯曲半径见表2—46。 3)当设计无要求时,电缆桥架水平安装的支架间距为1.5~3 m;垂直安装的支架间距不大于2 m。 4)桥架与支架间螺栓、桥架连接板螺栓固定紧固无遗漏,螺母位于桥架外侧;当铝合金桥架与钢支架固定时,相互间有绝缘的防电化腐蚀措施。 5)电缆桥架敷设在易燃易爆气体管道和热力管道的下方,当设计无要求时,与管道的最小净距,符合表2—47的规定。 6)敷设在竖井内和穿越不同防火区的桥架,按设计要求位置,有防火隔堵措施。 7)支架与预埋件焊接固定时,焊缝饱满;膨胀螺栓固定时,选用螺栓适配,连接紧固,防松零件齐全。 (2)桥架内电缆敷设应符合下列规定: 1)大于45°倾斜敷设的电缆每隔2 m处设固定点。 2)电缆出入电缆沟、竖井、建筑物、柜(盘)、台处以及管子管口处等做密封处理。 3)电缆敷设排列整齐,水平敷设的电缆首尾两端、转弯两侧及每隔5~10 m处设固定点;敷设于垂直桥架内的电缆固定点间距,不大于表2—48的规定。 (3)电缆的首端、末端和分支处应设标志牌

表 2－46　电缆最小允许弯曲半径

序号	电缆种类	最小允许弯曲半径
1	无铅包钢铠护套的橡皮绝缘电力电缆	10D
2	有钢铠护套的橡皮绝缘电力电缆	20D
3	聚氯乙烯绝缘电力电缆	10D
4	交联聚氯乙烯绝缘电力电缆	15D
5	多芯控制电缆	10D

注:D 为电缆外径。

表 2－47　与管道的最小净距　(单位:m)

管道类别		平行净距	交叉净距
一般工艺管道		0.4	0.3
易燃易爆气体管道		0.5	0.5
热力管道	有保温层	0.5	0.3
	无保温层	1.0	0.5

表 2－48　电缆固定点的间距　(单位:mm)

电缆种类		固定点的间距
电力电缆	全塑型	1 000
	除全塑型外的电缆	1 500
控制电缆		1 000

二、施工材料要求

(1)桥架、线槽允许的最小板材厚度见表 2－49。

表 2－49　桥架、线槽允许的最小板材厚度　(单位:mm)

线槽宽度	允许最小厚度	线槽宽度	允许最小厚度
小于 400	1.5	大于 800	2.5
400～800	2.0	—	—

(2)常用 BV 型绝缘电线的绝缘层厚度不小于表 2－50 的规定。

表 2－50　BV 型绝缘电线的绝缘层厚度

序号	1	2	3	4	5	6	7	8	9	10	11	12	13	14	15	16	17
电线芯线标称截面积（mm^2）	15	25	4	6	10	16	25	35	50	70	95	120	150	185	240	300	400
绝缘层厚度规定值（mm）	0.7	0.8	0.8	0.8	1.0	1.0	1.2	1.2	1.4	1.4	1.6	1.6	1.8	2.0	2.2	2.4	2.6

三、施工工艺解析

电缆桥架安装和桥架内电缆敷设工艺解析见表 2－51。

表 2－51　电缆桥架安装和桥架内电缆敷设工艺解析

项目	内　容
弹线定位	根据设计图纸定出进户线、盒、箱、柜等电气器具的安装位置，从始端至终端（先干线后支线）找好水平或垂直线，用粉线袋沿墙壁、顶棚和地面等处，在线路的中心线进行弹线，按照设计图纸要求及施工验收规范规定，分均匀档距并用笔标出具体位置
预留孔洞	根据设计图标出的轴线部位，将预制加工好的木质或铁制框架，固定在标出的位置上，并进行调直找正，待现浇混凝土凝固模板拆除后，撤下框架，并抹平孔洞口（收好孔洞口）
支架与吊架安装	（1）支架与吊架所用钢材应平直，无显著扭曲。下料后长短偏差应在 5 mm 范围内，切口处应无卷边、毛刺。 （2）钢支架与吊架应焊接牢固，无显著变形、焊缝均匀平整，焊缝长度应符合要求，不得出现裂缝、咬边、气孔、凹陷、漏焊等缺陷。 （3）支架与吊架应安装牢固，保证横平竖直，在有坡度的建筑物上安装支架与吊架应与建筑物有相同的坡度。 （4）支架与吊架的规格一般扁铁不应小于 30 mm×30 mm；角钢不应小于 25 mm×25 mm×3 mm。 （5）严禁用电气焊切割钢结构或轻钢龙骨任何部位，焊接后均应做防腐处理。 （6）万能吊具应采用定型产品，对桥架进行吊装，并应有各自独立的吊装卡具或支撑系统。 （7）固定支点间距一般不应大于 1.5～2 m，在进出接线盒、箱、柜、转角、转弯和变形缝两端及丁字接头的三端 500 mm 以内应设置固定支持点。 （8）支架与吊架距离上层楼板不应小于 150～200 mm；距地面高度不应低于 100～150 mm。 （9）严禁用木砖固定支架与吊架。 （10）轻钢龙骨上敷设桥架应各自有单独卡具吊装或支撑系统。吊杆直径不应小于 8 mm；支撑应固定在主龙骨上，不允许固定在辅助龙骨上

续上表

项目	内 容
预埋吊杆、吊架	采用直径不小于 8 mm 圆钢，经过切割、调直、摵弯及焊接等步骤制成吊杆、吊架。其端部应攻丝以便调整。在配合土建结构中，应随着钢筋配筋的同时，将吊杆或吊架锚固在所标出的固定位置。在混凝土浇筑时，要留有专人看护，以防吊杆或吊架位移。拆模板时不得碰坏吊杆端部的螺纹
预埋铁	预埋铁的自制加工尺寸不应小于 120 mm×60 mm×6 mm；其锚固圆钢的直径不应小于 8 mm。紧密配合土建的结构施工，将预埋铁的平面放在钢筋网片下面，紧贴模板，可以采用绑扎或焊接的方法将锚固圆钢固定在钢筋网上。模板拆除后，预埋铁的平面应明露或吃进深度一般在 10～20 mm，将扁钢或角钢制成的支架、吊架焊在上面固定
钢结构	可将支架或吊架直接焊在钢结构上的固定位置处。也可利用万能吊具进行安装
金属膨胀螺栓安装要求	(1)适用于 C5 以上混凝土构件及实心砖墙上，不适用于空心砖墙。 (2)钻孔直径的误差不得超过＋0.5～－0.3 mm；深度误差不得超过＋3 mm；钻孔后应将孔内残存的碎屑清理干净。 (3)螺栓固定后，其头部偏斜值不应大于 2 mm。 (4)螺栓及套管的质量应符合产品技术条件
金属膨胀螺栓安装方法	(1)首先沿着墙壁或顶板根据设计图进行弹线定位，标出固定点的位置。 (2)根据支架或吊架承重的负荷，选择相应的金属膨胀螺栓及钻头，所选钻头的长度应大于套管的长度。 (3)打孔的深度应以将套管全部埋入墙内或顶板内后，表面平齐为宜。 (4)应先清除干净打好孔洞内的碎屑，然后再用木锤或垫上木块后，用铁锤将膨胀螺栓敲进洞内，以保证套管与建筑物表面平齐，螺栓端部外露。敲击时不得损伤螺栓的螺纹
桥架安装要求	(1)桥架应平整，无扭曲变形，内壁无毛刺，各种附件齐全。 (2)桥架的接口应平整，接缝处应紧密平直。槽盖装上后应平整，无翘角，出线口的位置正确。 (3)在吊顶内敷设时，如果吊顶内无法上人时应留有检修孔。 (4)不允许将穿过墙壁的桥架与墙上的孔洞一起抹死。 (5)桥架的所有非导电部分的铁件均应相互联结和跨接，使之成为一联结导体，并做好整体接地。 (6)当桥架的底板对地距离低于 2.4 m 时，桥架本身和槽盖板均必须加装保护接地线。2.4 m 以上的线槽盖板可不加保护地线。 (7)桥架经过建筑物的变形缝(伸缩缝、沉降缝)时，桥架本身应断开，槽内用内联结板搭接，一侧进行固定。保护接地和槽内导线均应留有补偿余量。 (8)敷设在竖井、吊顶、通道、夹层、设备层等处的桥架应符合有关防火要求

续上表

项目	内　容
桥架敷设安装	(1)桥架直线联结应采用联结板，用垫圈、弹簧垫圈、螺母紧固，接茬处应缝隙严密平齐。 (2)桥架进行交叉、转弯、丁字联结时，应采用单通、二通、三通、四通或二通、平面三通等进行变通联结，导线接头处应设置接线盒或将导线接头放在电气器具内。 (3)桥架与盒、箱、柜等接茬处，进线口和出线口均应采用抱脚联结，并用螺栓紧固，末端应加装封堵。 (4)建筑物的表面如有坡度时，桥架应随其变化坡度。待桥架全部敷设完毕后，应在配线之前进行调整检查，确认合格后再进行槽内配线。 (5)桥架穿墙、楼板处防水做法如图 2－12 所示
吊装金属桥架	万能吊具一般应用在钢结构中，如工字钢、角钢、轻钢龙骨等结构。可先将吊具、卡具、吊杆、吊装器组装成一体，在标出的固定点位置处进行吊装，逐件的将吊装卡具压接在钢结构上，将顶丝拧牢。 (1)桥架直线段组装时，应先做干线，再做分支线，将吊装器具与桥架用蝶形夹卡固定在一起，按此方法，将桥架逐段组装成型。 (2)桥架与桥架可采用内联结头或外联结头，配上平垫和弹簧垫，用螺母固定。 (3)桥架交叉、丁字、十字应采用二通、三通、四通进行联结，导线接头处应设置接线盒或放置在电气器具内，桥架内绝不允许有导线接头。 (4)转弯部分应采用立上弯头和立下弯头，安装角度要适宜。 (5)出线口处应利用出线口盒进行联结，末端部位要装上封堵，在盒、箱、柜处应采用抱脚联结
保护地线安装	(1)保护地线应根据设计图要求敷设在桥架内一侧，接地处螺丝直径不应小于 6 mm；并且需要加平垫和弹簧垫圈，用螺母压接牢。 (2)金属桥架的宽度在 100 mm 以内(含 100 mm)，两段线槽联结板联结处(即联结板作地线时)，每端螺丝固定点不少于 4 个；宽度在 200 mm 以上(含 200 mm)两段桥架用联结板联结的保护接地线，每端螺丝固定点不少于 6 个
电缆敷设	(1)电缆敷设前应进行绝缘电阻测试，1 kV 以下电缆使用 1 kV 摇表测试，阻值≥10 MΩ时方可进行敷设。 (2)大于 45°倾斜敷设的电缆每隔 2 m 处设固定点。 (3)水平敷设时，电缆的首、尾两端、转弯及每隔 5～10 m 处设固定点。 (4)敷设于垂直桥架内的电缆固定点间距，不大于表 2－52 的规定。 (5)电缆桥架转弯处的弯曲半径，不小于桥架内电缆最小允许弯曲半径，电缆最小允许弯曲半径见表 2－53。 (6)下列不同电压、不同用途的电缆，不宜敷设在同一层桥架上。 1)1 kV 以上和 1 kV 以下的电缆。 2)同一路径向一级负荷供电的双路电源电缆。 3)应急照明和其他照明的电缆。 4)强电和弱电电缆。

续上表

项目	内　容
电缆敷设	5)如受条件限制需安装在同一层桥架上时,应用隔板隔开。 6)在强腐蚀或特别潮湿的场所采用电缆桥架布线时,应具有相应的防护措施。 7)电缆桥架上的电缆可无间距敷设,电缆在桥架内横断面的填充率:电力电缆不应大于40%;控制电缆不应大于50%。 8)电缆敷设时应排列整齐,不应交叉,并应及时装设标志牌,标志牌的装设应符合下列要求: ①电缆桥架内的电缆应在首端、尾端、转弯及分支处每隔50 m处设标志牌。 ②标志牌应注明电缆编号、型号、规格及起止点等。 ③标志牌规格应统一,标志牌应防腐,挂装应牢固
线路检查及绝缘摇测	(1)线路检查。接、焊、包全部完成后,应进行自检和互检;检查导线接、焊、包是否符合设计要求及有关验收规范和质量验评标准的规定。不符合规定时应立即纠正,检查无误后再进行绝缘摇测。 (2)绝缘摇测。照明线路的绝缘摇测一般选用1 000 V的兆欧表。一般绝缘线路绝缘摇测包括电气器具未安装前进行线路绝缘摇测和电气器具全部安装完在送电前进行摇测

表2—52　垂直敷设电缆固定点间距

电缆种类		固定点间距(mm)
电力电缆	全塑型	1 000
	除全塑型外的电缆	1 500
控制电缆		1 000

表2—53　电缆最小允许弯曲半径

序号	电缆种类	最小允许弯曲半径
1	无铅包钢铠护套的橡皮绝缘电力电缆	$10D$
2	有钢铠护套的橡皮绝缘电力电缆	$20D$
3	聚氯乙烯绝缘电力电缆	$10D$
4	交联聚氯乙烯绝缘电力电缆	$15D$
5	多芯控制电缆	$10D$

注:D为电缆外径。

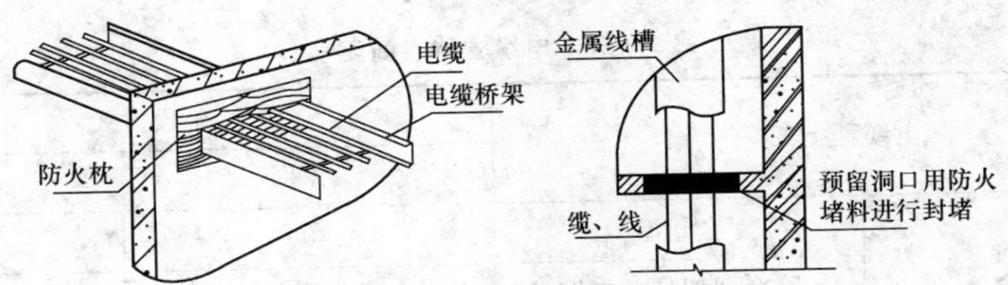

图2—12　桥架穿墙、楼板处防火做法

第十节　电缆沟内和电缆竖井内电缆敷设

一、验收条文

电缆沟内和电缆竖井内电缆敷设质量验收标准见表2—54。

表2—54　电缆沟内和电缆竖井内电缆敷设质量验收标准

项目	内　容
主控项目	(1)金属电缆支架、电缆导管必须接地(PE)或接零(PEN)可靠。 (2)电缆敷设严禁有绞拧、铠装压扁、护层断裂和表面严重划伤等缺陷
一般项目	(1)电缆支架安装应符合下列规定: 1)当设计无要求时,电缆支架最上层至竖井顶部或楼板的距离不小于150～200 mm;电缆支架最下层至沟底或地面的距离不小于50～100 mm。 2)当设计无要求时,电缆支架层间最小允许距离符合表2—55的规定。 3)支架与预埋件焊接固定时,焊缝饱满;用膨胀螺栓固定时,选用螺栓适配。连接紧固,防松零件齐全。 (2)电缆在支架上敷设,转弯处的最小允许弯曲半径应符合《建筑电气工程质量验收规范》(GB 50303—2002)有关内容的规定。 (3)电缆敷设固定应符合下列规定: 1)垂直敷设或大于45°倾斜敷设的电缆在每个支架上固定。 2)交流单芯电缆或分相后的每相电缆固定用的夹具和支架,不形成闭合铁磁回路。 3)电缆排列整齐,少交叉;当设计无要求时,电缆支持点间距不大于表2—56的规定。 4)当设计无要求时,电缆与管道的最小净距,符合表2—58的规定,且敷设在易燃易爆气体管道和热力管道的下方。 5)敷设电缆的电缆沟和竖井,按设计要求位置,有防火隔堵措施。 (4)电缆的首端、末端和分支处应设标志牌

表2—55　电缆支架层间最小允许距离　(单位:mm)

电缆种类	支架层间最小距离
控制电缆	120
10 kV及以下电力电缆	150～200

表2—56　电缆支持点间距　(单位:mm)

电缆种类		敷设方式	
		水平	垂直
电力电缆	全塑型	400	1 000
	除全塑型外的电缆	800	1 500

续上表

电缆种类	敷设方式	
	水平	垂直
控制电缆	800	1 000

二、施工材料要求

电缆沟内和电缆竖井内电缆敷设施工材料要求参考本章“第九节”的相关内容。

三、施工工艺解析

(1)电缆沟内电缆敷设工艺解析见表 2－57。

表 2－57 电缆沟内电缆敷设工艺解析

项目	内容
准备工作	(1)施工前应对电缆进行详细检查:规格、型号、截面、电压等级均符合设计要求,外观无扭曲、损坏及漏油、渗油等现象。 (2)电缆敷设前进行绝缘摇测或耐压试验。 (3)放电缆机具的安装:采用机械放电缆时,应将机械选好适当位置安装,并将钢丝绳和滑轮安装好;人力放电缆时滚轮应提前安装好。 (4)临时联络指挥系统的设置。 (5)根据现场实际情况,事先将电缆的排列,用表或图的方式画出来,以防电缆的交叉和混乱。 (6)冬季电缆敷设,温度达不到规范要求时,应将电缆提前加温。 (7)电缆沟内敷设前,土建专业已根据设计要求完成电缆沟及电缆支架的施工,电缆敷设在沟内壁的角钢支架上。电缆支架间的平行距离,电力电缆为 1 m,控制电缆为 0.8 m;垂直距离,电力电缆为 1.5 m,控制电缆为 1 m;电缆层间距,10 kV 及以下电缆为 150～250 mm,控制电缆为 120 mm;电缆支架最下层距沟底的距离不小于 50～100 mm
电缆敷设	(1)清除沟内杂物,在沟底铺上 100 mm 厚的软砂或砂层,准备敷设电缆。 (2)电缆敷设可用人力牵引或用卷扬机或托撬(旱船法)牵引。敷设时,应注意电缆弯曲半径应符合规范要求。 (3)电缆在沟内敷设应有适量的蛇形弯,电缆的两端、中间接头、电缆井内、过管处、垂直位差处均应留有适当的余度。 (4)电缆的埋深应符合下列要求:电缆表面距地面的距离不应小于 0.7 m,穿越农田时不应小于 1 m,只有在引入建筑物或与地下建筑交叉绕过地下建筑物处,可埋浅些,但应采取保护措施。在寒冷地区,电缆应埋于冻土层以下,当无法埋设时,应采取保护措施。 (5)电缆遇铁路、公路、城市街道、厂区道路时,应敷设在坚固的保护管内。管的两侧伸出道路路基两边各 2 m,伸出排水沟 0.5 m。

续上表

项目	内　容
电缆敷设	(6)电缆之间、电缆与其他管道、道路、建筑物等之间的平行交叉时的最小距离，应符合表2－58的规定
铺砂盖砖	(1)电缆敷设完毕，应请建设单位及质量管理部门做隐蔽工程验收。 (2)隐蔽工程验收合格，电缆上下分别铺盖10 cm砂子或细土，然后用电缆盖板或砖将电缆盖好，覆盖宽度应超过电缆两侧5 cm。使用电缆盖板时，盖板应指向受电方向
回填土	回填土前，应清理积水，进行一次隐蔽工程检查。合格后，应及时回填土，并进行夯实
埋标志桩	电缆回填土后，做好电缆记录，并应在电缆拐弯、接头、交叉、进出建筑物等处设置明显方位标志桩。直线段每隔100 m设标志桩，标志桩可以采用C30钢筋混凝土制作，并且标有“下有电缆”字样。标志桩露出地面以150 mm为宜
管口防水处理	电缆进出建筑物处，进入室内的电缆管口低于室外地面者，对其电缆管口按设计要求或相应标准做防水处理
挂标志牌	(1)标志牌规格应一致，并有防腐性能，挂装应牢固。 (2)标志牌上应注明电缆编号、规格、型号及电压等级。 (3)直埋电缆进出建筑物、电缆井及两端应挂标志牌。 (4)沿支架桥架敷设电缆，在其两端、拐弯处、交叉处应挂标志牌，直线段应适当增加标志牌

表2－58　电缆与管道的最小净距

管道类别		平行净距(m)	交叉净距(m)
一般工艺管道		0.4	0.3
易燃易爆气体管道		0.5	0.5
热力管道	有保温层	0.5	0.3
	无保温层	1.0	0.5

(2)电缆竖井内电缆敷设工艺解析见表2－59。

表2－59　电缆竖井内电缆敷设工艺解析

项目	内　容
准备工作	同“电缆沟内电缆敷设”的内容
电缆支架	(1)电缆在竖井内敷设，当设计无要求时，电缆支架最上层至竖井顶部或楼板的距离不小于150～200 mm；电缆支架最下层至地面的距离不小于50～100 mm。 (2)支架与预埋件焊接固定时，焊缝饱满，用膨胀螺栓固定时，选用螺栓适配，联结紧固，防松零件齐全，支架应横平竖直

续上表

<table>
<tr><th>项目</th><th>内　容</th></tr>
<tr><td>电缆敷设</td><td>(1)电缆在支架上敷设时,应按电压等级排列,高压在上面,低压在下面,控制电缆在最下面,如两侧装设电缆支架,则电力电缆与控制电缆应分别安装在沟的两侧。
(2)电缆在支架上敷设时,电力电缆间距为 35 mm,但不小于电缆外径尺寸;不同等级电力电缆间及其与控制电缆间的最小净距为 100 mm;控制电缆间不作规定。支架的间距应按设计要求施工,如果设计无要求,电缆间平行距离不小于 100 mm,垂直距离为 150～200 mm。
(3)电缆桥架上电缆敷设。
1)水平敷设。
①电缆沿桥架或托盘敷设时,应将电缆单层敷设,排列整齐,首尾两端、转弯两侧及每隔 5～10 m 处设固定点。电缆不得有交叉,拐弯处应以最大截面电缆允许弯曲半径为准。
②不同等级电压的电缆应分层敷设,高压电缆应敷设在最上层。同等级电压的电缆沿桥架敷设时,电缆水平净距不得小于电缆外径。
2)垂直敷设。
①垂直敷设电缆时,有条件的最好自上而下敷设。土建未拆起重机前,用起重机将电缆吊至楼层顶部;敷设前,选好位置,架好电缆盘,电缆的向下弯曲部位用滑轮支撑电缆,在电缆轴附近和部分楼层应设制动和防滑措施;敷设时,同截面电缆应先敷设低层,再敷设高层。
②自下而上敷设时,低层、小截面电缆可用滑轮大绳人力牵引敷设。高层、大截面电缆宜用机械牵引敷设。
③电缆穿楼板时,应装套管,敷设完成后应将套管用防火材料堵死。
(4)管内电缆敷设。
1)检查管道。
金属管道严禁对焊联结;防爆导管不应采用倒扣联结,应采用防爆活结头,其接合面应紧密。管口平整光滑,无毛刺。检查管道内是否有杂物,敷设电缆前,应将杂物清理干净。
2)试牵引、经过检查后的管道,可用一段(长约 5 m)同样电缆做模拟牵引,然后观察电缆表面,检查磨损是否属于许可范围内。
3)敷设电缆。
①将电缆盘放在电缆入孔井口的外边,先用安装有电缆牵引头并涂有电缆润滑油的钢丝绳与电缆的一端联结,钢丝绳的另一端穿过电缆管道。拖拉电缆力量要均匀,检查电缆牵引工程中有无卡阻现象,如张力过大,应查明原因,问题解决后,继续牵引电缆。
②电力电缆应单独穿入 1 根管孔内。同一管孔内可穿入 3 根控制电缆。三相或单相的交流单芯电缆不得单独穿于导磁性导管内</td></tr>
<tr><td>电缆固定</td><td>(1)垂直电缆敷设或大于 45°倾斜敷设的电缆在每个支架上固定。
(2)交流单芯电缆或分相后的每相电缆固定用的夹具和支架,不形成闭合铁磁回路。
(3)电缆排列整齐、少交叉;当设计无要求时电缆支持点间距不大于表 2—56 的规定。</td></tr>
</table>

续上表

项目	内　容
电缆固定	(4)电缆之间、电缆与其他管道、道路、建筑物等之间的平行交叉时的最小距离应符合表2－58的规定
敷设电缆的竖井	敷设电缆的竖井,按设计要求的位置,做好防火隔离
敷设电缆的电缆管	敷设电缆的电缆管,按设计要求的位置,做好防火隔离措施
电缆入孔井	电缆在管道内敷设时,为了抽拉电缆或做电缆联结,电缆管分支、拐弯处,均需安设电缆入孔井。按照规范的要求,电缆入孔井的距离直线部分每隔 50～100 mm 设置一个
挂标志牌	(1)标志牌规格应一致,并有防腐性能,挂装应牢固。 (2)标志牌上应注明电缆编号、规格、型号、电压等级及起始位置。 (3)直埋电缆进出建筑物、电缆井及两端应挂标志牌。 (4)沿支架桥架敷设电缆,在其两端、拐弯处、交叉处应挂标志牌,直线段应适当增设标志牌

(3)绝缘穿刺线夹安装工艺解析见表 2－60。

表 2－60　绝缘穿刺线夹安装工艺解析

项目	内　容
第一步	(1)严格参照华北标准图集《内线工程》(92 DQ5－1)、建设部标准图集《电气竖井设备安装》(04 D701－1)有关穿刺线夹的要求实施安装。 (2)剥除多芯电缆的外护套时,严禁割伤线芯的绝缘层,万一损伤后应及时按照一般电缆绝缘补救规范处理,并接受绝缘测试。 (3)外护套的剥除长度应不大于 50 倍的电缆直径,在安装方便的同时尽量减少剥除长度。 (4)单芯电缆的外护套也应剥除,但剥除长度稍大于穿刺线夹的宽度即可。 (5)外护套剥除后,应同时剪除裸露的电缆敷料,两端口用绝缘塑料胶带缠绕包裹,以不露出电缆内填充辅料为准
第二步	(1)在多条电缆并行安装的井道内,多个穿刺线夹的安装位置应不在同一平面或立面,应保持 3 倍以上电缆外径的距离,错开安装位置,以减少堆积占用的安装体积。 (2)用 13 号、17 号封闭扳手、眼镜扳手、套筒扳手紧固穿刺线夹的力矩螺母直至脱落。力矩螺母脱落前,严禁使用开口扳手、活动扳手、手虎钳等紧固力矩螺母,遇到较硬电缆绝缘皮时,可以用来适当紧固力矩螺母下的大螺母,以不压裂线夹壳体为准。 (3)紧固双力矩螺母的穿刺线夹时,对两个螺母应交替拧紧,尽量保持压力的平衡。 (4)支电缆应留有一定余量后剪截,但不应在井道桥架内盘卷。

续上表

项目	内　容
第二步	(5)支电缆的外护套也应剥除，剥除端口与主缆平齐，同样严禁割伤线芯的绝缘层。 (6)支电缆应完全穿过线夹，并露出足够余量以套紧支线端帽。对有硬质支线堵端或端帽的穿刺线夹，应使支线完全触到端帽底面
第三步	(1)选用穿刺线夹应满足电缆截面标称范围，在此前提下应选用较小型号。 (2)电缆应夹在穿刺线夹的弧口中间位置，目测不得偏高。 (3)在潮湿的电缆井道内，要严格注意支线端口毛刺不许刺破端帽，在极端潮湿环境下，用热缩材料或塑料胶带包裹支线端头后，再戴紧端帽。 (4)不许用电工胶带缠绕包裹穿刺线夹，以便散热和检查。 (5)用一个穿刺线夹做电缆续接时，严禁其承受径向拉力。建议一个续接点使用两个穿刺线夹，以承受电缆径向拉力。注意这时一个穿刺线夹要使用两个端帽
第四步	(1)选用一个穿刺线夹做 U 形分支时，以两条分支的额定电流之和小于穿刺线夹的额定电流为准。 (2)铠装电缆安装穿刺线夹时，外护套剥除后，两端口用铜辫做等电位联结，其绝缘防潮处理参照国家或电力部门规范，分支处需要灌注绝缘防护胶时，应计算散热。 (3)原则上不许重复使用穿刺线夹，也就是不能安装力矩螺母已脱落的穿刺线夹。 (4)安装完毕穿刺线夹后又要调整电缆摆放位置时，要注意不能使穿刺线夹的紧固螺栓直接顶触电缆。如有直接顶触，应采取缠裹胶带或套戴胶帽等隔离措施，防止电缆电动力震动线夹螺栓戳破电缆绝缘层。 (5)分支电缆与主电缆等线径时，不用加装保护；相差系数很大时，原则上分支线长度超过 3 m 即要设保护；相差系数 0.35 以下时，8 m 内可不设保护，相差系数 0.55 以下时，11 m内可不设保护；或参照相应标准经严谨论证后是否加装支线保护

第十一节　电线导管、电缆导管和线槽敷设

一、验收条文

电线导管、电缆导管和线槽敷设质量验收标准见表 2—61。

表 2—61　电线导管、电缆导管和线槽敷设质量验收标准

项目	内　容
主控项目	(1)金属的导管和线槽必须接地(PE)或接零(PEN)可靠，并符合下列规定： 1)镀锌的钢导管、可挠性导管和金属线槽不得熔焊跨接接地线，以专用接地卡跨接的两卡间连线为铜芯软导线，截面积不小于 4 mm^2。

续上表

项目	内　　容
主控项目	2)当非镀锌钢导管采用螺纹连接时,连接处的两端焊跨接接地线;当镀锌钢导管采用螺纹连接时,连接处的两端用专用接地卡固定跨接接地线。 3)金属线槽不作设备的接地导体,当设计无要求时,金属线槽全长不少于 2 处与接地(PE)或接零(PEN)干线连接。 4)非镀锌金属线槽间连接板的两端跨接铜芯接地线,镀锌线槽间连接板的两端不跨接接地线,但连接板两端不少于 2 个有防松螺帽或防松垫圈的连接固定螺栓。 (2)金属导管严禁对口熔焊连接;镀锌和壁厚小于等于 2 mm 的钢导管不得套管熔焊连接。 (3)防爆导管不应采用倒扣连接;当连接有困难时,应采用防爆活接头,其接合面应严密。 (4)当绝缘导管在砌体上剔槽埋设时,应采用强度等级不小于 M10 的水泥砂浆抹面保护,保护层厚度大于 15 mm
一般项目	(1)室外埋地敷设的电缆导管,埋深不应小于 0.7m。壁厚小于等于 2 mm 的钢电线导管不应埋设于室外土壤内。 (2)室外导管的管口应设置在盒、箱内。在落地式配电箱内的管口,箱底无封板的,管口应高出基础面 50～80 mm。所有管口在穿入电线、电缆后应做密封处理。由箱式变电所或落地式配电箱引向建筑物的导管,建筑物一侧的导管管口应设在建筑物内。 (3)电缆导管的弯曲半径不应小于电缆最小允许弯曲半径,电缆最小允许弯曲半径应符合相关规范的规定。 (4)金属导管内外壁应做防腐处理;埋设于混凝土内的导管内壁应做防腐处理,外壁可不做防腐处理。 (5)室内进入落地式柜、台、箱、盘内的导管管口,应高出柜、台、箱、盘的基础面 50～80 mm。 (6)暗配的导管,埋设深度与建筑物、构筑物表面的距离不应小于 15 mm;明配的导管应排列整齐,固定点间距均匀,安装牢固;在终端、弯头中点或柜、台、箱、盘等边缘的距离 150～500 mm 范围内设有管卡,中间直线段管卡间的最大距离应符合表 2－62 的规定。 (7)线槽应安装牢固,无扭曲变形,紧固件的螺母应在线槽外侧。 (8)防爆导管敷设应符合下列规定: 1)导管间及与灯具、开关、线盒等的螺纹连接处紧密牢固,除设计有特殊要求外,连接处不跨接接地线。在螺纹上涂以电力复合脂或导电性防锈脂。 2)安装牢固顺直,镀锌层锈蚀或剥落处做防腐处理。 (9)绝缘导管敷设应符合下列规定: 1)管口平整光滑;管与管、管与盒(箱)等器件采用插入法连接时,连接处结合面涂专用胶合剂,接口牢固密封。 2)直埋于地下或楼板内的刚性绝缘导管,在穿出地面或楼板易受机械损伤的一段,采取保护措施。 3)当设计无要求时,埋设在墙内或混凝土内的绝缘导管,采用中型以上的导管。

续上表

项目	内 容
一般项目	4)沿建筑物、构筑物表面和在支架上敷设的刚性绝缘导管,按设计要求装设温度补偿装置。 (10)金属、非金属柔性导管敷设应符合下列规定: 1)刚性导管经柔性导管与电气设备、器具连接,柔性导管的长度在动力工程中不大于0.8 m,在照明工程中不大于1.2 m。 2)可挠金属管或其他柔性导管与刚性导管或电气设备、器具间的连接采用专用接头;复合型可挠金属管或其他柔性导管的连接处密封良好,防液覆盖层完整无损。 3)可挠性金属导管和金属柔性导管不能做接地(PE)或接零(PEN)的接续导体。 (11)导管和线槽,在建筑物变形缝处,应设补偿装置

表 2—62 管卡间最大距离

敷设方式	导管种类	导管直径(mm)				
		15～20	25～32	32～40	50～65	65 以上
		管卡间最大距离(m)				
支架或沿墙明敷	壁厚＞2 mm 刚性钢导管	1.5	2.0	2.5	2.5	3.5
	壁厚≤2 mm 刚性钢导管	1.0	1.5	2.0	—	—
	刚性绝缘导管	1.0	1.5	1.5	2.0	2.0

二、施工材料要求

电线导管、电缆导管和线槽敷设材料要求见表 2—63。

表 2—63 电线导管、电缆导管和线槽敷设材料要求

项目	内 容
导管	(1)外观要求:钢导管无压扁,内壁光滑;非镀锌钢导管无严重锈蚀,按制造标准油漆出厂的油漆完整;镀锌钢导管镀层覆盖完整、表面无锈斑;绝缘导管及配件不碎裂,表面有阻燃标记和制造厂标。 (2)按制造标准现场抽样检测导管的管径、壁厚及均匀度。对绝缘导管及配件的阻燃性能有异议时,按批抽样送有资质的试验室检测
导管与线槽	(1)电缆线槽应有产品合格证,其表面光滑、部件齐全、不变形。 (2)薄壁钢管(电线管)通常用于室内干燥场所吊顶、夹板墙内敷设,也可暗敷于墙体及混凝土内。

续上表

项目	内　容
导管与线槽	(3)厚壁钢管(黑铁管)用于室外场所明敷和在机械载重场所进行暗敷,也可经防腐处理后直接埋入土中。镀锌管通常使用在室外和防爆场所(厚壁无缝管),也可在腐蚀性的土层中暗敷。 (4)硬塑料管适用于室内有酸、碱等腐蚀性介质的场所明敷,也可敷设于混凝土内。明敷的硬塑料管在穿过楼板等易受机械损伤的地方,应有钢管保护;埋于地面内的硬塑料管,露出地面易受机械损伤部位,也应用钢管保护。硬塑料管不准用在高温、高热的场所(如锅炉房),也不应在易受损伤的场所敷设。 (5)半硬塑料管只适用于六层及六层以下和一般民用建筑的照明工程。应敷设在预制混凝土楼板间的缝隙中;从上到下垂直敷设时,应暗敷在预留的砖缝中,并用水泥砂浆抹平,砂浆厚度不小于15 mm。半硬塑料管不得敷设在楼板平面上,也不得在吊顶及护墙夹层内及板条墙内敷设。 (6)线槽安装应便于集中敷线,且应符合设计要求
接线盒	接线盒盒体完整,无碎裂、压扁、扭曲等缺陷。敲落孔完整,箱体铁脚齐全,螺纹清晰,具有产品合格证。镀锌钢接线盒应镀层光滑、无漏镀现象;塑料接线盒的绝缘阻燃性能合格;铝接线盒表面光洁,无裂纹
护口、锁紧螺母、管卡、螺栓	护口、锁紧螺母、管卡、螺栓等应与导管相适配

三、施工工艺解析

电线导管、电缆导管和线槽敷设工艺解析见表2－64。

表2－64　电线导管、电缆导管和线槽敷设工艺解析

项目	内　容
暗管敷设基本要求	(1)暗配的电线管路宜沿最近路线敷设并应减少弯曲;埋入墙或混凝土内的管,距砌体表面的净距不应小于15 mm,消防管路不小于30 mm。管与管之间的间隙不应小于10 mm。 (2)埋入地下的电线管路不宜穿过设备基础,在穿过建筑物基础时,应加保护管。 (3)敷设于多尘和潮湿场所的电线管路、管口、管子联结处均应做密封处理。 (4)进入落地式配电箱的电线管路,排列应整齐,管口应高出基础面50～80 mm。 (5)使用JDG、KBG电线导管时,使用专业工具及配套的联结件,套管联结处涂抹密封胶,保持电气导通性和联结处的严密性。防止施工时的砂浆和潮气进入管路中。 (6)弯曲管材弧度应均匀,焊缝应处于外侧。不应有褶皱、凹陷、裂纹、死弯的缺陷。管材弯扁程度不应大于管外径的10%。 (7)敷设于垂直线管中的导线超过下列长度时,应在管口处或接线盒中加以固定,导线截面50 mm^2 以下时,为30 m;导线截面70～95 mm^2 时,为20 m;导线截面120～240 mm^2时,为18 m。电线管路与其他管路最小距离见表2－65

续上表

项目		内　容
预制加工	冷摵法	管径为20 mm及以下时，用手扳摵管器。先将管子插入摵管器，逐步摵出所需弯度。管径为25 mm以上时，是用液压摵管器，即先将管子放入模具，然后扳动摵管器，摵出所需弯度。JDG、KBG电线导管使用专用摵管器
	管子切割	常用钢锯、无齿锯、砂轮锯进行切管，将需要切断的管子长度量准确，放在钳口内卡牢固，断口处平齐，管口刮锉光滑，无毛刺，管内铁屑除净
	管子套丝	采用套丝板，套丝机，根据管外径选择相应的板牙，将管子用台虎钳或龙门压架钳紧牢，再把绞板套在管端，均匀用力，不得过猛，随套随浇冷却液，套丝不乱不过长，清除渣屑，螺纹干净清晰。管径20 mm以下时，应分两板套成；管径在25 mm及以上时，应分三板套成
测定盒、箱位置		根据设计图确定盒、箱轴线位置，以土建弹出的水平线为基准，挂线找平，线坠找正，标出盒、箱实际尺寸位置
稳注盒、箱		应灰浆饱满，牢固平整，坐标正确。现浇混凝土板墙固定盒、箱加支铁固定，盒、箱底距外墙面小于30 mm时应加金属网固定后再抹灰，防止空裂。稳注灯头盒，现浇混凝土楼板，将盒子堵好随底板钢筋固定，管路配合好后，随土建浇灌混凝土施工同时完成。预制板开灯位洞时，找好位置后用尖錾子由下往上剔，洞口大小比灯头盒外口略大10～20 mm。灯头盒焊好卡铁，用混凝土稳注好，并用托板托牢，混凝土凝固后，即可拆除托板
管路联结		(1)管路联结方法，管路螺纹联结。套丝不得有乱扣现象，管箍必须使用通丝管箍。上好管箍后，管口应对严，外露丝应不多于2扣。 (2)套管联结宜用于暗配管，套管长度为联结管径的2.2倍，联结管口的对口处应在套管的中心，焊口应焊接牢固严密，焊角大于360°。 (3)套接紧定式、套接紧定式旋压型、套接扣压式电线钢导管，管联结件应使用厂家提供的配套产品。 1)套接紧定式钢导管管路联结的紧定螺钉，应采用专用工具操作，旋紧至螺帽脱落，不应敲打、切断、折断螺帽，如图2－13所示。 2)套接紧定式旋压型钢导管联结时，将导管与螺纹接头插紧定位，再用专用扳手将锁钮旋转90°，即锁钮外露端的平面与接头平面垂直，导管与螺纹接头连成一体即可将导管与接线盒连成一体，如图2－14所示。 3)套接紧定式无螺纹旋压型钢导管与套接紧定式有螺纹紧定型钢导管的区别： ①套接紧定式无螺纹旋压型钢导管紧定螺钉可重复使用，杜绝反复使用。 ②套接紧定式有螺纹紧定型钢导管紧钉螺钉拧到位折断后，紧定螺钉不能再次使用。如图2－15所示。

续上表

项目	内　容
管路联结	(4)管与管的联结。 1)镀锌和壁厚小于等于 2 mm 的钢导管,必须用螺纹联结,紧定联结,卡套联结等,不得套管焊联结,严禁对口熔焊联结。管口锉光滑平整,接头应牢固紧密。 2)管路超过下列长度,应加装接线盒,其位置应合理,便于穿线。无弯时,30 m;有一个弯时,20 m;有两个弯时,15 m;有三个弯时,8 m。不允许有四个弯以上的弯曲。 (5)管进箱、盒的要求。 1)盒、箱开孔应整齐并与管径相吻合,一管一孔,不得开长孔。金属盒、箱严禁用电、气焊开孔,并应刷防锈漆。用定型盒、箱,其敲落孔大而管径小时,可用铁皮垫圈垫严或用砂浆加石膏补平齐,不得露洞。 2)管口入盒、箱暗配管可用跨接地线焊接固定在盒棱边上,管口不得与敲落孔焊接,管口露出盒、箱应不小于 5 mm。用锁紧螺母,露出锁紧螺母的螺纹为 2～3 扣。两根以上管入盒、箱要长短一致、间距均匀、排列整齐
暗管敷设方式	(1)随墙(砌体)配管:砖墙、加气混凝土墙、空心砖墙配合砌墙立管时,管最好置于墙中心,管口向上者要堵好。为使盒子平整,标高准确,可将管先立至距盒 200 mm 左右处,然后将盒子稳好,再接短管。短管入盒、箱端可不套丝,可用跨接地线焊接牢固,管口与盒、箱里口平齐。向上引管有吊顶时,管上端应摵成 90°弯进吊顶内,由顶板向下引管不宜过长。待砌隔墙时,先稳盒后接短管。 (2)模板混凝土墙配管,可将盒、箱固定在该墙的钢筋上(如有内保温墙,应计算出内保温墙的厚度,使盒、箱口与内墙平齐),接着敷管。每隔 1 m 左右,用铁丝绑扎牢。管进盒、箱要摵灯叉弯,如图 2－16 所示。 (3)现浇混凝土楼板配管,测好灯位,根据房间四周墙的厚度,弹出十字线,将堵好的盒子固定牢,然后敷管。有两个以上盒子时,要拉直线。管进盒长度要适宜,管路每隔 1 m 左右用铁丝绑扎牢。如有吊扇、花灯或超过 3 kg 的灯具应焊好吊钩。 (4)素土内配管可用混凝土砂浆保护。应减少接头,管箍螺纹联结处抹铅油缠麻拧牢
变形缝处理	(1)变形缝处理的做法。变形缝两侧各预埋一个接线箱,先把管的一端固定在接线箱上,另一侧接线箱底部的垂直方向开长孔,其孔径的长宽度尺寸不小于被接入管直径的 2 倍。两侧联结好补偿跨接地线,如图 2－17 所示。 (2)普通接线箱在地板上、下部做法一式如图 2－18 所示,箱体底口距离地面不小于 300 mm,管路弯曲 90°后,管进箱应加内外锁紧螺母。在板下部时,接线箱距顶板距离应不小于 150 mm。 (3)普通接线箱在地板上、下部做法二式如图 2－19 所示,采用直筒式接线箱,做法与一式基本相同

续上表

项目	内　容
地线联结	(1)管路应做整体接地联结，穿过建筑物变形缝时，应有接地补偿装置。如采用跨接方法联结，焊接、跨接地线两端双面焊接，焊接面不得小于该跨接线截面的6倍，焊缝均匀牢固，焊接处要清除药皮，刷防腐漆。跨接线的规格见表2－66。 (2)卡接、镀锌钢管、JDG、KBG钢管及可挠金属管，应用专用接地线卡联结，不得采用熔焊联结
明管敷设	(1)基本要求，根据设计图加工支架、吊架、抱箍等铁件以及各种盒、箱、弯管。在粉尘、易爆场所敷管，应按设计和有关防爆规程施工。 (2)管弯、支架、吊架预制加工，明配管弯曲半径一般不小于管外径的6倍，如有一个弯时，可不小于管外径的4倍。加工方法可采用冷摵和热摵法，支架、吊架的规格设计无规定时，扁铁支架不应小于30 mm×3 mm，角钢支架不应小于25 mm×25 mm×3 mm。埋注支架应有燕尾，埋注深度不应小于120 mm。 (3)测定盒、箱及固定点位置。 1)根据设计图首先测出盒、箱与出线口等的准确位置。 2)根据测定的盒、箱位置，把管路的垂直、水平走向弹出线，按照安装标准规定的固定点间距尺寸要求，计算确定支架、吊架的具体位置。 3)固定点的距离应均匀，管卡与终端、转弯中点、电气器具或接线盒边缘的距离为150～500 mm，中间的管卡最大距离见表2－43。 4)固定方法有胀管法、木砖法、预埋铁件焊接法、稳注法、剔注法、抱箍法。 5)盒、箱固定，由地面引出管路至盘、箱，应在盘、箱下侧100～150 mm处加稳固支架，将管固定在支架上。盒、箱安装应牢固平整，开孔整齐，与管径吻合，一管一孔。铁质盒、箱严禁用电气焊开孔。 (4)管路敷设时管路应畅通、顺直、内侧无毛刺，镀锌层完整无损。敷设管路时，先将管长一端的螺丝拧进一半，然后将管敷设在内，逐个拧牢。使用支架时，可将钢管固定在支架上，不应将钢管焊接在其他管道上。水平或垂直敷设明配管允许偏差，管路在2 m以内时，偏差为3 mm；全长偏差不应超过管子内径的1/2。 (5)管路的联结应采用螺纹联结或专用联结头。 (6)钢管与设备联结。应将钢管敷设到设备内，如不能直接敷设时应符合以下要求： 1)干燥室内，可在钢管出口处加一接线盒，过渡为柔性保护软管引入设备。 2)室外或潮湿房间内。可在管口处装设防水弯头。由防水弯头引出的导线应加柔性保护软管，经防水弯成滴水弧引入设备。 3)管口距地面高度不宜低于200 mm。 (7)柔性金属软管引入设备应符合以下要求： 1)刚性导管经柔性导管与电气设备、器具联结，柔性导管的长度在动力工程中不大于0.8 m，照明工程中不大于1.2 m。 2)金属软管用管卡固定，其固定间距不应大于1 m。

续上表

项目		内容
明管敷设		3)金属柔性导管不能做接地或接零的连续导体。 (8)变形缝处理。管路应做整体接地联结,穿过变形缝时应有接地补偿装置,采用跨接方法。明配管跨接线应美观牢固
吊顶内、护墙板内管路敷设		(1)材质、固定方式管路敷设按照明配管工艺,接线盒可以使用暗盒。 (2)会审图纸要与通风暖卫等专业协调,应绘制翻样图,经审核无误后,在顶板或地面进行弹线定位。护墙板内配管应按设计要求。测定盒箱位置,弹线定位。吊顶配管如吊顶有格块线条的,灯位应按格块划分均匀。 (3)灯位测定后,用不少于 2 个螺丝把灯头盒固定牢。如有防火要求,采取防火措施处理。不用的敲落孔不应敲落,已脱落的应补好。 (4)管路应敷设在主龙骨的上边,管入盒、箱摵灯叉弯,里外带紧锁母,内锁母上紧后,露丝2～4扣,带内护口,螺纹补涂防腐漆。 (5)25 mm 以上和成排的管路及灯头盒、接线盒应单独架设。 (6)花灯、大型灯具等超过 3 kg 的电气器具的固定应在结构施工时预埋铁件或钢筋吊钩,要根据吊重考虑吊钩直径。吊钩直径不应小于器具吊钩直径,且不应小于 6 mm,吊扇不应小于 8 mm。吊钩应做好防腐处理。大型花灯的固定及悬吊装置应按器具重量的 2 倍做过载试验。 (7)管路敷设应牢固通顺,禁止做拦腰管或绊脚管。遇有管路接管时,必须在管箍后加锁紧螺母。管路固定的间距应按管径的大小符合固定间距。在终端弯头中点或距柜台、箱、盘等边缘 150～500 mm 范围内设固定卡固定。 (8)吊顶内灯头盒至灯位可采用柔性金属导管,长度不应超过 1.2 m,两端使用专用接头,联结紧密,防止脱落
线槽安装	线槽安装要求	(1)线槽应平整,无扭曲变形,内壁无毛刺,各种附件齐全。 (2)线槽的接口应平整,接缝处应紧密平直。槽盖装上后应平整,无翘角,出线口的位置准确。 (3)在吊顶内敷设时,如果吊顶无法上人时应留有检修孔。 (4)不允许将穿过墙壁的线槽与墙上的孔洞一起抹死。 (5)线槽的所有非导电部分的铁件均应相互联结和跨接,使之成为一连续导体,并做好整体接地。 (6)线槽经过建筑物的变形缝(伸缩缝、沉降缝)时,线槽本身应断开,槽内用内联结板搭接,不需固定。保护地线和槽内导线应留有补偿余量。 (7)敷设在竖井、吊顶、通道、夹层及设备层等处的线槽应符合《高层民用建筑设计防火规范》(GB 50045－2005)的有关规定
	线槽敷设安装	(1)线槽直线段联结应采用联结板,用垫圈、弹簧垫圈、螺母紧固,接茬处应缝隙严密平齐。

续上表

<table>
<tr><th colspan="2">项目</th><th>内 容</th></tr>
<tr><td rowspan="3">线槽安装</td><td>线槽敷设安装</td><td>(2)线槽进行交叉、转弯、丁字联结时,应采用单通、二通、三通、四通或平面二通、平面三通等进行变通联结,导线接头处应设置接线盒或将导线接头放在电气器具内。
(3)线槽与盒、箱、柜等接茬时,进线和出线口等处应采用抱脚联结,并用螺丝紧固,末端应加装封堵。
(4)建筑物的表面如有坡度时,线槽应随其坡度变化。待线槽全部敷设完毕后,应在配线之前进行调整检查,确认合格后,再进行槽内配线</td></tr>
<tr><td>吊装金属线槽</td><td>(1)线槽直线段组装时,应先做干线,再做分支线,将吊装器与线槽用蝶形夹卡固定在一起,按此方法,将线槽逐段组装成形。
(2)线槽与线槽可采用内联结头或外接头,配上平垫和弹簧垫用螺母紧固。
(3)线槽交叉、丁字、十字应采用二通、三通、四通进行联结,导线接头处应设置接线盒或放置在电气器具内,线槽内绝对不允许有导线接头。
(4)转弯部位应采用立上弯头和立下弯头,安装角度要适宜。
(5)出线口处应利用出线口盒进行联结,末端部位要装上封堵。盒、箱、柜进出线应采用抱脚联结</td></tr>
<tr><td>线槽内保护地线安装</td><td>(1)保护地线应根据设计图纸要求敷设在线槽内一侧,接地处螺丝直径不应小于6 mm;并需要加平垫和弹簧垫圈,用螺母压接牢固。
(2)金属线槽的宽度在 10 mm 以内(含 10 mm),两段线槽用联结板联结处(即联结板做地线时),每端螺丝固定点不少于 4 个;宽度在 200 mm 以上(含 200 m)两端线槽用联结板联结的保护地线每端螺丝固定点不少于 6 个</td></tr>
</table>

表 2－65 配线与管道间最小距离

<table>
<tr><th colspan="2" rowspan="3">管道名称</th><th colspan="2">配线方式</th></tr>
<tr><th>穿管配线</th><th>绝缘导线明配线</th></tr>
<tr><th colspan="2">最小距离(mm)</th></tr>
<tr><td rowspan="2">蒸汽管</td><td>平行</td><td>1 000(500)</td><td>1 000(500)</td></tr>
<tr><td>交叉</td><td>300</td><td>300</td></tr>
<tr><td rowspan="2">暖、热水管</td><td>平行</td><td>300(200)</td><td>300(200)</td></tr>
<tr><td>交叉</td><td>100</td><td>100</td></tr>
<tr><td rowspan="2">通风、上下水压缩空气管</td><td>平行</td><td>100</td><td>200</td></tr>
<tr><td>交叉</td><td>50</td><td>100</td></tr>
</table>

表 2－66　跨接线的规格表

项次	管径(mm)	圆钢(mm)	扁钢(mm)
1	15～25	$\phi5$	—
2	32～28	$\phi6$	—
3	50～63	$\phi10$	25×3
4	≥70	$\phi8\times2$	(25×3)×2

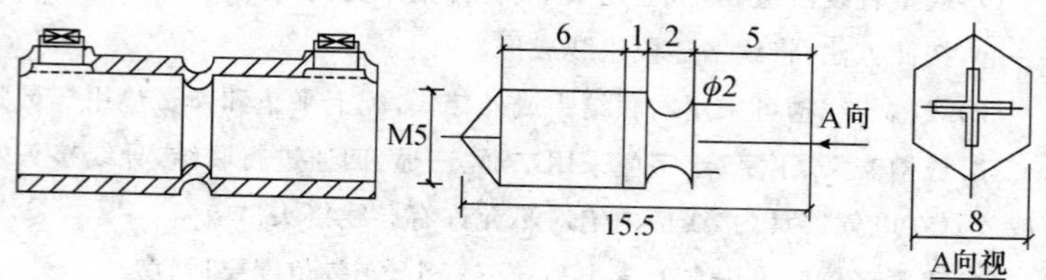

图 2－13　套接紧定式钢导管管路联结的紧定螺钉(单位:mm)

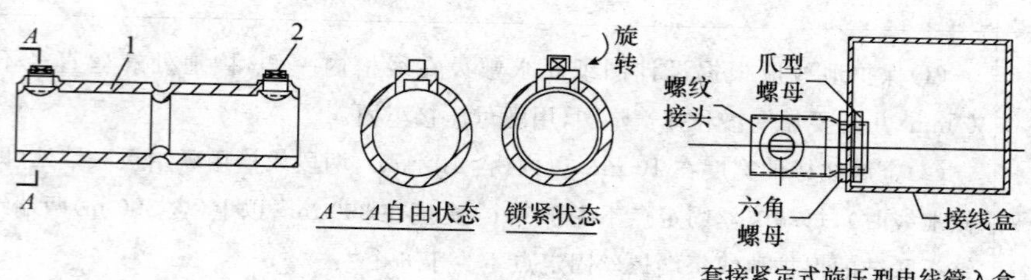

图 2－14　套接紧定式旋压型钢导管联结

1－连接套管;2－双点索紧旋钮

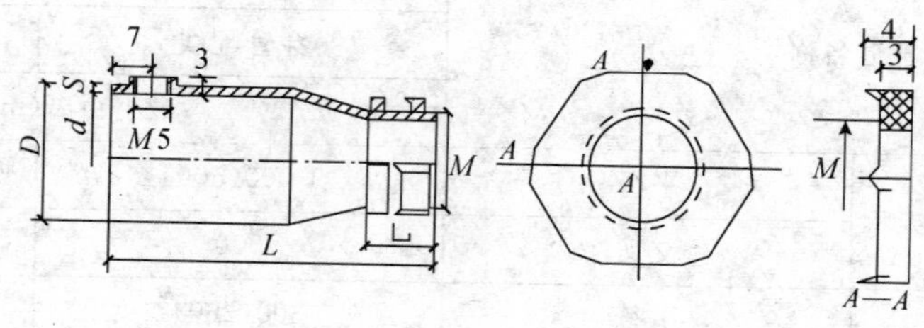

图 2－15　螺纹接头、爪型螺母图(单位:mm)

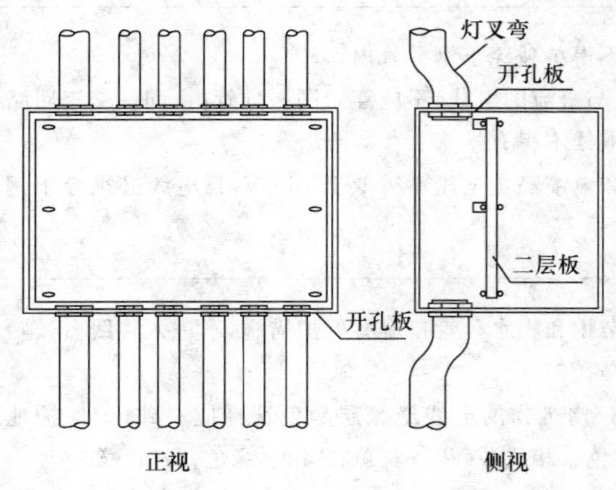

图 2—16　管路进盒、箱

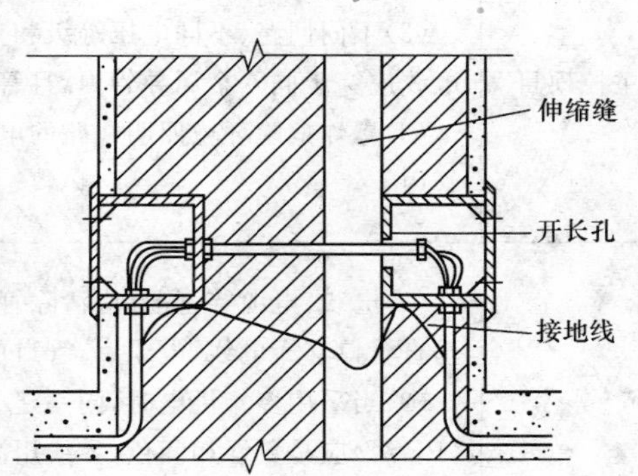

图 2—17　管路变形缝处理的做法

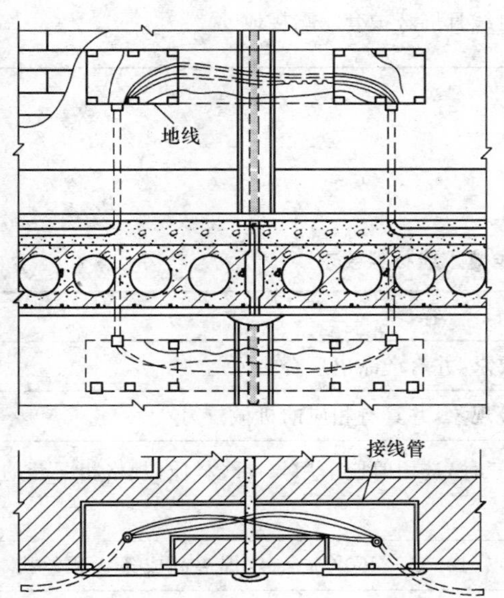

图 2—18　普通接线箱在地板上、下部做法一式

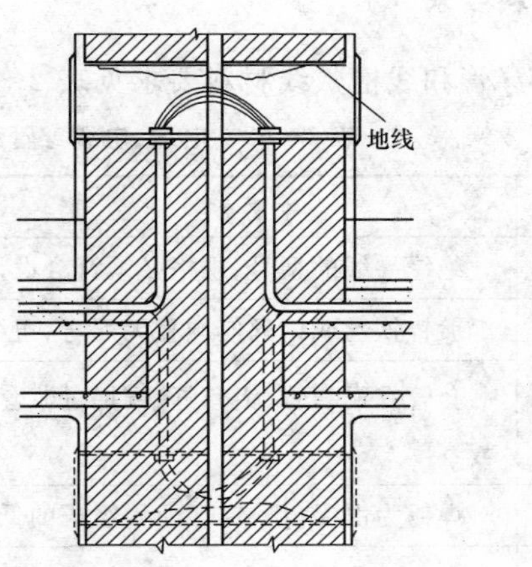

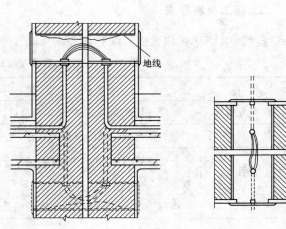

图 2—19　普通接线箱在地板上、下部做法二式

第十二节　电线、电缆穿管和线槽敷线

一、验收条文

电线、电缆穿管和线槽敷线质量验收标准见表 2—67。

表 2－67　电线、电缆穿管和线槽敷线质量验收标准

项目	内　容
主控项目	(1)三相或单相的交流单芯电线。不得单独穿于钢导管内。 (2)不同回路、不同电压等级和交流与直流的电线，不应穿于同一导管内；同一交流回路的电线应穿于同一金属导管内，且管内电线不得有接头。 (3)爆炸危险环境照明线路的电线和电缆额定电压不得低于 750 V，且电线必须穿于钢导管内
一般项目	(1)电线、电缆穿管前，应清除管内杂物和积水。管口应有保护措施，不进入接线盒(箱)的垂直管口穿入电线、电缆后，管口应密封。 (2)当采用多相供电时，同一建筑物、构筑物的电线绝缘层颜色选择应一致，即保护地线(PE线)应是黄绿相间色，零线用淡蓝色。相线：A 相—黄色；B 相—绿色；C 相—红色。 (3)线槽敷线应符合下列规定： 1)电线在线槽内有一定余量，不得有接头。电线按回路编号分段绑扎。绑扎点间距不应大于 2 m。 2)同一回路的相线和零线，敷设于同一金属线槽内。 3)同一电源的不同回路无抗干扰要求的线路可敷设于同一线槽内；敷设于同一线槽内有抗干扰要求的线路用隔板隔离，或采用屏蔽电线且屏蔽护套一端接地

二、施工材料要求

电线、电缆穿管和线槽敷线材料要求见表 2－68。

表 2－68　电线、电缆穿管和线槽敷线材料要求

项目	内　容
绝缘导线	绝缘导线的型号、规格必须符合设计要求，并有产品出厂合格证
镀锌铁丝	镀锌铁丝或钢丝应顺直无死弯、扭结等现象，并具有相应的机械拉力
套管	套管有铜套管、铝套管、铜铝过渡套管三种，选用时应采用与导线材质、规格相配套的套管
焊锡	焊锡为由锡、铅、锑等元素组成的低熔点(185℃～260℃)合金，焊锡制成条状和丝状
注意事项	(1)应根据管径的大小选择相应规格的护口。 (2)应根据导线截面和导线的根数选择相应型号的加强型绝缘钢壳螺旋接线钮。 (3)应根据导线的根数和总截面选择相应的接线端子

三、施工工艺解析

电线、电缆穿管和线槽敷线工艺解析见表 2－69。

表 2－69　电线、电缆穿管和线槽敷线工艺解析

项目	内　容
选择导线	(1)应根据设计图纸规定选择导线。 (2)相线、零线及保护地线的颜色应区分，按图标黄绿双色线为保护接地，淡蓝色为工作零线，红、蓝、绿色为相线，开关回火线宜使用白色
清扫管路	(1)清扫管路的目的是清除管道中的灰尘、泥水等杂物。 (2)清扫管路的方法为将布条的两端牢固地绑扎在带线上，两人来回拉动带线，将管内杂物清净
穿带线	(1)穿带线的同时，也检查了管路是否畅通，管路的走向及箱的位置是否符合设计及施工图纸的要求。 (2)穿带线的方法，带线一般采用 $\phi1.2 \sim \phi2.0$ mm 的钢丝。先将钢丝的一端弯成不封口的圆圈，用穿线器将带线穿入管路内，在管路的两端应留 100～150 mm 的余量。 (3)在管路较长或转弯较多时，也可以敷设管路的同时将带线一并穿好。 (4)穿带线受阻时，应用两根钢丝同时搅动，使两根钢丝的端头互相钩绞在一起，然后将带线拉出
放线及断线	(1)放线前应根据施工图对导线的规格、型号、电压等级进行核对。 (2)放线时导线置于放线架或放线车上。 (3)剪断导线时按以下情况考虑：接线盒、开关盒、插销盒及灯头盒内导线的长度为 150 mm；配电箱内导线的预留长度为配电箱体周长的 1/2；出户导线的预留长度为 1.5 m；公用导线在分支处，可不剪断导线而直接穿过
导线与带线的绑扎	(1)当导线根数较少时，如 2～3 根导线，将导线前端的绝缘层削去，然后将线芯插入带线的盘圈内并折回压实，绑扎牢固，使绑扎处形成平滑的锥形过渡部位。 (2)当导线根数较多或较大截面积时，将导线前端的绝缘层削去，将线芯斜错排列在带线上，用绑线缠绕绑扎牢固，使绑扎接头形成一个平滑的锥形过渡部位，便于穿线
管内穿线	(1)管路穿线前，首先检查各管口的护口是否齐整，如有遗漏或损坏应补齐和更换。 (2)当管路较长或转弯较多时，要在穿线的同时往管内吹入适量的滑石粉，起到润滑作用便于穿线。 (3)穿线时应两人配合协调一拉一送。 (4)穿线时应注意问题。 1)同一交流回路的导线必须穿于同一管内。 2)不同回路，不同电压的交流与直流的导线，不得穿入同一管内。下列几种情况除外：

续上表

<table>
<tr><th colspan="2">项目</th><th>内　容</th></tr>
<tr><td colspan="2">管内穿线</td><td>①标称电压为 50 V 以下的回路。
②同一设备或同一流水作业线，设备的电力回路和无特殊防干扰要求的控制回路。
③同一花灯的几个回路。
④同类照明的几个回路，但管内的导线总数不应超过 8 根。
3)导线在变形缝处，补偿装置应活动自如。导线应留有一定余量。
4)铺设于垂直管路中的导线，当超过下列长度时应在管口处和接线盒中加以固定：截面积在 50 mm^2 及以下的导线 30 m 时；截面积在 70～95 mm^2 的导线 20 m 时；截面积在180～240 mm^2 之间的导线 18 m 时。
5)穿入管内的绝缘导线，不准接头，局部绝缘破损及死弯导线外径总截面积不应超过管内面积的 40%</td></tr>
<tr><td rowspan="3">导线联结</td><td>导线联结应达到的标准</td><td>(1)导线接头不能增加电阻值。
(2)受力导线不能降低原机械强度。
(3)不能降低原绝缘强度。在导线做接线时，必须先消绝缘层，去掉氧化膜再进行联结，而后加焊，包缠绝缘</td></tr>
<tr><td>剥削绝缘使用工具方法</td><td>(1)剥削绝缘使用工具。由于各种导线截面绝缘层厚度，分层多少都不同，因此使用的工具也不同，常用的工具有电工刀和剥线钳，可进行削勒及剥削绝缘层。一般 4 mm^2 以下的单层导线使用剥削钳；使用电工刀时不允许用刀在导线周围切割绝缘层，防止损伤线芯、减少截面积及机械强度。
(2)剥削绝缘方法，单层剥法不允许用电工刀转圈剥绝缘层。
1)分段剥法一般适用于多层绝缘导线剥削，用电工刀先剥去外层编制层，留约 12 mm 绝缘台，线芯长度随接线方法和要求的机械强度而确定。
2)斜削法，用电工刀以 45°角斜切入绝缘层，当切近线芯时就应停止用力，接着应使刀面的倾斜角改为 15°左右沿线芯表面向前端部推出，然后把残存的绝缘层剥离线芯，用刀口扦入背部以 45°削断</td></tr>
<tr><td>铜导线在接线盒内的联结</td><td>(1)单芯导线并接头，导线绝缘台并齐合拢。在距绝缘台约 12 mm 处用其中一根线芯在联结端缠绕 5～7 周后剪断，把余头并齐折回头压在缠绕线上进行涮锡。
(2)不同直径导线接头、独立导线(截面积小于 2.5 mm^2)或多芯软线时则先进行涮锡处理。在将细线在粗线上距离绝缘层 15 mm 处交叉将线端部向导线端缠绕 5～7 圈，将粗导线端折回头压在细线上再进行涮锡</td></tr>
</table>

续上表

项目		内　容
导线联结	安全帽型压线帽	铜导线帽分为黄、白、红三种颜色，分别适用于 1.0 mm^2，1.5 mm^2，2.5 mm^2，4.0 mm^2的 2～4 根导线联结。操作方法，将导线绝缘层削去 10～13 mm（按压线帽的型号决定，选择压线帽铜压接管应满足压接的机械强度，外套应阻燃），清除氧化物，按规格选用适当的压线帽。将线芯扦入压线帽的压接管内，将管内填实，如填不满将线芯折回头填满为止，线芯不允许缠绕。将线芯扦到底后，导线的绝缘和压接管口平齐，并包在帽壳内，用专用压接钳压实，如图 2－20 所示 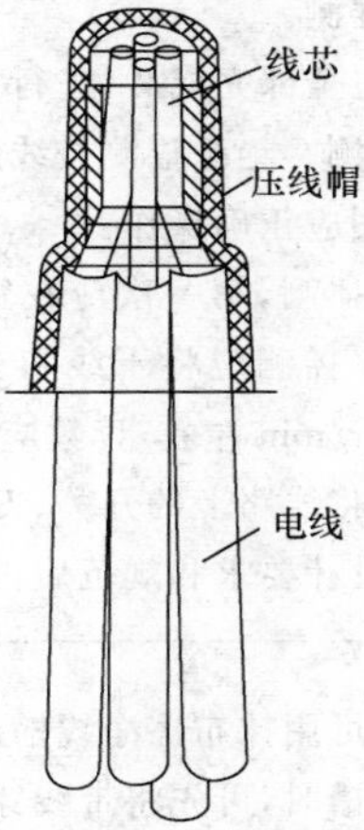 图 2－20　压线帽压线
	接线端子压接	多股导线可采用与导线同材质规格相应的接端子。削去导线的绝缘层，不要伤到线芯，将线芯紧紧地绞在一起，涮锡清除接线端子内的氧化膜，将线芯扦入，用压接钳压紧。导线外露部分应为 1～2 mm
	导线与螺丝平压式接线柱联结	(1)压接后外露线芯的长度不宜超过 1～2 mm。 (2)多股铜芯软线用螺丝压接时，先将软线芯做成单眼圈状，涮锡后压平，用螺丝压线钳压紧牢固。 (3)2.5 mm^2 以下的单芯线盘圈后直接压接，盘圈方向应与压紧螺丝旋入方向一致。 (4)导线与针孔式接线桩压接：把导线的线芯扦入桩头孔内，导线外露出针孔 1～2 mm，针孔大于导线直径 2 倍时导线应折回头插入压接
导线焊接		由于导线的线径及敷设场所不同，焊接的方法也不同。 (1)电烙铁加焊：适用于线径较小的导线联结及用其他工具焊接困难的场所。导线联结处加焊剂，用电烙铁进行锡焊。 (2)喷灯或电炉子加热：将焊锡放在锡锅内，用喷灯或电炉子加热焊锡熔化后进行焊接。加热时要掌握好温度，温度过高涮锡不饱满，温度低涮锡不均匀。掌握好适当的温度进行焊接。焊接后必须用布将焊接的焊剂及其他污物擦净。

续上表

项目		内　容
导线焊接		(3)电阻加热焊：用于接头较大，用锡锅不方便的场所。将接头理好加上焊剂，用电阻焊机的两电阻板夹住焊接点，开电源待焊点温度达到后，将焊锡熔于焊接点
导线包扎		(1)先用黏塑料带，从导线接头始端的绝缘层开始，缠绕 1～2 个绝缘带宽度，再以半幅宽度重叠进行缠绕。在包扎过程中尽可能拉紧绝缘带。然后在绝缘层上缠绕 1～2 圈后，再回缠。最后用黑胶布包扎，包扎时衔接好，以半幅宽度压边进行缠绕，同时在包扎过程中拉紧胶布，导线接头端处用黑胶布封严密。 (2)线路检查及绝缘摇测。 1)线路检查，接、焊、包全部完成后，进行自检和互检。检查是否符合施工验收规定，检查合格后进行绝缘摇测。绝缘摇测按线路的电压等级选用合适电压等级及合适的量程的兆欧表，兆欧表使用应正确操作。 2)线路进行两次绝缘摇测，第一次应在穿线后设备器具安装前，将灯头盒内导线分开，开关盒内导线连通。摇测应将干线和支线分开，一人摇测，一人及时读数并记录。摇动速度应保持在 120 r/min 左右，读数应在 1 min 的读数为宜。第二次在器具全部安装，在送电前进行摇测，将线路上的开关、刀闸、仪表、设备等用电开关全部置于断路状态，确认绝缘摇测符合设计要求和规范后再送电试运行，并做好记录
线槽内配线	清扫线槽	(1)清扫明敷线槽时，可用抹布擦净线槽内残存的杂物和积水，使线槽内外保持清洁；清扫暗敷于地面内的线槽时，可先将带线穿通至出线口，然后将布条绑在带线一端，从另一端将布条拉出，反复多次就可将线槽内的杂物和积水清理干净。也可用空气压缩机将线槽内的杂物和积水长期吹出。 (2)放线。 1)放线前应先检查管与线槽联结处的护口是否齐全；导线和保护地线的选择是否符合设计图纸的要求；管进入盒时内外根母是否锁紧，确认无误后再放线。 2)放线方法：先将导线抻直、捋顺，盘成大圈或放在放线架(车)上，从始端到终端(先干线，后支线)边放边整理，不应出现挤压背扣、扭结、损伤导线等现象。每个分支应绑扎成束，绑扎时应采用尼龙绑扎带，不允许使用金属导线进行绑扎。 3)地面线槽放线：利用带线从出线一端到另一端，将导线放开、抻直、捋顺，削去端部绝缘层，并做好标记，再把芯线绑扎在带线上，然后从另一端抽出即可。放线时应逐段进行
	导线联结	导线联结的目的是使联结处的接触电阻最小，机械强度和绝缘强度均不降低。联结时应正确区分相线、中性线、保护地线。区分方法为用绝缘导线的外皮颜色区分，使用仪表测试对号并做标记，确认无误后方可联结

第三章　电梯工程

第一节　电力驱动的曳引式或强制式电梯安装工程

一、验收条文

（1）设备进场验收标准见表3－1。

表3－1　设备进场验收标准

项目	内　　容
主控项目	随机文件必须包括的资料。 （1）土建布置图。 （2）产品出厂合格证。 （3）门锁装置、限速器、安全钳及缓冲器的型式试验证书复印件
一般项目	（1）随机文件还应包括的资料。 1）装箱单。 2）安装、使用维护说明书。 3）动力电路和安全电路的电气原理图。 （2）设备零部件应与装箱单内容相符。 （3）设备外观不应存在明显的损坏

（2）土建交接检验见表3－2。

表3－2　土建交接检验

项目	内　　容
主控项目	（1）机房（如果有）内部、井道土建（钢架）结构及布置必须符合电梯土建布置图的要求。 （2）主电源开关必须符合下列规定： 1）主电源开关应能够切断电梯正常使用情况下最大电流。 2）对有机房电梯该开关应能从机房入口处方便地接近。 3）对无机房电梯该开关应设置在井道外工作人员方便接近的地方，且应具有必要的安全防护。 （3）井道必须符合下列规定： 1）当底坑底面下有人员能到达的空间存在，且对重（或平衡重）上未设有安全钳装置时，对重缓冲器必须能安装在（或平衡重运行区域的下边必须）一直延伸到坚固地面上的实心桩墩上。

续上表

项目	内　容
主控项目	2)电梯安装之前,所有层门预留孔必须设有高度不小于1.2 m的安全保护围封,并应保证有足够的强度。 3)当相邻两层门地坎间的距离大于11 m时,其间必须设置井道安全门。井道安全门严禁向井道内开启,且必须装有安全门处于关闭时电梯才能运行的电气安全装置。当相邻轿厢间有相互救援用轿厢安全门时,可不执行本款
一般项目	(1)机房(如果有)还应符合下列规定: 1)机房内应设有固定的电气照明,地板表面上的照度不应小于200 lx。机房内应设置一个或多个电源插座。在机房内靠近入口的适当高度处应设有一个开关或类似装置控制机房照明电源。 2)机房内应通风。从建筑物其他部分抽出的陈腐空气,不得排入机房内。 3)应根据产品供应商的要求,提供设备进场所需要的通道和搬运空间。 4)电梯工作人员应能方便地进入机房或滑轮间,而不需要临时借助于其他辅助设施。 5)机房应采用经久耐用且不易产生灰尘的材料建造,机房内的地板应采用防滑材料。 注:此项可在电梯安装后验收。 6)在一个机房内,当有两个以上不同平面的工作平台,且相邻平台高度差大于0.5 m时,应设置楼梯或台阶,并应设置高度不小于0.9 m的安全防护栏杆。当机房地面有深度大于0.5 m的凹坑或槽坑时,均应盖住。供人员活动空间和工作台面以上的净高度不应小于1.8 m。 7)供人员进出的检修活板门应有不小于0.8 m×0.8 m的净通道,开门到位后应能自行保持在开启位置。检修活板门关闭后应能支撑两个人的重量(每个人按在门的任意0.2 m×0.2 m面积上作用1 000 N的力计算),不得有永久性变形。 8)门或检修活板门应装有带钥匙的锁,它应从机房内不用钥匙打开。只供运送器材的活板门,可只在机房内部锁住。 9)电源零线和接地线应分开。机房内接地装置的接地电阻值不应大于4 Ω。 10)机房应有良好的防渗、防漏水保护。 (2)井道还应符合下列规定: 1)井道尺寸是指垂直于电梯设计运行方向的井道截面沿电梯设计运行方向投影所测定的井道最小净空尺寸,该尺寸应和土建布置图所要求的一致,允许偏差应符合下列规定。 ①当电梯行程高度小于等于30 m时为0～+25 mm。 ②当电梯行程高度大于30 m且小于等于60 m时为0～+35 mm。 ③当电梯行程高度大于60 m且小于等于90 m时为0～+50 mm。 ④当电梯行程高度大于90 m时,允许偏差应符合土建布置图要求。 2)全封闭或部分封闭的井道,井道的隔离保护、井道壁、底坑底面和顶板应具有安装电梯部件所需要的足够强度,应采用非燃烧材料建造,且应不易产生灰尘。 3)当底坑深度大于2.5 m且建筑物布置允许时,应设置一个符合安全门要求的底坑进口;当没有进入底坑的其他通道时,应设置一个从层门进入底坑的永久性装置,且此装置不得凸入电梯运行空间。

续上表

项目	内　容
一般项目	4)井道应为电梯专用,井道内不得装设与电梯无关的设备、电缆等。井道可装设采暖设备,但不得采用蒸汽和水作为热源,且采暖设备的控制与调节装置应装在井道外面。 5)井道内应设置永久性电气照明,井道内照度应不得小于 50 lx,井道最高点和最低点 0.5 m以内应各装一盏灯,再设中间灯,并分别在机房和底坑设置一控制开关。 6)装有多台电梯的井道内各电梯的底坑之间应设置最低点离底坑地面不大于 0.3 m,且至少延伸到最低层站楼面以上 2.5 m 高度的隔障,在隔障宽度方向上隔障与井道壁之间的间隙不应大于 150 mm。 当轿顶边缘和相邻电梯运动部件(轿厢、对重或平衡重)之间的水平距离小于 0.5 m 时,隔障应延长贯穿整个井道的高度。隔障的宽度不得小于被保护的运动部件(或其部分)的宽度每边再各加 0.1 m。 7)底坑内应有良好的防渗、防漏水保护,底坑内不得有积水。 8)每层楼面应有水平面基准标识

(3)驱动主机验收标准见表 3－3。

表 3－3　驱动主机验收标准

项目	内　容
主控项目	紧急操作装置动作必须正常。可拆卸的装置必须置于驱动主机附近易接近处,紧急救援操作说明必须贴于紧急操作时易见处
一般项目	(1)当驱动主机承重梁需埋入承重墙时,埋入端长度应超过墙厚中心至少 20 mm,且支承长度不应小于 75 mm。 (2)制动器动作应灵活,制动间隙调整应符合产品设计要求。 (3)驱动主机、驱动主机底座与承重梁的安装应符合产品设计要求。 (4)驱动主机减速箱(如果有)内油量应在油标所限定的范围内。 (5)机房内钢丝绳与楼板孔洞边间隙应为 20～40 mm,通向井道的孔洞四周应设置高度不小于 50 mm 的台缘

(4)导轨验收标准见表 3－4。

表 3－4　导轨验收标准

项目	内　容
主控项目	导轨安装位置必须符合土建布置图要求
一般项目	(1)两列导轨顶面间的距离偏差应为:轿厢导轨 0～＋2 mm;对重导轨 0～＋3 mm。 (2)导轨支架在井道壁上的安装应固定可靠。预埋件应符合土建布置图要求。锚栓(如膨胀螺栓等)固定应在井道壁的混凝土构件上使用,其连接强度与承受振动的能力应满足电梯产品设计要求,混凝土构件的压缩强度应符合土建布置图要求。

续上表

项目	内　　容
一般项目	(3)每列导轨工作面(包括侧面与顶面)与安装基准线每 5 m 的偏差均不应大于下列数值：轿厢导轨和设有安全钳的对重(平衡重)导轨为 0.6 mm；不设安全钳的对重(平衡重)导轨为 1.0 mm。 (4)轿厢导轨和设有安全钳的对重(平衡重)导轨工作面接头处不应有连续缝隙，导轨接头处台阶不应大于 0.05 mm。如超过应修平，修平长度应大于 150 mm。 (5)不设安全钳的对重(平衡重)导轨接头处缝隙不应大于 1.0 mm，导轨工作面接头处台阶不应大于 0.15 mm

(5)层门系统验收标准见表 3—5。

表 3—5　层门系统验收标准

项目	内　　容
主控项目	(1)层门地坎至轿厢地坎之间的水平距离偏差为 0～+3 mm，且最大距离严禁超过 35 mm。 (2)层门强迫关门装置必须动作正常。 (3)动力操纵的水平滑动门在关门开始的 1/3 行程之后，阻止关门的力严禁超过 150 N。 (4)层门锁钩必须动作灵活，在证实锁紧的电气安全装置动作之前。锁紧元件的最小啮合长度为 7 mm
一般项目	(1)门刀与层门地坎、门锁滚轮与轿厢地坎间隙不应小于 5 mm。 (2)层门地坎水平度不得大于 2/1 000，地坎应高出装修地面 2～5 mm。 (3)层门指示灯盒、召唤盒和消防开关盒应安装正确，其面板与墙面贴实，横竖端正。 (4)门扇与门扇、门扇与门套、门扇与门楣、门扇与门口处轿壁、门扇下端与地坎的间隙，乘客电梯不应大于 6 mm，载货电梯不应大于 8 mm

(6)轿厢验收标准见表 3—6。

表 3—6　轿厢验收标准

项目	内　　容
主控项目	当距轿底面在 1.1 m 以下使用玻璃轿壁时，必须在距轿底面 0.9～1.1 m 的高度安装扶手，且扶手必须独立地固定，不得与玻璃有关
一般项目	(1)当轿厢有反绳轮时，反绳轮应设置防护装置和挡绳装置。 (2)当轿顶外侧边缘至井道壁水平方向的自由距离大于 0.3 m 时，轿顶应装设防护栏及警示性标识

(7)安全部件验收标准见表 3—7。

表 3-7　安全部件验收标准

项目	内　容
主控项目	(1)限速器动作速度整定封记必须完好，且无拆动痕迹。 (2)当安全钳可调节时，整定封记应完好，且无拆动痕迹
一般项目	(1)限速器张紧装置与其限位开关相对位置安装应正确。 (2)安全钳与导轨的间隙应符合产品设计要求。 (3)轿厢在两端站平层位置时，轿厢、对重的缓冲器撞板与缓冲器顶面间的距离应符合土建布置图要求。轿厢、对重的缓冲器撞板中心与缓冲器中心的偏差不应大于 20 mm。 (4)液压缓冲器柱塞铅垂度不应大于 0.5%，充液量应正确

(8)悬挂装置、随行电缆、补偿装置验收标准见表 3-8。

表 3-8　悬挂装置、随行电缆、补偿装置验收标准

项目	内　容
主控项目	(1)绳头组合必须安全可靠。且每个绳头组合必须安装防螺母松动和脱落的装置。 (2)钢丝绳严禁有死弯。 (3)当轿厢悬挂在两根钢丝绳或链条上，且其中一根钢丝绳或链条发生异常相对伸长时，为此装设的电气安全开关应动作可靠。 (4)随行电缆严禁有打结和波浪扭曲现象
一般项目	(1)每根钢丝绳张力与平均值偏差不应大于 5%。 (2)随行电缆的安装应符合下列规定： 1)随行电缆端部应固定可靠。 2)随行电缆在运行中应避免与井道内其他部件干涉。当轿厢完全压在缓冲器上时，随行电缆不得与底坑地面接触。 (3)补偿绳、链、缆等补偿装置的端部应固定可靠。 (4)对补偿绳的张紧轮，验证补偿绳张紧的电气安全开关应动作可靠。张紧轮应安装防护装置

(9)电气装置验收标准见表 3-9。

表 3-9　电气装置验收标准

项目	内　容
主控项目	(1)电气设备接地必须符合下列规定： 1)所有电气设备及导管、线槽的外露可导电部分均必须可靠接地(PE)。 2)接地支线应分别直接接至接地干线接线柱上，不得互相连接后再接地。 (2)导体之间和导体对地之间的绝缘电阻必须大于 1 000 Ω/V，且其值不得小于： 1)动力电路和电气安全装置电路：0.5 MΩ； 2)其他电路(控制、照明、信号等)：0.25 MΩ

续上表

项目	内　　容
一般项目	(1)主电源开关不应切断下列供电电路： 1)轿厢照明和通风； 2)机房和滑轮间照明； 3)机房、轿顶和底坑的电源插座； 4)井道照明； 5)报警装置。 (2)机房和井道内应按产品要求配线。软线和无护套电缆应在导管、线槽或能确保起到等效防护作用的装置中使用。护套电缆和橡套软电缆可明敷于井道或机房内使用，但不得明敷于地面。 (3)导管、线槽的敷设应整齐牢固。线槽内导线总面积不应大于线槽净面积 60%；导管内导线总面积不应大于导管内净面积 40%；软管固定间距不应大于 1 m，端头固定间距不应大于 0.1 m。 (4)接地支线应采用黄绿相间的绝缘导线。 (5)控制柜(屏)的安装位置应符合电梯土建布置图中的要求

(10)整机安装验收标准见表 3—10。

表 3—10　整机安装验收标准

项目	内　　容
主控项目	(1)安全保护验收必须符合下列规定： 1)必须检查以下安全装置或功能： ①断相、错相保护装置或功能。当控制柜三相电源中任何一相断开或任何二相错接时，断相、错相保护装置或功能应使电梯不发生危险故障。 注：当错相不影响电梯正常运行时可没有错相保护装置或功能。 ②短路、过载保护装置。动力电路、控制电路、安全电路必须有与负载匹配的短路保护装置；动力电路必须有过载保护装置。 ③限速器。限速器上的轿厢(对重、平衡重)下行标志必须与轿厢(对重、平衡重)的实际下行方向相符。限速器铭牌上的额定速度、动作速度必须与被检电梯相符。限速器必须与其型式试验证书相符。 ④安全钳。安全钳必须与其型式试验证书相符。 ⑤缓冲器。缓冲器必须与其型式试验证书相符。 ⑥门锁装置。门锁装置必须与其型式试验证书相符。 ⑦上、下极限开关。上、下极限开关必须是安全触点，在端站位置进行动作试验时必须动作正常。在轿厢或对重(如果有)接触缓冲器之前必须动作，且缓冲器完全压缩时，保持动作状态。 ⑧轿顶、机房(如果有)、滑轮间(如果有)、底坑停止装置。位于轿顶、机房(如果有)、滑轮间(如果有)、底坑的停止装置的动作必须正常。

续上表

项目	内　容
主控项目	2)下列安全开关,必须动作可靠: ①限速器绳张紧开关; ②液压缓冲器复位开关; ③有补偿张紧轮时,补偿绳张紧开关; ④当额定速度大于 3.5 m/s 时,补偿绳轮防跳开关; ⑤轿厢安全窗(如果有)开关; ⑥安全门、底坑门、检修活板门(如果有)的开关; ⑦对可拆卸式紧急操作装置所需要的安全开关; ⑧悬挂钢丝绳(链条)为两根时,防松动安全开关。 (2)限速器安全钳联动试验必须符合下列规定: 1)限速器与安全钳电气开关在联动试验中必须动作可靠,且应使驱动主机立即制动。 2)对瞬时式安全钳,轿厢应载有均匀分布的额定载重量;对渐进式安全钳,轿厢应载有均匀分布的 125%额定载重量。当短接限速器及安全钳电气开关,轿厢以检修速度下行。人为使限速器机械动作时,安全钳应可靠动作,轿厢必须可靠制动,且轿底倾斜度不应大于 5%。 (3)层门与轿门的试验必须符合下列规定: 1)每层层门必须能够用三角钥匙正常开启。 2)当一个层门或轿门(在多扇门中任何一扇门)非正常打开时,电梯严禁启动或继续运行。 (4)曳引式电梯的曳引能力试验必须符合下列规定: 1)轿厢在行程上部范围空载上行及行程下部范围载有 125%额定载重量下行,分别停层 3 次以上,轿厢必须可靠地制停(空载上行工况应平层)。轿厢载有 125%额定载重量以正常运行速度下行时,切断电动机与制动器供电,电梯必须可靠制动。 2)当对重完全压在缓冲器上,且驱动主机按轿厢上行方向连续运转时,空载轿厢严禁向上提升
一般项目	(1)曳引式电梯的平衡系数应为 0.4～0.5。 (2)电梯安装后应进行运行试验;轿厢分别在空载、额定载荷工况下,按产品设计规定的每小时启动次数和负载持续率各运行 1 000 次(每天不少于 8 h),电梯应运行平稳、制动可靠、连续运行无故障。 (3)噪声检验应符合下列规定: 1)机房噪声:对额定速度小于等于 4 m/s 的电梯,不应大于 80 dB(A);对额定速度大于 4 m/s的电梯,不应大于 85 dB(A)。 2)乘客电梯和病床电梯运行中轿内噪声:对额定速度小于等于 4 m/s 的电梯,不应大于 55 dB(A);对额定速度大于 4 m/s 的电梯,不应大于 60 dB(A)。 3)乘客电梯和病床电梯的开关门过程噪声不应大于 65 dB(A)。 (4)平层准确度检验应符合下列规定: 1)额定速度小于等于 0.63 m/s 的交流双速电梯,应在±15 mm 的范围内。

续上表

项目	内　　容
一般项目	2)额定速度大于 0.63 m/s 且小于等于 1.0 m/s 的交流双速电梯,应在±30 mm 的范围内。 3)其他调速方式的电梯,应在±15 mm 的范围内。 (5)运行速度检验应符合下列规定: 当电源为额定频率和额定电压、轿厢载有 50%额定载荷时,向下运行至行程中段(除去加速加减速段)时的速度,不应大于额定速度的 105%,且不应小于额定速度的 92%。 (6)观感检查应符合下列规定: 1)轿门带动层门开、关运行,门扇与门扇、门扇与门套、门扇与门楣、门扇与门口处轿壁、门扇下端与地坎应无刮碰现象。 2)门扇与门扇、门扇与门套、门扇与门楣、门扇与门口处轿壁、门扇下端与地坎之间各自的间隙在整个长度上应基本一致。 3)对机房(如果有)、导轨支架、底坑、轿顶、轿内、轿门、层门及门地坎等部位应进行清理

二、施工工艺解析

(1)土建交接检验见表 3－11。

表 3－11　土建交接检验

项目	内　　容
主电源开关	(1)主电源开关能够切断电梯正常使用情况下最大电流。 (2)对有机房电梯,该开关应能从机房入口处方便地接近。 (3)对无机房电梯,该开关应设置在井道外工作人员方便接近的地方,且具有必要的安全防护
井道	(1)当底坑设有人员能达到的空间存在,且对重(或平衡重)上未设有安全钳装置时,对重缓冲器必须安装在(或平衡重运行区域的下边必须)一直延伸到坚固地面上的实心桩墩上。 (2)电梯安装前,所有层门预留孔必须设有高度不小于 1.2 m 的安全保护围封,并保证有足够的强度。 (3)当相邻两层门地坎间的距离大于 11 m 时,其间必须设置井道安全门,井道安全门严禁向井道内开启,且必须装有安全门处于关闭时电梯才能运行的电气安全装置。当相邻轿厢间有相互救援用轿厢安全门时,可不执行本项。 (4)参见表 3－2"一般项目"的相关内容
机房(如果有)	参见表 3－2 中"一般项目"的相关内容

续上表

项目	内 容
脚手架搭设	(1)脚手架立管最高点位于井道顶板下 1.5～1.7 m 处为宜,以便稳放样板。顶层脚手架立管最好用四根短管,拆除短管后,余下的立管顶点应在最高层牛腿下面 500 mm 处,以便轿厢安装。 (2)脚手架排管档距以 1.4～1.7 m 为宜,为便于安装作业,每层厅门牛腿下面 200～400 mm处应设一档横管,两档横管之间应加装一档横管,便于上下攀登。脚手架每步最小铺 2/3 面积的脚手架,板厚不应小于 50 mm,板与板之间空隙应不大于 50 mm,各层交错排列,以减少坠落危险,如图 3－1(a)所示。脚手架两端探出排管 150～200 mm,用 8 号铅丝将其与排管绑牢,如图 3－1(b)所示。 (3)脚手架两端探出排管 150～200 mm,用 8 号铅丝将其与排管绑牢。 (4)脚手架在井道内的平面布置尺寸应结合轿厢、轿厢导轨、对重、对重导轨、层门等之间的相对位置,以及电线槽管、接线盒等的位置,在这些位置前面留出适当的空隙,供吊挂垂线之用。 (5)脚手架必须经过安装企业安全技术部门检查,验收合格后方可使用。 井道内脚手架搭设完毕,应符合《建筑安装工程脚手架安全技术操作规程》及安装部门提供的图纸要求,搭设脚手架如图 3－2 所示

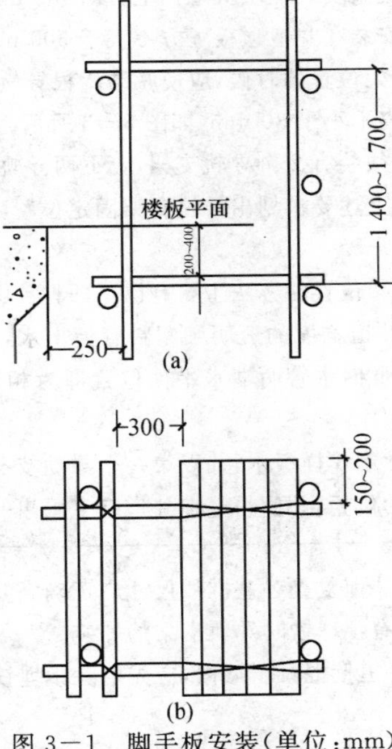

图 3－1 脚手板安装(单位:mm)

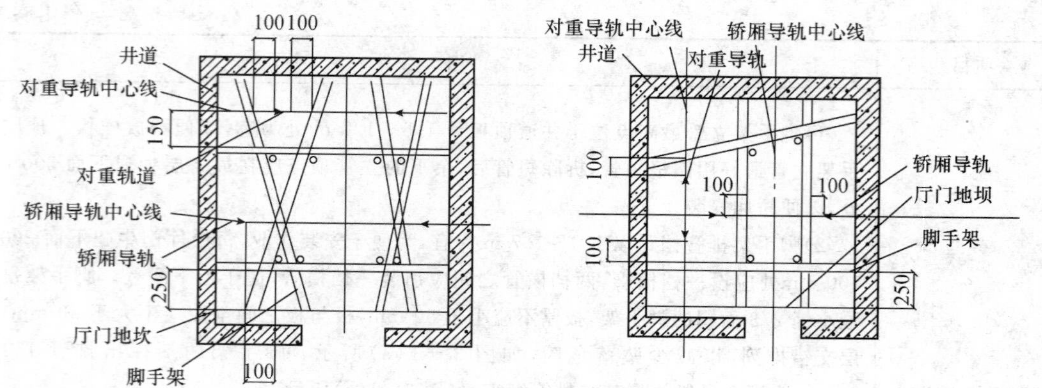

图 3－2　搭设脚手架(单位:mm)

(2)导轨施工工艺解析见表 3－12。

表 3－12　导轨施工工艺解析

项目	内　容
确定导轨支架位置	(1)没有导轨支架预埋铁的电梯井道,要按照图纸要求的导轨支架间距尺寸确定导轨支架在井壁上的位置。 (2)图纸无明确规定则应满足下列规定: 最下一排导轨支架安装在底坑地面上方 1 000 mm 的相应位置。 最上一排道架安装在井道顶板下方不大于 500 mm 的相应位置。 (3)确定导轨支架位置的时候,应使联结两根导轨的联结板(接道板)与导轨支架位置相互板错开净距离不小于 30 mm,如图 3－3 所示。 (4)每根导轨必须装有 2 个导轨支架,上下两导轨支架距离应小于 2 500 mm。 (5)从下至上按上述要求划出导轨支架固定位置,四根轨道的一排支架应在同一水平位置。 (6)确定导轨支架位置的方法主要有以下两种: 1)用一条大于井道宽度的透明细塑料管灌上水,呈 U 形放置,两端管口分别置于轨道支架安装位置,此时水管两端水平面位置即为相对两导轨支架水平位置,如图 3－4 所示。 2)根据井道尺寸制作样板木,并以第一个导轨支架位置为基准,用样板木、水平尺依次找出相邻支架的位置,并用粉笔在井道壁上画出一条水平线
安装导轨支架	(1)导轨支架安装前复查各基准线尺寸应正确。 (2)电梯井道壁有预埋铁时导轨支架的安装。 1)预埋铁打在井道壁混凝土墙内,应先清除预埋铁表面混凝土,使预埋铁表面全部露出以便于施工。 2)按导轨支架基准线核查预埋铁位置,若其位置偏移,达不到安装要求,可在预埋铁上补焊钢板。钢板厚度应大于 16 mm,长度一般不超过 300 mm。当长度超过 200 mm 时,端部用不小于 M16 的膨胀螺栓固定于井壁,加装铁板与原预埋铁搭接长度不小于 50 mm,并要求三面满焊,如图 3－5 所示。

续上表

<table>
<tr><th colspan="2">项目</th><th>内 容</th></tr>
<tr><td colspan="2">安装导轨支架</td><td>3)安装导轨支架要求：
①安装导轨支架前要复核由样板上放下的样板线。
②测出每个导轨支架距墙的实际高度，并按顺序编号加工。
③根据导轨支架中心及其平面辅助线确定导轨支架位置，进行找平找正，然后进行焊接。
④导轨支架水平度误差应不大于 5 mm。
⑤为保证导轨支架平面与导轨接触面严实，支架端面垂直误差应小于 0.5 mm。
⑥导轨支架与预埋铁接触面应严密，焊接采取内外四周满焊，焊接高度不应小于 5 mm。
(3)井道壁中无预埋铁时导轨支架的安装：
1)井道壁中无预埋铁时一般使用膨胀螺栓直接固定导轨支架，图纸设计有要求时按图施工。
2)膨胀螺栓规格应符合厂家规定，无特殊规定时应不小于 M16。
3)导轨支架安装前应复查基准线尺寸，以确保正确安装。
4)根据导轨支架基准线确定安装膨胀螺栓打孔位置。膨胀螺栓孔应与墙面垂直，使用带标尺的冲击钻或钻杆上标注孔深位置，一般以膨胀螺栓被固定后护套外端面与井道墙面相平。
5)若墙面垂直误差较大可局部剔修，墙面和导轨支架接触面间隙不大于 1 mm，然后用薄垫片垫实，如图 3－6 所示。
(4)用穿钉螺栓固定导轨支架：若电梯井壁中没有预埋铁，且井壁较薄不宜使用膨胀螺栓固定导轨支架，可采用井壁打透眼用穿钉固定铁板(≥16 mm)。穿墙钉，井壁外侧靠墙壁要加100 mm×100 mm×12 mm 的垫铁，以增加强度，将导轨支架焊接在铁板上，如图3－7所示。
(5)导轨支架一般分两部分，即底托和上托。首先固定底托，固定牢固后把上托放在底托上，对准基准线并与基准线保持 1～3 mm 距离处紧固。
(6)支架水平度误差不超过 5/1 000，立面与基准线垂直，垂直误差小于 0.5 mm，如图 3－8所示</td></tr>
<tr><td>安装导轨</td><td>基础座</td><td>安装导轨基础座(图 3－9)：
(1)在底坑地面安装固定导轨槽钢基础座，其中心应与轿厢导轨中心线重合。
(2)槽钢基础座找平后在槽钢两端边缘各打一条 M16 膨胀螺栓将槽钢与底坑地面联结固定，底坑如有结构钢筋也可与钢筋焊接。槽钢基础座水平度误差不大于 1/1 000。
(3)槽钢基础座位置确定后，用混凝土将其四周灌实抹平。槽钢基础座两端用来固定导轨的角钢架，先用轿厢导轨中心线找正后，再进行固定。
(4)基础座槽钢上平面至厅外标准地面应符合该梯速下缓冲的尺寸要求。
(5)底坑地面应不高于槽钢基础座上平面。
(6)采用油润滑的导轨，需在立基础导轨前将其下端距地平 40 mm 高的一段工作面部分锯掉，以留出接油盒的位置。或在导轨下留有接油沟槽，油直接流入放置在一侧的接油盒内</td></tr>
</table>

续上表

<table>
<tr><th colspan="2">项目</th><th>内　容</th></tr>
<tr><td>安装导轨</td><td>导轨</td><td>安装导轨(图 3－10)：
(1)在顶层楼板中心孔洞处挂一滑轮，并固定牢固，用来吊装导轨。
(2)楼层高于 12 层及以上可考虑使用卷扬机吊装轨道，低于 12 层可使用尼龙绳(或钢丝绳)人力吊装，尼龙绳(或钢丝绳)直径应大于 ϕ25 mm，吊装导轨时要采用双钩勾住导轨联结板。
(3)导轨的凸榫头应朝上，应清除榫头上的灰尘，确保接头处的缝隙符合规范要求。
(4)安装轨道的同时要安装压道板并在导轨和支架之间填塞 1～2 mm 垫片，最上一根轨道顶端与楼板间距不大于 100 mm。长出多余的导轨应使用砂轮锯掉，严禁使用气焊切割</td></tr>
<tr><td colspan="2">调整导轨</td><td>(1)拆除导轨支架安装线，在样板上确定的轿厢导轨中心线位置放轿厢导轨中心线，并固定好。
(2)用钢板尺检查导轨端面与轿厢导轨中心线之间距离，在导轨支架与导轨间用加减垫片的方法调整，使各测量点导轨端面与轿厢导轨中心线之间的距离一致。
(3)调整导轨应使用标准的找道尺。在测量处将找道尺放平，同时调整两端与导轨端面距离约 0.5 mm，如图 3－11 所示。
(4)用找道尺进行扭曲调整：
1)测量时，将找道尺端平，使两指针尾部侧面与导轨侧面贴实，找道尺两端指针在刻度中心，即表示两列导轨无扭曲现象。如指针与导轨侧面贴不严或指针偏离中心刻度，说明两列导轨有相对扭曲现象，应用专用垫片进行校正。垫片不得超过 3 片，超过 3 片应换做厚垫片，并将垫片点焊在一起。
2)为保证测量精度，调整后将找道尺反向 180°安装，用同一方法重新测量、调整。
(5)调整轨道中心位置。
1)用两块铁板自制的专用检查工具，如图 3－12(a)所示。同时贴靠轨道两侧面，找道线应位于中心部位，如图 3－12(b)所示。
2)用一钢板尺贴靠在轨道一侧面，用另一钢板尺测其与找道线的尺寸应等于轨道端面宽度的 1/2，如图 3－12(c)所示。
(6)用 2 000 mm 长的钢板尺贴紧导轨工作面，测量两端面之间距离。根据表 3－13 中所示误差标准用专用垫片进行校正，使之达到标准。
(7)导轨接头处的修正。
1)在两根导轨联结的接头处用 500 mm 钢板尺靠在导轨工作面上，用塞尺检查图 3－13中 a、b、c、d 处尺寸，均不应大于表 3－14 的规定。
2)导轨局部间隙不大于 0.5 mm(图 3－13)。
3)两导轨的侧工作面和端面接头处的台阶不应大于 0.5 mm(图 3－14)。
(8)对台阶的修磨应采用专业的刨刀、板锉、油磨石，修光长度见表 3－15</td></tr>
</table>

表 3—13　两导轨端面间距的偏差要求

电梯速度(m/s)	2 以上		2 以下	
轨道用途	轿厢	对重	轿厢	对重
允许偏差(mm)	+1 −0	+2 −0	+2 −0	+2 −0

表 3—14　导轨工作面直线度允许偏差

两根导轨联结处	*a*	*b*	*c*	*d*
允许偏差(mm)	0.15	0.06	0.15	0.06

表 3—15　台阶磨修长度表

电梯速度(m/s)	3 以上	3 以下
修正长度(mm)	300	200

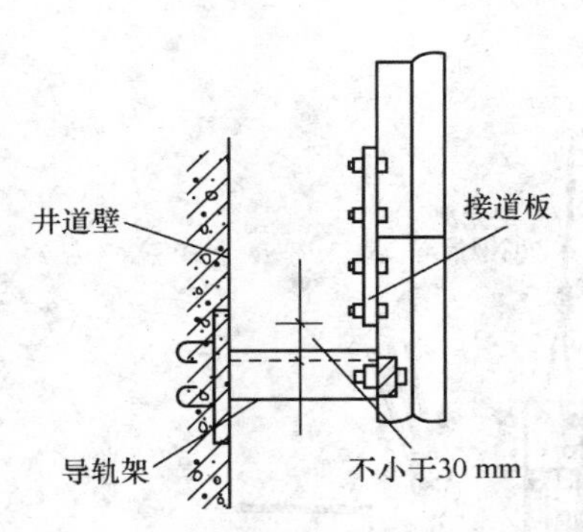

图 3—3　接道板与导轨支架位置错开

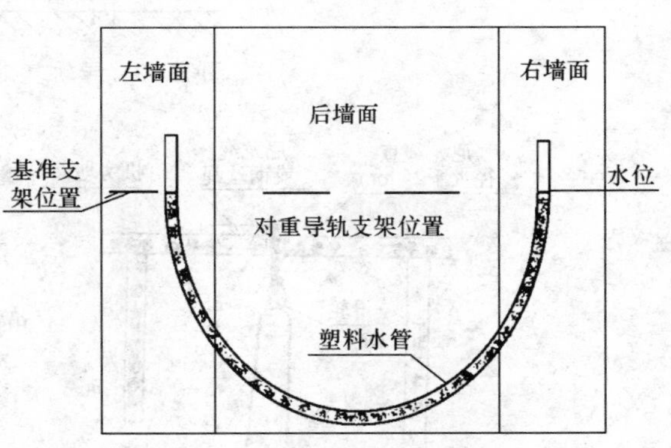

图 3—4　确定导轨支架位置

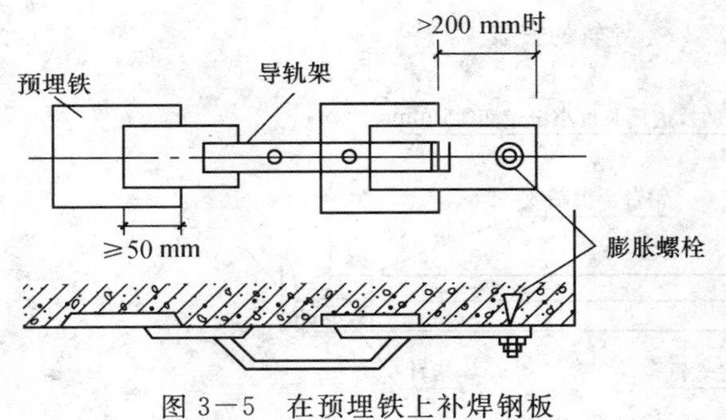

图 3—5　在预埋铁上补焊钢板

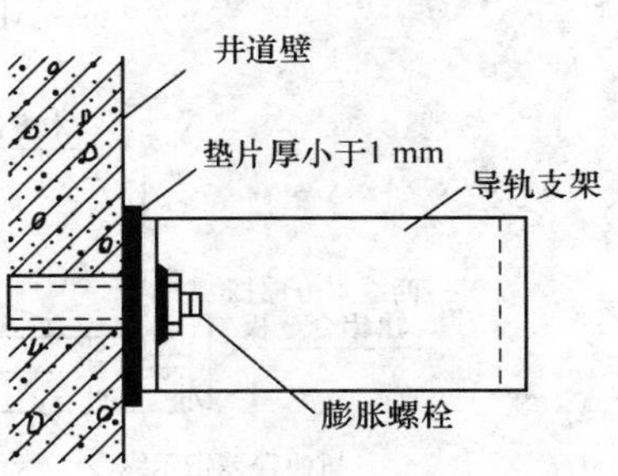

图 3—6　墙面局部剔修

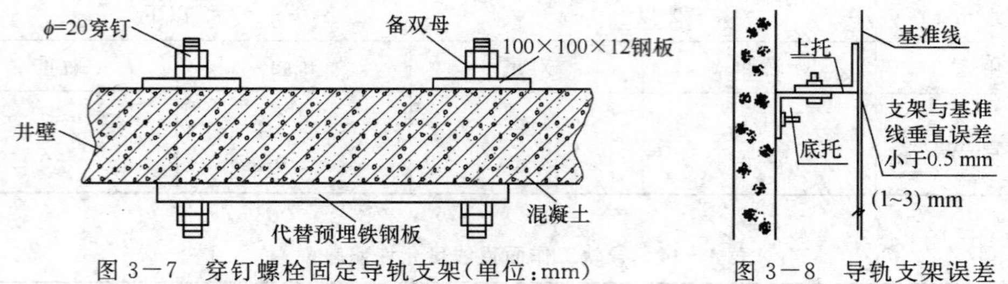

图 3－7　穿钉螺栓固定导轨支架(单位:mm)

图 3－8　导轨支架误差

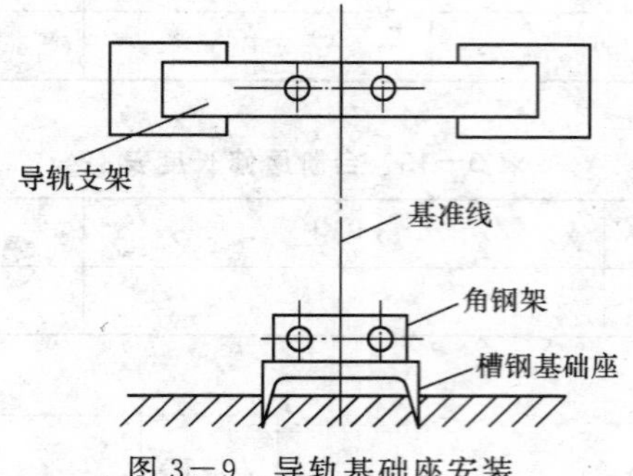

图 3－9　导轨基础座安装

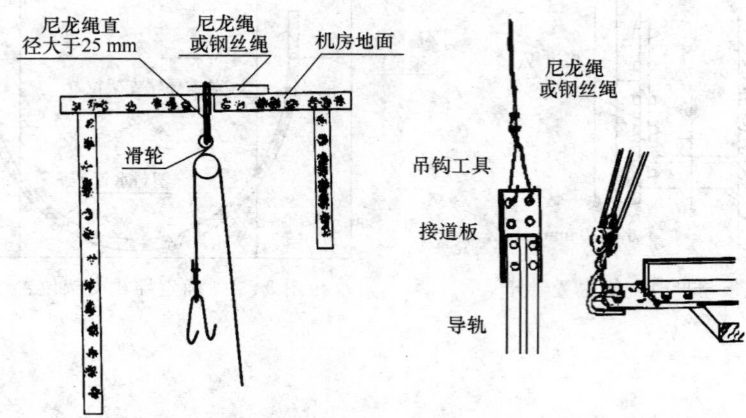

图 3－10　导轨的安装

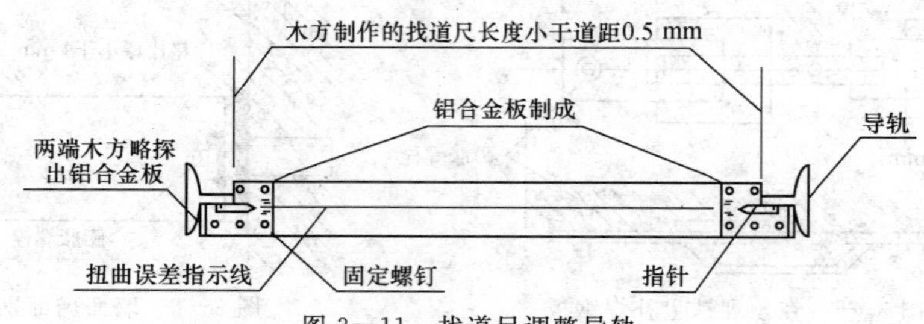

图 3－11　找道尺调整导轨

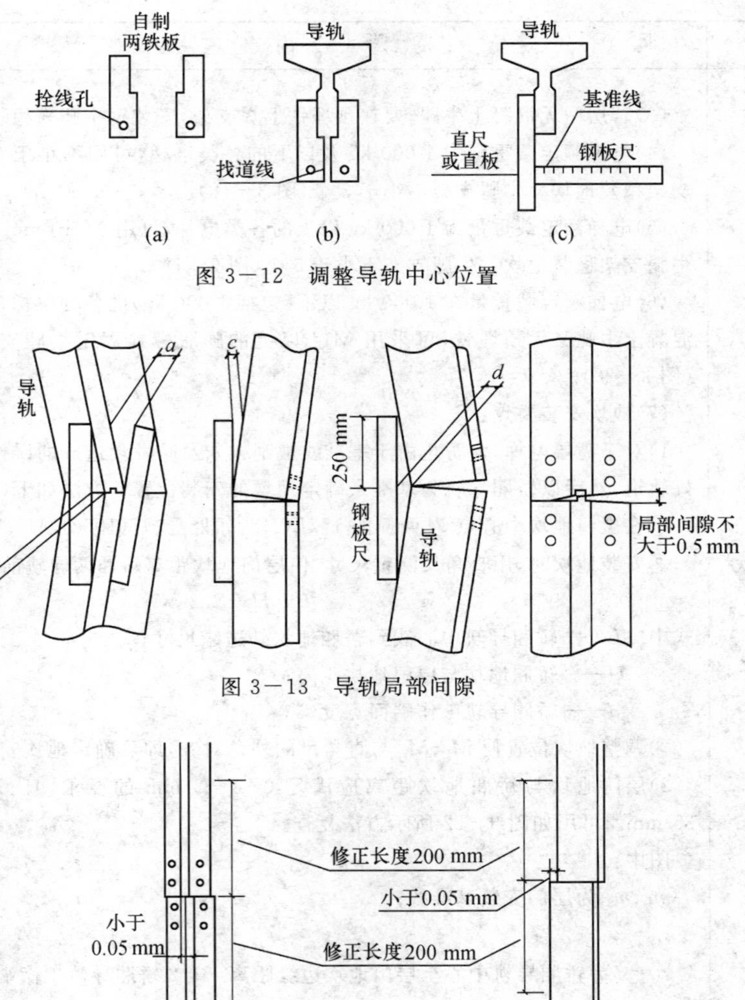

图 3－12　调整导轨中心位置

图 3－13　导轨局部间隙

图 3－14　导轨接头处台阶和修正长度

(3)层门系统施工工艺解析见表 3－16。

表 3－16　层门系统施工工艺解析

项目	内　容
安装层门地坎	(1)由样板放两根层门安装基准线(或放三根线,即门口两端各一条线,门中心一条中间线),两侧基准线间距为门口净宽度,在地坎上相应位置作上标记,以此标记和基准线确定地坎、牛腿、牛腿支架位置(图 3－15)。 (2)若地坎牛腿为混凝土结构,用清水冲洗干净,将地脚爪装在地坎上,然后用细石混凝土浇筑。稳放地坎时要用水平尺找平,同时地坎上做出的标记要分别对正基准线,并找好各线之间的距离。地坎稳好后应高于完工后装修地面 2～5 mm,严禁出现倒坡(图 3－16)。

续上表

<table>
<tr><th>项目</th><th>内　容</th></tr>
<tr><td>安装层门地坎</td><td>(3)若层门无混凝土牛腿，要在预埋铁上焊支架，安装钢牛腿来稳装地坎(图 3－17)。
(4)电梯额定载重量为 1 000 kg 及以下的各类电梯，可用不小于 65 mm 等边角钢作支架稳装地坎。牛腿支架不小于 3 个(图 3－18)。
(5)电梯额定载重量为 1 000 kg 以上的各类电梯，可用 δ＝10 mm 的钢板及槽钢制作牛腿支架稳装地坎。牛腿支架不小于 5 个(图 3－19)。
(6)电梯额定载重量在 1 000 kg 以下(包括 1 000 kg)的各种电梯，若厅门地坎处既无混凝土牛腿又无预埋铁，可采用 M14 以上的膨胀螺栓固定牛腿支架，进行安装地坎(图 3－20)。
(7)地坎安装要点：
1)对于高层电梯，为防止由于基准线被刮碰未及时发现造成的误差，可以先安装调整好轨道，然后以轿厢导轨为基准来确定地坎的安装位置。方法如下(图 3－21)：
①在层门地坎中心点 M 两侧的 $1/2L$(L 为轿厢导轨间距)处 M_1、M_2 点做上标记。
②安装地坎时，用直角尺测量尺寸，使层门地坎距离轿厢两导轨前侧面尺寸均为：
$$B+H-d/2$$
式中　B——轿厢导轨中心线到轿厢地坎外边缘尺寸；
H——轿厢地坎与层门地坎距离；
d——轿厢导轨工作端面宽度。
③调整地坎位置使 M_1、M_2 与直角尺的外角对齐，即可确定地坎安装位置。
2)层门地坎与轿厢地坎距离应满足 0～＋3 mm 的要求，且最大距离不得超过 35 mm。可用如图 3－22 所示方法复查。
图中：
m_1、m_2 为层门安装基准线；
$s_1=s_2$；
$s_3=s_4$＝轿厢导轨中心至层门地坎边缘距离－1/2 轿厢导轨工做端面宽度。
3)地坎水平度(横向、纵向)≤1/100</td></tr>
<tr><td>安装立柱、上滑道、门套</td><td>(1)门立柱的安装应在地坎混凝土凝固后进行。
(2)若井道为砖结构，应采用剔洞埋注地脚螺栓方式安装(图 3－23)。
(3)若井道为混凝土结构，且结构墙内预埋铁，可将固定螺栓直接焊接在预埋铁上(图 3－24)。
(4)若井道为混凝土结构，结构墙内没有预埋铁，可在相应的位置用两条 M12 膨胀螺栓固定安装 150 mm×100 mm×10 mm 钢板代替预埋铁，并将固定螺栓焊接在钢板上(图 3－25)。
(5)若门滑道、门立柱离墙超过 30 mm 应加垫圈固定，若垫圈较高应采用厚铁管两端加焊铁板的方法加工制作，以保证其牢固(图 3－26)。
(6)上滑道的安装应保证水平。可用线坠检查上滑道与地坎之间的水平距离及平行度；如侧开门，两根滑道上端面应在同一水平面上。
(7)门套应按图纸组装成型，拼接面应平滑无台阶。</td></tr>
</table>

续上表

项目	内　容
安装立柱、上滑道、门套	(8)固定门套门口两侧应剔出钢筋或固定膨胀螺栓加铁板,其位置应与门套固定铁板对应。 (9)混凝土结构墙若没有预埋铁可在相应的位置用膨胀螺栓安装钢板作为预埋铁使用。 (10)砖墙采用剔洞埋注地脚螺栓的方法。 (11)把门套与地坎用螺丝固定并贴严;与地坎成 90°角,宽度等于门开宽度。 (12)门套固定可按以下步骤进行: 1)按照图 3－27 使门套临时固定。 2)按照图 3－28,用 8～12 号钢筋将门套与结构焊接成“八”字形,并做好防腐处理。 3)按照图 3－27 用角尺贴门套与基准线重合,上下与基准线尺寸相等。两边都用此方法找正,可用木偏楔配合调整
安装层门、门锁及调整	(1)将门导靴与层门固定,然后立起层门使导靴进入地坎槽,上部与滑轮架用螺丝联结。 (2)在门扇和地坎间垫上 4 mm 厚的支撑物,门滑轮架与门扇之间用专用垫片进行调整,调整门扇在滑轮架上的位置,使之与门套间隙保持 4 mm(±1 mm)间隙,紧固螺丝。 (3)两扇门都固定好后,进行统调: 1)层门门扇与门扇、门扇与门套、门扇下端与地坎的间隙,乘客电梯应为 1～6 mm,载货电梯为 1～8 mm。 2)两门相接严密,且门缝应处于门口中心线上,与两侧门套立面距离一致,与地面垂直。 3)把两扇门同时开启,用垫片调整扇门与门套偏差。 (4)挂上层门坠砣,两门打开后在无外力作用下应能自动关闭。 (5)调整层门吊门板偏心轮至与滑道最小距离且不接触为佳。 (6)各厂家各型号的机械锁应按厂家安装图尺寸安装并调整。 (7)通过手动试验检查,保证整套机构动作灵活可靠,电器接点接触良好

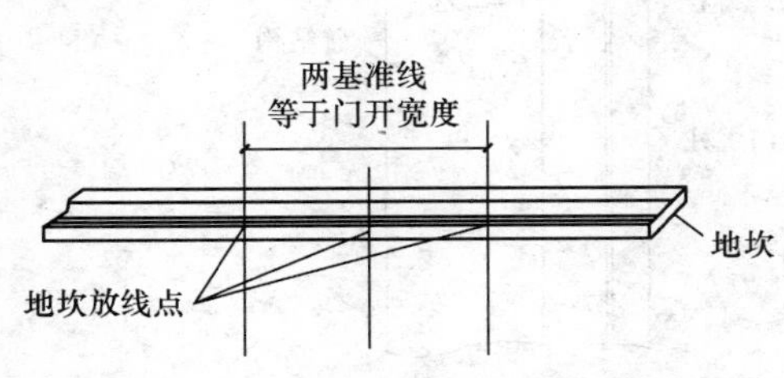

图 3－15　层门基准线放线位置

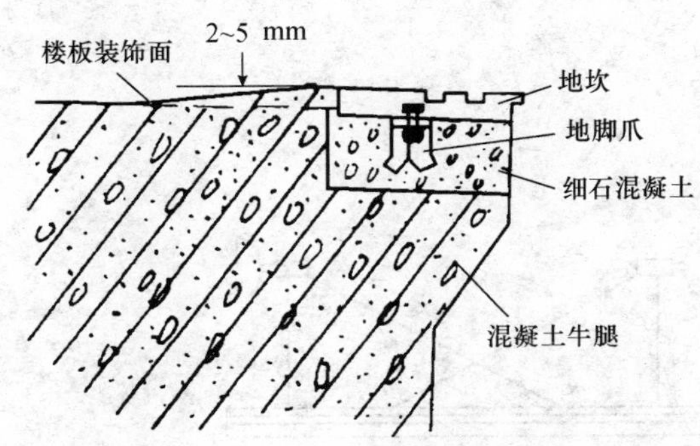

图 3－16　牛腿为混凝土结构的地坎、地脚爪安装

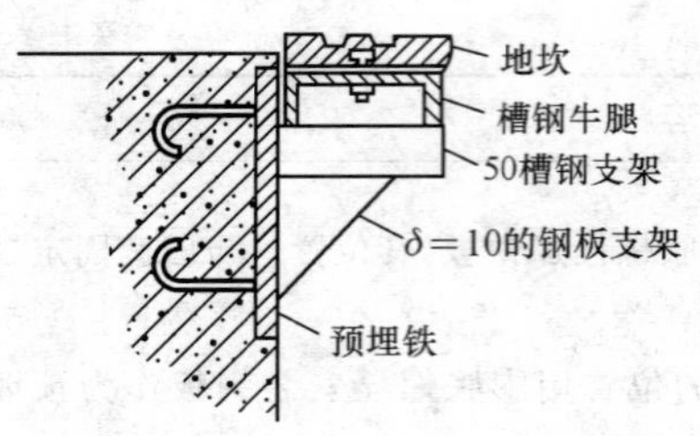

图 3－17 预埋铁上焊支架安装地坎(单位:mm)

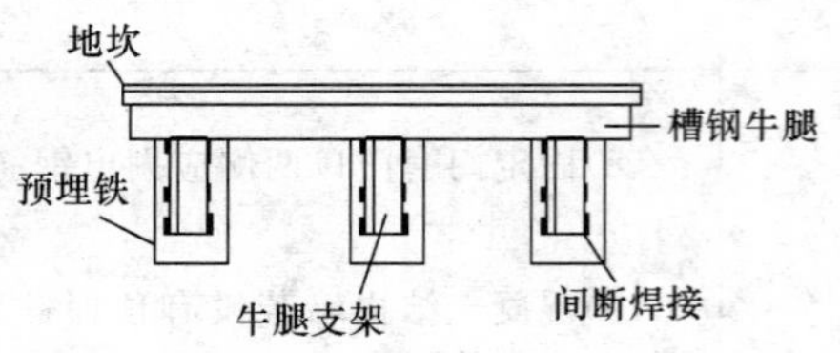

图 3－18 额定载重量为 1 000 kg 及以下的电梯地坎示意图

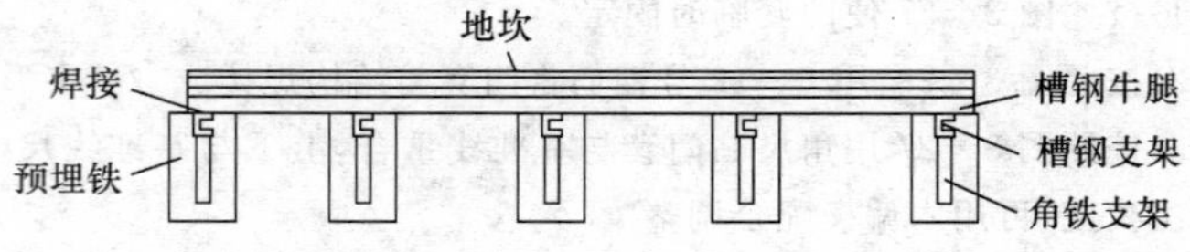

图 3－19 额定载重量为 1 000 kg 以上的电梯地坎示意图

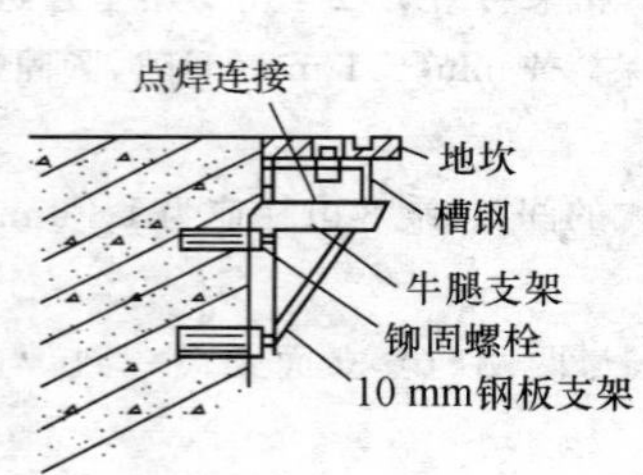

图 3－20 无混凝土牛腿和预埋铁时地坎安装示意图

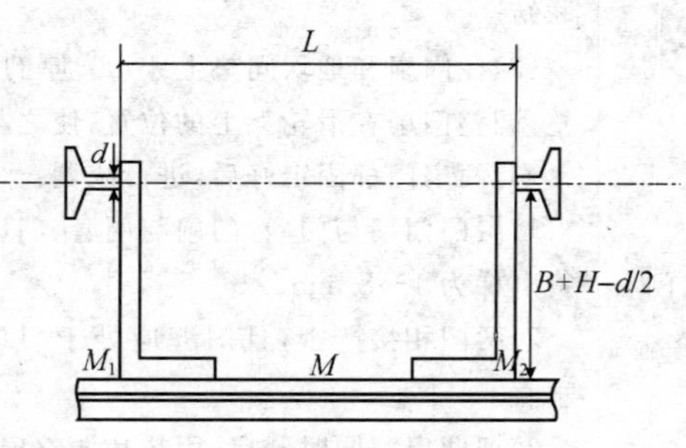

图 3－21 确定地坎位置安装方法

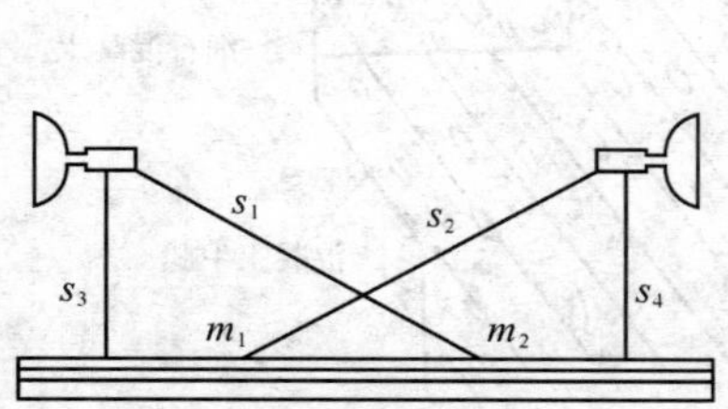

图 3－22 地坎距离检查方法

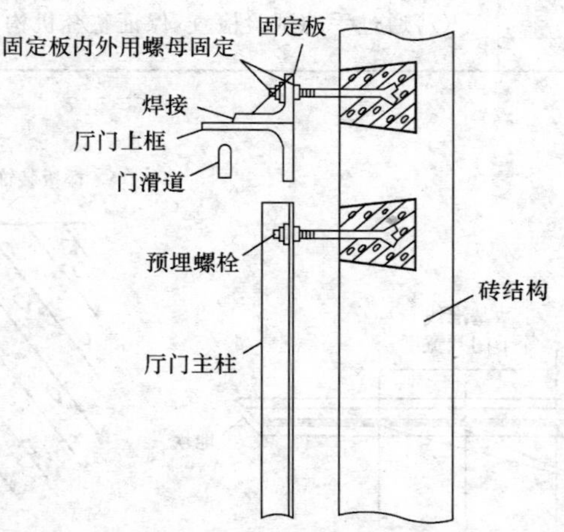

图 3－23 井道为砖结构时安装方法

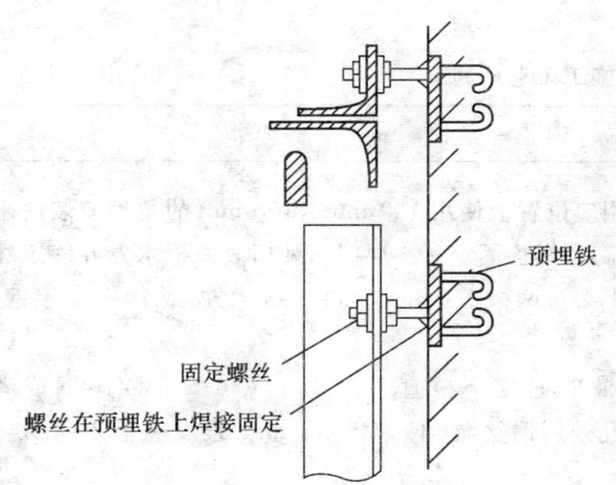

图 3－24　井道为混凝土结构有预埋铁时安装方式

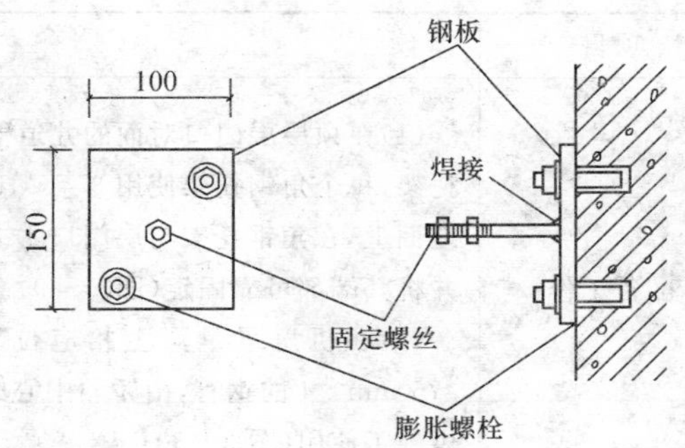

图 3－25　井道为混凝土结构无预埋铁时安装方式(单位:mm)

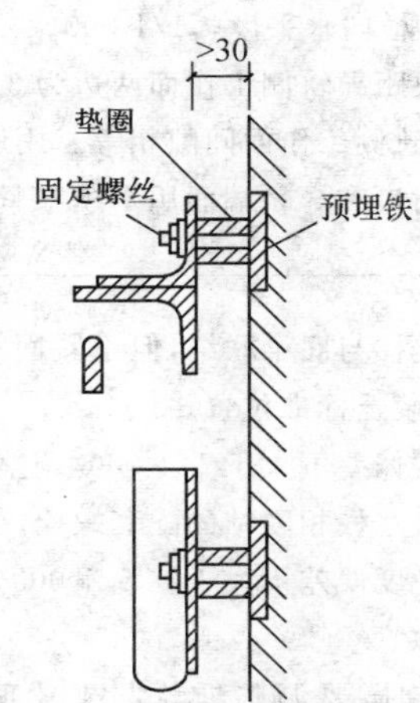

图 3－26　垫圈固定方法(单位:mm)

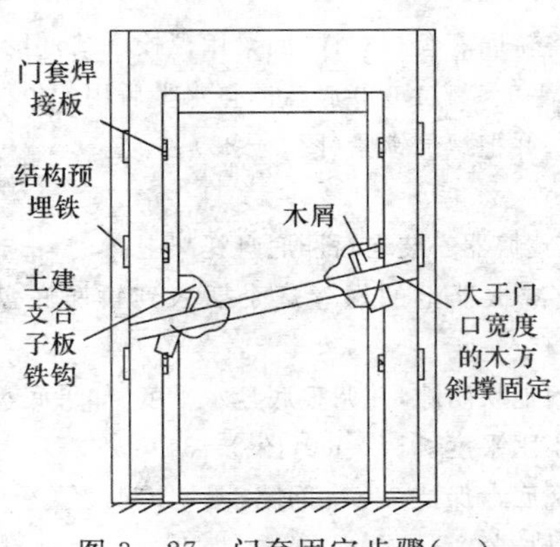

图 3－27　门套固定步骤(一)

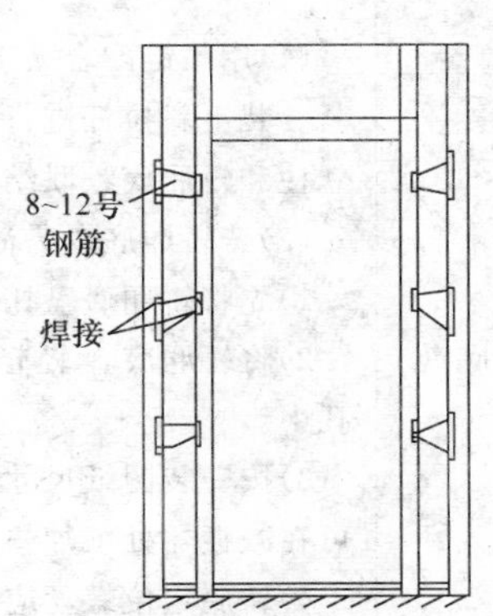

图 3－28　门套同定步骤(二)

(4)轿厢施工工艺解析见表3－17。

表3－17 轿厢施工工艺解析

项目	内 容
准备工作	(1)在顶层层门口对面的井道壁相应位置上使用100 mm×100 mm的角钢安装两个托架，每个角钢托架使用3条M16膨胀螺栓固定。在层门口处横放一根木方并固定在地面上，在角钢托架与层门口木方上架设两根200 mm×200 mm木方(或20号工字钢)并将其端部可靠固定(图3－29)。 (2)在机房承重梁上相应位置横向固定一根直径不小于ϕ50 mm的圆钢或者ϕ75 mm×4的钢管，由轿厢中心绳孔处用钢丝绳(不小于ϕ13 mm)挂设一个3 t吊链，供施工使用(图3－30)
底梁安装	(1)将底梁搬入井道内，放置在架设好的木方或工字钢上，用8号铁丝一端拴住安全钳拉杆，分别抬起底梁一端，将楔块夹在轨道上(如果为单楔块的，无楔块侧应垫2～3 mm垫片)，调整底梁横向水平度≤1/1 000。 (2)调整安全钳楔块距导轨侧工作面两边为3～4 mm(安装说明书有规定时按规定执行)，且四个楔块与导轨侧工作面间隙相等。用厚垫片塞于导轨侧面与楔块之间，使其固定，同时把安全钳钳口和导轨端面用木楔塞紧(图3－31)
安装立柱、上梁	(1)用螺栓将4根立柱与底梁联结，但不紧固。把上梁用吊链吊起与立柱联结，并按照安装图将上导靴安装至标准位置。 (2)调整立柱垂直度偏差不大于1/1 000，调整完成后再与底梁紧固。 (3)安装所有上梁与立柱相联结的配套螺栓。 (4)调整上梁的水平度误差不大于0.5/1 000，垂直度偏差不大于1.5 mm，然后分别将联结螺栓紧固固定。 (5)上梁带有绳轮时，要调整绳轮与上梁间隙a、b、c、d相等，其相互尺寸误差≤1 mm，绳轮自身垂直偏差≤0.5 mm(图3－32)
安装轿厢底盘	(1)用吊链配合人工将轿厢底盘就位，将轿厢底盘与立柱、底梁用螺栓联结，但不要拧紧。装上斜拉杆进行调整，轿厢底盘不水平度≤1/1 000底盘调整水平后用4条拉杆将立柱和轿厢底盘联结，将螺母旋到根部后，并把螺母锁紧(图3－33)。 (2)若轿厢底盘为活动结构时： 1)先将轿厢底盘托架安装调整好，再将减振器安装在轿厢底盘托架上。 2)将轿厢底盘轻轻吊起，缓缓就位，使减振器上的螺丝逐个插入到轿厢底盘的螺孔中。 3)按安装图纸尺寸调整底盘与该层厅门地坎间隙，并调整底盘水平度；如果底盘不平可在减振器处填加垫片进行调整。底盘不水平度≤1/1 000(图3－34)。 4)轿底定位螺丝应在电梯满载后与轿厢底盘保持2 mm间隙(图3－34)。 (3)安装安全钳拉杆，拉杆顶部要用双母拧紧

续上表

项目	内　容
安装导靴	(1)安装导靴时放下一根垂线,保证上、下导靴中心与安全钳中心三点在同一条垂线上。 (2)固定式导靴要调整其间隙一致,内衬与导靴端面间隙两侧之和为 2.5 mm。 (3)弹簧式导靴应按照厂家要求调整弹簧位置(图 3－35 中 b 尺寸),使各导靴受力相同,保持轿厢平衡;不同载重量电梯尺寸调整数值见表 3－18。 (4)滚轮导靴应安装平整,两侧滚轮对导轨压紧后,两轮压力应相同(压力弹簧调整尺寸按厂家规定调正)。滚轮应与导轨工作面压紧,正面滚轮中心应对准导轨端面中心,(图 3－36)
安装围扇	(1)首先按图纸确定围扇位置,将围扇之间的保护膜去除后,将轿厢后侧两拐角处围扇进行拼装,将组装好的围扇放入轿厢踢脚板上,并穿入螺栓固定(各联结螺栓要加相应的弹簧垫圈),然后依次安装相邻各个围扇。 (2)围扇底座下有缝隙时,要在缝隙处加调整垫片垫实。 (3)用钢板尺靠近两围扇拼接缝处,确认接缝处平整符合要求后紧固螺丝。 (4)所有围扇完毕后,将轿顶落在围扇上,调整围扇垂直度误差不大于 1/1 000 后紧固所有连接螺栓
安装轿门	(1)轿厢开关门机构安装于轿顶,整个机构包括门电机、传动臂、轿门导轨、门挂板及门板。轿厢门板安装在门挂板上,门挂板及门板悬挂安装在轿门导轨上,通过传动臂由电动机驱动运行。安装时应调整轿门导轨与厢体平行后再紧固。 (2)将门导靴与轿门固定,放入地坎槽内,在门扇和地坎间垫上 4 mm 厚的支撑物,门滑轮架与门扇之间用专用垫片进行调整,调整门扇在滑轮架上的位置,使门扇与围扇之间保持 4 mm(±1 mm)间隙,紧固螺丝。调整方法与层门调整相同。 (3)安全触板安装就位,具体调整应按厂家技术文件执行。层门全部打开后安全触板端面和轿门端面应在同一垂直平面上。触板运行应灵活可靠,线缆活动部位应无剐蹭(图 3－37)。 (4)门刀可根据现场条件择时安装,开门刀端面、侧面的垂直误差均不大于 0.5 mm,并达到厂家规定的其他要求
安装轿顶装置	(1)轿顶接线盒、电缆、感应开关等应按图纸及厂家技术要求安装。 (2)安装检查调整开门机构使其符合厂家的有关设计要求。 (3)轿顶防护栏应按厂家设计安装,并应符合《电梯制造与安装安全规范》(GB 7588－2003)相关要求。防护栏应由扶手、100 mm 高的护脚板和位于护栏高度一半的中间护栏组成,防护栏的扶手高度应满足下列要求: 1)当自由距离不大于 850 mm 时,不应小于 700 mm。 2)当自由距离大于 850 mm 时,不应小于 1 100 mm。

续上表

项目	内　　容
安装轿顶装置	(4)平层感应器按厂家设计图纸安装，并找平找正。各侧面应在同一垂直面上，垂直度偏差不大于 1 mm。 (5)超满载开关在底盘下的，应在调试中由调试人员根据电梯载重量调整。 (6)称重装置在轿顶的，则应在挂钢丝绳前安装完成，并用塑料布包裹、遮盖，以免进杂物
安装限位开关碰铁	(1)安装前对限位开关碰铁进行检查，有扭曲、弯曲现象应进行调整。 (2)碰铁安装要牢固，要采用加弹簧垫圈的螺丝固定。 (3)根据图纸位置将碰铁安装就位，并用线坠找直，垂直误差应不大于 1/1 000
安装护脚板	(1)每一轿厢地坎均须装设护脚板，护脚板为 1.5 mm 厚的钢板，其宽度等于相应层站人口净宽，高度不小于 750 mm，并向下延伸一个斜面，与水平夹角应大于 60°，该斜面在水平面上的投影深度不得小于 20 mm。 (2)护脚板的安装应平整、牢固，必要时应加支撑，以保证电梯运行时不抖动

表 3－18　不同载重量电梯尺寸调整数值

电梯额定载重量(kg)	500	750	1 000	1 500	2 000～3 000	5 000
b 尺寸(mm)	42	34	30	25	23	20

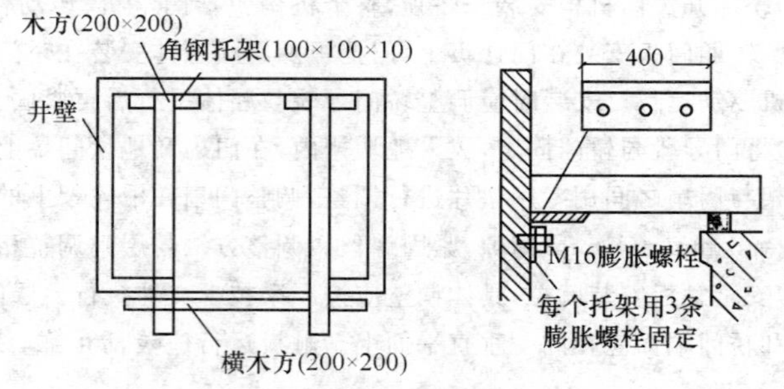

图 3－29　角钢托架及枋安装(单位：mm)

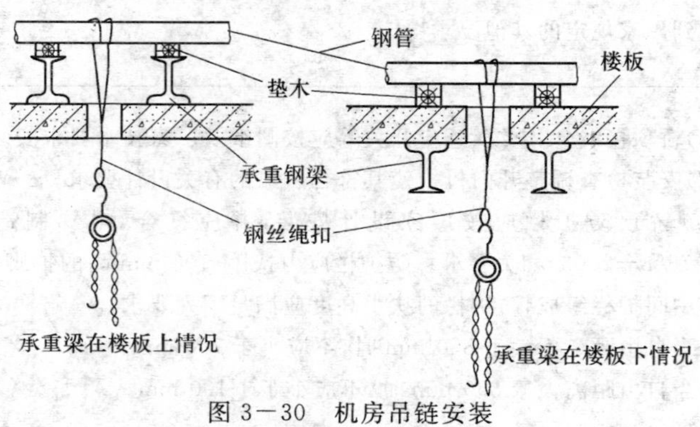

图 3－30　机房吊链安装

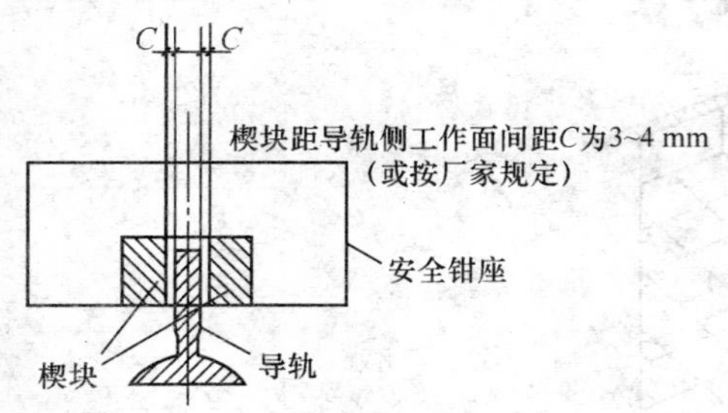

图 3－31　调整安全钳楔块

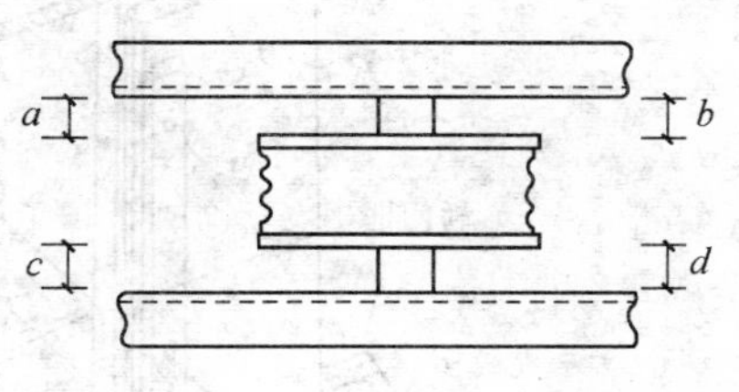

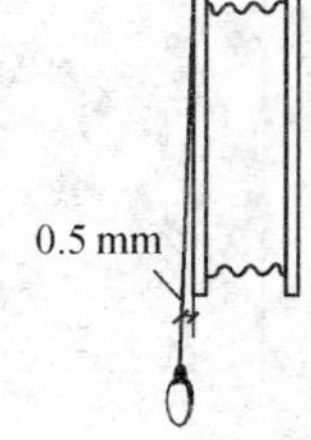

图 3－32　绳轮与上梁间隙

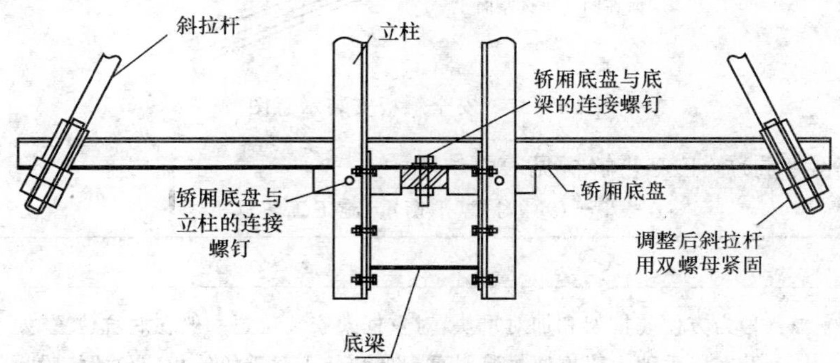

图 3－33　轿厢底盘安装示意图

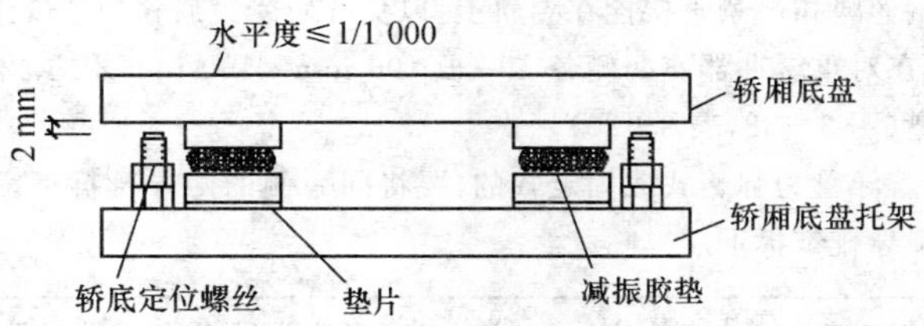

图 3－34　轿厢底盘调整

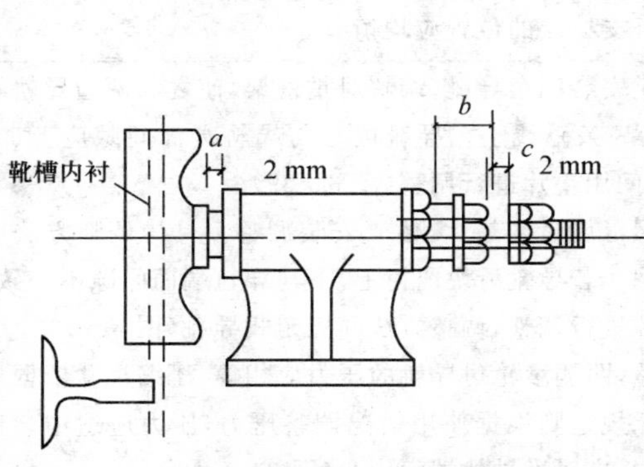

图 3－35　弹簧位置调整示意图

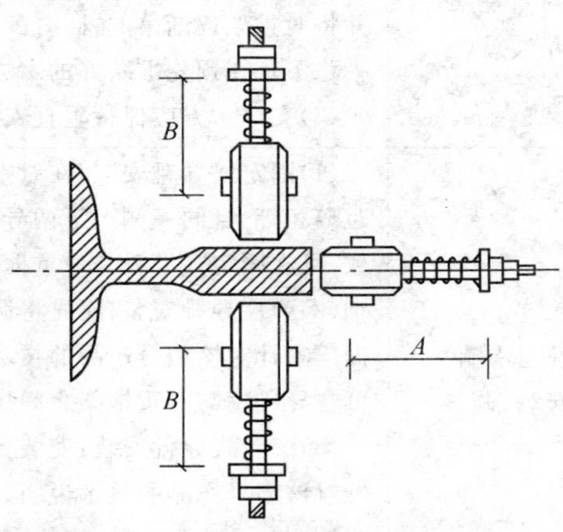

图 3－36　滚轮导靴调整示意图

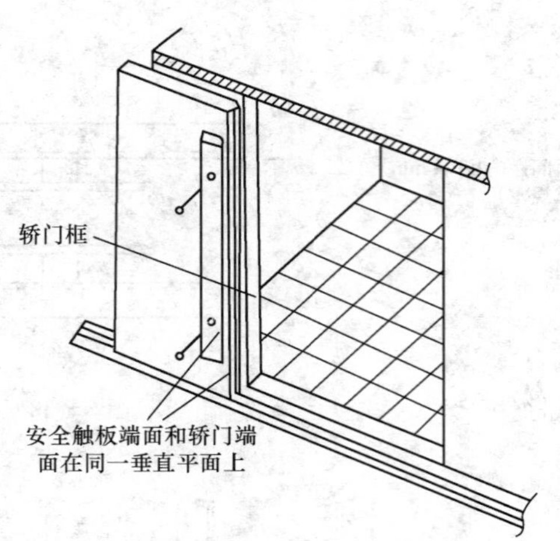

图 3－37 安全触板安装示意图

(5)对重(平衡重)施工工艺解析见表 3－19。

表 3－19 对重(平衡重)施工工艺解析

项目	内容
吊装前的准备工作	(1)为方便装框架和加对重块,对重框架安装位置一般在底坑位置。 (2)在脚手架上以方便吊装对重框架和装入对重块的相应位置搭设操作平台。 (3)在适当高度的两相对的对重导轨支架上拴上钢丝绳扣,在钢丝绳扣中央悬挂一吊链。钢丝绳扣严禁直接拴在导轨上,以免导轨受力后移位或变形。 (4)在对重缓冲器座两侧各支一根 100 mm×100 mm 木方,木方高度 $C=A+B+$越程距离(图 3－38,表 3－20)。 (5)若导靴为弹簧式或固定式的,要将同一侧的两导靴拆下。若导靴为滚轮式的,要将四个导靴都拆下
对重框架吊装就位	(1)把对重架移动到底层门口处,门口地坎应铺上木板进行保护。 (2)用吊链、钢丝绳扣(逮子绳)把对重框架缚好,拉动吊链将框架慢慢拖动至井道内,并将对重架逐渐吊起;同时配合人力移动框架进入对重侧导轨中间,轻放吊链使对重架平稳下落在预先准备好的木方上。 (3)支撑木方应保持垂直支撑,且支撑点的位置应均衡
对重导靴安装、调整	(1)固定式导靴安装:在对重架上安装四个导靴,调整对重框架,使之与两边导轨端面距离相等,且同一侧上下两导靴在一条垂线上。导靴内衬与导轨端面间隙应上、下一致,可在固定式导靴与对重框架之间用垫片进行调整(图 3－39)。 (2)弹性导靴安装:应先将调整螺母旋紧到最大,便于安装调整。具体调整方法应依据厂家针对该型号产品的技术说明。若导靴滑块内衬上、下与导轨端面间隙不一致时,可在导靴座与对重框架之间用垫片进行调整,调整方法同固定式导靴(图 3－40)。 (3)滚轮式导靴安装:安装要平整,两侧滚轮对导轨的压力应相等,压缩尺寸依据厂家针对该型号产品的技术说明。如无规定则根据使用情况调整压力,压力应适中。正面滚轮应与导轨面压紧,滚轮表面中心应对准导轨端面中心(图 3－41)。 (4)导靴安装、调整合适后应紧固螺栓

续上表

项目	内　　容
对重块安装及固定	(1)对重块的安装及固定:将相应数量对重块装入对重框架,并装上对重块压紧装置临时固定,如图3－42所示为挡板式压紧装置。 (2)标准装入的对重块重量＝轿厢自重＋50％载荷的重量－对重框重量。 即:当轿厢加载50％时,轿厢侧与对重侧的重量应是相等的。 电梯安装阶段一般暂时加装标准数量的2/3。 (3)若对重上装反绳轮,应加装防护罩以防止伤人或绳槽落入杂物。 (4)对重如设有安全钳,应在对重框架未进入井道前装妥安全钳的部件。 (5)对重下撞板应安装补偿墩2～3个,当电梯的曳引绳伸长时,调整缓冲距离,保证缓冲距离在规范规定的范围内。 (6)底坑的对重侧应安装安全护栏,安全护栏的底部距底坑地面应小于300 mm,由此往上延伸到至少2 500 mm的高度,其宽度至少等于对重宽度两边加100 mm(图3－43)。 (7)当同一井道有多台电梯时,在底坑每台电梯之间应设隔离护栏。护栏应至少从轿厢、对重行程的最低点延伸到最低层站楼面以上2 500 mm高度。宽度应能防止人员从一个底坑通往另一个底坑

表3－20　越程距离

电梯额定速度(m/s)	缓冲器形式	越程距离(mm)
0.5～1	蓄能型	200～350
1.5～2.5	耗能型	150～400
≥2.5	—	符合产品要求

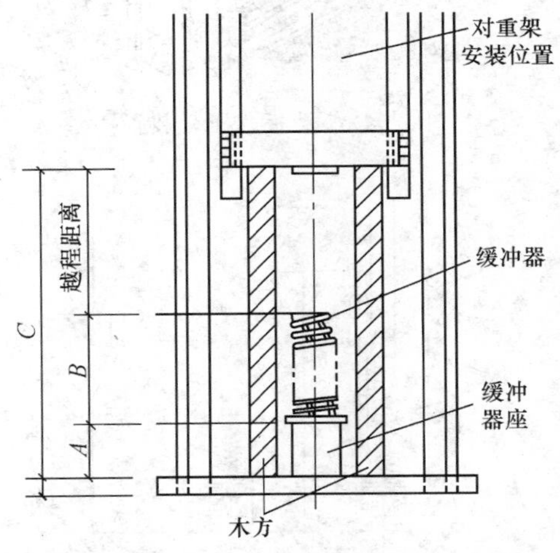

图3－38　在对重缓冲器座支设木方

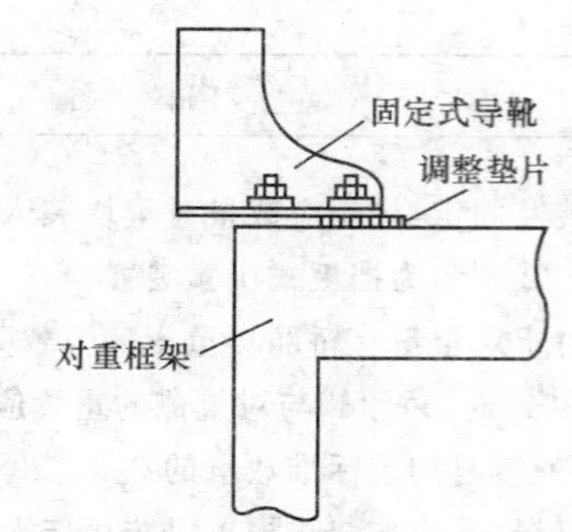

图 3－39　固定式导靴垫片调整示意图

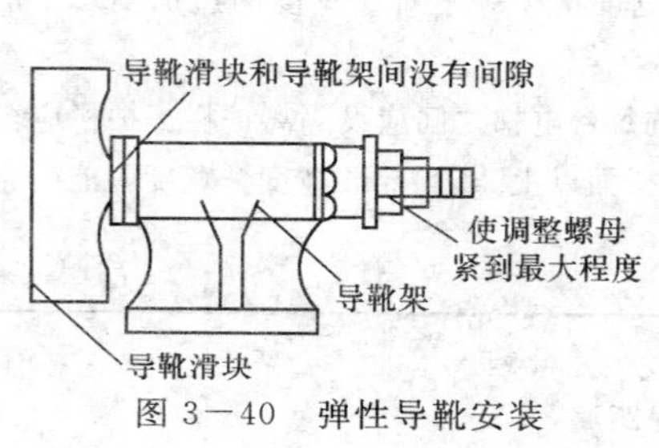

图 3－40　弹性导靴安装

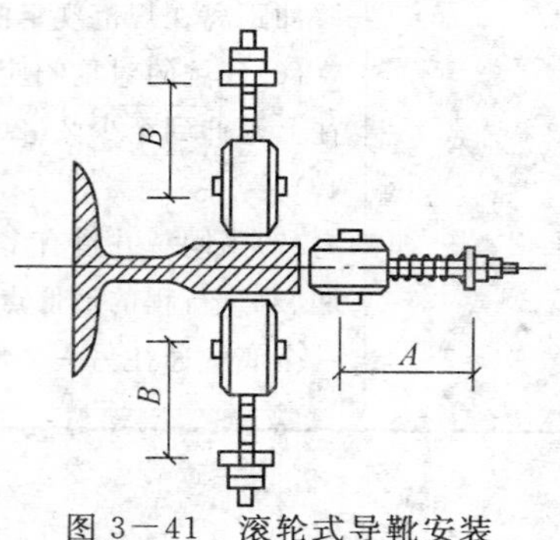

图 3－41　滚轮式导靴安装

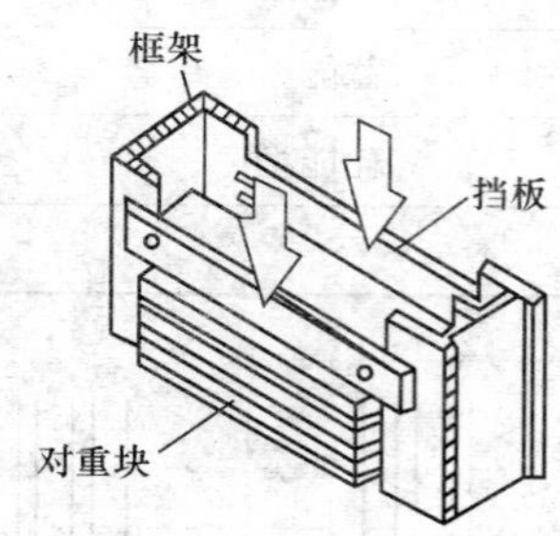

图 3－42　挡板式压紧装置

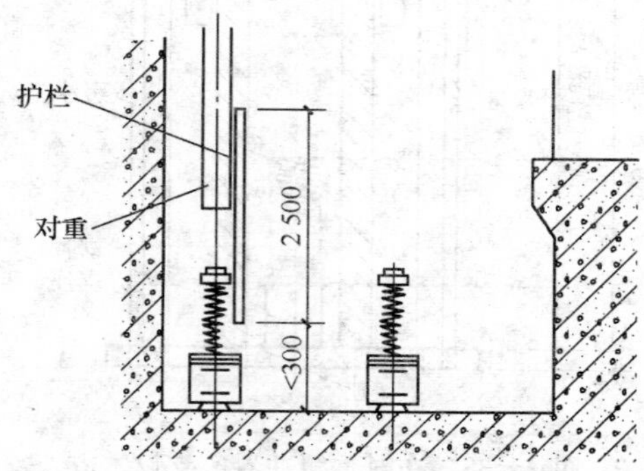

图 3－43　底坑对重侧安全护栏安装示意图

(6)电气装置工艺解析见表3－21。

表3－21　电气装置工艺解析

<table>
<tr><th>项目</th><th>内　容</th></tr>
<tr><td>电气装置安装通用规则</td><td>(1)电气装置安装之前应具备下列条件：
1)机房、井道的土建施工基本结束，包括粉刷工作；
2)电梯机房的门窗装配齐全；
3)电源已接至机房，符合设计规定。
(2)电气装置的附件构架、电线管、电线槽等非带电金属部分均应涂防腐漆或镀锌，安装用的紧固螺栓应有防松措施。
(3)电梯的供电电源必须单独敷设至机房靠近门口的配电箱内。每台电梯的供电电源须专用开关单独供给。每台电梯分设动力开关和轿厢、井道照明开关。动力开关具有切断电梯正常使用情况下最大电流的能力。但动力开关不应切断下列供电电路：
1)轿厢照明或通风；
2)轿顶电源插座；
3)机房和滑轮间照明；
4)机房内电源插座；
5)电梯井道照明；
6)报警装置。
(4)每台电梯应配备供电系统断相、错相保护装置，该装置在电梯运行中断相也应起保护作用。
(5)同一机房有数台曳机，应对曳引机、控制柜、电源开关、轿厢照明开关、井道照明开关、变压器等设置配套编号标志，便于区分所对应的电梯。
(6)电气设备的金属外壳必须根据规定采用接零或接地保护，保护零线应用铜线，其截面不小于相线的1/2，最小截面绝缘铜线不小于1.5 mm^2。电线管及电线槽用不小于ϕ5 mm的圆钢作跨接地线，并要焊牢。电梯机房内的接地干线与相线等粗，但最小截面积不得小于16 mm^2。
(7)电源采用三相四线制，由电梯机房配电装置开始，工作零线、保护零线必须分开。电源采用三相五线制地线必须始终与零线分开，其接地电阻值不大于4 Ω。厂家对接地电阻值有特殊要求的按厂家要求施工。在同一配电系统中，不允许一部分电气设备采用接地保护，而另一部分电气设备采用接零保护</td></tr>
<tr><td>接地要求</td><td>(1)所有电气设备的金属外壳均应有易于识别的良好接地，其接地电阻值不大于4 Ω。
(2)接地线应用截面积不小于相线1/2的铜导线，但最小截面不小于1.5 mm^2。接地线为黄绿双色绝缘铜芯导线。
(3)接地线接头用螺栓连接应有平垫圈和弹簧垫圈。
(4)轿厢接地如果用钢芯电缆则可利用该钢芯作为接地线。如用电缆芯线接地时，不得少于两根，且截面积应大于1.5 mm^2。
(5)保护接地(接零)系统必须良好，电气设备外皮有良好的保护接地(接零)。电线管、电线槽及箱、盒连接处的跨接地线必须紧密牢固、无遗漏。
(6)36 V以上的电气装置中，其金属部分均按上述要求做保护接地</td></tr>
</table>

续上表

项目	内　容
安装控制柜	(1)根据机房布置图及现场情况确定控制柜位置。与门窗、墙的距离不小于600 mm，控制柜的维护侧与墙壁的距离不小于600 mm，柜的封闭侧不小于50 mm。双面维护的控制柜成排安装时，其长度超出过5 m，两端宜留出入通道宽度不小于600 mm，控制柜与设备的距离不宜小于500 mm。 (2)控制柜的过线盒要按安装图的要求用膨胀螺栓固定在机房地面上。若无控制柜过线盒，则要用10号槽钢制作柜底座或混凝土底座，底座高度为50～100 mm。 (3)多台柜并列安装时，其间应无明显缝隙且柜面应在同一平面上。 (4)小型的励磁柜安装在距地面高1 200 mm以上的金属支架上(以便调整)。 (5)控制柜安装固定要牢固。多台柜并排安装时，其间应无明显缝隙且柜面应在同一平面上
安装极限开关	(1)根据布置图，若极限开关选用墙上安装方式时，要安装在机房门入口处，要求开关底部距地面高度1.2～1.4 m。 当梯井极限开关钢丝绳位置和极限开关不能上下对应时，可在机房顶板上装导向滑轮，导向轮位置应正确，动作灵活、可靠，如图3－44所示。 极限开关、导向滑轮支架分别用膨胀螺栓固定在墙上和楼板上。 钢丝绳在开关手柄轮上应绕3～4圈，其作用力方向应保证使闸门跳开，切断电源。 (2)根据布置图位置，若在机房地面上安装极限开关时，要按开关能和梯井极限绳上、下对应来确定安装位置。 极限开关支架用膨胀螺栓固定在梯房地面上。极限开关盒底面距地面300 mm，如图3－45所示。将钢丝绳按要求进行固定
安装中间接线盒、随缆架	(1)中间接线盒设在梯井内，其高度按下式确定： 高度(最底层厅门地坎至中间接线盒底的垂直距离)＝1/2电梯行程＋1 500 mm＋200 mm。 若中间接线盒设在夹层或机房内，其高度(盒底)距夹层或机房地面不低于300 mm。若电缆直接进入控制柜时，可不设中间接线盒。 (2)中间接线盒水平位置要根据随缆既不能碰轨道支架又不能碰厅门地坎的要求来确定。 若梯井较小，轿门地坎和中间接线盒在水平位置上的距离较近时，要统筹计划，其间距不得小于40 mm，如图3－46所示。 (3)中间接线盒用膨胀螺栓固定在墙壁上。 在中间接线盒底面下方200 mm处安装随缆架。固定随缆架要用不小于M16的膨胀螺栓两条以上(视随缆重量而定)，以保证其牢固度，如图3－47所示
安装随缆架	(1)在中间接线盒底面下方200 mm处安装随缆架。固定随缆架要用不小于ϕ16 mm的膨胀螺栓两条以上(视随缆重量而定)，以保证其牢固。 (2)若电梯无中间接线盒时，井道随缆架应装在1/2电梯正常提升高度＋1.5 m的井道壁上。

续上表

项目	内 容
安装随缆架	(3)随缆架安装时,应使电梯电缆避免与限速器钢绳、限位开关、缓冲开关、感应器和对重装置等接触或交叉,保证随行电缆在运动中不得与电线槽管支架等发生卡阻。 (4)轿底电缆架的安装方向应与井道随缆架一致,并使电梯电缆位于井道底部时,能避开缓冲器且保持不小于 200 mm 的距离。 (5)轿底电缆支架和井道随缆架的水平距离不小于:8 芯电缆为 500 mm;16～24 芯电缆为 800 mm。如多种规格电缆共用时,应按最大移动弯曲半径为准
配管、配线槽	机房配管除图纸规定敷设明管外,均要敷设暗管,梯井允许敷设明管。电线管的规格要根据敷设导线的数量决定。电线管内敷设导线总面积(包括绝缘层)不应超过管内净面积的 40%。 机房和井道内的配线,应使用电线管和电线槽保护,但在井道内严禁使用可燃性及易碎性材料制成的管、槽,不易受机械损伤和较短分支处可用软管保护。金属电线槽沿机房地面明设时,其壁厚不得小于 1.5 mm
挂随行电缆	(1)随行电缆的长度应根据中线盒及轿厢底接线盒实际位置,加上两头电缆支架绑扎长度及接线余量确定。保证在轿厢蹲底或撞顶时不使随缆拉紧,在正常运行时不蹭轿厢和地面,蹲底时随缆距地面 100～200 mm 为宜。 (2)轿底电缆支架和井道电缆支架的水平距离不小于:8 芯电缆为 500 mm,16～24 芯电缆为 800 mm。 (3)挂随缆前应将电缆自由悬垂,使其内应力消除。安装后不应有打结和波浪扭曲现象。多根电缆安装后长度应一致,且多根随缆不宜绑扎成排。 (4)用塑料绝缘导线(BV1.5 mm^2)将随缆牢固地绑扎在随缆支架上。其绑扎应均匀、可靠,绑扎长度为 30～70 mm。不允许用铁丝和其他裸导线绑扎。绑扎处应离开电缆架钢管 100～150 mm。 (5)扁平型随行电缆可重叠安装,重叠根数不宜超过 3 根,每两根之间应保持 30～50 mm的活动间距。扁平型电缆的固定应使用楔形插座或专用卡子。 (6)电缆入接线盒应留出适当余量,压接牢固,排列整齐。 (7)电缆的不运动部分(1/2 提升高度+1.5 mm 以上)每个楼层要有一个固定电缆支架,每根电缆要用电缆卡子固定牢固。 (8)当随缆距导轨支架过近时,为了防止随缆损坏,可自底坑向上每个导轨支架外角处至高于井道中部 1.5 m 处采取保护措施
安装缓速开关、限位开关及其碰铁	(1)碰铁应无扭曲、变形,安装后调整其垂直偏差不大于长度的 1‰,最大偏差不大于 3 m(碰铁的斜面除外)。 (2)缓速开关、限位开关的位置按下述要求确定。 1)一般交流低速成电梯(1 m/s 及以下),开关的第一级作为强迫减速,将快速转换为慢速运行。第二级应作为限位用,当轿厢因故超过上下端站 50～100 mm 时,即切断顺方向控制电路。

续上表

项目	内　　容
安装缓速开关、限位开关及其碰铁	2)端站强迫减速装置有一级或多级减速开关,这些开关的动作时间略滞后于同级正常减速动作时间。当正常减速失效时,装置按照规定级别进行减速。 (3)开关安装应牢固,安装后要进行调整,使其碰轮与磁铁可靠接触。开关触点应可靠动作,碰轮略有压缩余量。碰轮距碰铁边不小于 5 mm,如图 3－48 所示。 (4)开关碰轮的安装方向应符合要求,以防损坏,如图 3－49 所示
安装感应开关和感应板	(1)无论装在轿厢上的平层感应开关及开门感应开关,还是装在轨道上的选层、截车感应开关(此种是没有选层器的电梯),其形式基本相同。安装应横平竖直,各侧面应在同一垂直面上,其垂直偏差不大于 1 mm。 (2)感应板安装应垂直,插入感应器时宜位于中间,若感应器灵敏度达不到要求时,可适当调整感应板,但与感应器内各侧间隙不小于 7 mm,如图 3－50 所示。 (3)感应板应能上下、左右调节,调节后螺栓应可靠锁紧,电梯正常运行时不得与感应器产生摩擦,严禁碰撞
指示灯、按钮、操纵盘安装	(1)指示灯盘、按钮盒、操纵盘箱安装应横平竖直,其误差应不大于 1.5‰。指示灯盒中心与门中线偏差不大于 5 mm,如图 3－51 所示。 (2)指示灯、按钮、操纵盘的面板应盖平,遮光罩良好,不应有漏光和串光现象。 (3)按钮及开关应灵活可靠,不应有阻塞现象
安装底坑检修盒	(1)底坑检修盒的安装位置应选择在距线槽或接线盒较近、操作方便、不影响电梯运行的地方。如图 3－52 所示,为检修盒安装在靠线槽较近一侧的地坎下面。 (2)底坑检修盒用膨胀螺栓固定在井壁上。检修盘、电线管、线槽之间都要跨越接地线
导线敷设及接、焊、包、压头	(1)穿线前将钢管或线槽内清扫干净,不得有积水、污物。 (2)根据管路的长度留出适当余量进行断线,穿线时不能出现损伤线皮、扭结等现象,并留出适当备用线(10～20 根备 1 根,20～50 根备 2 根,50～100 根备 3 根)。 (3)导线要按布线图敷设,电梯的供电电源必须单独敷设。动力和控制线路宜分别敷设。信号及电子线路应按产品要求单独敷设或采取抗干扰措施。若在同一线槽中敷设,其间要加隔板。 (4)在线槽的内拐角处要垫橡胶板等软物,以保护导线,如图 3－53 所示。 (5)截面 6 mm^2 以下铜线连接时,本身自缠不少于 5 圈,缠绕后涮锡。多股导线(10 mm^2 及以上)与电气设备连接,使用连接卡或接线鼻子。使用连接卡时,多股铜线应先涮锡。 (6)接头先用橡胶布包严,再用黑胶布包好放在盒内。 (7)设备及盘柜压线前应将导线沿接线端子方向整理成束,然后用小线或尼龙卡子绑扎,以便故障检查。 (8)导线终端应设方向套或标记牌,并注明该线路编号。 (9)线路安装完成后,应进行绝缘电阻测试

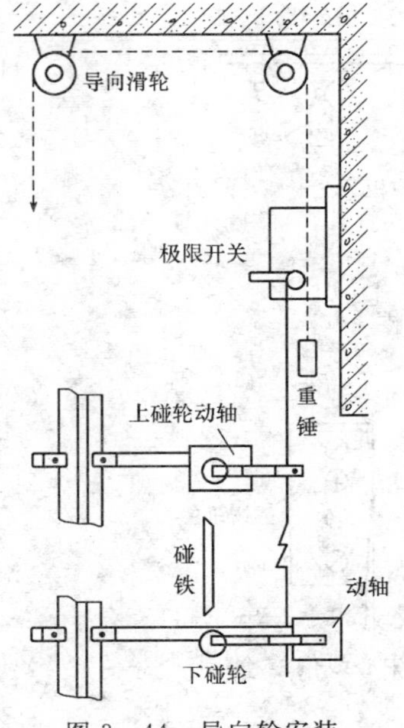

图 3－44　导向轮安装

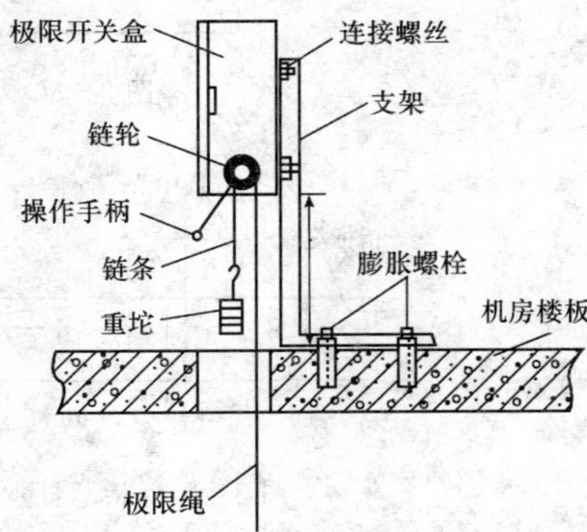

图 3－45　极限开关安装

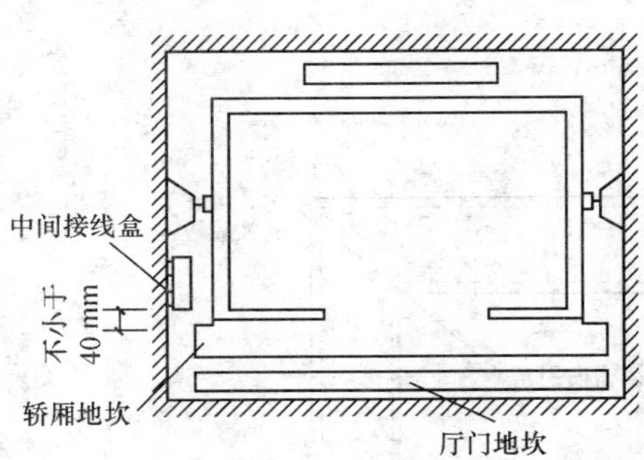

图 3－46　中间接线盒位置

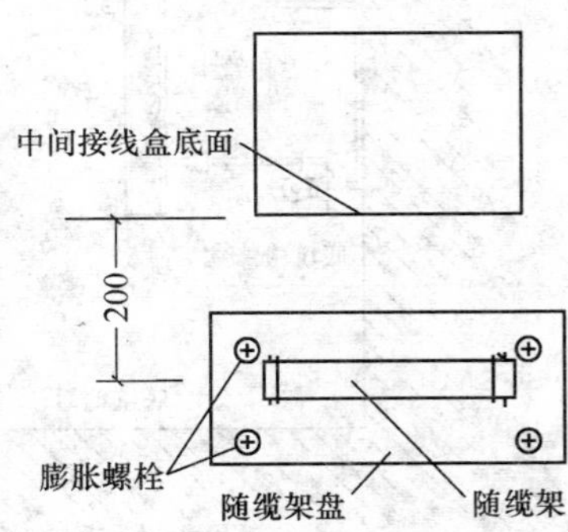

图 3－47　中间接线盒固定在墙壁上(单位:mm)

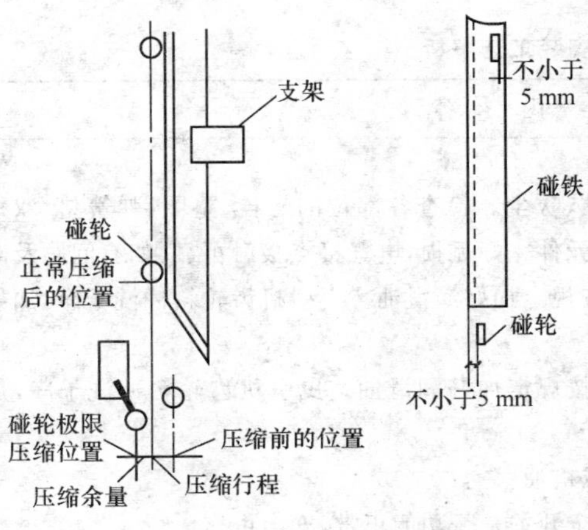

图 3－48　碰轮与碰铁间距

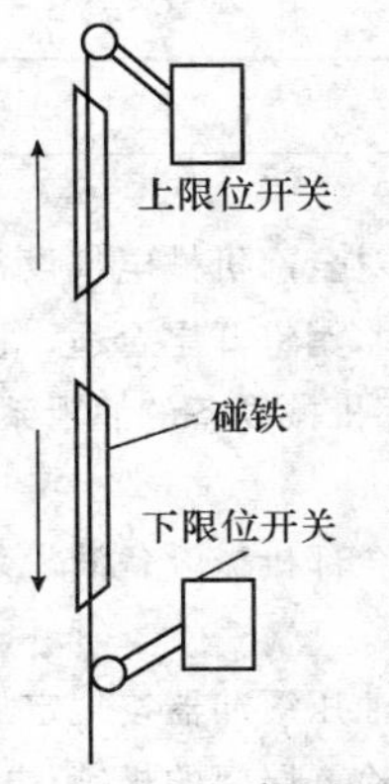

图 3－49　开关碰轮方向

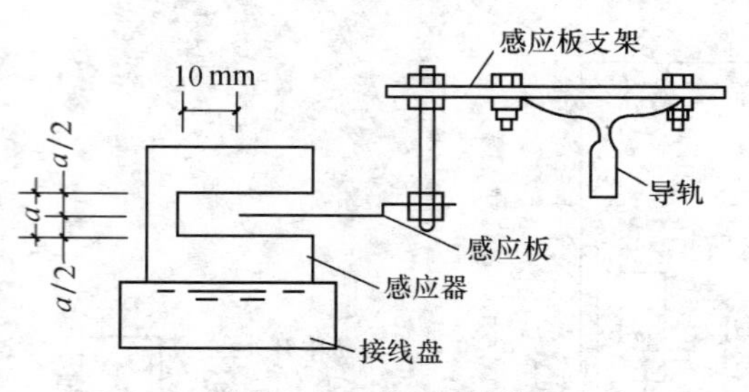

图 3－50　感应板安装

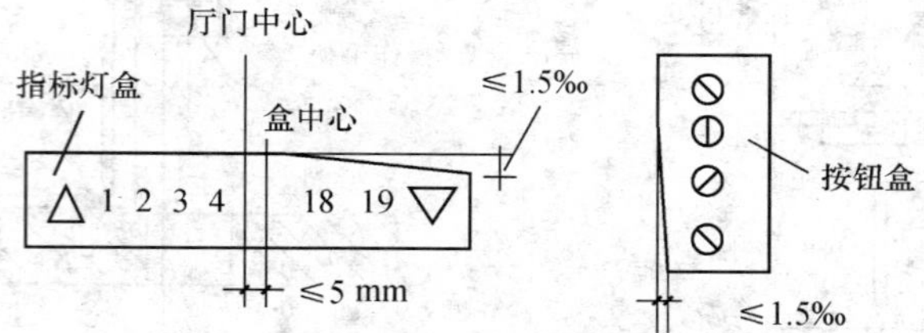

图 3－51　指示灯盒中心与门中心线偏差

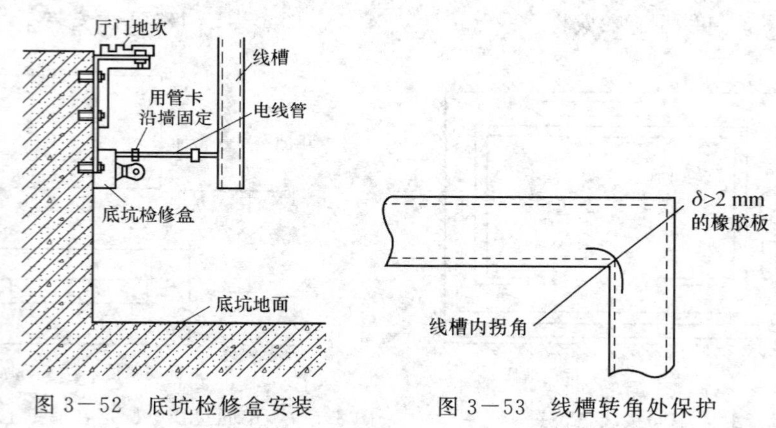

图 3－52　底坑检修盒安装　　图 3－53　线槽转角处保护

(7)整机安装工艺解析见表 3－22。

表 3－22　整机安装工艺解析

项目	内　　容
准备工作	(1)对全部机械电气设备进行清洁、吹尘。检查各部位的螺栓、垫圈、弹簧垫、双螺母是紧固,销钉开尾合适。检查设备,元件完好无损,电气接点接触可靠,如有问题及时检查全部机械设备的润滑系统,均应按规定加好润滑油。曳引机齿轮箱冲洗干净,加好齿轮油。 (2)全部机械设备润滑系统,均应按规定加好润滑油。曳引机齿轮箱冲洗干净,加好齿油。 (3)油压缓冲器按规定加好液压或机油。 (4)检查层门的机锁、电锁及各安全开关是否功能正常,安全可靠

续上表

项目	内　　容
电气动作试验	(1)检查全部电气设备的安装及接线应正确无误,接线牢固。 (2)摇测电气设备的绝缘电阻值不应小于 0.5 MΩ,当电路中含有电子装置时,应将相线和零线连接起来,并做记录。 (3)按要求上好保险丝,并对时间继电器、热保元件等需要调整部件进行检查调整。 (4)摘掉至电机及抱闸的电气线路,使它们暂时不能动作。 (5)在轿厢操纵盘上按步骤操作选层按钮、开头门按钮等,并手动模拟各种开关相应的动作,对电气系统进行如下检查: 1)信号系统检查指示是否正确,指示灯颜色、提示或报警的声响是否正常。 2)控制及运行系统通过观察控制屏上继电器及接触器的动作,检查电梯的选层、定向、换速、截车、平层等各种性能是否正确;门锁、安全开关、限位开关等在系统中的作用;继电器、接触器、本身机械、电气连锁是否正常。同时还检查电梯运行的启动、制动、换速的延时是否符合要求。以及屏上各种电气元件运行是否可靠、正常,有无不正常的振动、噪音、过热、黏接等现象。对于设有消防员控制及多台程序控制的电梯,还要检查其动作是否正确
曳引电机 空载试运转	(1)将电梯曳引绳从曳引轮上摘下,恢复电气动作试验时摘除的电机及抱闸线路。 (2)单独给抱闸线圈送电,检查闸瓦间隙、弹簧力度、动作灵活程度胶磁铁行程是否符合要求。有无不正常振动及声响,并进行必要的调整,使其符合要求。同时检查线圈温度,应小于 60℃。 (3)摘去曳引机联轴器的连接螺栓,使电机可单独进行转动。 (4)用手盘动电机使其旋转,如无卡阻且声响正常时,启动电机使之慢速运行,检查各部件运行情况及电机轴承温升情况。若有问题,随时停车处理。如运行正常,试 5 min 后改为快速运行,并对各部运行及温度情况继续进行检查。轴承温度的要求为:滑动轴不超过 75℃;滚动轴承不应超过 85℃。若是直流电梯,应检查直流电机电刷接触是否良好,位置是否正确,并观察电机转向应与运行方向一致。若情况正常,半小时后试运行结束。试车时,要对电机空载电流进行测量,应符合要求。 (5)连接好联轴器、手动盘车,检查曳引机旋转情况。如情况正常,将曳引机盘根压盖松开,启动曳引机,使其慢速运行,检查各部运行情况。注意盘根处,应有油出现,曳引机的油温度不得超过 80℃,轴承温度要求同上。如无异常,5 min 后改为快速运行,并继续对曳引机及其他部位进行检查。若情况正常,半小时后试运转结束。在试运转的同时逐渐压紧盘根压盖,使其松紧适中,以每分钟 3～4 滴油为宜(调整压盖时,应注意盖与轴的周围间隙应一致)。试车中应对电流进行检测
慢速负荷试车	(1)将曳引绳复位。 (2)在轿厢盘车或慢行的同时,对梯井内各部位进行检查。主要有开门刀与各层门地坎间隙;各层门锁轮与轿厢地坎间隙;平层器与各层铁板间隙;限位开关、越程开关等与碰铁之间位置关系;轿厢上、下坎两侧端点与井壁间隙;轿厢与中线盒间隙;随线、选层器钢带限速器钢丝绳等与井道各部件距离。

续上表

项目	内　容
慢速负荷试车	对以上各项的安装位置、间隙、机械动作要进行检查，对不符合要求的应及时进行调整。同时在机房内对选层器上各电气接点位置进行检查调整，使其符合要求。慢车运行正常，门关好，门锁可靠，方可快车行驶
快速负荷试车	开慢车将轿厢停于中间楼层，轿内不载人，按照操作要求，在机房控制屏处手动模拟开车。先单层，后多层，上下往返数次(暂不到上、下端站)。如无问题，试车人员进入轿厢，进行实际操作。试车中对电梯的信号系统、控制系数、驱动系统进行测试、调整，使之全部正常，对电梯的启动、加速、换速、制动、平层及强迫缓速开头、限位开关、极限开头、安全开关等的位置进行精确的调整，应动作准确、安全、可靠。外呼按钮、指令按钮均起作用，同时试车人员在机房内对曳引装置、电机(及其电流)、抱闸等进行进一步检查。各项规定测试合格，电梯各项性能符合要求，则电梯快速试验即告结束
自动门的调整	(1)调整门杠杆，应使门关好后，其两壁所成角度小于180°，以便必要时，人能在轿厢内将门扒开。 (2)用手盘时，调整控制门速行程开关的位置。 (3)通电进行开门、关门，调整门机电阻使开关门的速度符合要求。开门时间一般调整在2.5～3 s左右；关门时间一般调整在3～3.5 s左右。 (4)安全触板功能应可靠
平层的调整	(1)轿厢内半载，调整好抱闸松紧度。 (2)快速上下运行至各层，记录平层偏差值，综合分析，调整选层器(调整截车距离)及遮磁板，使平层偏差在规定范围内。 (3)轿厢在最底层平层位置，轿厢内加80%的额定负载，轿底满载开关动作。 (4)轿厢在最底层平层位置，轿厢内加110%的额定负载，轿底超载开关动作，操纵盘上应灯亮，蜂鸣器响，且门不关。 试运行完毕，要填写试运行测试记录表

第二节　液压电梯安装工程

一、验收条文

(1)设备进场验收见表3—23。

表3—23　设备进场验收

项目	内　容
主控项目	(1)土建布置图。 (2)产品出厂合格证。 (3)门锁装置、限速器(如果有)、安全钳(如果有)及缓冲器(如果有)的型式试验合格证书复印件

续上表

项目	内　　容
一般项目	(1)随机文件还应包括下列资料： 1)装箱单； 2)安装、使用维护说明书； 3)动力电路和安全电路的电气原理图； 4)液压系统原理图。 (2)设备零部件应与装箱单内容相符。 (3)设备外观不应存在明显的损坏

(2)土建交接检验应符合本章第一节中的相关规定。

(3)液压系统验收标准见表3－24。

表3－24　液压系统验收标准

项目	内　　容
主控项目	液压泵站及液压顶升机构的安装必须按土建布置图进行。顶升机构必须安装牢固，缸体垂直度严禁大于0.4‰
一般项目	(1)液压管路应可靠联接，且无渗漏现象。 (2)液压泵站油位显示应清晰、准确。 (3)显示系统工作压力的压力表应清晰、准确

(4)导轨安装应符合本章第一节中的相关规定。

(5)层门系统安装应符合本章第一节中的相关规定。

(6)轿厢安装应符合本章第一节中的相关规定。

(7)如果有平衡重，应符合本章第一节中的相关规定。

(8)如果有限速器、安全钳或缓冲器，应符合本章第一节中的相关规定。

(9)悬挂装置、随行电缆验收标准见表3－25。

表3－25　悬挂装置、随行电缆验收标准

项目	内　　容
主控项目	(1)如果有绳头组合，必须符合《电梯工程施工质量验收规范》(GB 50310－2002)有关内容的规定。 (2)如果有钢丝绳，严禁有死弯。 (3)当轿厢悬挂在两根钢丝绳或链条上，其中一根钢丝绳或链条发生异常相对伸长时，为此装设的电气安全开关必须动作可靠。对具有两个或多个液压顶升机构的液压电梯，每一组悬挂钢丝绳均应符合上述要求。 (4)随行电缆严禁有打结和波浪扭曲现象
一般项目	(1)如果有钢丝绳或链条，每根张力与平均值偏差不应大于5%。 (2)随行电缆的安装还应符合下列规定：

续上表

项目	内　容
一般项目	1)随行电缆端部应固定可靠。 2)随行电缆在运行中应避免与井道内其他部件干涉。当轿厢完全压在缓冲器上时,随行电缆不得与底坑地面接触

(10)电气装置安装应符合本章第一节中的相关规定。

(11)整机安装验收标准见表3－26。

表3－26　整机安装验收标准

项目	内　容
主控项目	(1)液压电梯安全保护验收必须符合下列规定: 1)必须检查以下安全装置或功能: ①断相、错相保护装置或功能。当控制柜三相电源中任何一相断开或任何二相错接时,断相、错相保护装置或功能应使电梯不发生危险故障。 注:当错相不影响电梯正常运行时可没有错相保护装置或功能。 ②短路、过载保护装置。动力电路、控制电路、安全电路必须有与负载匹配的短路保护装置;动力电路必须有过载保护装置。 ③防止轿厢坠落、超速下降的装置。液压电梯必须装有防止轿厢坠落、超速下降的装置,且各装置必须与其型式试验证书相符。 ④门锁装置。门锁装置必须与其型式试验证书相符。 ⑤上极限开关。上极限开关必须是安全触点,在端站位置进行动作试验时必须动作正常。它必须在柱塞接触到其缓冲制停装置之前动作,且柱塞处于缓冲制停区时保持动作状态。 ⑥机房、滑轮间(如果有)、轿顶、底坑停止装置。位于轿顶、机房、滑轮间(如果有)、底坑的停止装置的动作必须正常。 ⑦液压油温升保护装置。当液压油达到产品设计温度时,温升保护装置必须动作,使液压电梯停止运行。 ⑧移动轿厢的装置。在停电或电气系统发生故障时,移动轿厢的装置必须能移动轿厢上行或下行,且下行时还必须装设防止顶升机构与轿厢运动相脱离的装置。 2)下列安全开关,必须动作可靠: ①限速器(如果有)张紧开关; ②液压缓冲器(如果有)复位开关; ③轿厢安全窗(如果有)开关; ④安全门、底坑门、检修活板门(如果有)的开关; ⑤悬挂钢丝绳(链条)为两根时,防松动安全开关。 (2)限速器(安全绳)安全钳联动试验必须符合下列规定。 1)限速器(安全绳)与安全钳电气开关在联动试验中必须动作可靠,且应使电梯停止运行。 2)联动试验时轿厢载荷及速度应符合下列规定: ①当液压电梯额定载重量与轿厢最大有效面积符合表3－27的规定时,轿厢应载有均匀分布的额定载重量;当液压电梯额定载重量小于表3－27规定的轿厢最大有效面积对应的额定载重量时,轿厢应载有均匀分布的125%的液压电梯额定载重量,但该载荷不应超过相关规定的轿厢最大有效面积对应的额定载重量。

续上表

项目	内　容
主控项目	②对瞬时式安全钳，轿厢应以额定速度下行；对渐进式安全钳，轿厢应以检修速度下行。 3)当装有限速器安全钳时，使下行阀保持开启状态(直到钢丝绳松弛为止)的同时，人为使限速器机械动作，安全钳应可靠动作，轿厢必须可靠制动，且轿底倾斜度不应大于5%。 4)当装有安全绳安全钳时，使下行阀保持开启状态(直到钢丝绳松弛为止)的同时，人为使安全绳机械动作，安全钳应可靠动作，轿厢必须可靠制动，且轿底倾斜度不应大于5%。 (3)层门与轿门的试验符合下列规定： 层门与轿门的试验必须符合本章第一节中的相关内容。 (4)超载试验必须符合下列规定： 当轿厢载有120%额定载荷时液压电梯严禁启动
一般项目	(1)液压电梯安装后应进行运行试验；轿厢在额定载重量工况下，按产品设计规定的每小时启动次数运行1 000次(每天不少于8 min)，液压电梯应平稳、制动可靠、连续运行无故障。 (2)噪声检验应符合下列规定： 1)液压电梯的机房噪声不应大于85 dB(A)。 2)乘客液压电梯和病床液压电梯运行中轿内噪声不应大于55 dB(A)。 3)乘客液压电梯和病床液压电梯的开关门过程噪声不应大于65 dB(A)。 (3)平层准确度检验应符合下列规定： 液压电梯平层准确度应在±15 mm范围内。 (4)运行速度检验应符合下列规定： 空载轿厢上行速度与上行额定速度的差值不应大于上行额定速度的8%；载有额定载重量的轿厢下行速度与下行额定速度的差值不应大于下行额定速度的8%。 (5)额定载重量沉降量试验应符合下列规定： 载有额定载重量的轿厢停靠在最高层站时，停梯10 min，沉降量不应大于10 mm，但因油温变化而引起的油体积缩小所造成的沉降不包括在10 mm内。 (6)液压泵站溢流阀压力检查应符合下列规定： 液压泵站上的溢流阀应设定在系统压力为满载压力的140%～170%时动作。 (7)超压静载试验应符合下列规定： 将截止阀关闭，在轿内施加200%的额定载荷，持续5 min后，液压系统应完好无损。 (8)观感检查应符合《电梯工程施工质量验收规范》(GB 50310－2002)有关内容的规定

表3－27　额定载重量与轿厢最大有效面积之间关系

额定载重量(kg)	轿厢最大有效面积(m^2)	额定载重量(kg)	轿厢最大有效面积(m^2)	额定载重量(kg)	轿厢最大有效面积(m^2)	额定载重量(kg)	轿厢最大有效面积(m^2)
100①	0.37	525	1.45	900	2.20	1 275	2.95

续上表

额定载重量（kg）	轿厢最大有效面积（m^2）	额定载重量（kg）	轿厢最大有效面积（m^2）	额定载重量（kg）	轿厢最大有效面积（m^2）	额定载重量（kg）	轿厢最大有效面积（m^2）
180②	0.58	600	1.60	975	2.35	1 350	3.10
225	0.70	630	1.66	1 000	2.40	1 425	3.25
300	0.90	675	1.75	1 050	2.50	1 500	3.40
375	1.10	750	1.90	1 125	2.65	1 600	3.56
400	1.17	800	2.00	1 200	2.80	2 000	4.20
450	1.30	825	2.05	1 250	2.90	2 500③	5.00

①一人电梯的最小值；

②二人电梯的最小值；

③额定载重量超过 2 500 kg 时，每增加 100 kg 面积增加 0.16 m^2，对中间的载重量其面积由线性插入法确定。

二、施工工艺解析

(1)土建交接检验参见本章第一节中土建交接检验的相关内容。

(2)液压系统施工工艺解析见表 3－28。

表 3－28　液压系统施工工艺解析

项目	内　容
一般规定	(1)液压泵站及液压顶升机构的安装必须按土建布置图进行。顶升机构必须安装牢固，缸体垂直度严禁大于 0.4‰。 (2)液压管路应可靠连接，且无渗漏现象。 (3)液压泵站油位显示应清晰、准确。 (4)显示系统工作压力的压力表应清晰、准确
准备工作	(1)油缸支架按图纸固定好。 (2)在轨道支架适当高度横放两根钢管，拴上吊索和吊链葫芦。 (3)用手车配合人力把缸体运到井道门口，注意缸体中心不能受力，搬运时应使用搬运护具，以确保运输途中不磕碰、扭曲，如图 3－54 所示。 (4)在层门口铺上木板或木方，拆除缸体上的护具，将油缸体按吊装方向慢慢移入梯井内，用吊链并配以吊索将油缸慢慢吊入地坑，放入两轨道之间并临时固定，注意吊点要使用油缸的吊装环，如图 3－55 所示。 (5)油管、油缸、泵站在搬运安装过程中严禁划伤、碰撞

续上表

项目	内 容
液压缸体安装	(1)底座安装。 1)油缸底座用配套的膨胀螺栓固定在基础上,中心位置与图纸尺寸相符,油缸底座的中心与油缸中心线的偏差不大于 1 mm,如图 3－56 所示。 2)油缸底座顶部的水平偏差不大于 1/600。油缸底座立柱的垂直偏差(正、侧面两个方向测量)全高不大于 0.5 mm,如图 3－57 所示。 3)油缸底座垂直度可用垫片配合调整。 油缸找好固定后,应把支架可调部分焊接以防位移。 4)如果油缸和底座不用螺丝连接的,采用下述方法固定: 油缸在底座平台上的固定在前后左右四个方向用四块挡板三面焊接,挡住油缸以防移动,如图 3－58 所示。 (2)油缸安装。 1)在对着将要安装的油缸中心位置的顶部固定吊链。 2)用吊链慢慢地将油缸吊起,当油缸底部超过油缸底座 200 mm 时停止起吊,使油缸慢慢下落,并轻轻转动缸体,对准安装孔,然后穿上固定螺栓。 3)用 U 形卡子把油缸固定在相应的油缸支架上,但不要把 U 形卡子螺丝拧紧(以便调整)。 4)调整油缸中心,使之与样板基准线前后左右偏差均小于 2 mm,如图 3－59 所示。 (3)用通长的线坠、钢板尺测量油缸的垂直度。正面、侧面进行测量;测量点在离油缸端点或接口 15～20 mm 处,全长偏差要在 0.4‰以内。按上述所规定的要求找好后,上紧螺丝,然后再进行校验,直到合格为止,如图 3－60 所示。 (4)上油缸顶部安装有一块压板,下油缸顶部装有一吊环,该板及吊环是油缸搬运过程中的保护装置、吊装点,安装时应拆除。 (5)两油缸对接部位应连接平滑、螺纹旋转到位、无台阶,否则必须在厂方技术人员的指导下方可处理,不得擅自打磨。 (6)油缸抱箍与油缸接合处,应使油缸自由垂直,不得使缸体产生拉力变形。 (7)油缸安装完毕,柱塞与缸体结合处必须进行防护,严禁进入杂质
安装油缸顶部的滑轮组件	(1)用吊链将滑轮吊起将其固定在油缸顶部,然后再将梁两侧导靴嵌入轨道,落到滑轮架上并安装螺栓。 (2)梁找平后紧固螺栓。 (3)根据道距的不同,梁设计有两种规格,770 mm 梁组件适用于 800～900 mm;920 mm梁组件适用于 950 mm 规格。 (4)注意如果油缸离结构墙较近,油缸找直固定前,应先把滑轮组件安装上。具体连接方法如图 3－61 所示。 (5)油缸中心、滑轮中心必须符合图纸及设计要求,误差不应超过 0.5 mm
泵站安装	(1)设备的运输及吊装。 (2)液压电梯的电机、油箱及相应的附属设备集中装在同一箱体内,称为泵站。泵站的运输、吊装、就位要由起重工配合操作。

续上表

<table>
<tr><th colspan="2">项目</th><th>内　容</th></tr>
<tr><td colspan="2">泵站安装</td><td>(3)泵站吊装时用吊索拴住相应的吊装环,在钢丝绳与箱体棱角接触处要垫上布、纸板等细软物以防吊起后钢丝绳将箱体的棱角、漆面磨坏。
(4)泵站运输要避免磕碰和剧烈的振动。
(5)泵站安装。
1)机房的布置要按厂家的平面布置图并参照现场的具体情况统筹安排。一般泵站箱体距墙留 500 mm 以上的空间,以便维修,如图 3－62 所示。
2)无底座、无减振胶皮的泵站可按厂家规定直接安放在地面上,找平找正后用膨胀螺栓定</td></tr>
<tr><td rowspan="4">油管安装</td><td>安装前的准备工作</td><td>(1)施工前必须清除现场的污物及尘土,保持环境清洁,以免影响安装质量。
(2)根据现场实际情况核对配用油管的规格尺寸,若有不符应及时解决。
(3)拆开油管口的密封带对管口用煤油或机油进行清洗(不可用汽油,以免使橡胶圈变质),然后用细布将锈末清除</td></tr>
<tr><td>油管路的安装</td><td>(1)油管口端部和橡胶封闭圈里面用干净白绸布擦干净以后,涂上润滑油,将密封圈轻轻套入油管头。
(2)泵站按要求就位后,要注意防振胶垫要垂直压下,不可有搓、滚现象,如图3－63所示。
(3)把密封圈套入后露出管口,把要组对的两管口对接严密。
(4)把密封圈轻轻推向两管接口处,使密封圈封住的两管长度相等。
(5)用手在密封圈的顶部及两侧均匀地轻压,使密封圈和油管头接触严密。
(6)在橡胶密封圈外均匀地涂上液压油,用两个管钳一边固定,一边用力紧固螺母。其要求应遵照厂家技术文件规定,无规定的应以不漏油为原则。
(7)油管与油箱及油缸的连接均采用此方法</td></tr>
<tr><td>油管的固定</td><td>在要固定的部位包上专用的齿形胶皮,使齿在外边。然后用卡子加以固定。也有沿地面固定的,方法是直接用 Ω 形卡打胀塞固定,固定间距为 1 000～1 200 mm 为宜,如图3－64所示</td></tr>
<tr><td>回油管的安装</td><td>(1)在轿厢连续运行中,由于柱塞的反复升降,会有部分液压油从油缸顶部密封处压出。为了减少油的损失,在油缸顶部装有接油盘,接油盘里的油通过回油管送回到储油箱。回油管头和油盘的连接应十分认真。
(2)回油管因为没有压力,连接处不漏油即可。但回油管途径较长,固定要美观、合理,且应固定在不易碰撞、践踏地方。
(3)油管连接处必须在安装时才可拆封,擦拭时必须使用白绸布,严禁残留任何杂物。
(4)所有油管接口处必须密封严密,严禁漏油</td></tr>
</table>

(3)导轨参见本章第一节中导轨的相关内容。

(4)层门系统参见参见本章第一节中门系统的相关内容。

(5)轿厢参见参见本章第一节中轿厢的相关内容。

(6)对重(平衡重)参见参见本章第一节中对重(平衡重)的相关内容。

(7)安全部件参见参见本章第一节中安全部件的相关内容。

(8)悬挂装置、随行电缆参见参见本章第一节中悬挂装置、随行电缆的相关内容。

(9)电气装置参见参见本章第一节中电气装置的相关内容。

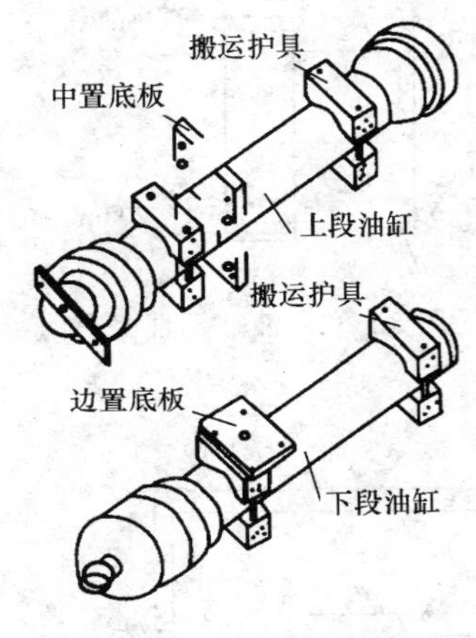

图 3－54　缸体搬运保护

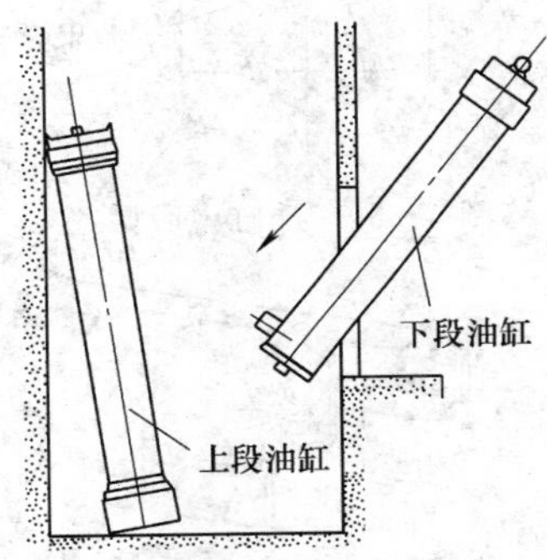

图 3－55　油缸安装

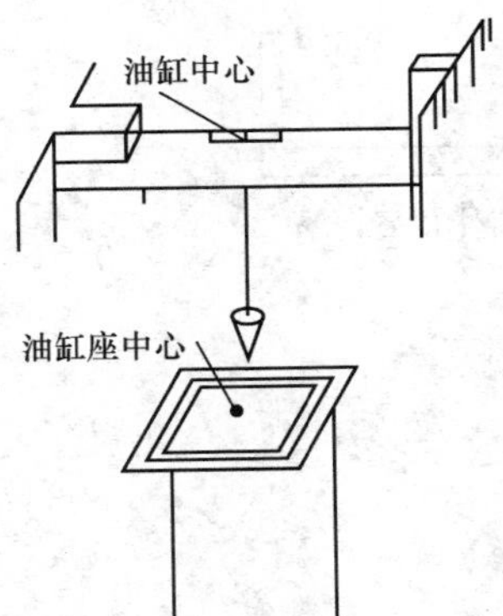

图 3－56　油缸底座中心线与油缸中心线偏差

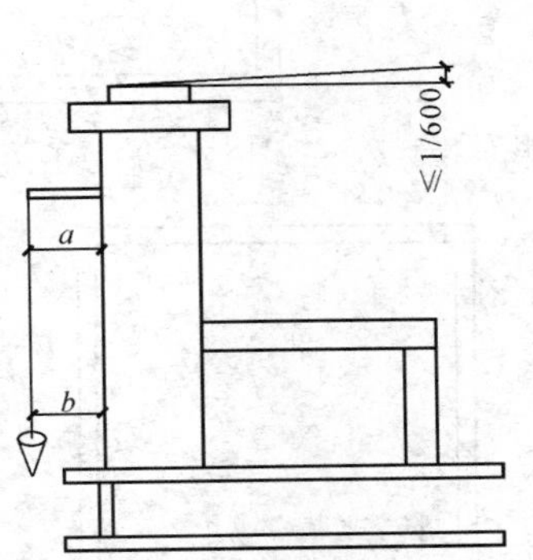

图 3－57　油缸底座偏差

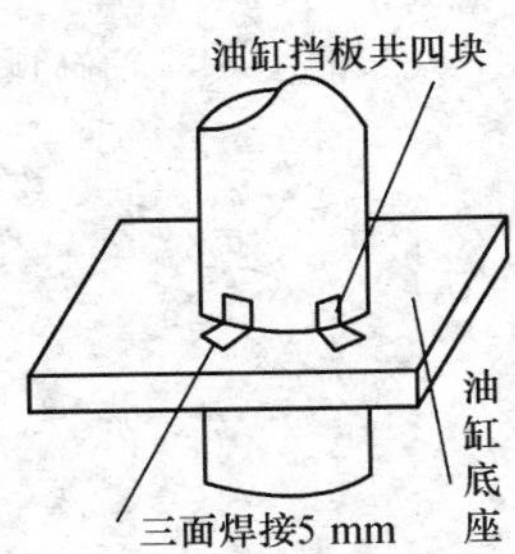

图 3－58　油缸和底座焊接连接

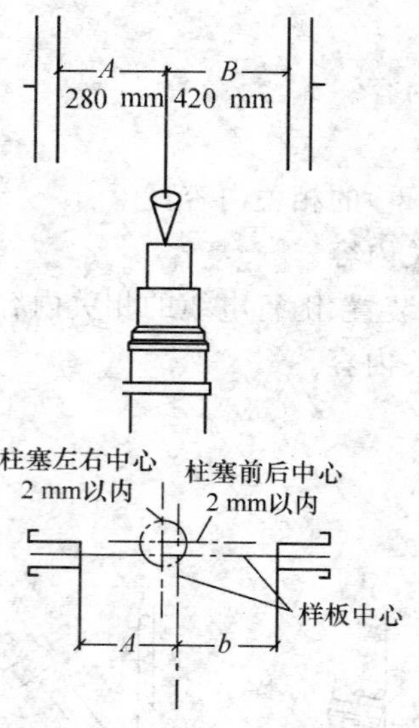

图 3－59　油缸中心调整

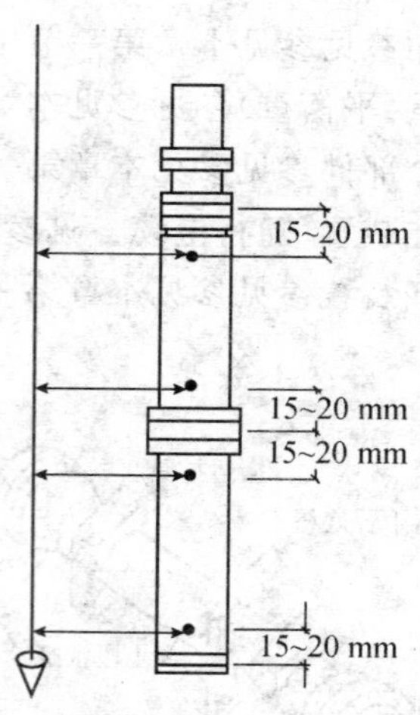

图 3－60　油缸垂直度测量

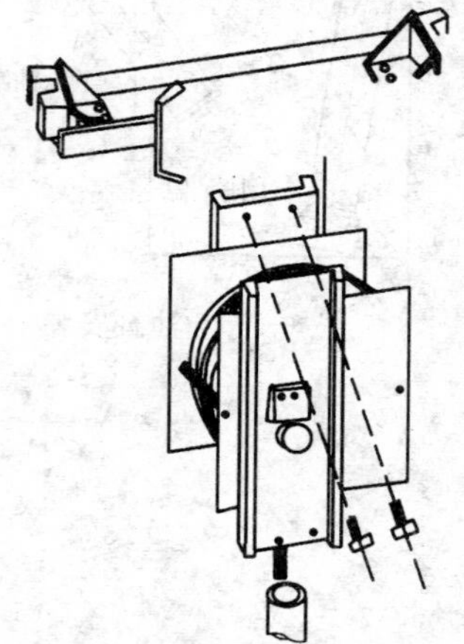

图 3－61　油缸顶部滑轮组安装

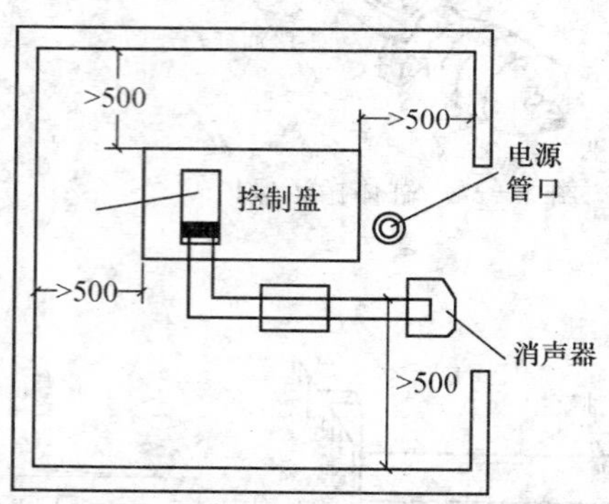

图 3－62　泵站箱体位置(单位：mm)

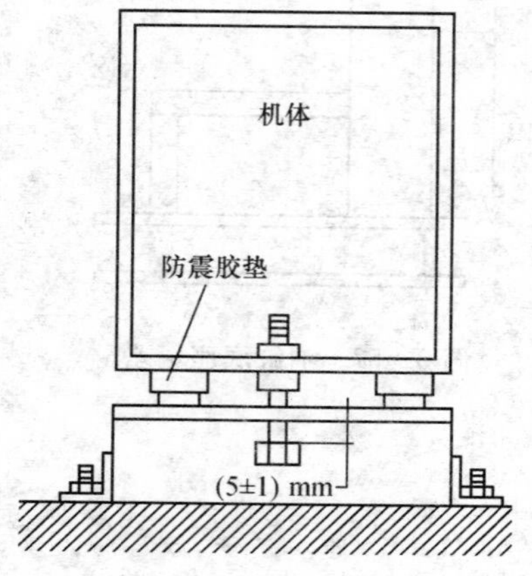

图 3－63　防震胶垫安装

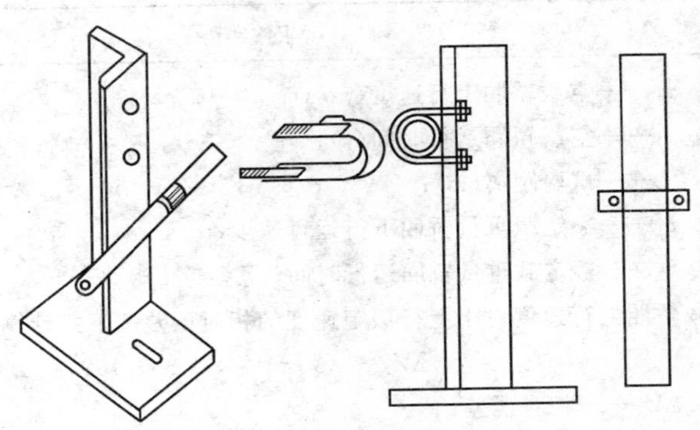

图 3－64　油管固定

(10)整机安装工艺解析见表 3－29。

表 3－29　整机安装工艺解析

项目		内　容
电气线路检查试验		(1)电气系统的安装接线必须严格按照厂方提供的电气原理图和接线图进行，要求正确无误，连接牢固，编号齐全准确，不得随意变更线路标号，如发现错误必须变更时，必须在安装图上作好标记并向厂家备案。 (2)测试各有关电气设备、线路的绝缘电阻值均不应小于 0.5 MΩ，并做好测试记录(当电梯采用 PC 机、微机控制时，不得用摇表测试)。 (3)所有电气设备的外露金属部分均应可靠接地。 (4)检查控制柜(屏)内各电器、元件应外观良好，标志齐全，安装牢固，所有接线接点应接触良好无松动，继电器、接触器动作灵活可靠。微机插件的电子元器件应不松动、无损伤，各焊点无虚焊、漏焊现象。插接件的插拔力适当，接触可靠，插接后锁定正常，标志符号清晰齐全。 (5)在液压电梯机房控制柜(屏)处，取掉曳引机连线，采用手动吸合继电器、短接开关、按钮开关控制导线等方法模拟选层按钮、开关门的相应动作，观察控制柜上的信号显示、继电器及接触器的吸合状况；检查电梯的选层、定向、换速、截车、平层、停止等各种动作程序是否正确；门锁、安全开关、限位开关是否在系统中起作用；继电器、接触器的机械、电气连锁是否正常；电动机启动、换速、制动的延时是否符合要求，以及电气元件动作是否正常可靠，有无不正常的振动、噪音、过热、黏接、接触不良等现象
液压系统性能检测试验	额定速度试验	在液压电梯平稳运行区段(不包括加、减速度区段)，事先确定一个不少于 2 m 的试验距离。电梯启动以后，用行程开关或接近开关和电秒表分别测出通过上述试验距离时，空载轿厢向上运行所消耗的时间和额定载重量轿厢向下运行所消耗的时间，并按下式计算速度(试验分别进行 3 次，取其平均值)： $v_1 = L/t_1$ $v_2 = L/t_2$

续上表

项目		内　容
	额定速度试验	式中　v_1——空载轿厢上行速度(m/s)； t_1——空载轿厢运行时间(s)； L——试验距离(m)； v_2——额定载重量轿厢下行运行速度(m/s)； t_2——额定载重量轿厢运行时间(s)。 空载轿厢上行速度对于上行额定速度的相对误差按下式计算： $\Delta V_1=[(V_1-V_m)/V_m]\times 100\%$ 式中　ΔV_1——相对误差； V_m——上行额定速度(m/s)。 测量和计算结果，分别记入表 3－30 中。
液压系统性能检测试验	液压泵站	(1)外渗漏试验。将液压油加至规定的油位，观察油箱配管各密封面，应无渗漏现象。 (2)保压试验。将压力管路的压力调至系统工作压力的 1.5 倍，运转 10 min，检查系统，各处应无渗漏现象。 (3)调速特性试验。根据系统的压力、流量的要求，测定启动、加速、运行、减速、平层、停止的特性参数
	液压油缸	(1)最低启动压力试验。在液压油缸柱塞杆头部不受力的情况下(油缸可横置)，调节压力阀使系统压力逐渐上升，直至柱塞杆均匀向前运动时，记录其压力值，应符合产品说明书要求。 (2)超压试验。将液压油缸加压至额定工作压力的 1.5 倍，保压 5 min，各处应无明显变形、渗漏现象。 (3)稳定性试验。在油缸柱塞头部加载至额定值，测量柱塞杆中部挠度在加载前后的变化值，应无明显残余变形
	限速切断阀	(1)耐压试验。在额定工作压力的 1.5 倍的情况下，保压 5 min，检查阀体及接头应无渗漏现象。 (2)限速性能试验。在额定工作压力和流量的情况下，突然降低阀入口处的压力，试验阀芯关闭液压油缸中的逆流回油所需时间，应符合设计要求。 (3)调节限速切断阀的调节螺钉，测定该阀的正常流量范围，应符合设计要求
	电动单向阀	(1)耐压试验。在额定工作压力的 1.5 倍的情况下，保压 5 min，检查阀体及接头处应无外漏，单向阀处应无内漏。 (2)启闭特性试验。在额定工作压力和流量的情况下，分别测定在背压为 0 及背压为额定压力时，单向阀主阀芯的开启和关闭时间应符合设计要求
	手动下降阀	(1)内泄漏试验。在额定工作压力的 1.5 倍的情况下，保压 5 min，检查应无泄漏。 (2)调节特性试验。在额定工作压力和流量的情况下，开启阀芯，测量通过阀的流量，应符合产品设计要求

续上表

项目	内　容
运行试验	(1)在检修状态试运行正常后，各层层门关好，门锁可靠，方可进行快车状态运行。 (2)平层感应器的调整。初调时，轿顶装的上、下平层感应器的距离可取井道内装的隔磁板长度再加约 100 mm。精调时以基站为标准，调准感应器的位置，其他站则调整井道内各感应板的位置。 (3)自动门调整。 1)调整门杠杆，应使门关好后，其两臂所成角度小于 180°，以便必要时，人能在轿厢内将门扒开。 2)在轿顶用手盘门，调整控制门速行程开关的位置。 3)通电进行开门、关门，按产品说明书调整门机控制系统使开关门的速度符合要求。开门时间一般调整在 2.5～4 s 左右；关门时间一般调整在 3～5 s 左右。 4)安全触板功能应可靠。 (4)轿厢平层准确度测试。液压电梯平层准确度应在上 15 mm 以内。 (5)噪声测试。电梯的各结构和电气设备在工作时不得有异常振动或撞击噪声，噪声值符合表 3－31 中的规定
安全装置检查试验	(1)过负荷及短路保护。 1)电源主开关应具有切断电梯正常使用情况下最大电流的能力，其电流整定值、熔体规格应符合负荷要求，开关的零部件应完整无损伤。 2)该开关不应切断轿厢照明、通风、机房照朋、电源插座、井道照明、报警装置等供电电路。 3)开关的接线应正确可靠，位置标高及编号标志应符合要求。 (2)相序与断相保护。三相电源的错相可能引起电梯冲顶、撞底或超速运行，电源断相会使电动机缺相运行而烧毁。要求断相和错相保护必须可靠。 (3)方向接触器及开关门继电器机械连锁保护应灵活可靠。 (4)极限保护开关应在轿厢或平衡重接触缓冲器之前起作用，在缓冲器被压缩期间保持其接点断开状态。极限开关不应与限位开关同时动作。 (5)限位(越程)保护开关。当轿厢地坎超越上、下端站地坎平面 50 mm 至极限开关动作之前，电梯应停止运行。 (6)强迫缓速装置。开关的安装位置应按电梯的额定速度、减速时间及制停距离而定，具体安装位置应按制造厂方的安装说明及规范要求而确定。试验时置电梯于端站的前一层站，使端站的正常平层减速失去作用。当电梯快车运行，碰铁接触开关碰轮时，电梯应减速运行致端站平层停靠。 (7)安全(急停)开关。 1)电梯应在机房、轿顶及底坑设置使电梯立即停止的安全开关。 2)安全开关应是双稳态的，需手动复位，无意的动作不应使电梯恢复服务。 3)该开关在轿顶或底坑中，距检修人员进入位置不应超过 1 m，开关上或近旁应标出“停止”字样。

续上表

项目	内　容
安全装置检查试验	4)如电梯为无司机运行时,轿内的安全开关应能防止乘客误操作。 (8)检修开关及操作按钮。 1)轿顶的检修控制装置应易于接近,检修开关应是双稳态的,并设有无意操作的防护。 2)检修运行时应取消正常运行和自动门的操作。 3)轿厢运行应依靠持续按压按钮,防止意外操作,并标明运行方向。轿厢内检修开关必须有防止他人操作的装置。 4)检修速度不应超过 0.63 m/s,不应超过轿厢正常的行程范围。 5)当轿顶和轿内及机房均设这一装置时,应保证轿顶控制优先的形式,在轿顶检修接通后,轿内和机房的检修开关应失效。检查时注意不允许有开层门走车的现象。 (9)紧急运行装置。 1)紧急电动运行开关及操作按钮应设置在易于直接观察到曳引机的地点。 2)该开关本身或通过另一个电气安全装置可以使限速器、安全钳、缓冲器、终端限位开关的电气安全装置失效,轿厢速度不应超过 0.3 m/s。 3)该操作装置给电梯的调试工作、检修工作及故障处理带来便利。注意该装置不应使层门锁的电气安全保护失效。 4)可使用泵站上设置的使轿厢下降的手动控制装置,该阀需用人力不断操作。 (10)限速器动作保护开关。 1)当轿厢运行达到 115%额定速度时,限速切断阀动作,停止轿厢运行。 2)该开关应是非自动复位的,在限速器未复位前,电梯不能启动。 (11)安全钳动作保护开关。该开关一般装在轿厢架上梁处,由安全钳联动装置动作带动其动作,迫使曳引机停止运转。该开关必须采用人工复位的形式。 (12)安全窗保护开关。有的电梯设有安全窗,开启方向只能向上,开启位置不得超过轿厢的边缘。当开启大于 50 mm 时,该开关应使检修或快车运行的电梯立即停止。 (13)限速器钢绳张紧保护开关。当其配重轮下落大于 50 mm 或钢绳断开时,保护开关应立即断开,使电梯停止运行。 (14)液压缓冲器压缩保护开关。耗能型缓冲器在压缩动作后,须及时回复正常位置。当复位弹簧断裂或柱塞卡住时,在轿厢或对重再次冲顶或撞底时,缓冲器将失去作用是非常危险的。因此必须设有验证这一正常伸长位置的电气安全开关接通后,电梯才能运行。 (15)安全触板、光电保护、关门力限制保护。在轿门关闭期间,如有人被门撞击时,应有一个灵敏的保护装置自动地使门重新开启。阻止关门所需的力不得超过 150 N。 (16)层门锁闭装置。切断电路的接点与机械锁紧之间必须直接连接,应易于检查,宜采用透明盖板。检查锁紧啮合长度至少 7 mm 时,电梯才能启动。每一层门必须认真检查。 (17)满载超载保护。 1)当轿厢内载有 90%以上的额定载荷时,满载开关应动作,此时电梯顺向载车功能取消。

续上表

<table>
<tr><th colspan="2">项目</th><th>内容</th></tr>
<tr><td colspan="2">安全装置检查试验</td><td>2)当轿内载荷大于额定载荷时，超载开关动作，操纵盘上超载灯亮铃响，且不能关门，电梯不能启动运行。
(18)轿内报警装置。
1)为使乘客在需要时能有效向外求援，轿内应装设易于识别和触及的报警装置。
2)该装置应采用警铃、对讲系统、外部电话或类似装置。建筑物内的管理机构应能及时有效地应答紧急呼救。
3)该装置在正常电源一旦发生故障时，应自动接通能够自动充电的应急电源。
(19)闭路电视监视系统。为了准确统计客流量和及时地解救乘客突发急病的意外情况以及监视轿厢内的犯罪行为，可在轿厢顶部装设闭路电视摄像机。摄像机镜头的聚焦应包括整个轿厢面积，摄像机经屏蔽电缆与保安部门或管理值班室的监视荧光屏连接。
(20)安全钳的检查试验。
1)瞬时式安全钳试验。轿厢有均匀分布的额定载荷，以检修速度下行时，可人为地使限速器动作。此时安全钳应将轿厢停于导轨上，曳引绳应在绳槽内打滑。
2)渐近式安全钳试验。在轿厢有均匀分布的125%额定载荷，以平层速度或检修速度下行的条件进行。试验的目的是检查安装调整是否正确，以及轿厢组装、导轨与建筑物连接的牢固程度。
3)在电梯底坑下方具有人通过的过道或空间时，平衡重也应设置安全钳，其限速器动作速度应高于轿厢安全钳的限速器动作速度，但不得超过10%。
(21)缓冲器的检查试验。
1)蓄能型(弹簧)缓冲器试验。在轿厢以额定载荷和检修速度、对重以轿厢空载和检修速度下分别碰撞缓冲器，致使曳引绳松弛。
2)耗能型(液压)缓冲器试验。额定载荷的轿厢或对重应以检修速度与缓冲器接触并压缩5 min后，以轿厢或对重开始离开缓冲器直到缓冲器回复到原状为止，所需时间应少于120 s</td></tr>
<tr><td rowspan="4">荷载试验</td><td>运行试验</td><td>轿厢分别以空载、50%额定载荷和额定载荷三个工况，并在通电持续率40%情况下，到达全行程范围，按120次/h，每天不少于8 h，往复升降各1 000次(电梯完成一个全过程运行为一次，即关门→额定速度运行→停站→开门)。电梯在启动、运行和停止时，轿厢应无剧烈振动和冲击，制动可靠。油的温升均不应超过60℃且温度不应超过85℃。液压系统各处不得有渗漏油</td></tr>
<tr><td>超载试验</td><td>轿厢加入110%额定载荷，断开超载保护电路，由底层至顶层往复运行30 min，电梯应能可靠地启动、运行和停止。制动可靠，液压系统工作正常，各处无渗漏油现象</td></tr>
<tr><td>超载净负荷试验</td><td>将轿厢停止在底层平层位置，在轿厢中连续平稳、对称地施加200%的额定载重量，保持5 min。仔细观察各部件应无发生永久变形和损坏，钢丝绳绳头组合处无松动，液压装置各部位应无渗漏现象，轿厢应无不正常沉降</td></tr>
<tr><td>额定载荷沉降试验</td><td>将额定载重量的轿厢停靠在最高层站，停梯10 min，沉降量不应大于10 mm</td></tr>
<tr><td colspan="2">电梯功能试验</td><td>电梯的功能试验根据电梯的类型、控制方式的特点，按照产品说明书逐项进行</td></tr>
</table>

表 3－30 额定速度试验记录表

液压电梯型号		厂家		
工程名称		建设单位		
上行试验序号	1	2	3	平均
运行区段距离 L(m)				
空载运行时间 t_1(s)				
空载上行速度 v_1				
下行试验序号	1	2	3	平均
运行区段距离 L(m)				
空载运行时间 t_2(s)				
空载下行速度 v_2				
相对误差≤8％	$\Delta V_1=[(V_1-V_m)/V_m]\times 100\%$ $\Delta V_2=[(V_2-V_d)/V_d]\times 100\%$			

表 3－31 电梯的噪声值 （单位:dB）

电梯速度(m/s)	机房	运行中轿内	开关门过程
≤2.5	≤85	≤55	≤65
2.5～6		≤60	

注:载货电梯仅考核机房噪声值。

第三节 自动扶梯、自动人行道安装工程

一、验收条文

(1)设备进场验收标准见表 3－32。

表 3－32 设备进场验收标准

项目	内　容
主控项目	必须提供以下资料: (1)技术资料。 1)梯级或踏板的型式试验报告复印件,或胶带的断裂强度证明文件复印件; 2)对公共交通型自动扶梯、自动人行道应有扶手带的断裂强度证书复印件。 (2)随机文件。 1)土建布置图; 2)产品出厂合格证
一般项目	(1)随机文件还应提供以下资料。 1)装箱单;

续上表

项目	内　　容
一般项目	2)安装、使用维护说明书； 3)动力电路和安全电路的电气原理图。 (2)设备零部件应与装箱单内容相符。 (3)设备外观不应存在明显的损坏

(2)土建交接检验标准见表 3－33。

表 3－33　土建交接检验标准

项目	内　　容
主控项目	(1)自动扶梯的梯级或自动人行道的踏板或胶带上空，垂直净高度严禁小于 2.3 m。 (2)在安装之前，井道周围必须设有保证安全的栏杆或屏障，其高度严禁小于 1.2 m
一般项目	(1)土建工程应按照土建布置图进行施工，且其主要尺寸允许误差应为提升高度－15～＋15 mm；跨度 0～＋15 mm。 (2)根据产品供应商的要求应提供设备进场所需的通道和搬运空间。 (3)在安装之前，土建施工单位应提供明显的水平基准线标识。 (4)电源零线和接地线应始终分开。接地装置的接地电阻值不应大于 4 Ω

(3)整机安装验收标准见表 3－34。

表 3－34　整机安装验收标准

项目	内　　容
主控项目	(1)在下列情况下，自动扶梯、自动人行道必须自动停止运行，且第 4 款至第 11 款情况下的开关断开的动作必须通过安全触点或安全电路来完成。 1)无控制电压。 2)电路接地的故障。 3)过载。 4)控制装置在超速和运行方向非操纵逆转下动作。 5)附加制动器(如果有)动作。 6)直接驱动梯级、踏板或胶带的部件(如链条或齿条)断裂或过分伸长。 7)驱动装置与转向装置之间的距离(无意性)缩短。 8)梯级、踏板或胶带进入梳齿板处有异物夹住，且产生损坏梯级、踏板或胶带支撑结构。 9)无中间出口的连续安装的多台自动扶梯、自动人行道中的一台停止运行。 10)扶手带入口保护装置动作。 11)梯级或踏板下陷。 (2)应测量不同回路导线对地的绝缘电阻。测量时，电子元件应断开。导体之间和导体对地之间的绝缘电阻应大于 1 000 Ω/V，且其值必须大于： 1)动力电路和电气安全装置电路 0.5 MΩ。 2)其他电路(控制、照明、信号等)0.25 MΩ。 (3)电气设备接地必须符合《电梯工程施工质量验收规范》(GB 50310－2002)有关内容的规定

续上表

<table>
<tr><th>项目</th><th>内　容</th></tr>
<tr><td>一般项目</td><td>(1)整机安装检查应符合下列规定：
1)梯级、踏板、胶带的楞齿及梳齿板应完整、光滑。
2)在自动扶梯、自动人行道入口处应设置使用须知的标牌。
3)内盖板、外盖板、围裙板、扶手支架、扶手导轨、护壁板接缝应平整。接缝处的凸台不应大于 0.5 mm。
4)梳齿板梳齿与踏板面齿槽的啮合深度不应小于 6 mm。
5)梳齿板梳齿与踏板面齿槽的间隙不应小于 4 mm。
6)围裙板与梯级、踏板或胶带任何一侧的水平间隙不应大于 4 mm，两边的间隙之和不应大于 7 mm。当自动人行道的围裙板设置在踏板或胶带之上时，踏板表面与围裙板下端之间的垂直间隙不应大于 4 mm。当踏板或胶带有横向摆动时，踏板或胶带的侧边与围裙板垂直投影之间不得产生间隙。
7)梯级间或踏板间的间隙在工作区段内的任何位置，从踏面测得的两个相邻梯级或两个相邻踏板之间的间隙不应大于 6 mm。在自动人行道过渡曲线区段，踏板的前缘和相邻踏板的后缘啮合，其间隙不应大于 8 mm。
8)护壁板之间的空隙不应大于 4 mm。
(2)性能试验应符合下列规定：
1)在额定频率和额定电压下，梯级、踏板或胶带沿运行方向空载时的速度与额定速度之间的允许偏差为±5%。
2)扶手带的运行速度相对梯级、踏板或胶带的速度允许偏差为 0～+2%。
(3)自动扶梯、自动人行道制动试验应符合下列规定：
1)自动扶梯、自动人行道应进行空载制动试验，制停距离应符合表 3－35 的规定。
2)自动扶梯应进行载有制动载荷的制停距离试验(除非制停距离可以通过其他方法检验)，制动载荷应符合表 3－36 规定，制停距离应符合表 3－35 的规定；对自动人行道，制造商应提供按载有表 3－36 规定的制动载荷计算的制停距离，且制停距离应符合表 3－35 的规定。
(4)电气装置还应符合下列规定：
1)主电源开关不应切断电源插座、检修和维护所必需的照明电源。
2)配线应符合《电梯工程施工质量验收规范》(GB 50310－2002)有关内容的规定。
(5)观感检查应符合下列规定：
1)上行和下行自动扶梯、自动人行道，梯级、踏板或胶带与围裙板之间应无刮碰现象(梯级、踏板或胶带上的导向部分与围裙板接触除外)，扶手带外表面应无刮痕。
2)对梯级(踏板或胶带)、梳齿板、扶手带、护壁板、围裙板、内外盖板、前沿板及活动盖板等部位的外表面应进行清理</td></tr>
</table>

表 3－35　制停距离

<table>
<tr><th rowspan="2">额定速度(m/s)</th><th colspan="2">制停距离范围(m)</th></tr>
<tr><th>自动扶梯</th><th>自动人行道</th></tr>
<tr><td>0.5</td><td>0.20～1.00</td><td>0.20～1.00</td></tr>
<tr><td>0.65</td><td>0.30～1.30</td><td>0.30～1.30</td></tr>
</table>

续上表

额定速度(m/s)	制停距离范围(m)	
	自动扶梯	自动人行道
0.75	0.35～1.50	0.35～1.50
0.90	—	0.40～1.70

注:若速度在上述数值之间,制停距离用插入法计算。制停距离应从电气制动装置动作开始测量。

表 3－36　制动载荷

梯级、踏板或胶带的名义宽度(m)	自动扶梯每个梯级上的载荷(kg)	自动人行道每 0.4 m 长度上的载荷(kg)
z≤0.6	60	50
0.6<z≤0.8	90	75
0.8<z≤1.1	120	100

注:1. 自动扶梯受载的梯级数量由提升高度除以最大可见梯级踢板高度求得,在试验时允许将总制动载荷分布在所求得的 2/3 的梯级上;

2. 当自动人行道倾斜角度不大于 6°,踏板或胶带的名义宽度大于 1.1 m 时,宽度每增加 0.3 m,制动载荷应在每 0.4 m 长度上增加 0.3 m,制动荷载应在每 0.4 m 长度上增加 25 kg;

3. 当自动人行道在长度范围内有多个不同倾斜角度(高度不同)时,制动载荷应仅考虑到那些能组合成最不利载荷的水平区段和倾斜区段。

二、施工材料要求

自动扶梯、自动人行道施工材料要求见表 3－37。

表 3－37　自动扶梯、自动人行道施工材料要求

项目	内　容
主要材料	扶梯安装的材料主要是扶梯产品本身,对主材的控制主要是通过开箱点件这一工序来完成。点件过程中应认真细致,查验配件的包装是否完好,铭牌与电梯型号是否相符。对缺损件认真登记,并及时请业主、厂家签字确认。施工过程中发现的不合格产品,要及时请厂家确认负责补齐。对安装过程中损坏的配件应按厂家要求购买制定产品
辅助材料	施工过程中用的主要辅助材料为电焊条、型钢,采购电焊条和型钢时应要求供应商提供产品合格证、材质证明,选用信誉好、质量好的厂家产品。

三、施工工艺解析

自动扶梯、自动人行道安装工艺解析见表 3－38。

表 3－38　自动扶梯、自动人行道安装工艺解析

项目	内　容
测定建筑标高线及基准轴线	(1)根据自动扶梯和自动人行道所安装的位置和土建“50 线”及基准轴线,作为设备安装的标准线,由此确定机头、机尾标高位置和扶梯中心线。中心线确定之后确定机头、机尾承重钢板的标高(图 3－65)。

续上表

项目	内　容
测定建筑标高线及基准轴线	(2)在机头坑前固定一个角铁支架或一根 50 mm×100 mm 的木方作为放线用的样板,然后在样板上对应上机坑中心位置处放下一垂直线至下一层地面,作为测量基准线。 (3)用经纬仪在下机坑的中心线上,找出上机坑的中心线,并用墨线画出,把一、二层"50 线"引至垂直线处找出地平线,并测出精确的提升高度(以最终地面为准)。 (4)利用机头、机尾处"50 线"找出各层地平线,然后在其下方 250 mm 处划出安装承重板的基准参考线
基础处理	(1)根据图纸及基准线确定扶梯位置,依照扶梯土建布置图,找出土建预留的预埋铁板承重板,并测量预埋铁的长度、宽度及厚度是否符合设计要求。 (2)如果没有预埋铁板或不符合要求,应采取补救措施。可把结构钢筋剔出,用 16 mm以上厚度的钢板(或按图纸)根据实际尺寸下料制作承重钢板,与结构钢筋牢固焊接。承重板要求平整无弯曲,水平误差应小于 1/1 000
承重板的安装	(1)根据基准线焊接承重板至标准高度,承重板下支点距离不能大于 150 mm,承重板与基础之间可采用不同规格的钢筋角铁填充。焊接应牢固,水平度误差应小于 1/1 000,然后灌混凝土填实。 (2)固定承重板时要上下平行一致符合图纸要求。 (3)承重板安装应在吊装前一周完成,以保证混凝土的养护期
组对	桁架出厂时有整体、二节组合、三节组对等形式。以下将以三节组对形式来说明安装方法。 (1)首先将机尾与中间节桁架吊运至同一平面上,用千斤顶调整其位置使两端的接合面对接严密,穿入螺栓并紧固。 (2)在机头尾部上方找两个锚点,距离约为 1 500 mm,分别挂两个 5 t 吊链,并将中间节桁架的上部和上机头尾部吊起。调整两截桁架在水平和垂直两方向上的位置使之接合面重合,穿入螺栓并紧固。吊链的悬挂方法可参考图 3－66。 要求:设备的吊装点要使用厂家指定受力锚点,以防吊装过程中设备变形。桁架的联结应使用厂家提供的专用高强度螺栓,并使用专用测力扳手按照技术要求的力度紧固
吊装就位及桁架的校正	(1)吊装采用两点吊装方式,首先在两端的支撑角钢上的吊装脚上悬挂钢丝绳,(图 3－67)。 (2)利用预先确定好的吊装点,机头用卷扬机、吊链、滑轮组垂直牵引,机尾部分用吊链垂直起吊,并在机尾部分用卷扬机拉引,前后配合,一拉一放。 (3)机尾部分先进入下支撑板上,此时上机头高于上支撑位置,将上机头缓缓放入上支撑板上。 (4)在两端固定两个金属支架,并在两支架间架设一条钢丝,同时在两端各放下一个线坠对准扶梯机头和机尾中心点,则可确定扶梯安装中心线位置。 (5)桁架的校正方法:

续上表

项目	内　容
吊装就位及桁架的校正	1)将楼面上的中心线对准机头、机尾的中心线(在扶梯主轴中心处有一个标志点)。 2)用机头上的螺栓进行微调,使扶梯机头框架与地面齐平,并保证两机头的箱体与承重梁之间的距离一致。 3)将机头上螺栓与承重板顶紧,并用扭矩扳手按厂家要求的扭矩锁紧螺栓。 (6)当中心线和水平位置找准后,用 60 mm×5 mm 的角钢做挡板与承重板焊接(如厂家有特殊要求,按厂家标准执行)。 (7)机头的挡板要用角钢贴近侧面与承重板焊接,上口留 20 mm 的间隙作为扶梯的伸缩量。其下口用 15 mm 以上的胶块填上作缓冲用(如厂家有特殊要求,按厂家标准执行)。 (8)如同楼层并列多台扶梯,应保证各台扶梯前后位置偏差不大于 15 mm,高低偏差不大于 8 mm。 (9)提升高度大于 6 m 的自动扶梯,在桁架坐落于上下支撑后,应按图纸设计在中部加装中间支撑架
轨道联结及修正	(1)在轨道的接口处用专用接头进行联结,如有误差,用校正专用垫片进行校正。 (2)接口处要用锉找平,要求平整、光滑、无毛刺
梯级链的联结与调整	(1)把梯级杆依次穿入相应链条孔,滚轮穿入轴杆并用钢片卡卡住。 (2)链条和梯级杆每接完一段,顺滑道由上至下放到扶梯桁架中并临时固定,再与另一段相接,并用销钉锁牢。 (3)松开机头挂链条的齿轮螺栓和顶杆,紧固两边调整螺栓的螺母,使弹簧压缩至厂家规定标准长度,然后紧固所有螺栓和螺母。 (4)运行后应检查弹簧压缩量是否符合标准值,否则应重新调整
梯级安装	(1)安装梯级要从下部曲面处开始逐个向上。 (2)将梯级轮放入轨道内,将梯级接口置于轴卡上然后前倾放入卡环,使梯级卡在牵引轴上,调整梯级中心与扶梯中心重合,拧紧螺栓。 (3)盘车一周,观察有无剐蹭梯级现象。梯级应能平滑通过末端回转部分。 (4)为施工方便梯级安装一般分几次进行,数量多少应根据具体情况而定,一般首次安装半数左右梯级
护壁板安装	护壁板安装(以玻璃护壁板安装方法为例,如图 3—68 所示)。 (1)一般玻璃板都按“左”、“右”编号顺序并对应其位置编号来进行安装。 (2)在玻璃与固定板之间加钩板,并在玻璃下口斜角处,用衬环和螺栓与护壁支座固定。 (3)按照厂家要求的力度紧固护板固定板上的螺栓。 (4)按此方法逐个将玻璃进行安装。在相邻的两块玻璃护板之间,要加两道 3 mm 的胶垫,以保证缝间距离(安装完后拆除)。在上最后一块玻璃时,应注意检查间隙是否符合要求,如有误差时应进行调正,并保证护板上口在一条线上。 (5)紧固所有的固定螺栓及锁母

续上表

项目	内　容
扶手架及扶手导轨的安装	(1)扶手架的安装。 1)先安装上、下弯曲部分,后装中间部分,以从下向上的顺序进行。 2)在安装扶手之前,将玻璃护板上的绝缘胶垫,根据图纸的要求放上。然后把扶手架扣在玻璃护板上,并拧紧夹板螺母。 3)要求接头处平整、严密、牢固,无错口及凹凸现象的发生。 4)接头板、孔位,中间两个是扶手轨道的固定位,其他是扶手架的固定位。 5)在扶手架的接缝处,应贴上黑色胶带(用在有照明的扶梯中)。 (2)扶手导轨的安装。 1)扶手导轨的安装,顺序与方法参照扶手架的方法。 2)在接头处要求平整、圆滑,应用锉进行修整,并保证无毛刺。 3)在用钩板的地方增加固定螺栓
扶梯和自动人行道的安全开关安装及调整	扶梯和自动人行道的安全保护装置开关包括:扶手带入口保护装置开关;梯级运行开关;梯级塌陷保护装置开关;围裙板保护装置开关;梯级导轮疲劳开关;驱动链保护装置开关;梳齿板保护装置开关等,在安装时根据图纸实际部位和尺寸要求进行安装,具体的安装位置如图 3－69 所示。 (1)扶手带入口保护装置开关:先将扶手带与扶手入口套之间保持 3～4 mm 的间隙,并将开关调整到加力 1～3 kg 时开关正常断开。 (2)梯级运行开关:应注意将制动杆调整到踏步后导轮中心线上,并保证开关制动杆导轮面的距离。 (3)梯级塌陷保护装置开关:首先应将胀紧弹簧调整到规定尺寸,然后移动开关位置,使其处于拨板圆弧中心,拨板位移开关能可靠动作。 (4)围裙板保护装置开关:扶梯护缘板开关安装后应反复调整实验,对护缘板施加 10～15 kg 时,开关动作。 (5)梯级导轮疲劳开关:将开关的检测杆调到踏步支架与导轮中间。 (6)驱动链保护装置开关:将轮档转到链轮的齿尖上,再调轮挡杆的尺寸和开关杆的距离,使其符合图纸要求。 (7)不同厂家扶梯的安全开关数量各有不同,在安装过程中要依据厂家的图纸和技术要求,各种开关要求动作灵活、可靠、接点良好
电气设备安装	(1)按照电气接线图标号联结,线号与图纸一致,要求接地可靠、绝缘良好、接线正确、压线牢固。 (2)从控制箱到驱动主机的动力线缆应通过线管或金属软管加以保护。动力和电气安全装置的电路绝缘电阻值不小于 0.5 MΩ;其他电路(控制、照明、信号)的绝缘电阻值不小于 0.25 MΩ。 (3)电气照明、插座应与扶梯的主电路电源分开。 (4)金属电线管敷设。 1)金属电线管的规格要根据敷设导线的数量决定,电线管内敷设导线总截面积不应超过线管总截面积的 40%。

续上表

<table>
<tr><th colspan="2">项目</th><th>内　　容</th></tr>
<tr><td colspan="2">电气设备安装</td><td>2)金属电线管敷设时，线管进入线盒、线槽及配电箱应用锁紧螺母固定，露出锁母的丝口2～4扣为宜，管口应设护口。
3)管箍联结电线管套丝长度不应小于管箍长度的 1/2，联结后管箍两端应用专用卡箍做接地线。
4)拐弯弯曲半径一般不小于管外径 4 倍，暗管为 6 倍。需要支架或管卡固定时，竖管间隔 1 500～2 000 mm，横管间隔 1 000～1 500 mm，拐弯及出入箱盒两端 150～300 mm，每根电线管不少于 2 个。
(5)金属软管敷设。
1)设备需要用金属软管联结时，设备进线口和线槽、管子要用配套接头联结。软管长度不应超过 2 m，软管应用专用管卡固定。
2)金属软管长度不应超过 2 000 mm，应用管卡固定，间距不大于 1 000 mm，不固定端头长度不大于 100 mm。
3)金属软管内电线电压大于 36 V 时，要用截面不小于 4 mm^2 黄绿双色铜导线焊接保护线。
(6)电动机测绝缘、接线。
1)电动机的三相绕组线头接在接线盒中的接线柱上。摇测时，先将电动机接线盒打开，拆下联结片，先摇测相间(绕组)绝缘电阻，然后将电动机绕组接于线路接线柱上，外壳接线柱测量各相绕组对地(或对外壳)的电阻。绝缘电阻不应小于 0.5 MΩ。
2)按图纸要求将动力电缆接到电动机接线柱上，接线应保证牢固</td></tr>
<tr><td colspan="2">组装扶手带</td><td>组装扶手带方法如下所示(图 3－70)。
(1)清理扶手导轨和滚轮，并将扶手带放开；提高下部扶手松紧装置；用顶丝提起传动滚轮架；沿扶手圈放上扶手带，并理顺。
(2)首先将上部梯端上的导叶板进入扶手带；以从上向下的方向，拉动扶手带，使扶手带依次进入扶手轨道。
(3)把 T 形导板嵌入扶手带内并固定在基柱架上；让 T 形导板处于中心位置。
(4)放松顶起传动装置的螺栓，将扶手带放入传动装置内，然后压紧扶手松紧装置，使其压力保持在 5～10 kg 范围内(或视其弹簧压缩到厂家规定尺寸)</td></tr>
<tr><td rowspan="3">围裙板及内甲板的装配</td><td>围裙板基架的安装</td><td>(1)机架的安装也同其他支架一样先安两头后安中间，但在每个接头处要留有 4 mm 的缝，以便将来可以调正。
(2)所有的紧固件都要有平、弹垫圈，不准有松动现象</td></tr>
<tr><td>围裙板的安装</td><td>(1)围裙板的安装顺序为先安两头后装中间，由下向上顺序进行。
(2)围裙板的接缝要严密，接口处理平整光滑。
(3)方法是先拿起一块围裙板，将板后的卡子插入基架，并且找平正，让盖板的上口与基架上口两边距离相等(并保证梯级和围裙之间距离为 0.5～3 mm)</td></tr>
<tr><td>内盖板的安装</td><td>(1)内盖板的安装顺序为先安两头后装中间，由下向上顺序进行。
(2)内盖板的接缝要严密，接口处理平整光滑</td></tr>
</table>

续上表

项目		内　　容
围裙板及内甲板的装配	梳齿板的安装	(1) 梳齿扳安装可与梯级槽口中心处对应安装。 (2)边缘部分如和护板不吻合,可锯掉一部分,螺丝要紧固。 (3)如果安装完毕和梯阶槽口偏差过大,可整体移动调整凸板至最佳位置
调整、试车	电磁刹车的调整	在扶梯和自动人行道安装完毕后,必须进行清扫。对轨道和踏步上及其他容易卡住的部件上应进行认真的清理,并用吸尘器进行清扫,尽力做到无尘土。对电机进行绝缘摇测,检查控制线路,检查电源电压,整体检查无误后才能进行以下工作。 用塞尺检查刹车片的间隙,保证与厂家要求相符
	传动链条调整	传动链条的松紧直接关系到扶梯的运行情况和部件的磨损,应根据不同厂家的具体要求进行调整,弹簧的松紧厂家都有明确规定,应详细阅读随机文件
	扶手带的调整	(1)扶手带应与扶梯速度同步,如不同步应调整压带轮的松紧度。 (2)扶梯运行时发生扶手带边缘与传动滚轮的侧面有摩擦的情况,应对传动滚轮进行调整使滚轮处在扶手带槽内的中间。扶手带过长应调节机头或机尾软联结滑道的弯曲度。 (3)扶手带在运行过程中不应有过热情况,不应有大量粉末脱落现象,否则说明滑道不圆滑、摩擦力过大或接头处理不好,应根据具体情况进行处理。 (4)有的厂家扶手带需要打蜡,有的不需要,有的是压带轮传动,有的是齿轮直接传动,这些都要根据厂家的具体要求进行调整
	梯级和围裙板间距的调整	当围裙板与梯级之间的间距小于 0.5 mm,大于 3 mm 时,可松开围裙板固定支架,重新调整到合适位置并固定
	安全开关的调整	(1)安全开关的调整见本章相关条款。 (2)以上安全开关的调整只针对大多数梯型而言,有些扶梯和自动人行道还有更多的安全保护开关,应根据具体情况作相应调整。 (3)安全开关基本都装在暗处,调整时可模拟试验进行调整比较有效
试运行		(1)在试运行之前应检查减速机内是否有油,油位是否在标尺杆的规定之内,各油路管进行清洗是否有堵塞现象。 (2)检查各种润滑系统是否正常(各部分按图中指定加入相应标号的润滑油)。 (3)应手动往复盘车一个周期无卡阻现象,无异常声响。 (4)接通电源,检查电压是否正常,保险丝(管)是否正常。

续上表

项目	内　　容
试运行	(5)插上检修盒,并合上电源开关,在检修状态下点动上、下运行,经过上、下两方向全程运转后没发生异常现象,各部位间隙符合要求,即可进行正常运行。 (6)断开检修开关盒,用操作控制盒上的钥匙开关启动设备。旋转钥匙开关启动运行,扶梯应按照所标注的运行方向运行。 (7)按操纵盘上急停按钮,扶梯应紧急停车。 (8)试运行过程中应注意观察设备是否运行平稳,是否有不正常的噪声及各部件之间的剐蹭现象,并及时调整

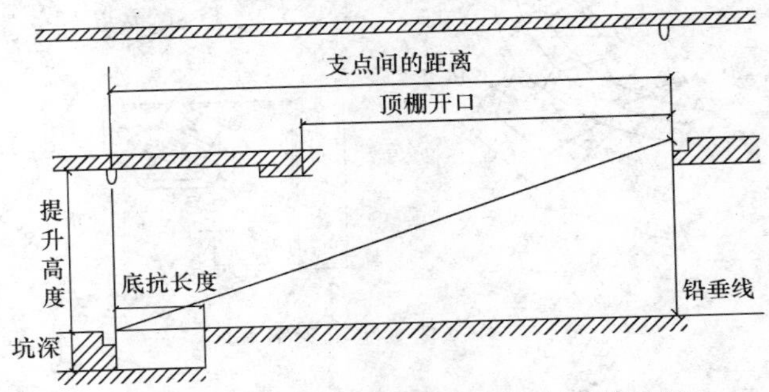

图 3－65　确定机头、机尾承重钢板标高示意图

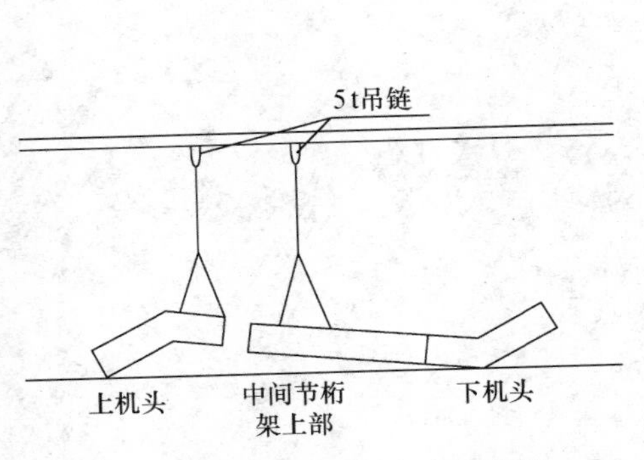

图 3－66　吊链悬挂方法参考图

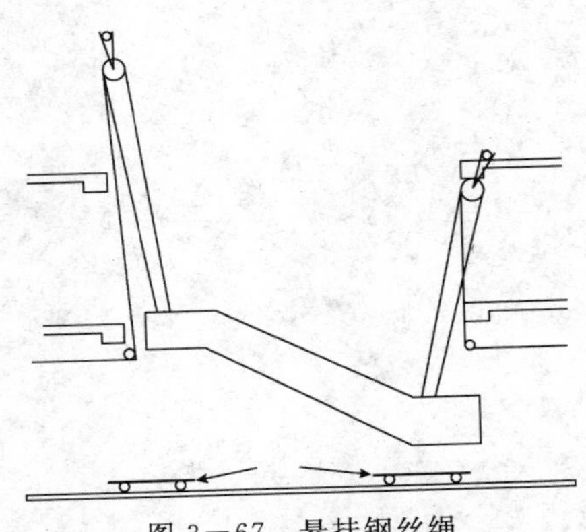

图 3－67　悬挂钢丝绳

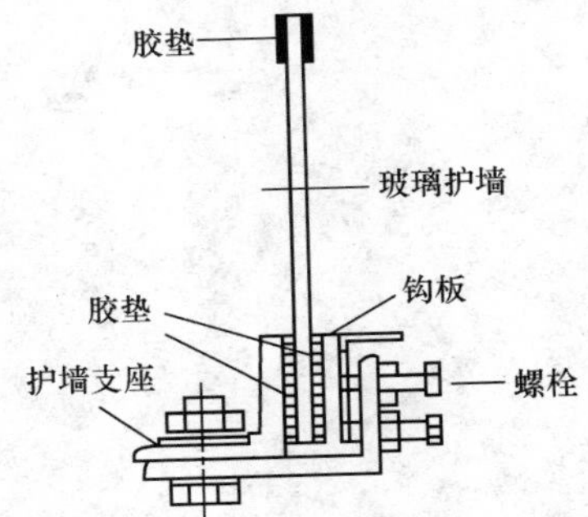

图 3－68　玻璃护壁板安装示意图

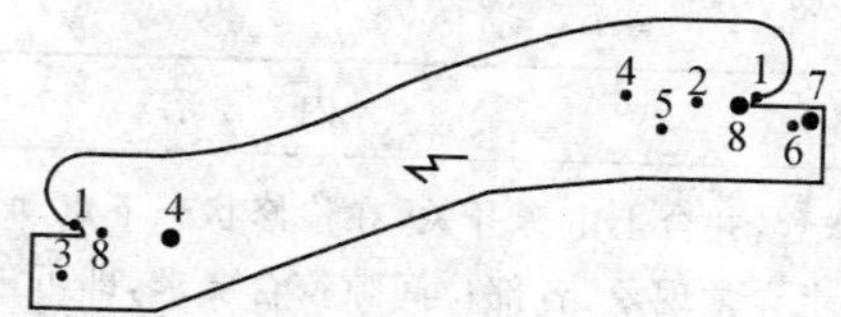

图 3－69　安全保护装置开关

1－扶手带入口保护装置开关；2－梯级运行开关；3－梯级塌陷保护装置开关；4－围裙板保护装置开关；5－梯级导轮疲劳开关；6－驱动链保护装置开关；7－超载继电器；8－紧急停止按钮

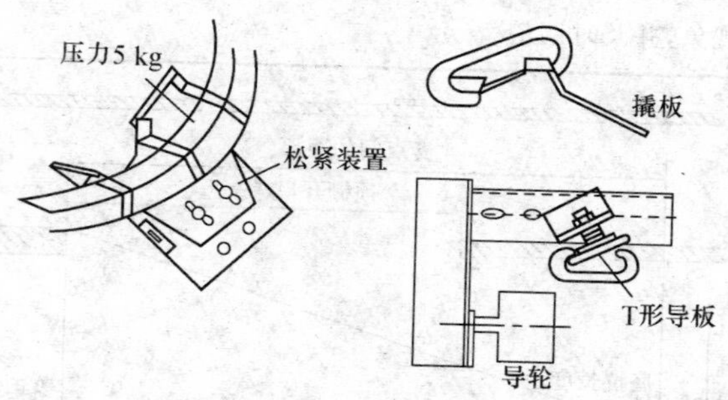

图 3－70　扶手带组装示意图

第四章　智能建筑工程

第一节　通信网络系统

一、验收条文

通信网络系统验收标准见表 4－1。

表 4－1　通信网络系统验收标准

项目	内　容
一般规定	(1)适用于智能建筑工程中安装的通信网络系统，及其与公用通信网之间的接口的系统检测和竣工验收。 (2)本系统应包括通信系统、卫星数字电视及有线电视系统、公共广播及紧急广播系统等各子系统及相关设施。其中通信系统包括电话交换系统、会议电视系统及接入网设备。 (3)通信网络系统的机房环境应符合《智能建筑工程施工质量验收规范》(GB 50339－2002)有关内容的规定，机房安全、电源与接地应符合《通信电源设备安装工程验收规范》(YD 5079—2005)和规范《智能建筑工程施工质量验收规范》(GB 50339－2002)有关内容的规定。 (4)通信网络系统缆线的敷设应按以下规定进行： 1)光缆及对绞电缆应符合规范《智能建筑工程施工质量验收规范》(GB 50339－2002)有关内容的规定。 2)电话线缆应符合《城市住宅区和办公楼电话通信设施验收规范》(YD 5048—1997)的有关规定。 3)同轴电缆应符合《有线电视系统技术规范》(GY/T 106—1999)的有关规定
系统检测	(1)通信系统工程实施按规定的安装、移交和验收工作流程进行。 (2)通信系统检测由系统检查测试、初验测试和试运行验收测试三个阶段组成。 (3)通信系统的测试可包括以下内容： 1)系统检查测试。硬件通电测试；系统功能测试。 2)初验测试。可靠性；接通率；基本功能(如通信系统的业务呼叫与接续、计费、信令、系统负荷能力、传输指标、维护管理、故障诊断、环境条件适应能力等)。 3)试运行验收测试。联网运行(接入用户和电路)；故障率。 (4)通信系统试运行验收测试应从初验测试合格后开始，试运行周期可按合同规定执行，但不应少于 3 个月。

续上表

项目	内　　容
系统检测	(5)通信系统检测应按国家现行标准和规范、工程设计文件和产品技术要求进行，其测试方法、操作程序及步骤应根据国家现行标准的有关规定，经建设单位与生产厂商共同协商确定
主控项目	(1)智能建筑通信系统安装工程的检测阶段、检测内容、检测方法及性能指标要求应符合《程控电话交换设备安装工程验收规范》(YD 5077—2005)等有关国家现行标准的要求。 (2)通信系统接入公用通信网信道的传输速率、信号方式、物理接口和接口协议应符合设计要求。 (3)通信系统的工程实施及质量控制和系统检测的内容应符合表4－2的要求。 (4)卫星数字电视及有线电视系统的系统检测应符合下列要求： 1)卫星数字电视及有线电视系统的安装质量检查应符合国家现行标准的有关规定。 2)在工程实施及质量控制阶段，应检查卫星天线的安装质量、高频头至室内单元的线距、功放器及接收站位置、缆线连接的可靠性，符合设计要求为合格。 3)卫星数字电视的输出电平应符合国家现行标准的有关规定。 4)采用主观评测检查有线电视系统的性能，主要技术指标应符合表4－3的规定。 5)电视图像质量的主观评价不低于4分。具体标准见表4－4。 6)HFC网络和双向数字电视系统正向测试的调制误差率和相位抖动、反向测试的侵入噪声、脉冲噪声和反向隔离的参数指标应满足设计要求；并检测其数据通信、VOD、图文播放等功能；HFC用户分配网应采用中心分配结构，具有可寻址路权控制及上行信号汇集均衡等功能；应检测系统的频率配置、抗干扰性能，其用户输出电平应取62～68 dBμV。 (5)公共广播与紧急广播系统检测应符合下列要求： 1)系统的输入输出不平衡度、音频线的敷设、接地形式及安装质量应符合设计要求，设备之间阻抗匹配合理。 2)放声系统应分布合理，符合设计要求。 3)最高输出电平、输出信噪比、声压级和频宽的技术指标应符合设计要求。 4)通过对响度、音色和音质的主观评价，评定系统的音响效果。 5)功能检测应包括： ①业务宣传、背景音乐和公共寻呼插播。 ②紧急广播与公共广播共用设备时，其紧急广播由消防分机控制，具有最高优先权，在火灾和突发事故发生时，应能强制切换为紧急广播并以最大音量播出；紧急广播功能检测按《智能建筑工程施工质量验收规范》(GB 50339－2002)有关内容的规定执行。 ③功率放大器应冗余配置，并在主机故障时，按设计要求备用机自动投入运行。 ④公共广播系统应分区控制，分区的划分不得与消防分区的划分产生矛盾
竣工验收	(1)过程质量记录。 (2)设备检测记录及系统测试记录。 (3)竣工图纸及文件。 (4)安装设备明细表

表 4－2　通信系统工程检测项目表

Ⅰ程控电话交换设备安装工程	
序号	检 测 内 容
1	安装验收检查
(1)	机房环境要求
(2)	设备器材进场检验
(3)	设备机柜加固安装检查
(4)	设备模块配置检查
(5)	设备间及机架内缆线布放
(6)	电源及电力线布放检查
(7)	设备至各类配线设备间缆线布放
(8)	缆线导通检查
(9)	各种标签检查
(10)	接地电阻值检查
(11)	接地引入线及接地装置检查
(12)	机房内防火措施
(13)	机房内安全措施
2	通电测试前硬件检查
(1)	按施工图设计要求检查设备安装情况
(2)	设备接地良好，检测接地电阻值
(3)	供电电源电压及极性
3	硬件测试
(1)	设备供电正常
(2)	告警指示工作正常
(3)	硬件通电无故障
4	系统检测
(1)	系统功能
(2)	中继电路测试
(3)	用户连通性能测试
(4)	基本业务与可选业务
(5)	冗余设备切换
(6)	路由选择
(7)	信号与接口

续上表

Ⅰ程控电话交换设备安装工程	
序号	检测内容
(8)	过负荷测试
(9)	计费功能
5	系统维护管理
(1)	软件版本符合合同规定
(2)	人机命令核实
(3)	告警系统
(4)	故障诊断
(5)	数据生成
6	网路支撑
(1)	网管功能
(2)	同步功能
7	模拟测试
(1)	呼叫接通率
(2)	计费准确率

Ⅱ会议电视系统安装工程	
序号	检测内容
1	安装环境检查
(1)	机房环境
(2)	会议室照明、音响及色调
(3)	电源供给
(4)	接地电阻值
2	设备安装
(1)	管线敷设
(2)	话筒、扬声器布置
(3)	摄像机布置
(4)	监视器及大屏幕布置
3	系统测试
(1)	单机测试
(2)	信道测试
(3)	传输性能指标测试

续上表

Ⅱ会议电视系统安装工程	
序号	检 测 内 容
(4)	画面显示效果与切换
(5)	系统控制方式检查
(6)	时钟与同步
4	监测管理系统检测
(1)	系统故障检测与诊断
(2)	系统实时显示功能
5	计费功能

Ⅲ接入网设备(非对称数字用户环路 ADSL)安装工程	
序号	检 测 内 容
1	安装环境检查
(1)	机房环境
(2)	电源供给
(3)	接地电阻值
2	设备安装验收检查
(1)	管线敷设
(2)	设备机柜及模块安装检查
3	系统检测
(1)	收发器线路接口测试(功率谱密度、纵向平衡损耗、过压保护)
(2)	用户网络接口(UNI)测试
1)	25.6 Mbit/s 电接口
2)	10BASE－T 接口
3)	通用串行总线(USB)接口
4)	PCI 总线接口
(3)	业务节点接口(SNI)测试
1)	STM－1(155 Mbit/s)光接口
2)	电信接口(34 Mbit/s、155 Mbit/s)
(4)	分离器测试(包括局端和远端)
1)	直流电阻
2)	交流阻抗特性

续上表

Ⅲ接入网设备(非对称数字用户环路 ADSL)安装工程	
序号	检测内容
3)	纵向转换损耗
4)	损耗/频率失真
5)	时延失真
6)	脉冲噪声
7)	话音频带插入损耗
8)	频带信号衰减
(5)	传输性能测试
(6)	功能验证测试
1)	传递功能(具备同时传送 IP、POTS 或 ISDN 业务能力)
2)	管理功能(包括配置管理、性能管理和故障管理)

表 4—3　有线电视主要技术指标

序号	项目名称	测试频道	主观评测标准
1	系统输出电平(dBμV)	系统内的所有频道	60～80
2	系统载噪比	系统总频道的10%且不少于5个,不足5个全检,且分布于整个工作频段的高、中、低段	无噪波,即无“雪花干扰”
3	载波互调比	系统总频道的10%且不少于5个,不足5个全检,且分布于整个工作频段的高、中、低段	图像中无垂直、倾斜或水平条纹
4	交扰调制比	系统总频道的10%且不少于5个,不足5个全检,且分布于整个工作频段的高、中、低段	图像中无移动、垂直或斜图案,即无“窜台”
5	回波值	系统总频道的10%且不少于5个,不足5个全检,且分布于整个工作频段的高、中、低段	图像中无沿水平方向分布在右边一条或多条轮廓线,即无“重影”
6	色/亮度时延差	系统总频道的10%且不少于5个,不足5个全检,且分布于整个工作频段的高、中、低段	图像中色、亮信息对齐,即无“彩色鬼影”

续上表

序号	项目名称	测试频道	主观评测标准
7	载波交流声	系统总频道的10%且不少于5个，不足5个全检，且分布于整个工作频段的高、中、低段	图像中无上下移动的水平条纹，即无“滚道”现象
8	伴音和调频广播的声音	系统总频道的10%且不小于5个，不足5个全检，且分布于整个工作频段的高、中、低段	无背景噪声，如吡吡声、哼声、蜂鸣声和串音等

表4－4　图像的主观评价标准

等级	图像质量损伤程度
5分	图像上不觉察有损伤或干扰存在
4分	图像上有稍可觉察的损伤或干扰，但不令人讨厌
3分	图像上有明显觉察的损伤或干扰，令人讨厌
2分	图像上损伤或干扰较严重，令人相当讨厌
1分	图像上损伤或干扰极严重，不能观看

二、施工材料要求

通信网络系统施工材料要求见表4－5。

表4－5　通信网络系统施工材料要求

项目	内　容
缆线	(1)线料和电缆的塑料外皮应无老化变质现象，并应进行通、断和绝缘检查。 (2)局内电缆、接线端子板等主要器材的电气应抽样测试。当时对湿度在75%以下，用250 V兆欧表测试时，电缆芯线绝缘电阻应不小于200 MΩ，接线端子板相邻端子的绝缘电阻应不低于500 MΩ。 (3)剥开电缆头，有A、B端要求的要识别端别，在缆线外端应标出类别和序号。 (4)光缆开盘后应先检查光缆外表面有无损伤，光缆端封装是否良好。根据光缆出厂产品质量检验合格证和测试记录，审核光纤的几何、光学和传输特性及机械物理性能是否符合设计要求。 (5)综合布线系统工程在使用62.5/125 μm或50/125 μm多模渐变折射率光纤光缆和单模光纤光缆时，应现场检验测试光纤衰减常数和光纤长度
型材、管材与铁件	(1)各种型材的材质、规格均应符合设计文件的规定，表面应光滑、平整，不得变形、断裂。 (2)管材采用钢管、硬聚氯乙烯管、玻璃钢管时，其管身应光滑无伤痕，管孔无变形，孔径、壁厚应符合设计要求。

续上表

项目	内　　容
型材、管材与铁件	(3)管道采用水泥管块时，应符合《通信管道工程施工及验收规范》(GB 50374－2006)中的相关规定。 (4)各种铁件的材质、规格均应符合质量标准，不得有歪斜、扭曲、飞刺、断裂或破损。 (5)铁件的表面处理和镀层应均匀完整，表面光洁、无脱落、气泡等缺陷
光纤调度软纤	(1)光纤调度软纤应具有经过防火处理的光纤保护包皮，两端的活性连接器(活接头)端面应配有合适的保护盖帽。 (2)每根光纤调度软纤中光纤的类型应有明显的标记，选用应符合设计要求
扬声器箱	(1)扬声器箱的声压灵敏度(SPL)和最大声压级(SPL_{max})。 (2)扬声器箱的指向特性。 (3)扬声器箱的单元的阻抗特性。 (4)功率放大器的阻尼系数 D
调音台	调音台的功能应满足使用功能和合同的要求，操作使用方便，工作稳定，接插件性能好，技术性能指标符合设计要求
周边器材	周边器材(如均衡器、压缩限幅器、反馈抑制器、电子分频器等)的使用功能、技术性能指标，符合工厂的产品技术说明书

三、施工工艺解析

(1)通信系统施工工艺解析见表 4－6。

表 4－6　通信系统施工工艺解析

项目	内　　容
缆线的检验要求	(1)工程中使用的对绞电缆和光缆规格、型号应符合设计的规定和合同要求。 (2)电缆所附的标识、标签内容应齐全(电缆型号、生产厂名、制造日期和电缆盘长)且应附有出厂检验合格证。如用户在合同中有要求，应附有本批量电缆的电气性能检验报告。 (3)电缆的电气性能应从本批量电缆的任意盘中抽样测试。 (4)线料和电缆的塑料外皮应无老化变质现象，并应进行通、断和绝缘检查。 (5)局内电缆、接线端子板等主要器材的电气应抽样测试。当相对湿度在 75%以下，用 250 V 兆欧表测试时，电缆芯线绝缘电阻应不小于 200 MΩ，接线端子板相邻端子的绝缘电阻应不低于 500 MΩ。 (6)剥开电缆头，有 A、B 端要求的要识别清楚，在缆线外端应标出类别和序号。 (7)光缆开盘后应先检查光缆外表面有无损伤，光缆端封装是否良好。根据光缆出厂产品质量检验合格证和测试记录，审核光纤的几何、光学和传输特性及机械物理性能是否符合设计要求。

续上表

项目	内　容
缆线的检验要求	(8)综合布线系统工程在使用 62.5/125 μm 或 50/125 μm 多模渐变折射率光纤光缆和单模光纤光缆时，应现场检验测试光纤衰减常数和光纤长度。 (9)衰减测试，宜用光时域反射仪(OTDR)进行测试，测试结果如超出标准或与出厂测试数值相差太大，应用光功率计测试，并加以比较，断定是否为测试误差或光纤本身衰减过大。 (10)长度测试，要求对每根光纤进行测试，测试结果应与实际长度一致，如在同一盘光缆中光纤长度差异较大，则应从另一端进行测试，或做通光检查以断定是否有断纤存在
光纤调度软纤检验	(1)光纤调度软纤应具有经过防火处理的光纤保护包皮，两端的活性连接器(活接头)端面应配有合适的保护盖帽。 (2)每根光纤调度软纤中光纤的类型应有明显的标记，选用应符合设计要求
配线施工的质量要求	(1)电缆布放的路由、位置和截面应符合施工图纸要求。 (2)捆绑电缆要牢固，松紧适度、平直、端正，捆扎线扣要整齐一致。槽道内电缆要求顺直，转弯要均匀、圆滑、曲率半径应大于电缆直径的 10 倍，同一类型的电缆弯度要一致。 (3)电源电缆和通信电缆宜分开走道敷设，合用走道时应将它们分别在电缆走道的两边敷设。 (4)软光纤应采用独用塑料线槽敷设，与其他缆线交叉时应采用塑料管保护。敷设光纤时不得产生小圈，有激光光速的光纤，其端面不得正对眼睛，以免灼伤。 (5)电缆或光纤两端成端后应按设计做好标记
敷设电源线的质量控制	(1)交换机系统使用的交流电源线(110 V 或 220 V)必须有接地保护线。 (2)直流电源线成端时应连接牢固、接触良好，保证电压降指标及对地电位符合设计要求。 (3)机房的每路直流馈电线包括所接的列内电源线和机架引入线，两端腾空时，用 500 V 的兆欧表测试正负线间和负线对地间绝缘电阻均不得小于 1 Ω。 (4)交换系统使用的交流电源线两端腾空时，用 500 V 的兆欧表测试芯线间和芯线对地间绝缘电阻均不得小于 1 Ω。 (5)电源布线应平直、整齐，导线的固定方法和要求应符合施工图的要求或有关标准、规范的规定。 (6)电源线色标要清晰、正确(正线上涂红色油漆，负线上涂蓝色油漆)。 (7)采用电力电缆作为直流馈电线时，每对馈电线应保持平行，正负线两端应有统一的红蓝标志。安装电源线末端必须用胶带等绝缘物封头，电缆剖头处必须用胶带和护套封扎。 (8)汇流条接头处应平整、整洁，铜排镀锡，铝排镀锌锡焊料。汇流条转弯和电源线转弯时的曲率半径应符合相关要求。 (9)汇流条鸭脖弯连接的搭接长度铜排等于其宽度，铝排等于其宽度的 1.3 倍，鸭脖长度为汇流条厚度的 2.3 倍。 (10)电力电缆和电源线不得有中间接头

续上表

项目	内　　容
总配线架的安装质量	(1)总配线架的位置符合设计规定,位置误差应小于 10 mm,垂直度应小于 3 mm,底座水平度误差不超过水平尺准线。 (2)铁架应接地良好。 (3)走道边铁、滑梯槽钢、直列面保安器和横面试验弹簧排等在安装完成后应成一条直线。加固吊架和滑梯牢固可靠,滑梯滑行自如,制动装置可靠。 (4)报警装置完整、可靠

(2)卫星及有线电视系统施工工艺解析见表 4－7。

表 4－7　卫星及有线电视系统施工工艺解析

项目	内　　容
天线安装要求	(1)预埋管线,支撑件,预留孔洞、沟、槽、基础、地坪等都应符合设计要求。 (2)天线安装间距符合表 4－8 的要求。 (3)若天线系统需用一个以上的天线装置时,则装置之间的水平距离要在 5 m 以上。 (4)分段式天线竖杆连接时,直径小的钢管必须插入直径大的钢管内 30 cm 以上才能焊接,以保证天线竖杆的强度。 (5)卫星电视接收天线安装应十分牢固、可靠,以防大风将天线吹离已调好的方向而影响收看效果。天线立柱的垂直度用倾角仪测量。 (6)为了减少拉绳对天线接收信号的影响,通常 1 根拉绳内串接有 2～3 个磁绝缘子。用卫星信号测试仪调整高频头的每隔 1/4 中心波长的距离内串接 1 个绝缘子。 (7)保安器和天线放大器应尽量安装在靠近该接收天线的竖杆上,并注意防水。馈线与天线的输出端应连接可靠并将馈线固定住,以免随风摇摆造成接触不良。 (8)天线避雷装置的安装按有关规程标准进行
机房设备的施工和安装	(1)在确定各部件的安装位置时,考虑电缆连接的走向要合理,特别不能为了走线的美观,将电缆拐成死弯,导致信号质量的下降。 (2)机房内电缆的布放,应根据设计要求进行。电缆必须顺直无扭绞,不得使电缆盘结,电缆引入机架处、拐弯处等重要出入地方,均需绑扎。 (3)电缆敷设在两端连接处应留有适度余量,并应在两端标示明显永久性标记。 (4)接地母线的路由、规格应符合设计图纸的规定。 (5)引入引出房屋的电缆,应加装防水罩,向上引的电缆在入口处还应做成滴水弯。 (6)机房中如有光端机(发送机、接收机),端机上的光缆应留约 10 m 的余量
干线传输部分的安装和施工(属室外)	(1)当电缆与其他线路共沟(隧道)敷设时,其间距应符合表 4－9 的规定。 (2)电缆与其他线路共杆架设时,两线间最小垂直距离应符合表 4－10 的规定。 (3)电缆需要接续时,应严格按照电缆生产厂家提出的步骤和要求进行,不得随意接续。 (4)干线放大器输入、输出两端的电缆,应留有适当的余量,以防电缆收缩时插头脱落。连接处应有防水措施,电缆插图工艺要严格按标准工艺进行。

续上表

项目	内　容
干线传输部分的安装和施工（属室外）	(5)干线放大器的安装应保证放大器不得被水浸泡，应装载于金属箱内。 (6)光缆的施工按光缆标准工艺要求进行。 在电缆槽内布放不宜过紧，如遇桥身伸缩接口处，应做 3～5 个"S"弯，每处约余留 0.5 m。光缆的接续应由受过专门训练的人员来完成，接续时应采用光功率计或其他仪器进行监视，使接续损耗达到最小，接续后应安装好光缆接头护套或接头匣。 (7)传输部分的防雷、安全和接地应符合设计和规范要求
分配网络的安装和施工	(1)电缆电力线平行或交叉敷设时，其间距不得小于 0.3 m。电缆与通信线平行或交叉敷设时，其间距不得小于 0.1 m。 (2)辐射盒、用户终端盒应符合设计图要求，与其他线缆间距符合规范要求。 (3)放大器、分配器和分支器的安装，应按图纸要求施工，固定牢固。放大器箱内安装均衡器、衰减器、分配器、放大器配件
防雷接地及安全防护	安装和施工中的防雷接地及安全防护必须按照防雷接地标准进行，应测量所有接地装置的电阻值。达不到设计要求的应返工，直至满足设计要求为止

表 4－8　天线安装间距表

天线间的关系	间距	天线间的关系	间距
最底层天线与支撑物顶面	$\geqslant\lambda$	两个天线同杆左右安装	$\geqslant\lambda$
两个天线前后安装	$\geqslant 3\lambda$	天线正前方净空	不影响电波接收
两个天线同杆上下安装	$\geqslant 0.5\lambda$(不小于 1 m)		

注：1. λ 指工作波长；
　　2. 设计时以低频道的 λ 考虑；
　　3. 计算点指天线的中心位置。

表 4－9　电缆与其他线路共沟(隧道)敷设间距表

种类	最小间距(m)
与 220 V 交流电线共沟	0.5
与通信电缆共沟	0.1

表 4－10　电缆与其他线路共杆架设两线间最小垂直距离表

种类	最小间距(m)	种类	最小间距(m)
1～10 kV 电力线同杆平行	2.5	有线广播同杆平行	1
1 kV 电力线同杆平行	1.5	通信电缆同杆平行	0.6

(3)公共广播系统施工工艺解析见表4－11。

表4－11 公共广播系统施工工艺解析

项目	内容
扬声器的安装	(1)扩声系统宜采用明装，若采用暗装，装饰面的透声开口应足够大，透声材料或蒙面的格条尺寸相对于主要扩声频段的波长应足够小。 (2)无论明装或暗装均应牢固，不得因振动而产生机械噪声。 (3)扩声系统特性测量方法按有关标准规定进行
扩声系统的馈电网络	(1)音频信号输入的馈电应用屏蔽软线。 1)话筒输出必须使用专用屏蔽软线。长度在10～50 m应使用双芯屏蔽软线作低阻抗平衡输入连接，中间若有话筒转接插座的必须要求接触特性良好。 2)长距离连接的话筒线(50 m以上)必须采用低阻抗(200 Ω)，平衡传送连接方法，最好采用四芯屏蔽线，对角线对并接穿钢管敷设。 3)调音台及全部周边设备之间的连接均需采用单芯(不平衡)或双芯(平衡)屏蔽软线连接。 (2)功率输出的馈电是指功放输出至扬声器箱之间的连接电缆，视距离远近选用截面及高或低阻抗。 1)短距离宜用低阻抗输出，用截面积为2～6 mm^2 的软发烧线穿管敷设。其双向长度的直流电阻应小于扬声器阻抗的1 100～1 150 Ω。 2)长距离宜用高阻抗电压传输(70 V或100 V)音频输出，馈线宜采用穿管的双芯聚氯乙烯多股软线。 3)每套节目敷设一对馈线，不能共用一根公共地线，以免节目信号间干扰。 (3)供电线路选择(单相、三相、自动稳压器)，宜用隔离变压器(1∶1)，小于10 kVA时，用单相220 V；大于10 kVA时，用三相电源再分三路输出220 V。 电压波动超过＋5％或－10％时，应采用自动稳压器，以保证各系统设备正常工作。 (4)接地与防雷应按标准规范要求进行安装敷设：①应设有专门的可靠接地地线；②所有馈电线均应穿电线铁管敷设；③网络线路的施工规范应参照国家标准执行
声控室内布局	声控室内布局按设计要求进行

第二节 信息网络系统

一、验收条文

信息网络系统验收标准见表4－12。

表4－12 信息网络系统验收标准

项目	内容
一般规定	(1)适用于智能建筑工程中信息网络系统的工程实施及质量控制、系统检测和竣工验收。 (2)信息网络系统应包括计算机网络、应用软件及网络安全等

续上表

项目	内　容
工程实施及质量控制	(1)信息网络系统工程实施前应具备下列条件： 1)综合布线系统施工完毕，已通过系统检测并具备竣工验收的条件。 2)设备机房施工完毕，机房环境、电源及接地安装已完成，具备安装条件。 (2)信息网络系统的设备、材料进场验收要求除遵照《智能建筑工程施工质量验收规范》(GB 50339－2002)有关内容的规定执行外，还应进行： 1)有序列号的设备必须登记设备的序列号。 2)网络设备开箱后通电自检，查看设备状态指示灯的显示是否正常，检查设备启动是否正常。 3)计算机系统、网管工作站、UPS电源、服务器、数据存储设备、路由器、防火墙、交换机等产品按《智能建筑工程施工质量验收规范》(GB 50339－2002)有关内容的规定执行。 (3)网络设备应安装整齐、固定牢靠，便于维护和管理；高端设备的信息模块和相关部件应正确安装，空余槽位应安装空板；设备上的标签应标明设备的名称和网络地址；跳线连接应稳固，走向清楚明确，线缆上应正确标签。 (4)信息网络系统的随工检查内容应包括： 1)安装质量检查：机房环境是否满足要求；设备器材清点检查；设备机柜加固检查；设备模块配置检查；设备间及机架内缆线布放；电源检查；设备至各类配线设备间缆线布放；缆线导通检查；各种标签检查；接地电阻值检查；接地引入线及接地装置检查；机房内防火措施；机房内安全措施等。 2)通电测试前设备检查：按施工图设计文件要求检查设备安装情况；设备接地应良好；供电电源电压及极性符合要求。 3)设备通电测试：设备供电正常；报警指示工作正常；设备通电后工作正常及故障检查。 (5)信息网络系统在安装、调试完成后，应进行不少于1个月的试运行，有关系统自检和试运行应符合《智能建筑工程施工质量验收规范》(GB 50339－2002)有关内容的规定
计算机网络系统检测	(1)计算机网络系统的检测应包括连通性检测、路由检测、容错功能检测、网络管理功能检测。 (2)连通性检测方法可采用相关测试命令进行测试，或根据设计要求使用网络测试仪测试网络的连通性
主控项目	(1)连通性检测应符合以下要求： 1)根据网络设备的连通图，网管工作站应能够和任何一台网络设备通信。 2)各子网(虚拟专网)内用户之间的通信功能检测：根据网络配置方案要求，允许通信的计算机之间可以进行资源共享和信息交换，不允许通信的计算机之间无法通信；保证网络节点符合设计规定的通讯协议和适用标准。 3)根据配置方案的要求，检测局域网内的用户与公用网之间的通信能力。 (2)对计算机网络进行路由检测，路由检测方法可采用相关测试命令进行测试，或根据设计要求使用网络测试仪测试网络路由设置的正确性
一般项目	(1)容错功能的检测方法应采用人为设置网络故障，检测系统正确判断故障及故障排除后系统自动恢复的功能；切换时间应符合设计要求。 检测内容应包括以下两个方面： 1)对具备容错能力的网络系统，应具有错误恢复和故障隔离功能，主要部件应冗余设置，并在出现故障时可自动切换。 2)对有链路冗余配置的网络系统，当其中的某条链路断开或有故障发生时，整个系统仍应保持正常工作，并在故障恢复后能自动切换回主系统运行。

续上表

项目	内　容
一般项目	(2)网络管理功能检测应符合下列要求： 1)网管系统应能够搜索到整个网络系统的拓扑结构图和网络设备连接图。 2)网络系统应具备自我诊断功能，当某台网络设备或线路发生故障后，网管系统应能够及时报警和定位故障点。 3)应能够对网络设备进行远程配置和网络性能检测，提供网络节点的流量、广播率和错误率等参数
应用软件检测	(1)智能建筑的应用软件应包括智能建筑办公自动化软件、物业管理软件和智能化系统集成等应用软件系统。应用软件的检测应从其涵盖的基本功能、界面操作的标准性、系统可扩展性和管理功能等方面进行检测，并根据设计要求检测其行业应用功能。满足设计要求时为合格，否则为不合格。不合格的应用软件修改后必须通过回归测试。 (2)应先对软硬件配置进行核对，确认无误后方可进行系统检测
主控项目	(1)软件产品质量检查应按照《智能建筑工程施工质量验收规范》(GB 50339－2002)有关内容的规定执行。应采用系统的实际数据和实际应用案例进行测试。 (2)应用软件检测时，被测软件的功能、性能确认宜采用黑盒法进行，主要测试内容应包括： 1)功能测试：在规定的时间内运行软件系统的所有功能，以验证系统是否符合功能需求。 2)性能测试：检查软件是否满足设计文件中规定的性能，应对软件的响应时间、吞吐量、辅助存储区、处理精度进行检测。 3)文档测试：检测用户文档的清晰性和准确性，用户文档中所列应用案例必须全部测试。 4)可靠性测试：对比软件测试报告中可靠性的评价与实际试运行中出现的问题，进行可靠性验证。 5)互连测试：应验证两个或多个不同系统之间的互连性。 6)回归测试：软件修改后，应经回归测试验证是否因修改引出新的错误，即验证修改后的软件是否仍能满足系统的设计要求
一般项目	(1)应用软件的操作命令界面应为标准图形交互界面，要求风格统一、层次简洁，操作命令的命名不得具有二义性。 (2)应用软件应具有可扩展性，系统应预留可升级空间以供纳入新功能。宜采用能适应最新版本的信息平台，并能适应信息系统管理功能的变动
网络安全系统检测	网络安全系统宜从物理层安全、网络层安全、系统层安全、应用层安全等四个方面进行检测，以保证信息的保密性、真实性、完整性、可控性和可用性等信息安全性能符合设计要求
主控项目	(1)计算机信息系统安全专用产品必须具有公安部计算机管理监察部门审批颁发的“计算机信息系统安全专用产品销售许可证”；特殊行业有其他规定时，还应遵守行业的相关规定。 (2)如果与因特网连接，智能建筑网络安全系统必须安装防火墙和防病毒系统。 (3)网络层安全的安全性检测应符合以下要求： 1)防攻击：信息网络应能抵御来自防火墙以外的网络攻击，使用流行的攻击手段进行模拟攻击，不能攻破判为合格。 2)因特网访问控制：信息网络应根据需求控制内部终端机的因特网连接请求和内容，使用终端机用不同身份访问因特网的不同资源，符合设计要求判为合格。

续上表

项目	内　容
主控项目	3)信息网络与控制网络的安全隔离:测试方法应按《智能建筑工程施工质量验收规范》(GB 50339－2002)有关要求,保证做到未经授权,从信息网络不能进入控制网络,符合此要求者判为合格。 4)防病毒系统的有效性:将含有当前已知流行病毒的文件(病毒样本)通过文件传输、邮件附件、网上邻居等方式向各点传播,各点的防病毒软件应能正确地检测到该含病毒文件,并执行杀毒操作,符合本要求者判为合格。 5)入侵检测系统的有效性:如果安装了入侵检测系统,使用流行的攻击手段进行模拟攻击(如Dos拒绝服务攻击),这些攻击应被入侵检测系统发现和阻断,符合此要求者判为合格。 6)内容过滤系统的有效性:如果安装了内容过滤系统,则尝试访问若干受限网址或者访问受限内容,这些尝试应该被阻断;然后,访问若干未受限的网址或者内容,应该可以正常访问,符合此要求者为合格。 (4)系统层安全应满足以下要求: 1)操作系统应选用经过实践检验的具有一定安全强度的操作系统。 2)使用安全性较高的文件系统。 3)严格管理操作系统的用户账号,要求用户必须使用满足安全要求的口令。 4)服务器应只提供必须的服务,其他无关的服务应关闭,对可能存在漏洞的服务或操作系统,应更换或者升级相应的补丁程序;扫描服务器,无漏洞者为合格。 5)认真设置并正确利用审计系统,对一些非法的侵入尝试必须有记录;模拟非法尝试,审计日志中有正确记录者判为合格。 (5)应用层安全应符合下列要求: 1)身份认证:用户口令应该加密传输,或者禁止在网络上传输;严格管理用户账号,要求用户必须使用满足安全要求的口令。 2)访问控制:必须在身份认证的基础上根据用户及资源对象实施访问控制;用户能正确访问其获得授权的对象资源,同时不能访问未获得授权的资源,符合此要求者判为合格
一般项目	(1)物理层安全应符合下列要求: 1)中心机房的电源与接地及环境要求应符合《智能建筑工程施工质量验收规范》(GB 50339－2002)有关内容的规定。 2)对于涉及国家秘密的党政机关、企事业单位的信息网络工程,应按《涉密信息设备使用现场的电磁泄漏发射保护要求》(BMB5－2000)、《涉及国家秘密的计算机信息系统保密技术要求》(BMZl－2000)和《涉及国家秘密的计算机信息系统安全保密评测指南》(BMZ3－2001)等国家现行标准的相关规定进行检测和验收。 (2)应用层安全应符合下列要求: 1)完整性:数据在存储、使用和网络传输过程中,不得被篡改、破坏。 2)保密性:数据在存储、使用和网络传输过程中,不应被非法用户获得。 3)安全审计:对应用系统的访问应有必要的审计记录
竣工验收	(1)竣工验收除应符合《智能建筑工程施工质量验收规范》(GB 50339－2002)有关内容的规定外,还应对信息安全管理制度进行检查,并作为竣工验收的必要条件。

续上表

项目	内　容
竣工验收	(2)竣工验收的文件资料包括设备的进场验收报告、产品检测报告、设备的配置方案和配置文档、计算机网络系统的检测记录和检测报告、应用软件的检测记录和用户使用报告、安全系统的检测记录和检测报告以及系统试运行记录

二、施工材料要求

信息网络系统施工材料要求见表4—13。

表4—13　信息网络系统施工材料要求

项目	内　容
一般要求	(1)材料、设备的品牌、型号、规格、产地和数量应与设计(或合同)相符。 (2)包装和密封良好,技术文件附件及随机资料应齐全、完好,并有装箱清单。 (3)做好外观检查,外壳、漆层应无损伤或变形。 (4)内部插件等固紧螺钉不应有松动现象。 (5)操作系统的型号、版本、介质及随机资料符合设计(或合同)要求
必要的检查	设备的供电、接地、温度、湿度、洁净度、安全、电磁环境、综合布线等,应符合设计要求、产品技术文件规定和安全技术标准
安全保障	定购硬件和软件产品时,应遵循一定的指导方针(如正版软件),确保安全。任何网络内产品的采购必须经过审批。对于所有的新系统和软件必须经过投资效益分析和风险分析。网络安全系统的产品均应符合设计(或合同)要求的产品说明书、合格证或验证书。防火墙和防病毒软件等产品必须通过公安部计算机信息系统安全产品质量监督检验中心检验,并具有公安部公共信息安全监察局颁发的"计算机信息系统安全专用产品销售许可证";特殊行业有其他规定时,还应遵守行业的相关规定。 所有对外提供服务的服务器只能放在非军事化区,不允许放在内网;数据库服务器和其他不对外服务的服务器应放置在内网
进口产品	进口产品除以上规定外,还应提供原产地证明和商检证明。配套提供的质量合格证明、检测报告及安装、使用、维护说明书等文件资料应为中文文本

三、施工工艺解析

(1)网络交换机的安装工艺解析见表4—14。

表4—14　网络交换机的安装工艺解析

项目	内　容
物理安装	交换机可以根据设计要求安装在标准48 cm机柜中或独立放置。设备应水平放置,螺钉安装应紧固,并应预留足够大的维护空间。机柜或交换机接地应符合相关标准的接地要求

续上表

项目	内 容
系统配置	包括对广域网与本地通信设备配置。按各生产厂家提供的安装手册和要求，规范地编写或填写相关配置表格，填写的表格同时应符合网络系统的设计要求。按照配置表格，通过控制台或仿真终端对交换机进行配置，保存配置结果

(2)服务器的安装工艺解析见表4－15。

表4－15 服务器的安装工艺解析

项目	内 容
物理安装	服务器就位及上架；检查主电源的电压；机器外壳连接地线，接地线必须与建筑物接地线相接；将供电电源及电源接头连接到服务器
服务器测试	执行上电开机程序，应正常完成系统自测试和系统初始化；执行服务器的检查程序，包括对CPU、内存、硬盘、I/O设备、各类通信接口的测试。该检查程序正常运行结束，并给出正常运行结束的报告。执行服务器主要性能的测试，给出服务器主要性能(主频、内存容量、硬盘容量等)指标的报告

(3)服务器操作系统的安装工艺解析见表4－16。

表4－16 服务器操作系统的安装工艺解析

项目	内 容
安装步骤	(1)将操作系统物理介质放入相应读入设备上。 (2)按照所提供的“安装手册”，启动操作系统的安装，直至安装过程正常结束；设置或调整操作系统的初始参数，使之达到系统运行的良好状态
操作系统的测试	(1)常规测试：执行各类系统命令或系统操作，执行应完全正确。 (2)综合测试：执行操作系统与系统支撑软件及各类系统软件产品的连接测试，执行结果应完全正确

(4)服务器网络接口卡的安装和测试工艺解析见表4－17。

表4－17 服务器网络接口卡的安装和测试工艺解析

项目	内 容
安装前的检查	(1)网络接口卡的型号、品牌应符合服务器接入网络的设计要求。 (2)网络接口卡应与服务器提供的端口相容。 (3)网络接口卡与网络设备互联的端口相容。 (4)网络接口线缆、驱动程序及有关资料应齐全完好

续上表

项目	内　　容
安装步骤	(1)依据安装手册把网络接口卡安装在服务器相应的槽位上，并用螺钉紧固，保证接口卡的可靠接触。 (2)用网络接口线缆把服务器网络接口卡与相关的网络接口互联。 (3)服务器上电，自检及操作系统正常运行。 (4)安装网络接口卡驱动程序
测试	(1)用操作系统发出 Ping 服务器自身 IP 地址的命令，自检网络接口卡运行的正确性。 (2)从网络系统的其他用户发 Ping 命令给服务器，测试服务器网络卡接入网络工作的正确性。 (3)非 TCP/IP 协议的局域网络可参照上述两项测试方法进行。 (4)上述测试通过，则可视为网络接口卡工作正常

(5)数据库软件的安装和测试工艺解析见表 4－18。

表 4－18　数据库软件的安装和测试工艺解析

项目	内　　容
安装步骤	(1)将数据库软件的物理介质放入相应读入设备上。 (2)在相对应的操作系统环境中，按照所提供的数据库软件的“安装手册”，启动数据库软件安装，直至安装过程正常结束。 (3)设置或调整数据库软件的初始参数，使之达到系统运行的最佳状态
数据库软件的测试	(1)常规测试：执行各类系统命令或语句，执行结果应完全正确。 (2)综合测试：执行数据库软件的模板或典型应用，执行结果应完全正确

(6)客户机的安装工艺解析见表 4－19。

表 4－19　客户机的安装工艺解析

项目	内　　容
安装步骤	(1)客户机就位。 (2)检查供电电压和电源插座，电源应有接地线。 (3)供电电源宜采用稳压电源或不间断电源(UPS)供电。 (4)客户机电源线与电源接头相连。 (5)上电运行
测试	(1)上电后客户机自检(包括 CPU、内存、I/O 设备、接口等测试)通过，正常完成系统初始化。 (2)随客户机安装的操作系统应正常启动，并正确运行

(7)客户机网络接口卡的安装工艺解析见表4—20。

表4—20 客户机网络接口卡的安装工艺解析

项目	内容
安装	(1)客户机下电后,把网络接口卡安装在相应的槽口上,并用螺钉紧固,保证接口卡的可靠接触。 (2)用网络线缆把客户机的网络接口卡与相关的网络接口相连。 (3)客户机上电自检并操作系统正常运行后,安装相应的网络接口卡驱动程序
测试	(1)在客户机开启正常工作后,发“Ping 127.0.0.1”命令如正确执行,表示网络接口卡自测通过。 (2)在客户机上发出Ping另一台客户机的命令,测试该客户机是否能够在网络上正常工作。 (3)上述两项测试通过,则可视为网络接口卡工作正常

(8)计算机外部设备的安装工艺解析见表4—21。

表4—21 计算机外部设备的安装工艺解析

项目	内容
计算机外部设备的范围	计算机外部设备主要包括各类打印机、扫描仪、磁带机、光盘刻读机、软盘驱动器等
安装步骤	(1)外部设备就位或上架。 (2)检查供电电压和电源插座,电源插座应有接地线。 (3)供电电源宜采用稳压电源或不间断电源(UPS)供电。 (4)外部设备的数据接口与相关的计算机接口或网络设备用指定的连接电缆互联,并用螺钉紧固。 (5)设备的电源线连接到电源接头。 (6)与外部设备相连的计算机上电,在正常工作后安装该外部设备的驱动程序
测试	(1)运行外部设备提供的自测试程序,应正常运行并输出相应的报告信息。 (2)对外部设备按产品的技术说明书运行相应的各类操作,确认其运行的正确性

(9)应用软件的安装工艺解析见表4—22。

表4—22 应用软件的安装工艺解析

项目	内容
安装前的准备	(1)应制订应用软件安装的计划,包括安装时间、安装人员、安装要求、安装方法、验证标准等。

续上表

项目	内　　容
安装前的准备	(2)应准备好应用软件安装的环境条件，包括服务器、客户机、操作系统、数据库软件开发工具等。 (3)应提供应用软件安装的版本、介质及技术资料。 (4)应保证应用软件安装所需的资源(包括足够的内存、硬盘空间、读入设备等)
安装步骤	(1)将应用软件的物理介质放入相应读入设备上。 (2)按照所提供的“安装手册”，启动应用软件的安装，直至安装过程正常结束。 (3)设置或自定义应用软件的初始参数，执行系统数据初始化过程。 (4)创建应用软件用户标识及口令、用户权限等系统安全机制，确保应用软件正常、可靠运行
安装验证	(1)检查应用软件安装的目录及文件数是否准确。 (2)启动应用软件的引导程序，检查执行是否准确。 (3)检查用户登录过程包括用户标识及口令输入、口令修改等操作是否准确。 (4)检查应用软件主界面(主菜单)的功能是否符合“用户权限设置”的要求。 (5)抽样检查主界面(主菜单)上的应用功能是否能正常执行
系统测试	按照软件工程相关规范和标准、应用软件设计说明书规定的技术要求以及合同的相关规定，进行下述测试。 (1)功能测试按照合同或应用软件设计说明书逐条执行功能测试；测试正常通过后，提供功能测试报告。 (2)系统集成测试采用渐增测试方法，测试应用软件各模块间的接口和各子系统之间的接口是否正确；测试正常通过后，提供集成测试报告。 (3)容错性和可靠性测试采用设置故障点及异常条件的方法，测试应用软件的容错性和可靠性；测试正常通过后，提供相应的测试报告。 (4)可维护性和可管理性测试按应用软件设计说明书的规定，逐条执行可维护性和可管理性测试；测试正常通过后，提供相应的测试报告。 (5)可操作性测试对应用软件的操作界面的风格、布局、常用操作、屏幕切换及显示键盘及鼠标的使用等设计，抽样进行可操作性测试；测试结束后，提供可操作性测试报告

第三节　建筑设备监控系统

一、验收条文

建筑设备监控系统验收标准见表4－23。

表4－23　建筑设备监控系统验收标准

项目	内　　容
一般规定	(1)适用于智能建筑工程中建筑设备监控系统的工程实施及质量控制、系统检测和竣工验收。

续上表

项目	内　容
一般规定	(2)建筑设备监控系统用于对智能建筑内各类机电设备进行监测、控制及自动化管理，达到安全、可靠、节能和集中管理的目的。 (3)建筑设备监控系统的监控范围为空调与通风系统、变配电系统、公共照明系统、给排水系统、热源和热交换系统、冷冻和冷却水系统、电梯和自动扶梯系统等各子系统
工程实施及质量控制	(1)设备及材料的进场验收除按规范《智能建筑工程施工质量验收规范》(GB 50339－2002)有关内容的规定执行外，还应符合下列要求： 1)电气设备、材料、成品和半成品的进场验收应按《建筑电气工程施工质量验收规范》(GB 50303－2002)有关规定执行。 2)各类传感器、变送器、电动阀门及执行器、现场控制器等的进场验收要求。 ①查验合格证和随带技术文件，实行产品许可证和强制性产品认证标志的产品应有产品许可证和强制性产品认证标志。 ②外观检查。铭牌、附件齐全，电气接线端子完好，设备表面无缺损，涂层完整。 3)网络设备的进场验收按《智能建筑工程施工质量验收规范》(GB 50339－2002)有关内容的规定执行。 4)软件产品的进场验收按《智能建筑工程施工质量验收规范》(GB 50339－2002)有关内容的规定执行。 (2)建筑设备监控系统安装前，建筑工程应具备下列条件： 1)已完成机房、弱电竖井的建筑施工。 2)预埋管及预留孔符合设计要求。 3)空调与通风设备、给排水设备、动力设备、照明控制箱、电梯等设备安装就位，并应预留好设计文件中要求的控制信号接入点。 (3)施工中的安全技术管理，应符合《建设工程施工现场供用电安全规范》(GB 50194－1993)和《施工现场临时用电安全技术规范》(JGJ 46－2005)中的有关规定。 (4)施工及施工质量检查除按《智能建筑工程施工质量验收规范》(GB 50339－2002)有关内容的规定执行外，还应符合下列要求： 1)电缆桥架安装和桥架内电缆敷设，电缆沟内和电缆竖井内电缆敷设，电线、电缆导管和线路敷设，电线、电缆穿管和线槽敷线的施工应按《建筑电气工程施工质量验收规范》(GB 50303—2002)中第12章至第15章的有关规定执行。在工程实施中有特殊要求时应按设计文件的要求执行。 2)传感器、电动阀门及执行器、控制柜和其他设备安装时应符合《建筑电气工程施工质量验收规范》(GB 50303—2002)第6章及第7章、设计文件和产品技术文件的要求。 (5)工程调试完成后，系统承包商要对传感器、执行器、控制器及系统功能(含系统联动功能)进行现场测试。传感器可用高精度仪表现场校验，使用现场控制器改变给定值或用信号发生器对执行器进行检测，传感器和执行器要逐点测试；系统功能、通信接口功能要逐项测试，并填写系统自检表。 (6)工程调试完成，经与工程建设单位协商后可投入系统试运行。应由建设单位或物业管理单位派出的管理人员和操作人员进行试运行，认真作好值班运行记录，并应保存系统试运行的原始记录和全部历史数据

续上表

项目	内　容
系统检测	(1)建筑设备监控系统的检测应以系统功能和性能检测为主,同时对现场安装质量、设备性能及工程实施过程中的质量记录进行抽查或复核。 (2)建筑设备监控系统的检测应在系统试运行连续投运时间不少于1个月后进行。 (3)建筑设备监控系统检测应依据工程合同技术文件、施工图设计文件、设计变更审核文件、设备及产品的技术文件进行。 (4)建筑设备监控系统检测时应提供以下工程实施及质量控制记录: 1)设备材料进场检验记录; 2)隐蔽工程和随工检查验收记录; 3)工程安装质量检查及观感质量验收记录; 4)设备及系统自检测记录; 5)系统试运行记录
主控项目	(1)空调与通风系统功能检测。 建筑设备监控系统应对空调系统进行温湿度及新风量自动控制、预定时间表自动启停、节能优化控制等控制功能进行检测。应着重检测系统测控点(温度、相对湿度、压差和压力等)与被控设备(风机、风阀、加湿器及电动阀门等)的控制稳定性、响应时间和控制效果,并检测设备连锁控制和故障报警的正确性。 检测数量为每类机组按总数的20%抽检,且不得少于5台,每类机组不足5台时全部检测。被检测机组全部符合设计要求为检测合格。 (2)变配电系统功能检测。 建筑设备监控系统应对变配电系统的电气参数和电气设备工作状态进行监测,检测时应利用工作站数据读取和现场测量的方法对电压、电流、有功(无功)功率、功率因数、用电量等各项参数的测量和记录进行准确性和真实性检查。 显示的电力负荷及上述各参数的动态图形能比较准确地反映参数变化情况,并对报警信号进行验证。 检测方法为抽检,抽检数量按每类参数抽20%,且数量不得少于20点,数量少于20点时全部检测。被检参数合格率100%时为检测合格。 对高低压配电柜的运行状态、电力变压器的温度、应急发电机组的工作状态、储油罐的液位、蓄电池组及充电设备的工作状态、不间断电源的工作状态等参数进行检测时,应全部检测,合格率100%时为检测合格。 (3)公共照明系统功能检测。 建筑设备监控系统应对公共照明设备(公共区域、过道、园区和景观)进行监控。应以光照度、时间表等为控制依据,设置程序控制灯组的开关,检测时应检查控制动作的正确性,并检查其手动开关功能。 检测方式为抽检,按照明回路总数的20%抽检,数量不得少于10路,总数少于10路时应全部检测。抽检数量合格率100%时为检测合格。 (4)给排水系统功能检测。

续上表

<table>
<tr><th>项目</th><th>内　容</th></tr>
<tr><td>主控项目</td><td>建筑设备监控系统应对给水系统、排水系统和中水系统进行液位、压力等参数检测及水泵运行状态的监控和报警进行验证。检测时应通过工作站参数设置或人为改变现场测控点状态，监视设备的运行状态。包括自动调节水泵转速、投运水泵切换及故障状态报警和保护等项是否满足设计要求。
检测方式为抽检，抽检数量按每类系统的50%抽检，且不得少于5套，总数少于5套时全部检测。被检系统合格率100%时为检测合格。
(5)热源和热交换系统功能检测。
建筑设备监控系统应对热源和热交换系统进行系统负荷调节、预定时间表自动启停和节能优化控制。检测时应通过工作站或现场控制器对热源和热交换系统的设备运行状态、故障等的监视、记录与报警进行检测，并检测对设备的控制功能。
核实热源和热交换系统能耗计量与统计资料。
检测方式为全部检测，被检系统合格率100%时为检测合格。
(6)冷冻和冷却水系统功能检测。
建筑设备监控系统应对冷水机组、冷冻冷却水系统进行系统负荷调节、预定时间表自动启停和节能优化控制。检测时应通过工作站对冷水机组、冷冻冷却水系统设备控制和运行参数、状态、故障等的监视、记录与报警情况进行检查，并检查设备运行的联动情况。
核实冷冻水系统能耗计量与统计资料。
检测方式为全部检测，满足设计要求时为检测合格。
(7)电梯和自动扶梯系统功能检测。
建筑设备监控系统应对建筑物内电梯和自动扶梯系统进行监测。检测时应通过工作站对系统的运行状态与故障进行监视，并与电梯和自动扶梯系统的实际工作情况进行核实。
检测方式为全部检测，合格率100%时为检测合格。
(8)建筑设备监控系统与子系统(设备)间的数据通信接口功能检测。
建筑设备监控系统与带有通信接口的各子系统以数据通信的方式相联时，应在工作站监测子系统的运行参数(含工作状态参数和报警信息)，并和实际状态核实，确保准确性和响应时间符合设计要求；对可控的子系统，应检测系统对控制命令的响应情况。
数据通信接口应按《智能建筑工程施工质量验收规范》(GB 50339－2002)有关内容的规定对接口进行全部检测，检测合格率100%时为检测合格。
(9)中央管理工作站与操作分站功能检测。
对建筑设备监控系统中央管理工作站与操作分站功能进行检测时，应主要检测其监控和管理功能。检测时应以中央管理工作站为主，对操作分站主要检测其监控和管理权限以及数据与中央管理工作站的一致性。
应检测中央管理工作站显示和记录的各种测量数据、运行状态、故障报警等信息的实时性和准确性，以及对设备进行控制和管理的功能。并检测中央站控制命令的有效性和参数设定的功能，保证中央管理工作站的控制命令被无冲突地执行。
应检测中央管理工作站数据的存储和统计(包括检测数据、运行数据)、历史数据趋势图显示、报警存储统计(包括各类参数报警、通讯报警和设备报警)情况，中央管理工作站存储的历史数据时间应大于3个月。
应检测中央管理工作站数据报表生成及打印功能，以及故障报警信息的打印功能。</td></tr>
</table>

续上表

项目	内　容
主控项目	应检测中央管理工作站操作的方便性，人机界面应符合友好、汉化、图形化要求，图形切换流程清楚易懂，便于操作。对报警信息的显示和处理应直观有效。 应检测操作权限，确保系统操作的安全性。 以上功能全部满足设计要求时为检测合格。 (10)系统实时性检测。 采样速度、系统响应时间应满足合同技术文件与设备工艺性能指标的要求；抽检10%且不少于10台，少于10台时全部检测，合格率90%及以上时为检测合格。 报警信号响应速度应满足合同技术文件与设备工艺性能指标的要求；抽检20%且不少于10台，少于10台时全部检测，合格率100%时为检测合格。 (11)系统可维护功能检测。 应检测应用软件的在线编程(组态)和修改功能。在中央站或现场进行控制器或控制模块应用软件的在线编程(组态)、参数修改及下载，全部功能得到验证为合格，否则为不合格。 设备、网络通讯故障的自检测功能。自检必须指示出相应设备的名称和位置，在现场设置设备故障和网络故障，在中央站观察结果显示和报警，输出结果正确且故障报警准确者为合格，否则为不合格。 (12)系统可靠性检测。 系统运行时，启动或停止现场设备，不应出现数据错误或产生干扰，影响系统正常工作。检测时采用远动或现场手动启/停现场设备，观察中央站数据显示和系统工作情况，工作正常的为合格，否则为不合格。 切断系统电网电源，转为UPS供电时，系统运行不得中断。电源转换时系统工作正常的为合格，否则为不合格。 中央站冗余主机自动投入时，系统运行不得中断；切换时系统工作正常的为合格，否则为不合格
一般项目	(1)现场设备安装质量检查。 现场设备安装质量应符合《建筑电气工程施工质量验收规范》(GB 50303－2002)第6章及第7章、设计文件和产品技术文件的要求，检查合格率达到100%时为合格。 1)传感器：每种类型传感器抽检10%且不少于10台，传感器少于10台时全部检查。 2)执行器：每种类型执行器抽检10%且不少于10台，执行器少于10台时全部检查。 3)控制箱(柜)：各类控制箱(柜)抽检20%且不少于10台，少于10台时全部检查。 (2)现场设备性能检测。 1)传感器精度测试。检测传感器采样显示值与现场实际值的一致性；依据设计要求及产品技术条件，按照设计总数的10%进行抽测，且不得少于10个，总数少于10个时全部检测，合格率达到100%时为检测合格。 2)控制设备及执行器性能测试。包括控制器、电动风阀、电动水阀和变频器等，主要测定控制设备的有效性、正确性和稳定性；测试核对电动调节阀在零开度、50%和80%的行程处与控制指令的一致性及响应速度；测试结果应满足合同技术文件及控制工艺对设备性能的要求。 检测按20%抽测，但不得少于5个，设备数量少于5个时全部测试，检测合格率达到100%时为检测合格。

续上表

项目	内　容
一般项目	(3)根据现场配置和运行情况对以下项目做出评测 1)控制网络和数据库的标准化、开放性。 2)系统的冗余配置，主要指控制网络、工作站、服务器、数据库和电源等。 3)系统可扩展性，控制器I/O口的备用量应符合合同技术文件要求，但不应低于I/O口实际使用数的10%；机柜至少应留有10%的卡件安装空间和10%的备用接线端子。 4)节能措施评测，包括空调设备的优化控制、冷热源自动调节、照明设备自动控制、风机变频调速、VAV变风量控制等。根据合同技术文件的要求，通过对系统数据库记录分析、现场控制效果测试和数据计算后做出是否满足设计要求的评测。 结论为符合设计要求或不符合设计要求
竣工验收	(1)竣工验收应在系统正常连续投运时间超过3个月后进行。 (2)竣工验收文件资料应包括以下内容。 1)工程合同技术文件。 2)竣工图纸。 ①设计说明； ②系统结构图； ③各子系统控制原理图； ④设备布置及管线平面图； ⑤控制系统配电箱电气原理图； ⑥相关监控设备电气接线图； ⑦中央控制室设备布置图； ⑧设备清单； ⑨监控点(I/O)表等。 3)系统设备产品说明书。 4)系统技术、操作和维护手册。 5)设备及系统测试记录： ①设备测试记录； ②系统功能检查及测试记录； ③系统联动功能测试记录。 (3)其他文件： ①工程实施及质量控制记录； ②相关工程质量事故报告表； ③必要时各子系统可分别进行验收，验收时应作好验收记录，签署验收意见

二、施工材料要求

建筑设备监控系统施工材料要求见表4－24。

表 4—24 建筑设备监控系统施工材料要求

项目	内容
通风与空调系统	(1)BAS至受控设备之间的线槽、电管、电缆、电线材料与空调系统相连的应用软件,以上部件都应具有出厂合格证、详细的技术参数说明和质量保证书,并符合设计(或合同)要求及有关规范和标准。 (2)由空调系统供应商提供的设备与BAS相连的接口,则应提供设备的通讯接口卡,通讯协议和接口软件等产品质保资料及相关协议文件(含技术协调详细资料)。 (3)空调系统的供电及控制设备和二次线路设计必须满足BAS提出的监控、状态、报警、参数等要求
变配电系统	(1)以下产品均应具有出厂合格证、详细的技术参数说明和质量保证书,并符合设计(或合同)要求: 1)各种电量与非电量传感器。 2)脉冲式电度计量表(亦可由供配电供应商提供)。 3)BAS至各供电柜的线槽、电缆等材料。 4)与供配电、照明相连的应用软件,包括计量统计软件。 (2)产品应有出厂合格证,柜、屏、台、箱、盘上应有铭牌。型号、规格及电压等级须符合设计要求,随带技术文件齐全。实行生产许可证和安全认证制度的产品,有许可证编号和安全认证标志。不间断电源柜有出厂试验记录。 (3)柜、屏、台、箱、盘器面应涂层完整,无损伤和明显碰撞凹陷,尺寸正确无变形,柜内元器件无损坏丢失,接线无脱落脱焊。柜(盘)运到现场应存放在室内,或放在干燥的,能避雨雪、风沙的场所。对有特殊保管要求的电气元件,则按产品规定妥善保管
照明系统工程	(1)照明配电箱应有铭牌,回路编号齐全、正确并清晰。 (2)照明器具应有出厂合格证,并符合设计技术要求或合同要求。 (3)配电箱的器材一定符合合同要求(BAS系统提出的开关控制信号,开关运行/手动和故障报警开关,电度计量器表)或双方技术协议要求。 (4)检查BAS控制照明回路(系统)有关供电容量规定,用电终端器具及线缆的配套性,应符合设计要求。查看产品技术说明书是否符合设计要求。 (5)灯具内配线严禁外露,灯具配件齐全,无机械损伤、变形,油漆剥落,灯罩破裂,灯箱歪翘等现象
给水排水系统工程	(1)由给排水系统供应商提供的设备如与BA系统以通信方式相连,则应提供满足监测和控制要求的通信卡、通信协议和接口软件。并符合双方的技术协议或合同的要求。 (2)给排水系统的供电设备及两次线路设计必须满足BA系统的监测和控制要求,并应有双方书面协议

续上表

项目	内　容
热源和热交换系统	(1)由热源供应商提供的设备，除符合产品生产厂家提供的技术标准外，还应提供BA系统监测要求的信号，满足BA系统监测与控制要求的通信卡、通信协议(包括传输速率、格式等)和接口软件等产品质保资料及相关协议文件。 (2)热水系统的供电及两次线路设计必须满足BA系统监测、控制和要求
冷冻和冷却系统	施工材料要求同“热源和热交换系统”中相关内容
电梯和自动扶梯系统工程	(1)明确划分建筑物自动化系统供应商与电梯供应商之间的材料(设备)供应界面，双方所供设备必须满足系统设计要求或双方签订的界面技术协议，应符合供应商提供的技术标准和有关的标准与规范。 (2)由BA供应商提供的摄像机、楼层显示器、读卡机、电视机、控制信号模块和管线材料、喇叭等设备材料，应具有出厂合格证，详细的技术参数说明，并符合设计(或合同)要求及有关规范标准。 (3)由电梯供应商提供的供摄像机的视频线和电缆，为楼层显示器的干接点信号。读卡机信号电缆和电源线，电视机用的视频电缆和电源线，提供迫降和返回干接点及喇叭电缆。 (4)由电梯供应商提供的设备与BA相连的接口，则应提供接线图及线路走向，各种干接口信号(如运行状态、楼层(N)故障、运行、报警、上行、下行、停止及停层限制的干接点等信号)，并有相关的产品质保资料及应符合双方的技术协议要求。 1)限速器安全钳联动试验。对渐进式安全钳和瞬时式安全钳，轿厢内应载有均匀分布125%的额定载荷，轿内无人，在机房操作轿厢以检修速度向下运行，人为让限速器动作。限速器上的限位开关应先动作。此时轿厢应立即停止运行，然后短接限速器与安全钳电气开关，轿厢继续向下运行，迫使限速器钢丝绳夹住拉动安全钳，并使安全钳可靠动作。安全钳楔块夹住导轨，使轿厢立即停止运行，此时测量对于原正常位置轿底倾斜度不应大于5%。 2)层门试验。 ①门锁是锁住房门不被随便打开的重要保护机构，当电梯在运行而并未停止站时，各层层门都被锁住，不被乘客从外面将门扒开。只有当电梯停站时，层门才能被安装在轿门上的开门刀片带动而开启。 ②当电梯检修人员需要从外部打开层门时，需用一种符合安全要求的三角钥匙开关才能把门打开。如果是非三角钥匙开关的就不符合规定要求。 ③当电梯层门中的任何一扇门没有关闭，电梯就不能启动和运行，严禁将层门门锁的电气开关短接。 3)读卡机和摄像机安装。 ①按BA系统承包商提供的读卡机和摄像机的安装尺寸和安装示意图，设计所需控制电梯中的具体安装方式，负责将相应控制器，摄像机电缆引到接线端子板上。包括读卡机设备的电梯箱到电梯机房之间增加的RS－485通信线，线径≥0.5 mm/芯线。 ②配合BA系统承包商对BA设备进行接线和测试工作。由读卡机控制的电梯的电梯机房的按键控制板上，所有的按键接线均预留并接端子排，以供BA系统连接。

续上表

项目	内　　容
电梯和自动扶梯系统工程	4)平衡系数检验。 ①在进行舒适感调试前进行平衡系数的测试,客梯的平衡系数一般取 40%～45%;电梯平衡系数的测定可通过电流测量并结合速度测量(用于交流电动机)或电压测量(用于直流电动机)来确定。 ②通过电流、电压测量来确定平衡系数的方法是应在轿厢以空载和额定载荷 0%、20%、40%、60%、80%、100%、110%做上下运行。当轿厢与对重运行到同一水平位置时,记录电流、电压值,并绘制电流—负荷曲线图,或电压—负荷曲线图,以上、下运行曲线的交点的横坐标志值即为电梯的平衡系数。如平衡系数大于制造厂规定值,则应加大配重重量来使平衡系数符合规定范围。 5)曳引机能力试验。 ①做 125%超载试验的最重要一点是对曳引机能力的测试,也是对电梯的动态运行的试验,轿厢空载上行及行程下部范围 125%额定载荷下行,分别停层 3 次以上,轿厢应被可靠地制动(空载上行工况应平层);当在 125%额定载荷以正常运行速度下行时,切断电动机与制动器供电,轿厢应被可靠制动。 ②应特别注意观察曳引钢丝绳无滑移现象,且应观察轿厢在最低层站时的起、制动状态。 ③应检查当对重支承在被其压缩的缓冲器上时,电动机向上运转空载轿厢是否不能再向上提起
中央管理工作站分站工程	(1)处理机系统、显示设备、操作键盘、打印设备、存贮设备以及操作台等组成的管理工作站(中央与区域分站)的设备(包括软件、硬件)的品牌、型号规格、产地和数量应符合设计(或合同)要求。 (2)已经产品化的应用软件、对其使用范围及许可证进行验收,并进行必要的功能测试和系统测试。 (3)按合同或设计需求定制的软件,应按照软件工程规范要求进行验收。应提供软件资料、程序结构说明、安装调试说明、使用和维护说明书

三、施工工艺解析

(1)系统电气线路敷设工艺解析见表 4－25。

表 4－25　系统电气线路敷设工艺解析

项目	内　　容
仪表电气线路的敷设	(1)仪表电气线路的敷设,应符合国家标准《电气装置安装工程电缆线路施工及验收规范》(GB 50168—2006)及《建筑电气工程施工质量验收规范》(GB 50303－2002)中的有关规定。 (2)电缆电线敷设前,应进行外观检查和导通检查,并用直流 500 V 兆欧表测量绝缘电阻,100 V 以下的线路采用直流 250 V 兆欧表测量绝缘电阻,其阻值不应小于 5 MΩ;当设计文件有特殊规定时,应符合其规定。

续上表

项目	内 容
仪表电气线路的敷设	(3)线路应按最短路径集中敷设,横平竖直,整齐美观,不宜交叉。敷设时,应使线路不受损伤。 (4)线路不应敷设在易受机械损伤、有腐蚀性物质排放、潮湿及有强磁场和强静电场干扰的位置;当无法避免时,应采取防护或屏蔽措施。线路也不应敷设在影响操作和妨碍设备、管道检修的位置,并应避开人行通道和吊装孔。 (5)当线路周围环境温度超过65℃时,应采取隔热措施。线路附近有火源时,应采取防火措施。 (6)在确定线路的敷设位置时,不宜选在高温设备、管道的上方,也不宜选在具有腐蚀性液体的设备、管道的下方。线路与绝热的设备、管道绝热层之间的距离应大于200 mm;与其他设备、管道表面之间的距离应大于150 mm。 (7)线路从室外进入室内时,应采取防水和封堵措施。 (8)线路进入室外的盘、柜、箱时,宜从底部进入,并应有防水密封措施。 (9)在线路的终端接线处及经过建筑物的伸缩缝或沉降缝处,应留有余度。 (10)电缆不应有中间接头,无法避免时,应在接线箱或拉线盒内接线,接头宜采用压接;如采用焊接时,应用无腐蚀性的焊药。补偿导线应采用压接;同轴电缆和高频电缆应采用专用接头。 (11)线路敷设完毕,应进行校线和标号,并测量电缆电线的绝缘电阻,填写绝缘电阻测量记录。测量绝缘电阻应在仪表设备及部件接线前进行,否则必须将已经连接上的仪表设备及部件断开。 (12)在线路的终端处,应拴标志牌。地下埋设的线路,应有明显的标识。 (13)敷设线路时,不应在混凝土梁、柱上凿孔。在有防腐层的建筑物和构筑物上,不应损坏其防腐层。 (14)电缆槽内的电缆敷设完毕,应及时盖好槽板盖,防止损伤电缆
支架安装	(1)支架制作时,应将材料矫正、平直,切口处应无毛刺和卷边。制作好的支架应牢固、平正,并涂刷底漆和面漆,待干后安装。 (2)安装支架时应符合下列规定。 1)在允许焊接的金属结构上和混凝土构筑物的预埋件上安装,应采用焊接固定。 2)在混凝土上安装,采用膨胀螺栓固定。 3)在不允许焊接的管道上安装,应采用U形螺栓或卡子固定。 4)在允许焊接的金属设备和管道上安装,可采用焊接固定。当设备、管道与支架不是同一种材质或需要增加强度时,应先焊接一块与设备、管道材质相同的加强板后再在其上面焊接支架。 5)支架不应与高温或低温管道直接接触。 6)支架应固定牢固、横平竖直、整齐美观,在同一直线段上的支架间距应均匀。电缆槽及保护管安装时,支架之间的距离宜为2 m;在拐弯处、终端及其他需要的位置应安装支架。 7)支架安装在有坡度的电缆沟内或建筑结构上时,其安装坡度应与电缆沟或建筑结构的坡度一致。支架安装在有弧度的设备或结构上,其安装弧度应与设备或结构的弧度相同。 8)直接敷设电缆的支架间距宜为:水平敷设时为0.8 m;垂直敷设时为1.0 m。 9)支架焊接固定后,应打掉药皮补刷防腐漆

续上表

项目	内　容
电缆槽安装	(1)电缆槽安装前，应进行外观检查。电缆槽内、外应平整，槽内部应光洁、无毛刺，尺寸应准确，配件应齐全。 (2)电缆槽的安装程序应先主干线，后分支线。应先将弯通、三通和变径定位，后安装直线段。 (3)电缆槽安装在工艺管架上时，宜在管道的侧面或上方。对于高温管道，不应平行安装在其上方。 (4)电缆槽采用螺栓连接和固定时，应采用平滑的半圆头螺栓，螺母在电缆槽的外侧，固定应牢固。 (5)电缆槽不宜采用焊接连接。当必须焊接时，应符合下列规定： 1)焊接应牢固，且不应有明显的变形现象。 2)扁钢连接件与槽体两侧面的焊接，应在扁钢件两侧点焊，每侧焊点应不少于2点，每点焊缝长度约30 mm。 3)扁钢件与槽体底面的焊接，应在扁钢件两侧采用交错点焊，每点焊缝长约30 mm，每侧焊缝间距约150 mm。 4)焊接后，应打掉药皮将焊缝磨平，并应补涂防锈漆。 5)电缆槽的安装应横平竖直，排列整齐。多层电缆槽安装时，弯曲部分的弧度应一致。电缆槽的上部与构筑物和建筑物之间应留有便于操作的空间。 6)槽与槽之间、槽与仪表盘柜和仪表箱之间、槽与盖之间、盖与盖之间的连接处，应对合严密。槽的端口宜封闭。 7)槽内隔板的焊接，应在隔板两侧采用交错焊，焊点交错间距约500 mm，每点焊缝长度约30 mm。 (6)电缆槽安装后，应按设计规定焊接接地片，接地线引下后应接至附近的已作可靠接地的金属结构上。 (7)电缆槽的直线长度超过50 m，应采用在支架上焊接滑动导向板的方法固定，并使电缆槽在导向板内能滑动自如，电缆槽接口处应预留适当的膨胀间隙。 (8)电缆槽垂直段大于2 m时，应在垂直段上、下端槽内设固定电缆用的支架。当垂直段大于4 m时，还应在其中部增设支架。 (9)仪表电缆槽与电气动力电缆桥架平行敷设时，其间距不应小于600 mm
电缆(线)保护管安装	(1)保护管宜采用镀锌钢管，管子不应有变形及裂缝，内壁应清洁、光滑、无毛刺。当采用非镀锌钢管时，管外应除锈涂防腐漆；但埋入混凝土内的保护管，管外不应涂漆；当直接埋地敷设时，必须采取防腐处理。 (2)保护管弯管时，应采用弯管机冷弯，并应符合下列规定： 1)弯曲角度不应小于90°。 2)弯曲半径应符合：当管内穿无铠装电缆且明敷设时，不应小于保护管外径的6倍；当管内穿铠装电缆及埋设地下或混凝土内时，不应小于保护管外径的10倍。 3)保护管弯曲处不应有凹陷、裂缝和明显的弯扁现象。 4)单根保护管的直角弯不得超过2个。

续上表

项目	内　容
电缆(线)保护管安装	(3)保护管的直线长度超过 30 m 或弯曲角度的总和超过 270°时，应在其中间加装拉线盒。 (4)保护管的直线长度超过 30 m 且沿塔、槽、炉体敷设，以及过建筑物伸缩缝时，应采取下列措施之一进行热膨胀补偿：①根据现场情况，弯管形成自然补偿；②增加一段软管；③在两管连接处预留适当的距离。 (5)保护管之间及保护管与连接件之间的连接，应采用螺纹连接。管端螺纹的有效长度应不小于管接头长度的 1/2。当保护管埋地敷设时，宜采用套管焊接；管子的对口处应处于套管的中心位置，对口应光滑，焊接应牢固，焊口应严密，并应做防腐处理。 (6)埋设的保护管应按最短途径敷设，埋入墙或混凝土内时，离表面的净距离不应小于 15 mm。 (7)埋地保护管与公路、铁路交叉时，管顶埋入深度应大于 1 m。与排水沟交叉时，管顶离沟底净距离应大于 0.5 m，并延伸出路基或排水沟外 1 m 以上。与地下管道交叉时，与管道的净距离应大于 0.5 m。过建筑物墙基时，应延伸出散水坡外 0.5 m。保护管引出地面的管口宜高出地面 200 mm。当引入落地式仪表盘(箱)内时，管口宜高出地面 50 mm。多根保护管引入时，应排列整齐，管口标高一致。 (8)明配保护管应排列整齐，横平竖直，固定牢固。用管卡或 U 形螺栓固定，固定点间距应均匀。 (9)保护管穿过楼板或钢平台时，应符合下列要求：①开孔位置适当，大小适宜；②开孔时不得切断楼板内的钢筋或平台钢梁；③穿过楼板时，应加保护套管；④穿过钢平台时，应焊接保护套或防水圈。 (10)保护管与仪表盘、就地仪表箱、接线箱、穿线盒等连接时，应采用锁紧螺母固定，管口应加护线帽。保护管与检测元件或就地仪表之间应采用挠性管连接，管口应低于进线口约 250 mm，若不采用挠性管连接，管末端应打成喇叭口或带护线帽。保护管从上向下敷设时，在管末端应加排水三通。 (11)在户外和潮湿场所敷设保护管，应采取以下措施：①在可能积水的位置或最低点安装排水三通；②保护管引入接线箱或仪表盘(箱)时，宜从底部进出；③保护管引至就地仪表时，应符合 10)的规定；④朝上的保护管末端应封闭，电缆穿管后，电缆周围应填充密封填料。 (12)穿墙保护套管或保护罩两端伸出墙面的长度，不应大于 30 mm。 (13)护管沿塔、容器的爬梯敷设时，应沿梯子左侧安装，电气专业的保护管在右侧。保护管横跨爬梯时，应安装在梯子后面，其位置应在人上梯子时脚踩不到的地方。 (14)场接线箱安装应符合下列规定：①周围环境温度不宜超过 45℃；②箱体中心距操作地面的高度宜为 1.2～1.5 m；③到检测点的距离应尽量短；④不影响操作、通行和设备维修；⑤接线后箱体应密封，并标明编号，箱内接线标明线号。 (15)护管与电缆槽的连接，应符合下列规定： 1)保护管出口的位置应在电缆槽高度的 2/3 以上，不得从槽的底部开孔。应采用液压开孔机开孔，不得用电焊、气焊切割；开孔后边缘应打磨光滑，及时修补油漆。 2)在电缆槽内外用锁紧螺母将保护管紧固在槽体上，管口应安装护线帽。 3)在电缆槽隔板适当的位置开好电缆转向的缺口，并应打光毛刺

续上表

项目	内　容
电缆敷设	(1)电缆敷设前的检查和准备工作。 1)将电缆槽内清扫干净,内部应平整、光洁无杂物、无毛刺。 2)电缆型号、规格应符合设计规定,外观良好,保护层不得有破损。 3)电缆的导通试验和绝缘电阻测量合格。 4)检查控制室盘(柜)、现场接线箱及保护管是否安装完毕。 5)电缆敷设前对部分敷设长度实测,其实际长度应与设计长度基本一致,否则应按实际测量的电缆敷设长度及电缆到货长度编制电缆分配表。 6)编制电缆敷设顺序表,按先远后近、先集中后分散的原则安排敷设顺序。 7)电缆敷设前,应停止电缆槽上空的一切吊装和焊接作业。 (2)电缆敷设时环境温度不应低于下列规定:塑料绝缘电缆0℃;橡皮绝缘电缆−15℃。当环境温度低于上述规定条件敷设电缆时,可采用下列方法之一进行预热: 1)将电缆盘在10℃左右环境内放置24 min。 2)将电缆盘用40℃~50℃的热风吹18~24 min,烘热后的电缆敷设时间不宜超过1 min。 (3)明敷设的仪表信号线路与具有强磁场和强静电场的电气设备之间的净距离宜大于1.5 m。当采用屏蔽电缆或穿金属保护管以及在带盖的金属电缆槽内敷设时,宜大于0.8 m。 (4)多条电缆槽垂直分层安装时,电缆应按下列顺序从上至下排列:①仪表信号线路;②安全连锁线路;③仪表用交流和直流供电线路。 (5)综合控制系统和数字通信线路的电缆敷设,应符合设计文件和产品技术文件要求。 (6)设备附带的专用电缆,应按产品技术文件的说明敷设。 (7)电缆在隧道或沟道内敷设,应敷设在支架上或电缆槽内。电缆进入建筑物后,应将电缆沟道与建筑物之间隔离密封。 (8)在同一电缆槽内的不同信号、不同电压等级的电缆,应分类布置。仪表交流电源线路和安全连锁线路,应采用金属隔板与仪表信号线路隔开。 (9)本安线路与非本安线路在同一层电缆槽或电缆沟中敷设时,其间距应大于50 mm。 (10)电缆在电缆槽内应排列整齐,在垂直安装的电缆槽内,电缆应采用支架固定,并应松紧适度。 (11)仪表电缆与电力电缆交叉时,宜成直角;当平行敷设时,其相互间的距离应符合设计文件规定。 (12)塑料绝缘、橡皮绝缘多芯控制电缆的弯曲半径,不应小于其外径的10倍。电力电缆的弯曲半径应符合现行国家标准《电气装置安装工程电缆线路施工及验收规范》(GB 50168—2006)中的有关规定。 (13)敷设电缆应合理安排,不宜交叉。敷设时应避免电缆之间及电缆与其他硬物体之间的摩擦,固定时应松紧适度。 (14)电缆敷设后,两端应做电缆头。电缆终端头制作应符合下列规定。 1)绝缘带应干燥、清洁、无折皱,包扎层之间应无空隙;抽出屏蔽接地线时,不应损坏绝缘。

续上表

项目	内 容
电缆敷设	2)从开始切剥电缆皮到制作完毕,应连续一次完成,以免受潮。 3)切剥电缆时不得伤及芯线绝缘。 4)铠装电缆应用钢线将电缆钢带与接地线固定。屏蔽电缆的屏蔽层应露出保护层15～20 mm,用铜线捆扎两圈,接地线焊接在屏蔽层上。 5)电缆终端头应用绝缘带包扎密封,回路宜用天蓝色胶带。较潮湿、油污的场所,电缆头应采用热塑管热封。 (15)控制电缆不应有中间接头。当特殊情况必须做中间接头时,接头的芯线应焊接或压接,并用热塑管热封,外包绝缘带,挂上标志牌,在隐蔽工程记录中标明位置。 (16)仪表信号线路、仪表供电线路、安全连锁线路、补偿导线及本安仪表线路和其他特殊仪表线路,应分别采用各自的保护管
补偿导线敷设	(1)补偿导线(电缆)的型号、规格、材质应符合设计要求,绝缘层表面应平整、光泽均匀、无损伤。 (2)补偿导线(电缆)应穿保护管或在电缆槽内敷设,不得直接埋地敷设;不应与其他线路在同一保护管内敷设。 (3)补偿导线(电缆)的型号应与热电偶及连接仪表的分度号相匹配;包括热电偶在内的线路总电阻值,应为配套仪表允许的线路电阻值。 (4)补偿导线(电缆)宜直接与仪表相连接。 (5)补偿导线(电缆)不应有中间接头。必须接头时,应将同极性的芯线相缠绕,应采用压接;当有屏蔽层时应确保屏蔽层连接点接触良好,外包绝缘带用热塑管热封,并做好隐蔽记录,挂上标志牌。 (6)补偿导线(电缆)穿保护管时,应采用14号钢线引导。多根补偿导线(电缆)在同一保护管中敷设时,应将多根线端与引导钢线捆扎牢固,穿线时宜涂抹适量滑石粉,遇到阻碍时不得强拉硬拽。 (7)补偿导线(电缆)与热电偶及仪表连接时,应确保极性正确,严禁接错
仪表线路的配线	(1)从外部引入仪表盘、柜、箱的电缆电线应在其导通检查及绝缘电阻检查合格后再进行配线。 (2)仪表盘、柜、箱内的线路宜敷设在汇线槽内,在小型接线箱内也可明线敷设。当明线敷设时,电缆电线的线束应采用绝缘扎带扎牢固,扎带间距为100～200 mm。 (3)仪表的接线应符合下列要求:①应将电缆电线固定牢固,不应使端子板受力;②接线前应校线,线端应有线号标识;③剥芯线绝缘层时,不得损伤线芯;④电缆与端子的连接应均匀牢固,导电良好;⑤多股线芯的端头宜采用接线片,电缆与接线片的连接应采用压接。 (4)仪表盘、柜、箱内的线路不应有接头,电线的绝缘保护层不得损伤。 (5)仪表盘、柜、箱接线端子两端的线路,均应按设计图纸标号,线号应正确,字迹清晰且不易褪色。 (6)接线端子板应安装牢固,当端子板在仪表盘、柜、箱的底部时,距离基础面的高度不宜小于250 mm;当端子板在顶部或侧面时与盘、柜、箱边缘的距离不宜小于100 mm;多组端子板并排安装时,其间距净距离不宜小于200 mm。

续上表

项目	内　　容
仪表线路的配线	(7)剥去外部护套的橡皮绝缘芯线及屏蔽线,应加设绝缘护套(通常采用穿塑料管保护)。 (8)导线与接线端子板、仪表、电气设备等连接时,应留有余度。 (9)备用芯线应接在备用端子上,或按可能使用的最大长度预留,并应按设计图纸要求标注备用线号

(2)仪表盘安装工艺解析见表4－26。

表4－26　仪表盘安装工艺解析

项目	内　　容
仪表盘型钢底座的制作安装	(1)仪表盘型钢底座一般采用10号槽钢制作,其制作尺寸应与仪表盘相符。应用砂轮锯切割下料,切口应无卷边和毛刺,采用电焊焊接成框架,焊接时应防止变形,焊缝应打光磨平,以打膨胀螺栓或与预埋件焊接的办法安装固定,底座的制作及安装应符合安装规范。 (2)仪表盘型钢底座安装时,上表面宜高出地面,应塞垫铁进行横向、纵向找平,合格后用电焊固定。 (3)仪表盘型钢底座制作、安装应平直、牢固,外形尺寸与仪表盘尺寸应一致。其偏差值应符合下列规定。 1)直线度允许偏差为1 mm/m,当型钢底座的总长度超过5 m时,全长的直线度允许偏差为5 mm。 2)水平度允许偏差为1 mm/m,当型钢底座的总长度超过5 m时,全长的水平度允许偏差为5 mm。 (4)型钢底座制成后应进行除锈防腐处理
仪表盘的安装	(1)仪表盘安装位置和平面位置应按设计文件施工。仪表盘应垂直,平正牢固。多盘组装时,盘间应连接紧密。安装用的螺栓、螺帽、垫圈等都必须有防锈层。对于安装在有振动地方的仪表盘,应按设计文件要求采取防振措施。 (2)单个安装的仪表盘、操作台应符合下列要求。 1)垂直、平正、牢固。 2)垂直度允许偏差为1.5 mm/m。 3)水平度允许偏差为1 mm/m。 (3)成排的盘、柜、操作台安装除应符合单个盘安装的规定外,还应符合下列规定。 1)同一系列规格相邻两盘、操作台顶部高度允许偏差为2 mm,当连接超过两处时,其顶部高度允许偏差为5 mm。 2)相邻两盘正面接缝处的平面度允许偏差为1 mm,当连接超过5处时,正面的平面度允许偏差为5 mm。 3)相邻两盘、柜、台之间的接缝的间隙不大于2 mm

(3)仪表安装工艺解析见表4－27。

表4－27 仪表安装工艺解析

项目	内 容
温度仪表安装	(1)温度取源部件(法兰短接、元件连接头、保护套等)安装位置及方位检查。按专业设计分工,凡直接在工艺设备、管道上开孔、焊接的取源部件均由设备、管道专业在制造、预制的同时完成。工艺设备、管道安装就位后,仪表专业施工人员应根据自控专业设计图纸和工艺流程图,按仪表设计位号核查各取源部件的安装位置是否符合设计和仪表施工规范的要求。 (2)温度取源部件的规格、材质和连接件形式或类型必须符合设计要求,其安装位置也应符合施工规范要求。取源部件安装位置应在设备或管道温度变化灵敏和具有代表性的地方,不应设在流体热交换较差或温度变化缓慢的滞流盲区。 (3)温度取源部件在管道上的安装方位,应符合下列规定: 1)在管道上垂直安装时,取源部件轴线应与管道轴线垂直相交。在水平管道上安装时,取源部件宜设置在管道水平中心线的上半部或正上方。 2)在管道的拐弯处安装时,宜逆着物料流向,取源部件轴线应与工艺管道轴线相重合。 3)与管道呈倾斜角度安装时,宜逆着物料流向,取源部件轴线应与工艺管道轴线相交。 以上三种安装方式是为了保证测量元件能插至工艺管道温度变化灵敏的管道中心区。后两种安装方式增大了测温元件与被测物料之间热交换的传导面积,增强温度检测的灵敏性。 (4)温度取源部件的续接安装包括带螺纹接头法兰连接件的安装,扩大管安装和表面热电偶的插座安装等。设备、管道上预留的温度取源部件通常为法兰式短接管;温度计测温元件(双金属、温包、热电偶、热电阻)的连接部件形式多采用法兰连接和螺纹连接。为了符合测温元件安装形式的要求,接续部件形式和规格应与元件保护套连接件和工艺设备及管道上预留法兰相适配,而且续接部件及螺栓、垫片的材质必须符合设计要求。 当工艺管道的公称直径小于 *DN*50 时,为了满足测温元件插入深度的需要,应将管道扩径至 *DN*80 及以上,即加设一段扩大管。 表面式热电偶的插座安装方式,通常将其插座直接焊接在工艺管道或设备的外壁上。 (5)温度仪表出库检查应根据设计规定的温度检测位号所属的仪表的类型、型号、规格及分度号领取,并对出库仪表进行外观检查。仪表外观应完好无损,铭牌清晰。 (6)温度仪表的支架制安主要是指在现场就地安装的温度变送器、冷端补偿器、压力式温度计的显示仪表支架的制作安装。支架制作形式、尺寸应与仪表的安装方式和仪表外部连接件尺寸相符,板式支架应平整、美观。支架安装位置应与施工图中仪表的安装位置一致,固定牢固可靠。 (7)就地仪表的安装位置应按设计文件规定施工,当设计文件未具体明确时,应符合下列要求:①光线充足,操作和维护方便;②表的中心距离操作地面的高度宜为1.2～1.5 m;③显示仪表应安装在便于观察示值的位置;④仪表不应安装在有振动、潮湿、易受机械损伤、有强电磁场干扰、高温、温度变化剧烈或有腐蚀性气体的位置;⑤测温元件应安装在能真实反映输入变量的位置。 (8)压力式温度计的工作原理是基于温包内所填充的介质在热交换过程中产生热膨胀,利用热膨胀压力来测量温度。为确保压力式温度计对温度测量的准确性,温包必须全部浸入到被测对象中。

续上表

<table>
<tr><th>项目</th><th>内　容</th></tr>
<tr><td>温度仪表安装</td><td>在安装压力式温度计时，应对温包和毛细管加以保护，毛细管的弯曲半径不应小于50 mm。当温包与显示仪表安装间距大于1 m时，为防止毛细管受到机械损伤，应设置毛细管专用保护托架。当压力式温度计安装位置的环境温度变化剧烈时，为减少环境温度变化对测量示值的影响，对毛细管应采取隔热措施，其隔热措施通常采用绝热材料，可采用石棉绳或石棉布缠绕毛细管进行隔热。
(9)温度检测系统的校接线。在仪表接线之前，仪表信号电缆和补偿导线均应经校线和绝缘试验合格后方可进行接线。接线时应首先分辨电缆芯线序号和补偿导线绝缘层的色标，然后根据检测元件、温度变送器(或温度补偿器)和显示仪表接线端子上的标记序号或“+”、“−”符号进行接线。接线应正确，线端接触良好，紧固牢靠，检测元件接线盒内的导线应留有适当的余度。接线工作完成后应将盒盖关闭严实，并根据设计文件要求对接线盒的电缆(线)入口采取必要的密封措施。
关于线路电阻的配制应根据设计文件规定或产品使用说明书的要求确定。
(10)安装在设备或管道上的检测元件应随同设备或管道系统进行压力试验，要求取源部件的连接部件密封严密、无渗漏</td></tr>
<tr><td>压力仪表安装</td><td>(1)压力取源部件安装位置应选在被测物料流束稳定的地方。
(2)压力取源部件与温度取源部件在同一管段上安装时，应安装在温度取源部件的上游侧。
(3)当检测带有灰尘、固体颗粒或沉淀物等混浊物料的压力时，在垂直和倾斜的设备和管道上，取源部件应倾斜向上安装，在水平管道上应在管道的上方，且顺物料流束成锐角安装。
(4)在砌体和混凝土浇筑体上安装的取源部件，应在砌筑或浇注的同时埋入，当无法做到时，应预留安装孔。
(5)取源部件在水平或倾斜管道上的安装方位。
1)测量气体压力时，取源部件应安装在管道的上半部。
2)测量液体压力时，取源部件应安装在管道的下半部与管道的水平中心线成0°～45°夹角的范围内。
3)测量蒸汽压力时，取源部件应安装在管道的上半部。当管道的上半部有障碍物不便于安装时，宜选择在管道的下半部与管道水平中心线成0°～45°夹角的范围内。
(6)当检测温度高于60℃的液体、蒸汽和可凝性气体的压力时，取源部件后应增设环形或U形冷凝弯。
(7)压力取源部件的端部不应超出设备或管道的内壁。
(8)取源部件的接续安装。接续法兰、短节应与设备或管道上法兰、接头的密封形式、连接尺寸、材质一致。法兰密封垫片的形式、规格、材质和紧固螺栓的规格、材质应符合设计要求。
(9)取源部件的密封面接触应组对平正、紧固。
(10)支架制作形式、尺寸应符合设计要求，当设计无规定时应根据仪表安装高度、安装位置来确定。安装位置应符合设计图纸要求。支架的制安应牢固、可靠；支架的基础应无沉降、变形；若支架基础不实，应采取必要的防沉降变形措施。</td></tr>
</table>

续上表

项目	内　容
压力仪表安装	(11)就地压力表应安装在无高温辐射、无剧烈振动的设备或管道上。 (12)就地显示仪表应安装在便于观察示值的方位。 (13)压力变送器的中心距作业地面的高度宜为 1.2～1.5 m。 (14)测量低压的压力表或变送器的安装高度,宜与取压点的高度一致。 (15)当测量高压的压力表安装在操作岗位附近时,宜距作业地面 1.8 m 以上,或在仪表正面加设透明保护屏。 (16)直接安装在设备或管道上的压力变送器、压力开关、电接点压力表的接线盒的引入口不应朝上,当不可避免时,应采取密封措施。在施工过程中应及时封闭接线盒盖及电缆引入口。 (17)直接安装在管道上的仪表,宜在管道吹扫后压力试验前安装,当必须与管道同时安装时,在管道吹扫前应将仪表拆下。 (18)压力取源部件的压力试验应随同设备和管道同时进行。取源阀门应经严密性试验合格后方可使用。 (19)压力仪表接线端子接线应符合仪表产品说明书要求。接线应正确无误,导线在接线端子盒内应留有余度,接线应紧固。 (20)测量仪表线路的绝缘电阻时,必须预先将已连接在仪表接线端子上的电缆导线拆开,并抽出入线口
流量仪表安装	(1)在管道上直接安装的取源部件的安装位置、方位、连接件形式及规格应符合设计文件或仪表产品说明书要求。 (2)流量取源部件上、下游直管段的最小长度应符合设计文件要求。 (3)在规定的最小直管段范围内,不得设有工艺阀门和其他插入部件。 (4)取源部件的接续安装工作是指工艺管道专业在完成了取源部件的开孔和焊接工作之后,尚有部分取源部件的组合件。例如,用于流量传感元件在管道上直接安装所需的法兰短管、密封填料函连接件及孔板取压均压环等,只有在完成了配套部件的组装工作之后,方能满足检测元件的安装要求。 (5)续接法兰、连接件的规格、形式、材质应符合设计文件要求,并与仪表产品连接件尺寸相符。法兰、接头的连接必须严密、紧固。 (6)仪表支架制安,支架的结构形式、尺寸应符合仪表安装形式和安装高度的要求。 (7)仪表支架的安装位置与所装仪表设计位号同位置,支架固定应牢固。落地式支架基础应稳固,如果基础地面不实或者钢板平台有凸起现象应采取必要的加固措施。 (8)仪表出库检查。仪表出库应按仪表设计位号及包装清单上的编号成套出库。仪表的规格、型号、材质应符合设计要求,附件齐全,外观无损伤。成套仪表是指由传感器、转换器和显示仪表所组成的检测仪表。 (9)就地仪表的安装位置应按设计文件规定施工,当设计文件未具体明确规定时,仪表应安装在便于操作、维护,便于示值观察的地方。仪表的中心距操作地面的高度宜为 1.2～1.5 m。安装地点应无振动、无强电磁场干扰、无高温,检测元件应安装在能真实反映流量变化的位置。

续上表

项目	内　容
流量仪表安装	(10)涡轮流量计上、下游直管段长度应符合设计文件要求，当设计文件无明确规定时，通常流量计上游侧直管段不应小于 10D，下游侧不应小于 5D。涡轮流量计信号线应使用屏蔽线，屏蔽层应一端接地。前置放大器与变送器之间的距离不宜大于 3 m。涡轮流量计在垂直管道上安装时，应经补偿校正后方可投入使用。 (11)电磁流量计的安装应符合下列规定： 1)电磁流量计在水平管道上安装时，流量计的两个测量电极的安装方位宜水平对称安装，两个电极不应处在管道的正上和正下方位安装。在垂直管道上安装时，被测流体的流向应自下而上。 2)电磁流量计的安装方向应与被测流体流向一致。 3)电磁流量计的外壳、被测流体和管道连接法兰三者之间应做等电位连接，并接地可靠。 4)电磁流量计上、下游直管段和管道支撑方式应符合设计文件要求
物位仪表安装	(1)物位取源部件安装位置的确定应在工艺设备、容器在装置区就位之后，根据设计文件或工艺设备结构图查询物位取源部件的安装位置。物位取源部件的安装位置应符合自控设计文件和工艺设备结构方位图的要求，当设备结构方位图无明确方位时，则应参照自控平面布置图正确选择。物位取源部件的安装位置应选择在物位变化灵敏，且不使检测元件受到物料冲击的地方。 (2)在工艺设备或容器侧壁上安装浮球式液位仪表(液位开关)的法兰短管的长度及管径规格必须保证浮球在全行程方位内自由活动。 (3)仪表出库应按设计位号成套出库，物位仪表的外观应完好无损、附件齐全，仪表的规格、型号、材质必须符合设计要求。 (4)电接点水位计的测量筒应垂直安装，筒体内零水位电极的轴线与被测容器正常工作时的零水位线应处于同一高度。 (5)关于非接触式物位检测仪表在敞口容器或池子上的安装，当容器或池壁结构不允许或不易在其上设置固定支架时，应根据设计规定的安装位置，就近利用周围的地物条件制作悬臂式支架。 (6)浮球液位开关的安装高度应符合设计文件规定。 (7)浮筒式液位计安装应使浮筒处于垂直状态，浮筒外壳中心标志线应与被测设备正常工作液位处于同一高度。 (8)用差压计或差压变送器测量液位时，差压仪表的安装高度不应高于被测设备下部(即液相部位)取源部件取压口的标高。 (9)接地与接线。物位检测仪表中，如超声波式、微波式(雷达式)等，仪表对信号传输电缆的屏蔽和仪表接地均有一定规定。因此，仪表的接地与接线应符合设计文件和产品使用说明书的要求，接线应正确无误、线端连接应紧固、线号标志清晰

(4)执行机构安装工艺解析见表 4－28。

表 4－28　执行机构安装工艺解析

项目	内　容
执行器出库	执行器出库应按设计位号及设备清单出库，设备检查内容包括外观检查和设备铭牌核查。执行器的外观应完好无损，所附器部件齐全、无损伤，执行器及器件设备的型号、规格、材质应符合设计要求
阀体强度或阀座密封试验	应根据设计文件或用户要求而定。 当设计文件无具体规定时，阀体强度试验和阀座密封试验项目检查，通常是核查制造厂所出具的产品合格证明和试验报告。但是，对于事故切断阀、事故放空阀和用于切换部位的电磁阀均应进行阀座密封试验，其试验结果应符合产品技术文件的要求
控制阀的安装	控制阀的安装一般都由管道专业负责安装，与管道专业办理设备交接手续仅移交直接在管道上安装的控制阀。移交时，应认真核对控制阀铭牌标识内容和安装位号标识，要求控制阀的位号、规格、型号必须符合设计规定
控制阀的安装位置	控制阀的安装位置在管道专业的施工图上有标注，在管道专业安装控制阀的过程中，仪表专业应予以配合。配合内容应检查控制阀的安装方位、阀门进出口方向、阀门手柄所处方位以及与控制阀配套安装的附属器件（如电磁阀、阀门定位器等）的方位，控制阀阀体的进出口安装方向等应正确，安装方位以垂直安装为最佳，阀门手柄及配套附属器件的方位应留有便于人员操作、便于安装维护的操作空间。在控制阀安装过程中，当发现阀的安装位置未能满足上述要求时，应及时向设计人员反映，以取得设计人员的认同和变更
执行机构安装位置	执行机构安装位置应符合设计规定，当设计未明确规定安装位置时，应根据产品使用说明书中的安装技术要求和现场的实际情况来确定执行器的安装位置。执行机构及其传动部件安装应符合下列要求。 (1)执行机构的机械传动应灵活、无松动、无空行程及卡涩现象。 (2)执行机构与调节机构之间的连杆长度应可调节，并应保证调节机构从全关到全开时，与执行机构的全行程对应。 (3)执行机构的安装方式应保证执行机构与调节机构的相对位置，当调节机构随同工艺管道产生热位移时，其相对位置仍保持不变。 (4)液动执行器安装，为确保控制系统管道内充满液体和液体内的气体能易于排出，液动执行机构的安装位置应低于控制器，当必须高于控制器时，两者间的最大高差不应超过 10 m，且管道的集气处应有排气阀，靠近控制器处应有逆止阀或自动切断阀。 (5)执行机构的安装应固定牢固
电磁阀的安装	电磁阀的进出口方向应安装正确。安装前应按产品使用说明书的规定检查线圈与阀体间的绝缘电阻，并应通电检查阀芯动作，阀芯动作应灵活、无卡涩现象
气动及液动执行机构的管路配置与连接	管内应洁净、无尘土杂质。对于活塞式执行机构，管子应有足够的伸缩余度，使管子不妨碍缸体的动作。管路的连接应正确，密封良好

续上表

项目	内　容
其他	(1)电动执行器应配套齐全、完好、内部接线正确;检查行程开关、力矩开关及其传动机构各部件动作应灵活、可靠;绝缘电阻符合产品使用说明书的要求。 (2)在电气线路接线之前应完成线路绝缘电阻的检测和校线工作,执行器端子接线应符合设计图纸和产品使用说明书的要求。线与端子的接触应良好,紧固牢靠,线号标志正确、清晰,接线盒电缆入口密封按设计规定密封合格。 (3)在管路吹扫和试压期间,仪表专业应配合管道专业进行,目的在于实施成品保护和检查调节机构的密封填实函的密封状况

第四节　火灾自动报警及消防联动系统

一、验收条文

火灾自动报警及消防联动系统验收标准见表4－29。

表4－29　火灾自动报警及消防联动系统验收标准

项目	内　容
一般规定	(1)适用于智能建筑工程中的火灾自动报警及消防联动系统的系统检测和竣工验收。 (2)火灾自动报警及消防联动系统必须执行《工程建设标准强制性条文》的有关规定。 (3)火灾自动报警及消防联动系统的监测内容应逐项实施,检测结果符合设计要求为合格,否则为不合格
系统检测主控项目	(1)在智能建筑工程中,火灾自动报警及消防联动系统的检测应按《火灾自动报警系统施工及验收规范》(GB 50166－2008)的规定执行。 (2)火灾自动报警及消防联动系统应是独立的系统。 (3)除《火灾自动报警系统施工及验收规范》(GB 50166－2008)中规定的各种联动外,当火灾自动报警及消防联动系统还与其他系统具备联动关系时,其检测按《智能建筑工程施工质量验收规范》(GB 50339－2002)有关内容的规定拟定检测方案,并按检测方案进行,但检测程序不得与《火灾自动报警系统施工及验收规范》(GB 50166－2008)的规定相抵触。 (4)火灾自动报警系统的电磁兼容性防护功能,应符合《消防电子产品环境试验方法和严酷等级》(GB 16838－2005)的有关规定。 (5)检测火灾报警控制器的汉化图形显示界面及中文屏幕菜单等功能,并进行操作试验。 (6)检测消防控制室向建筑设备监控系统传输、显示火灾报警信息的一致性和可靠性。检测与建筑设备监控系统的接口、建筑设备监控系统对火灾报警的响应及其火灾运行模式。应采用在现场模拟发出火灾报警信号的方式进行。 (7)检测消防控制室与安全防范系统等其他子系统的接口和通信功能。

续上表

项目	内　　容
系统检测主控项目	(8)检测智能型火灾探测器的数量、性能及安装位置，普通型火灾探测器的数量及安装位置。 (9)新型消防设施的设置情况及功能检测应包括： 1)早期烟雾探测火灾报警系统。 2)大空间早期火灾智能检测系统、大空间红外图像矩阵火灾报警及灭火系统。 3)可燃气体泄漏报警及联动控制系统。 (10)公共广播与紧急广播系统共用时，应符合《火灾自动报警系统设计规范》(GB 50116－2008)的要求，并执行《智能建筑工程质量验收规范》(GB 50339－2002)有关内容的规定。 (11)安全防范系统中相应的视频安防监控(录像、录音)系统、门禁系统、停车场(库)管理系统等对火灾报警的响应及火灾模式操作等功能的检测，应采用在现场模拟发出火灾报警信号的方式进行。 (12)当火灾自动报警及消防联动系统与其他系统合用控制室时，应满足《火灾自动报警系统施工及验收规范》(GB 50116－2008)和《智能建筑设计标准》(GB/T 50314－2006)的相应规定，但消防控制系统应单独设置，其他系统也应合理布置
竣工验收	(1)火灾自动报警及消防联动系统的竣工验收应按《火灾自动报警系统施工及验收规范》(GB 50166－2008)关于竣工验收的规定及各地方的配套法规执行。 (2)当火灾自动报警及消防联动系统与其他智能建筑子系统具备联动关系时，其验收按《智能建筑工程质量验收》(GB 50339－2002)有关内容的规定执行，但验收程序不得与国家现行规范、法规相抵触

二、施工材料要求

火灾自动报警及消防联动系统施工材料要求见表4－30。

表4－30　火灾自动报警及消防联动系统施工材料要求

项目	内　　容
要求一	安装的设备及器材运至施工现场后，应严格进行开箱检查，并按清单造册登记，设备及器材的规格型号应符合设计要求。产品的技术文件应齐全，具有合格证和铭牌。设备外壳、漆层及内部仪表、线路、绝缘应完好，附件、备件齐全
要求二	控制器的型号、技术性能应符合设计要求和规范标准的规定，并有检验报告和出厂合格证书及技术说明书。消防主机应具有图形显示及中文屏幕菜单等功能，并进行操作试验
要求三	备有电源(如镍镉电池、免维护碱性蓄电池、铅酸蓄电池等)，应有质保资料或合格证及技术说明书

续上表

项目	内　　容
要求四	对进口设备进行开箱全面检查。进口设备应有国家商检部门的有关检验证明。一切随机的原始资料，自制设备的设计计算资料、图纸、测试记录、验收鉴定结论等应全部清点、整理归档。还应提供原产地证明和商检证明。配套提供的质量合格证明、检测报告及安装、使用、维护说明书等文件资料应为中文文体（或附中文译文）
要求五	火灾探测器（包括感烟式，感温式，感光式，可燃气体探测式和复合式等）接口模块和线缆等材料设备的型号、规格、材质应符合设计和国家现行技术标准的规定，并有出厂合格证
要求六	进入现场的设备还应仔细逐一验收，并作必要的检查，做好“两个核对”，即与订货合同相核对，与设计图纸相核对，做到正确无误。产品应具有详细的型号和技术参数及相关的测试报告，防止器件重复订货。设备器材外包装应完好无损
要求七	把好设备入库关、检验关，做到不合格品不得投入使用，并对不合格品挂牌，单独存放，退回供方或维修后降级使用
要求八	消防联动设备和控制装置应符合设计要求或双方签订的技术协议文件要求

三、施工工艺解析

火灾自动报警及消防联动系统施工工艺解析见表4－31。

表4－31　火灾自动报警及消防联动系统施工工艺解析

项目	内　　容
线路保护措施	(1)电线保护管遇到下列情况之一时，应在便于穿线的位置增设接线盒：①管路长度超过30 m，无弯曲时；②管路长度超过20 m，有一个弯曲时；③管路长度超过15 m，有两个弯曲时；④管路长度超过8 m，有三个弯曲时。电线保护管的弯曲处不应有褶皱、凹陷、裂缝，且弯扁程度不应大于管外径的10%。 (2)明配管时弯曲半径不应小于管外径的4倍，暗配管时弯曲半径不应小于管外径的6倍，当埋于地下或混凝土内时，其弯曲半径不应小于管外径的10倍。 (3)当管路暗配时，电线保护管宜沿最近的线路敷设并应减少弯曲。埋入非燃烧体的建筑物、构筑物内的电线保护管与建筑物、构筑物墙面的距离不应小于30 mm。金属线槽和钢管明配时，应按设计要求采取防火保护措施。 (4)电线保护管不宜穿过设备或建筑、构筑物的基础，当必须穿过时应采取保护措施，如采用保护管等。 (5)水平或垂直敷设的明配电线保护管安装允许偏差1.5‰，全长偏差不应大于管内径的1/2。 (6)敷设在多尘或潮湿场所的电线保护管，管口及其各连接处均应密封处理。 (7)管路敷设经过建筑物的变形缝（包括沉降缝、伸缩缝、抗震缝等）时应采取补偿措施。 (8)明配钢管应排列整齐，固定点间距应均匀，钢管管卡间的最大距离见表4－32，管卡与终端、弯头中点、电气器具或盒（箱）边缘的距离宜为0.15～0.5 m。

续上表

项目	内　容
线路保护措施	(9)吊顶内敷设的管路宜采用单独的卡具吊装或支撑物固定。 (10)暗配管在设有吊顶的情况下，探测器的盒的位置就是安装探头的位置，不能调整，所以要求确定盒的位置应按探测器安装要求定位。 (11)明配管使用的接线盒和安装消防设备应采用明装式盒。 (12)钢管安装敷设进入箱、盒，内外均应有根母锁紧固定，内侧安装护口。钢管进箱盒的长度以带满护口贴进根母为准。 (13)箱、线槽和管使用的支持件宜使用预埋螺栓、膨胀螺栓、胀管螺钉、预埋铁件等方法固定，严禁使用木塞等。使用胀管螺钉、膨胀螺栓固定时，钻孔规格应与胀管相配套。 (14)各种金属构件、接线盒、箱安装孔不能使用电、气焊割孔。 (15)钢管螺纹连接时，管端螺纹长度不应小于管接头长度的 1/2，连接后螺纹宜外露 2～3 扣，螺纹表面应光滑无缺损。 (16)镀锌钢管应采用螺纹连接或套管紧固螺钉连接，不应采用熔焊连接，以免破坏镀锌层
钢管内绝缘导线敷设和线槽配线	(1)进场的绝缘导线和控制电缆的规格型号、数量、合格证等，应符合设计要求，并及时填写进场材料检查记录。 (2)火灾自动报警系统传输线路，应采用铜芯绝缘线或铜芯电缆，其电压等级不应低于交流 250 V，最好选用 500 V，以提高绝缘和抗干扰能力。 (3)为满足导线和电缆的机械强度要求，穿管敷设的绝缘导线，线芯截面最小不应小于1 mm^2；线槽内敷设的绝缘导线最小截面不应小于 0.75 mm^2；多芯电缆线芯最小截面不应小于 0.5 mm^2。 (4)穿管绝缘导线或电缆的总面积不应超过管内截面积的 40%，敷设于封闭式线槽内的绝缘导线或电缆的总面积不应大于线槽的净截面积的 50%。 (5)导线在管内或线槽内，不应有接头或扭结。导线的接头应在接线盒内焊接或压接。 (6)不同系统、不同电压、不同电流类别的线路不应穿在同一根管内或线槽的同一槽孔内。 (7)横向敷设的报警系统传输线路如果采用穿管布线时，不同防火分区的线路不宜穿入同一根管内，采用总线制不受此限制。 (8)火灾报警器的传输线路应选择不同颜色的绝缘导线，探测器的“+”线为红色，“−”线应为蓝色，其余线应根据不同用途采用其他颜色区分。但同一工程中相同用途的导线颜色应一致，接线端子应有标号。 (9)导线或电缆在接线盒、伸缩缝、消防设备等处应留有足够的余量。 (10)在管内或线槽内穿线，应在建筑物抹灰及地面工程结束后进行。在穿线前应将管内或线槽内的积水及杂物清除干净，管口带上护口。 (11)敷设垂直管路中的导线，截面积为 50 mm^2 以下时，长度每超过 30 m 应在接线盒处进行固定。 (12)对线路敷设长度、线路电阻均有要求，施工时应严格按厂家技术资料要求来敷设线路和接线。 (13)导线连接的接头不应增加电阻值，受力导线不应降低原机械强度，亦不能降低原绝缘强度。为满足上述要求，导线连接时应采取下述方法。

续上表

<table>
<tr><th colspan="2">项目</th><th>内　容</th></tr>
<tr><td colspan="2">钢管内绝缘导线敷设和线槽配线</td><td>1)塑料导线为 4 mm² 以下时，一般应使用剥削钳剥削掉导线绝缘层。如有编织的导线应用电工刀剥去外层编织层，并留有约 12 mm 的绝缘台，线芯长度随接线方法和要求的机械强度而定。
2)安全型压线帽是铜线压线帽，分为黄、白、红三色，分别适用于 1.0 mm²、1.5 mm²、2.5 mm²、4 mm² 的 2～4 根导线的连接。其操作方法是：将导线绝缘层剥去 10～13 mm(按帽的型号决定)，清除氧化物，按规定选用适当的压线帽，将线芯插入压线帽的压接管内，若填不实，可把线芯折回头(剥长加倍)，填满为止。线芯插到底后，导线绝缘层应与压接管的管口平齐，并包在帽壳内，然后用专用压接钳压实即可。
多根导线连接见表 4－33。
(14)多股铜芯软线用螺丝压接时，应将软线芯扭紧做成圆圈状，或采用小铜鼻子压接，涮锡涂净后，将其压平再用螺丝加紧牢固。
(15)铜单股导线与针孔式接线桩连接(压接)，要把连接导线的线芯插入接线桩头针孔内，导线裸露出针孔 1～2 mm，针孔大于线芯直径 1 倍时，需要折回头插入压接。如果是多股软铜丝，应拧紧镀锡，擦干净再压接，如图 4－1 所示。
图 4－1　多股软铜线压接
(16)导线连接包扎。选用橡胶(或塑料)绝缘带从导线接头始端的完好绝缘层开始，缠绕1～2个绝缘带幅宽度，再以半幅度重叠进行缠绕。在包扎过程中应尽可能地收紧绝缘带，最后在绝缘层上缠绕 1～2 圈后，再进行回缠。然后再用黑胶布包扎，包扎时要衔接好，以半幅宽度过压边进行缠绕，同时在包扎过程中收紧胶布，导线接头处两端用黑胶布封严密。
(17)导线敷设连接完成后，应进行检查，无误后采用 500 V、量程为 0～500 MΩ 的兆欧表，对导线之间、线对地、线对屏蔽层等进行摇测，其绝缘电阻值不应低于 20 MΩ。注意不能带着消防设备进行摇测。摇动速度应保持在 120 r/min 左右，读数时应采用 1 min后的读数为宜</td></tr>
<tr><td>火灾自动报警设备安装要求</td><td>火灾探测器的安装要求</td><td>(1)感烟、感温探测器的保护面积和保护半径应符合要求，见表 4－34。
(2)感烟、感温探测器的安装间距由探测器保护面积 A 和保护半径 R 确定。
(3)一个探测器区内需设置的探测器数量应按下式计算：
$$N=S/K\cdot A$$
式中　N——一个探测区域内所需设置的探测器数量，只(取整数)；
S——一个探测器区域的面积(m²)；
A——一个探测器的保护面积(m²)；
K——修正系数，重点保护建筑取 0.7～0.9，其余取 1.0。
(4)在顶棚上设置感烟、感温探测器时，梁的高度对探测器安装数量的影响。
1)梁突出顶棚高度小于 200 mm 的顶棚上设置感烟、感温探测器时，可不考虑对探测器保护面积的影响。</td></tr>
</table>

续上表

<table>
<tr><th colspan="2">项目</th><th>内 容</th></tr>
<tr><td>火灾自动报警设备安装要求</td><td>火灾探测器的安装要求</td><td>2)当梁突出顶棚的高度在 200～600 mm 时,应按表 4－35 来确定梁的影响和一只探测器能保护梁间区域。
3)当梁突出顶棚的高度超过 600 mm 时,被梁隔断的每个梁间区域应至少设置一只探测器。
4)当被梁隔断区域面积超过一只探测器的保护面积时,应视为一个探测区域,计算探测器的设置数量。
(5)当房屋顶部有热屏障时,感烟探测器下表面至顶棚距离应符合设计的规定。锯齿形屋顶和坡度大于 15°的人字形屋顶,应在每个屋脊处设置一排探测器,探测器下表面距屋顶最高处的距离应符合表 4－36 的规定。
(6)探测器宜水平安装,如必须倾斜安装时,倾斜角不应大于 45°。
(7)房间被书架、设备或隔断等分隔,其顶部至顶棚或梁的距离小于房间净高的 5%时,则每个被隔开的部分应设置探测器。
(8)探测器周围 0.5 m 内,不应有遮挡物,探测器至墙壁、梁边的水平距离小于房间净高的 5%时,则每个被隔开的部分应设置探测器。
(9)探测器至空调送风口边的水平距离不应小于 1.5 m,至多孔送风顶棚孔口的水平距离不应小于 0.5 m(是指在距离探测器中心半径为 0.5 m 范围内的孔洞用非燃烧材料填实,或采取类似的挡风措施)。
(10)在宽度小于 3 m 的走道顶棚上设置探测器时,宜居中设置。感温探测器的安装间距不应超过 10 m。感烟探测器安装间距不应超过 15 m,探测器至端墙的距离,不应大于探测器安装间距的一半。
(11)在电梯井、升降机设置探测器时,其位置宜在井道上方的机房顶棚上。
(12)可燃气体探测器应安装在气体容易泄漏出来、容易流经的以及容易滞留的场所,安装位置应根据被测气体的密度、安装现场气流方向、温度等各种条件来确定。
1)比空气密度大的气体(如液化石油气)应安装在下部,一般距地 0.3 m,且距气灶小于4 m的适当位置。
2)煤气密度小且比空气轻,可燃气体控制测温器应安装在上方,距气灶小于 8 m 的排气口旁处的顶棚上。如没有排气口应安装在靠近煤气灶梁的一侧。
3)其他种类可燃气体,可按厂家提供的并经国家检测合格的产品技术条件来确定其探测器的安装位置。
(13)红外光束探测器的安装位置,应保证有充足的视场,发出的光束应与顶棚保持平行。远离强磁场,避免阳光直射,底座应牢固地安装在墙上。
(14)其他类型的火灾探测器的安装要求,应按设计和厂家提供的技术资料进行安装。
(15)探测器的底座固定可靠,在吊顶上安装时,应先把垫木固定在主龙骨上或顶棚上作支架,然后固定底座,其连接导线必须可靠压接或焊接。当采用焊接时,不得使用带腐蚀性的助焊剂,外接导线应有 0.15 m 的余量,入端处应有明显标志。
(16)探测器确认灯应面向便于人员观察的主要入口方向。
(17)探测器底座的穿线孔宜封堵,安装时应采取保护措施(如装上防护罩)。
(18)探测器的接线应按设计和厂家要求接线,但“＋”线应为红色,“－”线应为蓝色,其余线根据不同用途,采用其他颜色区分,但同一工程中相同的导线颜色应一致。
(19)探测器的头在即将调试时方可安装,安装前应妥善保管,并应采取防尘、防潮、防腐蚀等措施</td></tr>
</table>

续上表

<table>
<tr><th colspan="2">项目</th><th>内　容</th></tr>
<tr><td rowspan="4">火灾自动报警设备安装要求</td><td>手动火灾报警按钮的安装</td><td>(1)报警区的每个防火分区应至少设置一只手动报警按钮，从一个防火分区内的任何位置到最近一个手动火灾报警按钮的步行距离不应大于 25 m。
(2)手动火灾报警按钮应安装在明显和便于操作的墙上，距地高度 1.5 m，安装牢固并不应倾斜。
(3)手动火灾报警按钮外接导线应有 0.10 m 的余量，且在端部应有明显标志</td></tr>
<tr><td>端子箱和模块箱安装</td><td>(1)端子箱和模块箱一般设置在专用的竖井内，应根据设计要求的高度用金属膨胀螺栓固定在墙壁上明装，且安装时应端正牢固，不得倾斜。
(2)用对线器进行对线编号，然后导线留有一定的余量，把控制中心来的干线和火灾报警器及其他的控制线路分别绑扎成束，分别设在端子板两侧，左边为控制中心引来的干线，右侧为火灾报警探测器和其他的控制线路。
(3)压线前应对导线的绝缘进行摇测，合格后再按设计和厂家要求压线。
(4)模块箱内的模块按厂家和设计要求安装配线，合理布置，且安装应牢固端正，并有用途标志和线号</td></tr>
<tr><td>火灾报警控制器安装</td><td>集中报警控制室或消防控制中心设备安装应符合下列要求：
(1)落地安装时，其底宜高出地面 0.1～0.2 m，一般用槽钢或打水泥台作为基础，如有活动地板使用的槽钢基础，应在水泥地面生根固定牢固。槽钢要先调直除锈，并刷防锈漆，安装时用水平尺，拉线找好平直度，然后用螺栓固定牢固。
(2)控制柜按设计要求进行排列，根据柜的固定孔距在基础槽钢上钻孔，安装时从一端开始逐台就位，用螺丝固定，用拉线找平找直后，再将各螺栓紧固。
(3)控制设备前操作距离，单列布置时不应小于 1.5 m，双列布置时不应小于 2 m；在有人值班经常工作的一面，控制盘到墙的距离不应小于 3 m，盘后维修距离不应小于 1 m；控制盘排列长度大于 4 m 时，控制盘两端应设置宽度不小于 1 m 的通道。
引入火灾报警控制器的电缆、导线接地等应符合下列要求。
(1)对引入的电缆或导线，首先用对线器进行校线。按图纸要求编号，然后摇测相间、对地等绝缘电阻，不应小于 20 MΩ，全部合格后按不同电压等级、用途、电流类别分别绑扎成束引到端子板。按接线图进行压线，注意每个接线端子接线不应超过 2 根，盘圈应按顺时针方向，多股线应烫锡，导线应有适当余量。标志编号应正确且与图纸一致，字迹清晰，不易褪色，配线应整齐，避免交叉，固定牢固。
(2)导线引入线完成后，在进线管处应封堵，控制器主电源引入线应直接与消防电源连接，严禁使用接头连接，主电源应有明显标志。
(3)凡引入有交流供电的消防控制设备，外壳及基础应可靠接地，一般应压接在电源线的 PE 线上。
(4)消防控制室一般应根据设计要求，设置专用接地装置作为工作接地(是指消防控制设备信号区域逻辑地)。当采用独立工作接地时，电阻应小于 4 Ω，当采用联合接地时，接地电阻应小于 1Ω。控制室引至接地体的接地干线应采用一根不小于 16 mm^2 的绝缘铜线或独芯电缆，穿入保护管后，两端分别压接在控制设备工作接地板和室外接地体上。消防控制室的工作接地极引至各消防控制设备和火灾报警控制器的工作接地线，应采用不小于 4 mm^2 铜芯绝缘线穿入保护管构成一个零电位的接地网络，以保证火灾报警设备的工作稳定可靠。接地装置施工过程中，分不同阶段应作电气接地装置隐检、接地电阻摇测。
其他火灾报警设备和联动设备安装，按有关规范和设计厂家要求进行安装接线</td></tr>
</table>

表 4—32　钢管管卡间的最大距离

敷设方式	钢管种类	钢管直径(mm)				
		15～20	25～32	32～40	50～65	65 以上
吊架、支架或沿墙敷设(m)	厚壁＞2 mm 钢管	1.5	2.0	2.5	2.5	3.5
	薄壁≤2 mm 钢管	1.0	1.5	2.0	2.0	—

表 4—33　LC 安全型压线帽

压线管内导线规格(mm^2)				色列	配用压线帽型号	线芯进入压接管削线 L(mm)	压线管内加压所需充实线芯总根数	组合方案实际线芯根数
BV(铜芯)								
1.0	1.5	2.5	4.0					
导线根数								
2	—	—	—	黄	YMT—1	13	4	2
3	—	—	—				4	3
4	—	—	—				4	4
1	2	—	—				3	3
6	—	—	—	白	YMT—2	15	6	6
—	4	—	—				4	4
3	2	—	—				5	5
1	—	2	—				3	3
2	1	1	—				4	4
—	—	2	—	红	YMT—3	18	4	2
—	—	3	—				4	3
—	—	4	—				4	4
—	2	3	—				5	5
—	4	2	—				6	6
1	—	2	1				4	4
—	2	—	2				4	4
8	—	1	—				9	9
—	—	2	—	绿	YML—1	18	4	2
—	—	3	—				4	3
—	—	4	—				4	4
—	—	3	2	蓝	YML—2	18	5	5
—	—	—	4				4	4

表 4－34　感烟、感温探测器的保护面积和保护半径

<table>
<tr><th rowspan="4">火灾探测器的种类</th><th rowspan="4">地面面积 S(m²)</th><th rowspan="4">房间高度 h(m)</th><th colspan="6">探测器的保护面积 A 和保护半径 R</th></tr>
<tr><th colspan="6">屋顶坡度 θ</th></tr>
<tr><th colspan="2">θ≤15°</th><th colspan="2">15°<θ≤30°</th><th colspan="2">θ>30°</th></tr>
<tr><th>A(m²)</th><th>R(m)</th><th>A(m²)</th><th>R(m)</th><th>A(m²)</th><th>R(m)</th></tr>
<tr><td rowspan="3">感烟探测器</td><td>S≤80</td><td>h≤12</td><td>80</td><td>6.7</td><td>80</td><td>7.2</td><td>80</td><td>8.0</td></tr>
<tr><td rowspan="2">S>80</td><td>0<h≤12</td><td>80</td><td>6.7</td><td>100</td><td>8.0</td><td>120</td><td>9.9</td></tr>
<tr><td>h≤6</td><td>60</td><td>5.8</td><td>80</td><td>7.2</td><td>100</td><td>9.0</td></tr>
<tr><td rowspan="2">感温探测器</td><td>S≤30</td><td>h≤8</td><td>30</td><td>4.4</td><td>30</td><td>4.9</td><td>30</td><td>5.5</td></tr>
<tr><td>S>30</td><td>h≤8</td><td>20</td><td>3.6</td><td>30</td><td>4.9</td><td>40</td><td>6.3</td></tr>
</table>

表 4－35　按梁间区域面积确定一只探测器保护的梁间区域的个数表

<table>
<tr><th colspan="2">探测器的保护面积 A(m²)</th><th>梁隔断的梁间区域面积 Q(m²)</th><th>一只探测器保护的梁间区域的个数</th></tr>
<tr><td rowspan="10">感温探测器</td><td rowspan="5">20</td><td>Q>12</td><td>1</td></tr>
<tr><td>8<Q≤12</td><td>2</td></tr>
<tr><td>6<Q≤8</td><td>3</td></tr>
<tr><td>4<Q≤6</td><td>4</td></tr>
<tr><td>Q≤4</td><td>5</td></tr>
<tr><td rowspan="5">30</td><td>Q>18</td><td>1</td></tr>
<tr><td>12<Q≤18</td><td>2</td></tr>
<tr><td>9<Q≤12</td><td>3</td></tr>
<tr><td>6<Q≤9</td><td>4</td></tr>
<tr><td>Q≤6</td><td>5</td></tr>
<tr><td rowspan="10">感烟探测器</td><td rowspan="5">60</td><td>Q>36</td><td>1</td></tr>
<tr><td>24<Q≤36</td><td>2</td></tr>
<tr><td>18<Q≤24</td><td>3</td></tr>
<tr><td>14<Q≤18</td><td>4</td></tr>
<tr><td>Q≤12</td><td>5</td></tr>
<tr><td rowspan="5">80</td><td>Q>48</td><td>1</td></tr>
<tr><td>32<Q≤48</td><td>2</td></tr>
<tr><td>24<Q≤32</td><td>3</td></tr>
<tr><td>16<Q≤24</td><td>4</td></tr>
<tr><td>Q≤16</td><td>5</td></tr>
</table>

表 4-36　感烟探测器下表面距顶棚(或屋顶)的距离　(单位:mm)

探测器的安装高度 h(m)	顶棚(或屋顶)坡度 θ					
	$\theta\leqslant 15°$		$15°<\theta\leqslant 30°$		$\theta>30°$	
	最小	最大	最小	最大	最小	最大
$\leqslant 6$	30	200	200	300	300	500
$6<h\leqslant 8$	70	250	250	400	400	600
$8<h\leqslant 10$	100	300	300	500	500	700
$10<h\leqslant 12$	150	350	350	600	600	800

第五节　安全防范系统

一、验收条文

安全防范系统验收标准见表 4-37。

表 4-37　安全防范系统验收标准

项目	内　容
一般规定	(1)适用于智能建筑工程中的安全防范系统的工程实施及质量控制、系统检测和竣工验收,在执行各项规定的同时,还须遵守国家公共安全行业的有关法规。 (2)对银行、金融、证券、文博等高风险建筑除执行《智能建筑工程施工质量验收规范》(GB 50339-2002)有关内容的规定外,还必须执行公共安全行业对特殊行业的相关规定和标准。 (3)安全防范系统的范围应包括视频安防监控系统、入侵报警系统、出入口控制(门禁)系统、巡更管理系统、停车场(库)管理系统等各子系统
工程实施及质量控制	(1)设备及器材的进场验收除按《智能建筑工程施工质量验收规范》(GB 50339-2002)有关内容的规定执行外,还应符合下列要求: 1)安全技术防范产品必须经过国家或行业授权的认证机构(或检测机构)认证(检测)合格,并取得相应的认证证书(或检测报告)。 2)产品质量检查应按《智能建筑工程质量验收规范》(GB 50339-2002)有关内容的规定执行。 (2)安全防范系统线缆敷设、设备安装前,建筑工程应具备下列条件。 1)预埋管、预留件、桥架等的安装符合设计要求。 2)机房、弱电竖井的施工已结束。 (3)安全防范系统的电缆桥架、电缆沟、电缆竖井、电线导管的施工及线缆敷设,应遵照《建筑电气工程施工质量验收规范》(GB 50303-2002)第 12、13、14、15 章的内容执行。如有特殊要求应以设计施工图的要求为准。 (4)安全防范系统施工质量检查和观感质量验收,应根据合同技术文件、设计施工图进行。 1)对电(光)缆敷设与布线应检验管线的防水、防潮,电缆排列位置,布放、绑扎质量,桥架的架设质量,缆线在桥架内的安装质量,焊接及插接头安装质量和接线盒接线质量等。 2)对接地线应检验接地材料、接地线焊接质量、接地电阻等。

续上表

项目	内　容
工程实施及质量控制	3)对系统的各类探测器、摄像机、云台、防护罩、控制器、辅助电源、电锁、对讲设备等的安装部位、安装质量和观感质量等进行检验。 4)同轴电缆的敷设，摄像机、机架、监视器等的安装质量检验应符合《民用闭路监视电视系统工程技术规范》(GB 50198－94)的有关规定。 5)控制柜、箱与控制台等的安装质量检验应遵照《建筑电气工程施工质量验收规范》(GB 50303－2002)第6章有关规定执行。 (5)系统承包商应对各类探测器、控制器、执行器等部件的电气性能和功能进行自检，自检采用逐点测试的形式进行。 (6)在安全防范系统设备安装、施工测试完成后，经建设方同意可进入系统试运行，试运行周期应不少于1个月；系统试运行时应做好试运行记录
系统检测	(1)安全防范系统的系统检测应由国家或行业授权的检测机构进行检测，并出具检测报告，检测内容、合格判据应执行国家公共安全行业的相关标准。 (2)安全防范系统检测应依据工程合同技术文件、施工图设计文件、工程设计变更说明和洽商记录、产品的技术文件进行。 (3)安全防范系统进行系统检测时应提供： 1)设备材料进场检验记录； 2)隐蔽工程和过程检查验收记录； 3)工程安装质量和观感质量验收记录； 4)设备及系统自检测记录； 5)系统试运行记录
主控项目	(1)安全防范系统综合防范功能检测应包括： 1)防范范围、重点防范部位和要害部门的设防情况、防范功能，以及安防设备的运行是否达到设计要求，有无防范盲区。 2)各种防范子系统之间的联动是否达到设计要求。 3)监控中心系统记录(包括监控的图像记录和报警记录)的质量和保存时间是否达到设计要求。 4)安全防范系统与其他系统进行系统集成时，应按《智能建筑工程施工质量验收规范》(GB 50339－2002)有关内容的规定检查系统的接口、通信功能和传输的信息等是否达到设计要求。 (2)视频安防监控系统的检测。 1)检测内容。 ①系统功能检测：云台转动，镜头、光圈的调节，调焦、变倍，图像切换，防护罩功能的检测。 ②图像质量检测：在摄像机的标准照度下进行图像的清晰度及抗干扰能力的检测。 检测方法按《智能建筑工程施工质量验收规范》(GB 50339－2002)有关内容的规定对图像质量进行主观评价，主观评价应不低于4分；抗干扰能力按《视频安防监控系统技术要求》(CA/T 367－2001)进行检测。 ③系统整体功能检测：整体功能检测应包括视频安防监控系统的监控范围；现场设备的接入率及完好率；矩阵监控主机的切换、控制、编程、巡检、记录等功能。

续上表

<table>
<tr><th>项目</th><th>内 容</th></tr>
<tr><td>主控项目</td><td>对数字视频录像式监控系统还应检查主机死机记录、图像显示和记录速度、图像质量、对前端设备的控制功能以及通信接口功能、远端联网功能等。
对数字硬盘录像监控系统除检测其记录速度外,还应检测记录的检索、回放等功能。
④系统联动功能检测。联动功能检测应包括与出入口管理系统、入侵报警系统、巡更管理系统、停车场(库)管理系统等的联动控制功能。
⑤视频安防监控系统的图像记录保存时间应满足管理要求。
2)摄像机抽检的数量应不低于20%且不少于3台,摄像机数量少于3台时应全部检测;被抽检设备的合格率100%时为合格;系统功能和联动功能全部检测,功能符合设计要求时为合格,合格率100%时为系统功能检测合格。
(3)入侵报警系统(包括周界入侵报警系统)的检测。
1)检测内容。
①探测器的盲区检测,防动物功能检测。
②探测器的防破坏功能检测应包括报警器的防拆报警功能,信号线开路、短路报警功能,电源线被剪的报警功能。
③探测器灵敏度检测。
④系统控制功能检测应包括系统的撤防、布防功能,关机报警功能,系统后备电源自动切换功能等。
⑤系统通信功能检测应包括报警信息传输、报警响应功能。
⑥现场设备的接入率及完好率测试。
⑦系统的联动功能检测应包括报警信号对相关报警现场照明系统的自动触发、对监控摄像机的自动启动、视频安防监视画面的自动调入、相关出入口的自动启闭,以及录像设备的自动启动等。
⑧报警系统管理软件(含电子地图)功能检测。
⑨报警信号联网上传功能的检测。
⑩报警系统报警事件存储记录的保存时间应满足管理要求。
2)探测器抽检的数量应不低于20%且不少于3台,探测器数量少于3台时应全部检测;被抽检设备的合格率100%时为合格;系统功能和联动功能全部检测,功能符合设计要求时为合格,合格率100%时为系统功能检测合格。
(4)出入口控制(门禁)系统的检测。
1)检测内容。
①出入口控制(门禁)系统的功能检测。
a. 系统主机在离线的情况下,出入口(门禁)控制器独立工作的准确性、实时性和储存信息的功能。
b. 系统主机对出入口(门禁)控制器在线控制时,出入口(门禁)控制器工作的准确性、实时性和储存信息的功能,以及出入口(门禁)控制器和系统主机之间的信息传输功能。
c. 检测掉电后,系统启用备用电源应急工作的准确性、实时性和信息的存储和恢复能力。
d. 通过系统主机、出入口(门禁)控制器及其他控制终端,实时监控出入控制点的人员状况。
e. 系统对非法强行入侵及时报警的能力。
f. 检测本系统与消防系统报警时的联动功能。
g. 现场设备的接入率及完好率测试。
h. 出入口管理系统的数据存储记录保存时间应满足管理要求。</td></tr>
</table>

续上表

<table>
<tr><th>项目</th><th>内　　容</th></tr>
<tr><td>主控项目</td><td>②系统的软件检测。
a. 演示软件的所有功能，以证明软件功能与任务书或合同书要求一致。
b. 根据需求说明书中规定的性能要求，包括时间、适应性、稳定性等以及图形化界面友好程度，对软件逐项进行测试；对软件的检测按《智能建筑工程施工质量验收规范》(GB 50339—2002)有关内容的规定执行。
c. 对软件系统操作的安全性进行测试，如系统操作人员的分级授权、系统操作人员操作信息的存储记录等。
d. 在软件测试的基础上，对被验收的软件进行综合评审，给出综合评审结论。包括软件设计与需求的一致性、程序与软件设计的一致性、文档(含软件培训、教材和说明书)描述与程序的一致性、完整性、准确性和标准化程度等。
2)出/入口控制器抽检的数量应不低于20%且不少于3台，数量少于3台时应全部检测；被抽检设备的合格率100%时为合格；系统功能和软件全部检测，功能符合设计要求为合格，合格率为100%时为系统功能检测合格。
(5)巡更管理系统的检测。
1)检测内容。
①按照巡更路线图检查系统的巡更终端、读卡机的响应功能。
②现场设备的接入率及完好率测试。
③检查巡更管理系统编程、修改功能以及撤防、布防功能。
④检查系统的运行状态、信息传输、故障报警和指示故障位置的功能。
⑤检查巡更管理系统对巡更人员的监督和记录情况、安全保障措施和对意外情况及时报警的处理手段。
⑥对在线联网式巡更管理系统还需要检查电子地图上的显示信息，遇有故障时的报警信号以及和视频安防监控系统等的联动功能。
⑦巡更系统的数据存储记录保存时间应满足管理要求。
2)巡更终端抽检的数量应不低于20%且不少于3台，巡更终端数量少于3台时应全部检测，被抽检设备的合格率为100%时为合格；系统功能全部检测，功能符合设计要求为合格，合格率100%时为系统功能检测合格。
(6)停车场(库)管理系统的检测。
1)检测内容。
停车场(库)管理系统功能检测应分别对入口管理系统、出口管理系统和管理中心的功能进行检测。
①车辆探测器对出入车辆的探测灵敏度检测，抗干扰性能检测。
②自动栅栏升降功能检测，防砸车功能检测。
③读卡器功能检测，对无效卡的识别功能；对非接触IC卡读卡器还应检测读卡距离和灵敏度。
④发卡(票)器功能检测，吐卡功能是否正常，入场日期、时间等记录是否正确。
⑤满位显示器功能是否正常。
⑥管理中心的计费、显示、收费、统计、信息储存等功能的检测。
⑦出/入口管理监控站及与管理中心站的通信是否正常。
⑧管理系统的其他功能，如“防折返”功能检测。</td></tr>
</table>

续上表

<table>
<tr><th>项目</th><th>内　容</th></tr>
<tr><td>主控项目</td><td>⑨对具有图像对比功能的停车场(库)管理系统应分别检测出/入口车牌和车辆图像记录的清晰度及调用图像信息的符合情况。
⑩检测停车场(库)管理系统与消防系统报警时的联动功能;电视监控系统摄像机对进出车库车辆的监视等。
⑪空车位及收费显示。
⑫管理中心监控站的车辆出入数据记录保存时间应满足管理要求。
2)停车场(库)管理系统功能应全部检测,功能符合设计要求为合格,合格率100%时为系统功能检测合格。
其中,车牌识别系统对车牌的识别率达98%时为合格。
(7)安全防范综合管理系统的检测。
综合管理系统完成安全防范系统中央监控室对各子系统的监控功能,具体内容按工程设计文件要求确定。
1)检测内容。
①各子系统的数据通信接口:各子系统与综合管理系统以数据通信方式连接时,应能在综合管理监控站上观测到子系统的工作状态和报警信息,并和实际状态核实,确保准确性和实时性;对具有控制功能的子系统,应检测从综合管理监控站发送命令时,子系统响应的情况。
②综合管理系统监控站:对综合管理系统监控站的软、硬件功能的检测,包括:
a. 检测子系统监控站与综合管理系统监控站对系统状态和报警信息记录的一致性。
b. 综合管理系统监控站对各类报警信息的显示、记录、统计等功能。
c. 综合管理系统监控站的数据报表打印、报警打印功能。
d. 综合管理系统监控站操作的方便性,人机界面应友好、汉化、图形化。
2)综合管理系统功能应全部检测,功能符合设计要求为合格,合格率为100%时为系统功能检测合格</td></tr>
<tr><td>竣工验收</td><td>(1)智能建筑工程中的安全防范系统工程的验收应按照《安全防范系统验收规则》(GA 308－2001)的规定执行。
(2)以管理为主的电视监控系统、出入口控制(门禁)系统、停车场(库)管理系统等系统的竣工验收按《智能建筑工程施工质量验收规范》(GB 50339－2002)有关内容的规定执行。
(3)竣工验收应在系统正常连续投运时间1个月后进行。
(4)系统验收的文件及记录应包括以下内容:
1)工程设计说明,包括系统选型论证,系统监控方案和规模容量说明,系统功能说明和性能指标等。
2)工程竣工图纸,包括系统结构图、各子系统原理图、施工平面图、设备电气端子接线图、中央控制室设备布置图、接线图、设备清单等。
3)系统的产品说明书、操作手册和维护手册。
4)工程实施及质量控制记录。
5)设备及系统测试记录。
6)相关工程质量事故报告、工程设计变更单等。
(5)必要时各子系统可分别进行验收,验收时应作好验收记录,签署验收意见</td></tr>
</table>

二、施工材料要求

安全防范系统施工材料要求见表 4—38。

表 4—38　安全防范系统施工材料要求

项目	内　容
视频安防监控系统	(1)组成视频监控系统的前端设备、矩阵控制器、终端设备、传输缆线等器材设备应符合设计要求,且具有开箱清单、产品技术说明书、合格证等质保资料,数量符合图纸或合同的要求。 (2)摄像机的主要性能及技术参数应符合设计要求和产品技术指标要求。 (3)镜头的焦距、自动光圈、Cs/C 接口标准、光通量等选择应符合设计要求。 (4)同轴电缆、双绞线等缆线符合设计或合同要求。其性能技术指标符合相关标准。 (5)黑白/彩色专用监视器、录像机(时滞录像机)、数码光盘记录、计算机硬盘录像应符合设计要求和产品技术标准。 (6)控制设备,如视频矩阵切换器、双工多画面视频处理器、多画面分割器、视频分配器等应符合设计或合同要求,符合产品技术要求。 (7)设备产品的企业应提供"生产登记批准书"的批准文件或"安全认证"的有关文件
入侵报警系统	(1)各类报警器(开关、震动、超声波、次声、主动与被动红外、微波、激光、视频运动、多种技术复合等报警器)、报警控制器及传输缆线,必须具备产品的技术说明书,质保资料包括合格证,并应符合设计要求和相关行业标准。数量符合图纸或合同的要求。设备进入现场,应具有开箱清单,产地证明等随机资料。 (2)微波入侵探测器、被动/主动红外入侵探测器和防盗报警器等产品在包装或说明书上标明生产许可证标记和编号及批准日期。标记和编号为 XKHZ,并提供相应的产品检验报告
出入口控制(门禁)系统	(1)构成出入口控制(门禁)系统的中央管理机、控制器、读卡器(门磁开关、电子门锁等)、执行机构等器材设备必须具备产品技术说明书,产品合格证等质保资料,还应符合设计要求和相关行业标准。数量符合图纸或合同的要求。设备进入现场,应有开箱清单,产地证明等随机资料。 (2)产品外观应完整,无损伤和任何变形。 (3)有源设备到场后应通电检查各项功能,且应符合产品技术标准要求和设计要求
巡更管理系统	组成巡更系统的计算机、网络收发器(或传送单元)、前端控制器(或手持读取器)、巡更点(或编码片)等设备及传输线缆,应符合设计要求。必须具备产品技术说明书,产品合格证等质保资料。数量和备件符合图纸或合同要求
停车场(库)管理系统	构成停车管理系统的入口/出口控制装置(验票机、感应线圈与栅栏机)、通道管理的引导系统及管理中心(收费机、中央管理主机)和通信管理(内部电话主机等)设备、传输线缆,应符合设计要求,产品应有技术说明书、产品合格证等质保资料。数量应符合图纸或合同要

三、施工工艺解析

安全防范系统施工工艺解析见表4－39。

表4－39 安全防范系统施工工艺解析

<table>
<tr><th colspan="2">项目</th><th>内容</th></tr>
<tr><td colspan="2">一般规定</td><td>(1)适用于智能建筑工程中的综合布线系统的工程实施及质量控制,以及系统检测和竣工验收。综合布线系统的检测和验收,除执行《智能建筑工程施工质量验收规范》(GB 50339－2002)外,还应符合《建筑与建筑群综合布线系统工程验收规范》(GB/T 50312－2000)中的规定。
(2)综合布线系统施工前应对交接间、设备间、工作区的建筑和环境条件进行检查,检查内容和要求应符合《建筑与建筑群工程质量验收规范》(GB/T 50312－2000)中的有关规定。
(3)设备材料的进场验收应执行《建筑与建筑群工程质量验收规范》(GB/T 50312－2000)第3节及《智能建筑工程施工质量验收规范》(GB 50339－2002)有关内容的规定。
(4)系统集成商在施工完成后,应对系统进行自检,自检时要求对工程安装质量、观感质量和系统性能检测项目全部进行检查,并填写系统自检表</td></tr>
<tr><td rowspan="2">系统安装质量检测</td><td>主控项目</td><td>(1)缆线敷设和终接的检测应符合《建筑与建筑群工程质量验收规范》(GB/T 50312－2000)中第5.1.1条、第6.0.2条、第6.0.3条的规定,应对以下项目进行检测:
1)缆线的弯曲半径;
2)预埋线槽和暗管的敷设;
3)电源线与综合布线系统缆线应分隔布放,缆线间的最小净距应符合设计要求;
4)建筑物内电、光缆暗管敷设及与其他管线之间的最小净距;
5)对绞电缆芯线终接;
6)光纤连接损耗值。
(2)建筑群子系统采用架空、管道、直埋敷设电、光缆的检测要求应按照本地网通信线路工程验收的相关规定执行。
(3)机柜、机架、配线架安装的检测,除应符合《建筑与建筑群工程质量验收规范》(GB/T 50312－2000)第4节的规定外,还应符合以下要求:
1)卡入配线架连接模块内的单根线缆色标应和线缆的色标相一致,大对数电缆按标准色谱的组合规定进行排序。
2)端接于RJ45口的配线架的线序及排列方式按有关国际标准规定的两种端接标准(T568A或T568B)之一进行端接,但必须与信息插座模块的线序排列使用同一种标准。
(4)信息插座安装在活动地板或地面上时,接线盒应严密防水、防尘</td></tr>
<tr><td>一般项目</td><td>(1)缆线终接应符合《建筑与建筑群工程质量验收规范》(GB/T 50312－2000)中第6.0.1条的规定。
(2)各类跳线的终接应符合《建筑与建筑群工程质量验收规范》(GB/T 50312－2000)中第6.0.4条的规定。
(3)机柜、机架、配线架安装,除应符合《建筑与建筑群工程质量验收规范》(GB/T 50312－2000)第4.0.1条的规定外,还应符合以下要求:</td></tr>
</table>

续上表

项目		内　容
系统安装质量检测	一般项目	1)机柜不应直接安装在活动地板上,应按设备的底平面尺寸制作底座,底座直接与地面固定。机柜固定在底座上,底座高度应与活动地板高度相同,然后铺设活动地板,底座水平误差每平方米不应大于 2 mm。 2)安装机架面板,架前应预留有 800 mm 空间,机架背面离墙距离应大于 600 mm。 3)背板式跳线架应经配套的金属背板及接线管理架安装在墙壁上,金属背板与墙壁应紧固。 4)壁挂式机柜底面距地面不宜小于 300 mm。 5)桥架或线槽应直接进入机架或机柜内。 6)接线端子各种标志应齐全。 (4)信息插座的安装要求应执行《建筑与建筑群工程质量验收规范》(GB/T 50312—2000)第 4.0.3 条的规定。 (5)光缆芯线终端的连接盒面板应有标志
系统性能检测		(1)综合布线系统性能检测应采用专用测试仪器对系统的各条链路进行检测,并对系统的信号传输技术指标及工程质量进行评定。 (2)综合布线系统性能检测时,光纤布线应全部检测,检测对绞电缆布线链路时,以不低于 10%的比例进行随机抽样检测,抽样点必须包括最远布线点。 (3)系统性能检测合格判定应包括单项合格判定和综合合格判定。 1)单项合格判定如下。 ①对绞电缆布线某一个信息端口及其水平布线电缆(信息点)按《建筑与建筑群工程质量验收规范》(GB/T 50312—2000)中附录 B 的指标要求,有一个项目不合格,则该信息点判为不合格;垂直布线电缆某线对按连通性、长度要求、衰减和串扰等进行检测,有一个项目不合格,则判该线对不合格。 ②光缆布线测试结果不满足《建筑与建筑群工程质量验收规范》(GB/T 50312—2000)中附录 C 的指标要求,则该光纤链路判为不合格。 ③允许未通过检测的信息点、线对、光纤链路经修复后复检。 2)综合合格判定如下。 ①光缆布线检测时,如果系统中有一条光纤链路无法修复,则判为不合格。 ②对绞电缆布线抽样检测时,被抽样检测点(线对)不合格比例不大于 1%,则视为抽样检测通过;不合格点(线对)必须予以修复并复验。被抽样检测点(线对)不合格比例大于 1%,则视为一次抽样检测不通过,应进行加倍抽样;加倍抽样不合格比例不大于 1%,则视为抽样检测通过。如果不合格比例仍大于 1%,则视为抽样检测不通过,应进行全部检测,并按全部检测的要求进行判定。 ③对绞电缆布线全部检测时,如果有下面两种情况之一时则判为不合格:无法修复的信息点数目超过信息点总数的 1%;不合格线对数目超过线对总数的 1%。 ④全部检测或抽样检测的结论为合格,则系统检测合格,否则为不合格。 (4)主控项目。系统监测应包括工程电气性能检测和光纤特性检测,按《建筑与建筑群工程质量验收规范》(GB/T 50312—2000)第 8.0.2 条的规定执行。 (5)一般项目。采用计算机进行综合布线系统管理和维护时,应按下列内容进行检测。 1)中文平台、系统管理软件。 2)显示所有硬件设备及其楼层平面图。

续上表

项目	内　　容
系统性能检测	3)显示干线子系统和配线子系统的元件位置。 4)实时显示和登录各种硬件设施的工作状态
竣工验收	(1)综合布线系统竣工验收应按照《智能建筑工程质量验收规范》(GB 50339－2003)和《综合布线系统工程验收规范》(GB/T 50312－2007)中的有关规定进行。 (2)竣工验收文件除《综合布线系统工程验收规范》(GB/T 50312－2007)第8章要求的文件外,还应包括： 1)综合布线系统图； 2)综合布线系统信息端口分布图； 3)综合布线系统各配线区布局图； 4)信息端口与配线架端口位置的对应关系表； 5)综合布线系统平面布置图； 6)综合布线系统性能自检报告

第六节　综合布线系统

一、验收条文

综合布线系统验收标准见表4－40。

表4－40　综合布线系统验收标准

项目	内　　容
管路敷设	(1)金属管或阻燃型硬质(PVC)塑料暗管敷设要求。 1)暗管宜采用金属管或阻燃硬质(PVC)塑料管。预埋在墙体中间的暗管内径不宜超过50 mm,楼板中的暗管内径宜为15～25 mm。直线布管30 m处应设置拉线盒或接线箱。 2)暗配管转弯角度应大于90°,在路径上每根暗管的转弯角度不得多于2个,并不应有“S”弯出现。弯曲布管时每隔15m处,应设置暗拉线盒或接线箱。 3)暗配管转弯的弯曲半径不应小于该管外径的6倍,如暗管外径大于50 mm时,不应小于该管外径的10倍。 (2)金属线槽地面暗敷设要求。 1)在建筑物中预埋线槽,可根据几何尺寸不同,按一层或二层设置,应至少预埋两根以上,线槽截面高度不宜超过25 mm。 2)线槽直埋长度超过6 m或在线槽路有交叉、转弯时,宜设置拉线盒,以便于布放缆线和维修。 3)拉线盒应能开启,并与地面平齐,盒盖处应采取防水措施。 4)线槽宜采用金属管引入分线盒内。 (3)格形楼板下暗敷设格形槽和沟槽要求。 1)沟槽和格形线槽必须沟通。 2)沟槽盖板可开启,并与地面平齐,盖板和信息插座出口处应采取防水措施。 (4)桥架敷设要求。 1)桥架水平敷设时,吊(支)架间距一般为1.5～3 m;垂直敷设时固定在建筑物构体上的间距宜小于2 m。

续上表

<table>
<tr><th>项目</th><th>内　容</th></tr>
<tr><td>管路敷设</td><td>2)桥架及槽道水平度每米偏差不应超过 5 mm。
3)垂直桥架及槽道应与地面保持垂直,并无倾斜现象,垂直度偏差不应超过 3 mm。
4)两槽道拼接处水平度偏差不应超过 2 mm。
5)吊(支)架安装应保持垂直平整,排列整齐,固定牢固,无歪斜现象。
6)金属桥架及槽道节与节间应接触良好、安装牢固</td></tr>
<tr><td>缆线敷设</td><td>(1)缆线敷设前应核对型号、规格、路由及位置与设计要求是否相符;缆线布放应自然平直,不得产生扭绞、打圈、接头等现象;不应受到外力的挤压和损伤;缆线两端应有清晰、永久标志;并应有冗余。
(2)暗敷设电缆的敷设管道两端应有标志;管道内应无阻挡物,管口和连接处应光滑,无毛刺,并备有引线或拉丝;布放多层屏蔽电缆、扁平缆线和大对数主干电缆或主干光缆时,直线管道的管径利用率应为 50%～60%,弯管道应为 40%～50%。暗管布放 4 对对绞电缆或 4 芯以下光缆时,管道的截面利用率应为 25%～30%。预埋线槽宜采用金属线槽,线槽的截面利用率不应超过 50%。
(3)电源线、信号电缆、对绞电缆、光缆及建筑物内其他弱电系统的缆线应分离布放。各缆线间的最小净距应符合设计要求。
(4)缆线布放时应有冗余。在交接间、设备间对绞电缆预留长度,一般为 3～6 m;工作区为 0.3～0.6 m;光缆在设备端预留长度一般为 5～10 m;有特殊要求的应按设计要求预留长度。
(5)缆线的弯曲半径应符合下列规定:
1)非屏蔽 4 对对绞电缆的弯曲半径应至少为电缆外径的 4 倍,在施工过程中应至少为 8 倍。
2)屏蔽对绞电缆的弯曲半径应至少为电缆外径的 6～10 倍。
3)主干对绞电缆的弯曲半径应至少为电缆外径的 10 倍。
4)光缆的弯曲半径应至少为光缆外径的 15 倍,在施工过程中应至少为 20 倍。
(6)缆线布放,在牵引过程中,吊挂缆线的支点相隔间距不应大于 1.5m。
(7)布放缆线的牵引车的牵引力,应小于缆线允许张力的 80%,对光缆瞬间最大牵引力不应超过光缆允许的张力。在以牵引方式敷设光缆时,主要牵引力应加在光缆的加强芯上。
(8)缆线布放过程中为避免扭曲,应制作合格的牵引端头。如果用机械牵引时,应根据缆线牵引的长度、布放环境、牵引张力等因素选用集中牵引或分散牵引等方式。
(9)布放光缆时,光缆盘转动应与光缆布放同步,光缆牵引的速度一般为 15 m/s。光缆出盘处要保持松弛的弧度,并留有缓冲的余量,又不宜过多,避免光缆出现背扣</td></tr>
<tr><td>配线设备机架安装</td><td>(1)机柜、机架安装应牢固,各种零件齐全,漆面完好,标志清晰;垂直偏差度不应大于 3 mm,底座水平偏差度不应大于 2 mm;安装位置与距离应符合设计要求。
(2)采用下走线方式,架底位置应与电缆上线孔相对应。接线端子各种标志应齐全。
(3)机架上的各种零件不得脱落或碰坏。漆面如有脱落应予以补漆,各种标志完整清晰。
(4)机架的安装应牢固,应按设计图的防振要求进行加固。
(5)安装机架面板,架前应留有 1.5 m 空间,机架背面离墙距离应大于 0.8 m,以便于安装和施工。
(6)壁挂式机架底距地面宜为 300～800 mm</td></tr>
</table>

续上表

项目	内　　容
各类接线模块安装	(1)模块设备应完整、安装就位、标志齐全;安装螺丝拧紧,面板应保持在一个水平面内。 (2)8位模块应完整、安装就位、标志齐全;安装螺丝拧紧,面板应保持在一个水平面内
信息插座安装	(1)安装在活动地板或地面上,应固定在接线盒内,接线盒盖应可开启,并应有防水、防尘、抗压功能。 (2)安装在墙体上,宜高出地面300 mm;如地面采用活动地板时,应加上活动地板内净高尺寸。信息插座应有标志,安装位置应符合设计要求。 (3)信息插座底座的固定方法以施工现场条件而定,宜采用扩张螺钉、射钉等方式。 (4)固定螺丝需拧紧,不应产生松动现象。 (5)信息插座应有标签,以颜色、图形、文字表示所接终端设备类型
系统测试	系统电气性能测试及光纤系统性能测试必须符合《建筑与建筑群工程质量验收规范》(GB/T 50312—2007)的规定以及系统设计要求

二、施工材料要求

综合布线系统施工材料要求见表4—41。

表4—41　综合布线系统施工材料要求

项目	内　　容
电缆线	(1)工程中使用的对绞线对称电缆和光缆型号、规格和程式及数量应符合设计中的规定和合同要求。 (2)根据材料运单对照检查对绞线对称电缆和光缆的包装标志或标签,要求内容应齐全,字迹应清晰。外包装应注明电缆或光缆的型号、规格、线径或芯数、端别、盘号和盘长等情况,并要与出厂产品质量合格证一致。 (3)电缆和光缆的外包装应无外部破损,对缆身应检查外护套是否完整无损,有无压扁或裂纹等现象,如发现有上述现象,应做记录,以便抽样测试。对外包装有严重损坏或外护套有损伤时,要在测试合格后才允许在工程中使用,并应详细记录,以便查考。电缆和光缆均应附有出厂质量检验合格证。还应附有本批量电缆和电气性能检验报告和测试记录,供查阅检查。 (4)对于电缆或光缆有端别要求时,应剥开缆头。分清A、B端别,并在电缆或光缆的两端外部标记出端别和序号,以便敷设时予以识别。 (5)根据光缆出厂产品质量检验合格证和测试记录,审核光纤的几何、光学和传输特性及机械物理性能是否符合设计要求。光缆开盘后,同时检查光缆外表有无损伤,光缆端头封装是否良好。 (6)对于电缆的电气性能测试,应从本批量电缆的任意3盘中(目前电缆一般以305 m,500 m,1 000 m配盘)截出100 mm的长度进行抽样测试,测试结果应符合工程验收基本连接要求。 (7)一般使用现场五类以上电缆测试仪,对电缆的衰减和近端串音衰减的技术性能进行测试,其各电气性能指标应符合设计要求的有关标准

续上表

项目		内　容
光纤	衰减测试	一般采用光时域反射仪(DTDR)进行测试。如测试结果超出标准,出现异常或与出厂测试数值相差很大时,应查找分析原因。可用光功率计测试,并加以比较,以便断定是测试误差还是光纤本身衰减过大
	长度测试	要求对每根光纤进行测试对比,测试结果应一致。如在同一盘光缆中,发现光纤的长度差异较大等现象,应从另一端进行复测或作通光检查,以判定是否有断纤现象。如有断纤,应进行处理,待检查合格后,才允许使用。光缆检查测试完毕后,光缆端头应密封固定,恢复外包装以便保护
	要求	(1)光纤跳线外面应有经过防火处理的光纤保护外皮,以增强其保护性能,跳线两端活动连接器(活接头用)的端面应装配有合适的保护盖帽。 (2)每根光纤跳线应标有该光纤的类型等明显标记,以便选用
仪表		为了确保综合布线系统工程顺利进行,必须在事先对安装施工过程中需要的仪表进行全面的测试和检查。如发现问题应及早检修或更换,以保证工程质量和施工进度。 综合布线系统的测试仪表应能测试3类、4类、5类(含超5类)对绞线对称电缆的各种电气性能,其精度要求应按TIA/EIA和TSB67中规定的二级精度要求考虑。 电气性能测试仪表应经过相关专业的计量部门进行检验,并在有效期内取得确认的合格证后,方可在工程中使用
配线设备		(1)电缆分线盒或交接箱以及各种配件的型号、规格、数量、性能及质量(包括材质)均必须符合设计要求,且是有关技术标准的定型设备和器材。国外产品也应按标准进行检测和鉴定,未经国家或有关部门的产品质量监督检验机构鉴定合格的设备和主要器材,不得在工程中使用。不符合规定的,未经设计单位同意,不应采用其他产品代用,并做好记录。 (2)光、电缆交接设备的编排及标志名称应与设计相符,标志名称应统一,其位置应正确、清晰。发现有缺省、数量不符者,应做好记录。 (3)箱体(柜架)外壳表面应平整、互相垂直、不变形、无裂损、发翘、潮、锈蚀现象。箱体(柜架)表面涂层应完整无损,无挂流、裂纹、起泡、脱落和划伤等缺陷。箱门开启、关闭或外罩装卸灵活。整体应密封防尘和防潮。 (4)箱内的接续模块或接线端子及零部件(配件)应装配齐全(或符合设计、合同要求),牢固有效,所有配件应无漏装、松动、脱落、移位或损坏等现象发生

三、施工工艺解析

综合布线系统施工工艺解析见表4－42。

表 4－42　综合布线系统施工工艺解析

项目	内　　容
管线施工	(1)安全防范系统的电缆桥架、电缆沟、电缆竖井、电线导管等的施工及电缆、电线在其管内的敷设，应遵照《建筑电气工程施工质量验收规范》(GB 50303－2002)的第 12、13、14、15 章内容执行。如有特殊要求应以设计图纸要求为准。 (2)同轴电缆的敷设按《有线电视系统技术规范》(GY/T 106－1999)的有关规定执行
探测器安装	(1)各类探测器的安装，应根据所选产品的特性及警戒范围的要求进行安装。 (2)周界入侵探测器的安装，防区要交叉，盲区要避免，应符合产品使用和防护范围的要求。 (3)探测器底座和支架应固定牢靠。 (4)外接导线应留有适当的余量。 (5)主动式红外报警器可根据防范要求、防范区的大小和形状的不同，分别构成警戒线、警戒网、多层警戒等不同的防范布局方式。 (6)被动式红外报警器可根据现场探测模式，直接安装在墙上、天花板上或墙角，其布置和安装如下： 1)选择安装位置时尽可能使入侵者都能处于红外警戒的光束范围内。 2)要使入侵者的活动有利于横向穿越光束带区，这样可以提高探测灵敏度。 3)为了防止误报警，不应将 PIR 探头对准任何温度会快速改变的物体，诸如电加热器、火炉、暖气、空调器的出风口、白炽灯等强光源以及受到阳光直射的门窗等热源，以免由于热气流的流动而引误报警。 4)PIR 永远不能安装在某些热源(如暖气片、加热器、热管道等)的上方或其附近，否则也会产生误报警。PIR 应与热源保持至少 1.5 m 以上的间隔距离。 5)PIR 不要安装在强电设备附近。 6)警戒区内注意不要有高大的遮挡物遮挡和电风扇叶片的干扰。PIR 一般安装在墙角，安装高度为 2～4 m，通常为 2～2.5 m
摄像机的安装要求	(1)应满足监视目标视场范围要求，并具有防损伤，防破坏能力。 (2)安装高度：室内距离地面不低于 2.5 m，室外距离地面不低于 3.5 m。 (3)电梯厢内的摄像机应安装在电梯厢门左侧(或右侧)上角(或顶部)，并应能有效监视电梯厢内乘员。摄像机的光轴与电梯厢的两个面壁成 45°角，与电梯天花板成 45°俯角为宜。 (4)安装前，摄像机应逐个通电检查和粗调。调整后焦面、电源同步等性能，在处于正常工作状态后方可安装。 (5)各类摄像机应保持牢固，绝缘隔离，注意防破坏。摄像机经功能检查，监视区域的观察和图像质量达标后方可固定。 (6)在高压带电的设备附近安装摄像机时，应遵守带电设备的安全规定。 (7)摄像机信号导线和电源导线应分别引入，并用金属管保护，不影响摄像机的转动。 (8)摄像机配套装置(防护罩、支架、雨刷等器材)安装应灵活牢固。

续上表

项目	内　容
摄像机的安装要求	(9)摄像机宜安装在监视目标附近不易受到外界损伤的地方,也不应影响附近现场人员的工作和正常活动。 (10)在摄像机最佳安装位置确定后,选配合适的镜头取得摄像景物效果
云台、解码器安装	(1)云台的回转范围、承载能力、旋转速度和使用的电压类型应符合设计要求及标准(规范)规定。 (2)云台安装在支架上应牢固,转动时无晃动。负载安装的位置不应偏离回转中心。 (3)解码器(箱)应安装在云台附近,但不应影响建筑的美观。或在吊顶内,但须有检修孔,以便维修或拆装
监视器的安装	(1)监视器安装在固定的机架和机柜上,小屏幕监视器也可安装在控制台操作柜上。当安装在柜内时,应有通风散热措施,并注意电磁屏蔽。 (2)监视器的安装位置应使屏幕不受外来光直射,当有不可避免的光照时,应有避光措施。 (3)监视器的外部可调部分,应便于操作
出入口控制设备安装	(1)各类识别装置,其安装高度离地不宜高于 1.5 m,安装应牢固。 (2)感应式读卡机在安装时应注意可感应范围,不得靠近或接触高频、强磁场场合。 (3)读卡机(IC 卡机、磁卡机、出票读卡机、验卡票机等)的安装应符合下列规定: 1)应安装在平整、坚固的水泥墩上,保持水平,不能倾斜。 2)一般安装在室内,安装在室外时,应考虑防水措施及防撞装置。 3)读卡机与闸门机安装的中心间距一般为 2.4～2.8 m
访客对讲设备安装	(1)门口机操作面板的安装高度离地不宜高于 1.5 m,安装位置面向访客。 (2)调整可视门口机内置摄像机的方位和视角于最佳位置,对不具备逆光补偿的摄像机,宜作环境亮度处理。 (3)管理机安装应平稳牢固,安装位置便于操作。 (4)用户机安装位置宜选择在出入口的内墙,安装牢固,其高度离地 1.4～1.6 m
巡更设备安装	(1)有线巡更信息开关或无线巡更信息钮,安装位置应符合设计与使用要求,安装高度离地 1.3～1.5 m。 (2)安装应牢固,端正,户外应有防水措施。注意防破坏
停车场管理设备安装	(1)读卡机(IC 卡机、磁卡机、出票读卡机、验卡票机)与挡车器安装。安装应平整、牢固,保持垂直,不得倾斜。宜安装在室内,当安装在室外时,应考虑防水及防撞措施。读卡机与挡车器(加条文说明)安装的中心间距应符合设计或产品使用要求。 (2)感应线圈安装。感应线圈埋设位置与埋设深度应符合设计或产品使用要求,感应线圈至机箱处的线缆应采用金属管保护,并固定牢固。

续上表

项目	内　容
停车场管理设备安装	(3)信号指示器安装车位状况。信号指示器应安装在车道出入口的明显位置;车位状况信号指示器宜安装在室内;安装在室外时,应考虑防水措施;车位引导显示器应安装在车道中央上方,便于识别与引导
控制设备安装	(1)控制台布局、尺寸和台面及座椅的高度应符合现行国家标准 GB 7269－2008 的规定。 (2)所有控制、显示和记录等终端设备,须安装平稳,方便使用。其中监视器(屏)应避免外来光直射。监视器的可调节部分,应便于操作。在控制台、机柜(架)内安装的设备应有通风散热措施,内部接插件与设备连接应牢靠。 (3)控制室内所有线缆应根据设备安装位置设置电缆槽和进线孔,排列、捆扎整齐,编号并有永久性标志
供电、接地和防雷	(1)摄像机宜采用集中供电,当供电线(低压供电)与控制线合用多芯线时,多芯线与视频线可一起敷设。 (2)系统接地电阻不得大于 4 Ω,综合接地不得大于 1 Ω。 (3)对各子系统的室外设备,应按设计要求进行防雷接地施工

参考文献

[1] 中华人民共和国住房和城乡建设部,国家质量监督检验检疫总局. GB 50242—2002 建筑给水排水及采暖工程施工质量验收规范[S]. 北京:中国标准出版社,2004.

[2] 中华人民共和国建设部. GB 50243－2002 通风与空调工程施工质量验收规范[S]. 北京:建筑计划出版社,2004.

[3] 中华人民共和国建设部,国家质量监督检验检疫总局. GB/T 50303－2002 建筑电气工程施工质量验收规范[S]. 北京:中国计划出版社,2004.

[4] 中华人民共和国建设部. GB 50310－2002 电梯工程施工质量验收规范[S]. 北京:中国建筑工业出版社,2004.

[5] 中华人民共和国建设部,国家质量监督检验检疫总局. GB 50300－2002 建筑工程施工质量验收统一标准[S]. 北京:中国建筑工业出版社,2002.

[6] 中华人民共和国建设部,国家质量监督检验检疫总局. GB 50339－2003 智能建筑工程质量验收规范[S]. 北京:中国标准出版社,2003.

[7] 柯国军. 建筑材料质量控制监理[M]. 北京:中国建筑工业出版社,2003.

[8] 俞宗卫. 监理工程师实用指南[M]. 北京:中国建材工业出版社,2004.

[9] 张国琮,白素洁. 建筑安装工程质量控制与检验评定手册[M]. 北京:中国建筑工业出版社,1993.